作者像

U0300151

潘家铮全集

丙申三月八日
義森題

国家出版基金项目
NATIONAL PUBLICATION FOUNDATION

潘家铮全集

第十四卷
春梦秋云录

中国电力出版社
CHINA ELECTRIC POWER PRESS

内 容 提 要

《潘家铮全集》是我国著名水工结构和水电建设专家、两院院士潘家铮先生的作品总集，包括科技著作、科技论文、科幻小说、科普文章、散文、讲话、诗歌、书信等各类作品，共计18卷，约1200万字，是潘家铮先生一生的智慧结晶。他的科技著作和科技论文，科学严谨、求实创新、充满智慧，反映了我国水利水电行业不断进步的科技水平，具有重要的科学价值；他的文学著作，感情丰沛、语言生动、风趣幽默。他的科幻故事，构思巧妙、想象奇特、启人遐思；他的杂文和散文，思辨清晰、立意深邃、切中要害，具有重要的思想价值。这些作品对研究我国水利水电行业技术进步历程，弘扬尊重科学、锐意创新、实事求是、勇于担责的精神，都具有十分重要的意义。《潘家铮全集》是国家"十二五"重点图书出版项目，国家出版基金资助项目。

本书是《潘家铮全集　第十四卷　春梦秋云录》，是潘家铮先生的自传性散文集。作者用一篇篇相对独立而又紧密关联的回忆，生动地记述了他所经历的纷纭复杂的社会景象和自己一生的坎坷历程，艺术地勾画了一位知识分子与祖国和人民同呼吸、共命运的成长道路，抒发了作者对水电事业的执着追求和对祖国的拳拳爱心。

本书文笔生动凝练，语言风趣幽默，情节引人入胜，充满人生哲理，具有很强的可读性。

本书可供水利水电系统干部职工、各行业科技工作者、社会青年和广大敬重潘家铮院士的读者阅读。

图书在版编目（CIP）数据

潘家铮全集. 第14卷, 春梦秋云录 / 潘家铮著. —北京：中国电力出版社，2016.5
ISBN 978-7-5123-7801-8

Ⅰ. ①潘… Ⅱ. ①潘… Ⅲ. ①潘家铮（1927～2012）—文集②散文集-中国-当代 Ⅳ. ①TV-53②I267

中国版本图书馆 CIP 数据核字（2015）第 115934 号

出版发行：中国电力出版社（北京市东城区北京站西街 19 号　100005）
网　　址：http://www.cepp.sgcc.com.cn
经　　售：各地新华书店

印　　刷：北京盛通印刷股份有限公司
规　　格：787 毫米×1092 毫米　16 开本　23.75 印张　464 千字　1 插页
版　　次：2016 年 5 月第一版　2016 年 5 月北京第一次印刷
印　　数：0001—2000 册
定　　价：98.00 元

《潘家铮全集》分卷主编

全集主编：陈厚群

序号	分 卷 名	分卷主编
1	第一卷　重力坝的弹性理论计算	王仁坤
2	第二卷　重力坝的设计和计算	王仁坤
3	第三卷　重力坝设计	周建平　杜效鹄
4	第四卷　水工结构计算	张楚汉
5	第五卷　水工结构应力分析	汪易森
6	第六卷　水工结构分析文集	沈凤生
7	第七卷　水工建筑物设计	邹丽春
8	第八卷　工程数学计算	张楚汉
9	第九卷　建筑物的抗滑稳定和滑坡分析	曹征齐
10	第十卷　科技论文集	王光纶
11	第十一卷　工程技术决策与实践	钱钢粮　杜效鹄
12	第十二卷　科普作品集	郦凤山
13	第十三卷　科幻作品集	星　河
14	第十四卷　春梦秋云录	李永立
15	第十五卷　老生常谈集	李永立
16	第十六卷　思考·感想·杂谈	鲁顺民　王振海
17	第十七卷　序跋·书信	李永立　潘　敏
18	第十八卷　积木山房丛稿	鲁顺民　李永立　潘　敏

《潘家铮全集》编辑出版人员

编 辑 组

杨伟国	雷定演	安小丹	孙建英	畅 舒	姜 萍
韩世韬	宋红梅	刘汝青	乐 苑	娄雪芳	郑艳蓉
张 洁	赵鸣志	孙 芳	徐 超

审 查 组

| 张运东 | 杨元峰 | 姜丽敏 | 华 峰 | 何 郁 | 胡顺增 |
| 刁晶华 | 李慧芳 | 丰兴庆 | 曹 荣 | 梁 卉 | 施月华 |

校 对 组

黄 蓓	陈丽梅	李 楠	常燕昆	王开云	闫秀英
太兴华	郝军燕	马 宁	朱丽芳	王小鹏	安同贺
李 娟	马素芳	郑书娟

装 帧 组

| 王建华 | 李东梅 | 邹树群 | 蔺义舟 | 王英磊 | 赵姗姗 |
| 左 铭 | 张 娟 |

总序言

潘家铮先生是中国科学院院士、中国工程院院士，我国著名的水工结构和水电建设专家、科普及科幻作家，浙江大学杰出校友，是我敬重的学长。他离开我们已经三年多了。如今，由国家电网公司组织、中国电力出版社编辑的 18 卷本《潘家铮全集》即将出版。这部 1200 万字的巨著，凝结了潘先生一生探索实践的智慧和心血，为我们继承和发展他所钟爱的水利水电建设、科学普及等事业提供了十分重要的资料，也为广大读者认识和学习这位"工程巨匠""设计大师"提供了非常难得的机会。

潘家铮先生是浙江绍兴人，1950 年 8 月从浙江大学土木工程专业毕业后，在钱塘江水力发电勘测处参加工作，从此献身祖国的水利水电事业，直到自己生命的终点。在长达 60 多年的职业生涯里，他勤于学习、善于实践、勇于创新，逐步承担起水电设计、建设、科研和管理工作，在每个领域都呕心沥血、成就卓著。他从 200 千瓦小水电站的设计施工做起，主持和参与了一系列水利水电建设工程，解决了一个又一个技术难题，创造了一个又一个历史纪录，特别是在举世瞩目的长江三峡工程、南水北调工程中发挥了重要作用，为中国水电工程技术赶超世界先进水平、促进我国能源和电力事业进步、保障国家经济社会可持续发展做出了突出贡献，被誉为新中国水电工程技术的开拓者、创新者和引领者，赢得了党和人民的高度评价。他的光辉业绩，已经载入中国水利水电发展史册。他给我们留下了极其丰富而珍贵的精神财富，值得我们永远缅怀和学习。

我们缅怀潘家铮先生奋斗的一生，就是要学习他求是创新的精神。求是创新，是潘先生母校浙江大学的校训，也是他一生秉持的科学精神和务实作风的最好概括。中国历史上的水利工程，从来就是关系江山社稷的民心工程。水利水电工程的成败安危，取决于工程决策、设计、施工和管理的各个环节。

潘家铮先生从生产一线干起，刻苦钻研专业知识，始终坚持理论联系实际，坚守科学严谨、精益求精的工作作风。他敢于向困难挑战，善于创新创造，在确保工程质量安全的同时，不断深化对水利水电工程所蕴含经济效益、社会效益、生态效益和文化效益等综合效益的认识，逐步形成了自己的工程设计思想，丰富和提高了我国水利水电工程建设的理论水平和实践能力。作为三峡工程技术方面的负责人，他尊重科学、敢于担当，既是三峡工程的守护者，又能客观看待各方面的意见。在三峡工程成功实现蓄水和发电之际，他坦诚地说："对三峡工程贡献最大的人是那些反对者。正是他们的追问、疑问甚至是质问，逼着你把每个问题都弄得更清楚，方案做得更理想、更完整，质量一期比一期好。"

我们缅怀潘家铮先生多彩的一生，就是要学习他海纳江河的胸怀。大不自多，海纳江河。潘家铮先生一生"读万卷书，行万里路"，以宽广的视野和博大的胸怀做事做人，在科技、教育、科普和文学创作等诸多领域都卓有建树。他重视发挥科技战略咨询的重要作用，为国家能源开发、水资源利用、南水北调、西电东送等重大工程建设献计献策，促进了决策的科学化、民主化。他关心工程科技人才的教育和培养，积极为年轻人才脱颖而出创造机会和条件。以其名字命名的"潘家铮水电科技基金"，为激励水电水利领域的人才成长发挥了积极作用。他热心科学传播和科学普及事业，一生潜心撰写了100多万字的科普、科幻作品，成为名副其实的科普作家、科幻大师，深受广大青少年喜爱。用他的话说，"应试教育已经把孩子们的想象力扼杀得太多了。这些作品可以普及科学知识，激发孩子们的想象力。"他还通过诗词歌赋等形式，记录自己的奋斗历程，总结自己的心得体会，抒发自己的壮志豪情，展现了崇高的精神境界。

我们缅怀潘家铮先生奉献的一生，就是要学习他矢志报国的信念。潘家铮先生作为新中国成立之后的第一代水电工程师，他心系祖国和人民，殚精竭虑，无私奉献，始终把自己的学习实践、事业追求与国家的需要紧密结合起来，在水利水电建设战线大显身手，也见证了新中国水利水电事业发展壮大的历程。经过几十年的快速发展，我国水力发电的规模从小到大，从弱到强，已迈入世界前列。中国水利水电建设的辉煌成就和宝贵经验，在国际上的影响是深远的。以潘家铮先生为代表的中国科学家、工程师和建设者的辛勤付出，也为探索人类与大自然和谐发展道路做出了积极贡献。在中国这块大地上，不仅可以建设伟大的水利水电工程，也完全能够攀登世界科技的高峰。潘家铮先生曾说过："吃螃蟹也得有人先吃，什么事为什么非得外国先做，然后我们再做？"我们就是要树立雄心壮志，既虚心学习、博采众长，又敢于创新创造、实现跨越发展。潘家铮先生晚年担任国家电网公司的高级顾问，他在病房里感人的一番话，坦露了自己的心声，更是激励着我们为加快建设创新型国家、实现中华民族伟大复兴的中国梦而加倍努力——"我已年逾耄耋，病废住院，唯一挂心的就是国家富强、民族振兴。我衷心期望，也坚决相信，在党的领导和国家支持下，我国电力工业将在特高压输电、智能电网、可再生能源利用等领域取得全面突破，在国际电力舞台上处处有'中国创造''中国引领'。"

最后，我衷心祝贺《潘家铮全集》问世，也衷心感谢所有关心和支持《潘家铮全集》编辑出版工作的同志！

是为序。

2016 年清明节于北京

总 前 言

一

潘家铮（1927 年 11 月~2012 年 7 月），水工结构和水电建设专家，设计大师，科普及科幻作家，水利电力部、电力工业部、能源部总工程师，国家电力公司顾问、国家电网公司高级顾问，三峡工程论证领导小组副组长及技术总负责人，国务院三峡工程质量检查专家组组长，国务院南水北调办公室专家委员会主任，河海大学、清华大学双聘教授，博士生导师。中国科学院、中国工程院两院资深院士，中国工程院副院长，第九届光华工程科技奖"成就奖"获得者。

1927 年 11 月，他出生于浙江绍兴一个诗礼传家的平民人家，青少年时期受过良好的传统文化熏陶。他的求学之路十分坎坷，饱经战火纷扰，在颠沛流离中艰难求学。1946 年，他考入浙江大学。1950 年大学毕业，随即分配到当时的燃料工业部钱塘江水力发电勘测处。

从此之后，他与中国水利水电事业结下不解之缘，一生从事水电工程设计、建设、科研和管理工作，历时六十余载。"文化大革命"中，他成为"只专不红"的典型代表，虽饱受折磨和屈辱，但仍然坚持水工技术研究和成果推广。他把毕生的智慧和精力都贡献给了中国水利水电建设事业，他见证了新中国水电发展历程的起起伏伏和所取得的举世瞩目的伟大成就，他本人也是新中国水电工程技术的开拓者、创新者和引领者，他为中国水电工程技术赶超世界先进水平做出了杰出的贡献，在水利水电工程界德高望重。2012 年 7 月，他虽然不幸离开我们，然而他的一生给我们留下了极其丰富和宝贵的精神财富，让我们永远深切地怀念他。

潘家铮同志是新中国成立之后中国自己培养的第一代水电工程师。60 多年来，中国的水力发电事业从无到有，从小到大，从弱到强，随着以二滩、龙滩、小湾和三峡工程为标志的一批特大型水电站的建成，中国当之无愧地成为世界水电第一大国。这一举世瞩目的成就，凝结着几代水电工程师和建设者的智慧和心血，也是中国工程师和建设者的百年梦想。这个百年梦想的实现，潘家铮和以潘家铮为代表的一批科学家、工程师居功至伟。

潘家铮一生参与设计、论证、审定、决策的大中型水电站数不胜数。在具体的工程实践中，他善于把理论知识运用到实际中去，也善于总结实际工作中的经验，找出存在的问题，反馈回理论分析中去，进而提出新的理论方法，形成了他自己独特的辩证思维方式和工程设计思想，为新中国坝工科学技术发展和工程应用研究做了奠基性和开创性工作。他以扎实的理论功底，钻研和解决了大量具体技术难题，留下的技术创新案例不胜枚举。

1956年，他负责广东流溪河水电站的水工设计，积极主张采用双曲溢流拱坝新结构，他带领设计组的工程技术人员开展拱坝应力分析和水工模型试验，提出了一系列技术研究成果，组织开展了我国最早的拱坝震动实验和抗震设计工作，顺利完成设计任务。流溪河水电站78米高双曲拱坝成为国内第一座双曲拱坝。

潘家铮先后担任新安江水电站设计副总工程师、设计代表组组长。这是新中国成立之初，我国第一座自己设计、自制设备并自行施工的大型水电站，工程规模和技术难度都远远超过当时中国已建和在建的水电工程。新安江水电站的设计和施工过程中诞生了许多突破性的技术成果。潘家铮创造性地将原设计的实体重力坝改为大宽缝重力坝，采用抽排措施降低坝基扬压力，大大减少了坝体混凝土工程量。新安江工程还首次采用坝内底孔导流、钢筋混凝土封堵闸门、装配式开关站构架、拉板式大流量溢流厂房等先进技术。新安江水电站的建成，大大缩短了中国与国外水电技术的差距。

流溪河水电站双曲拱坝和新安江水电站重力坝的工程设计无疑具有开创性和里程碑意义，对中国以后的拱坝和重力坝的设计与建设产生了重要和深远的影响。

改革开放之后，潘家铮恢复工作，先后担任水电部水利水电规划设计总院副总工程师、总工程师，1985年起担任水利电力部总工程师、电力工业部总工程师，成为水电系统最高技术负责人，他参与规划、论证、设计，以及主持研究、审查和决策的大中型水电工程更不胜枚举。他踏遍祖国的大江大河，几乎每一座大型水电站坝址都留下了他的足迹和传奇。他以精湛的技术、丰富的经验、过人的胆识，解决过无数工程技术难题，做出过许多关键性的技术决策。他的创新精神在水电工程界有口皆碑。

20世纪80年代初的东江水电站，他力主推荐薄拱坝方案，而不主张重力坝方案；龙羊峡工程已经被国外专家判了"死刑"，认为在一堆烂石堆上不可能修建高坝大库，他经过反复认真研究，确认在合适的坝基处理情况下龙羊峡坝址是成立的；他倾力支持葛洲坝大江泄洪闸底板及护坦采取抽排减压措施降低扬压力；在岩滩工程讨论会上，他鼓励设计和施工者大胆采用碾压混凝土技术修筑大坝；福建水口电站工期拖延，他顶住外国专家的强烈反对，决策采用全断面碾压混凝土和氧化镁混凝土技术，抢回了被延误的工期；他热情支持小浪底工程泄洪洞采用多级孔板消能技术，盛赞其为一个"巧妙"的设计；他支持和决策在雅砻江下游峡谷修建240米高的二滩双曲拱坝和大型地下厂房，并为小湾工程295米高拱坝奔走疾呼。

1986年，潘家铮被任命为三峡工程论证领导小组副组长兼技术总负责人。在400余名专家的集中证论过程中，他尊重客观、尊重科学、尊重专家论证结果，做出了有说服力的论证结论。1991年，全国人民代表大会审议通过了建设三峡工程的议案，1994年三峡工程开工建设。三峡工程建设过程中，他担任长江三峡工程开发总公司技术委员会主任，全面主持三峡工程技术设计的审查工作。之后，又担任三峡工程建设委员会质量检查专家组副组长、组长，一直到去世。他主持决策了三峡工程中诸多重大的技术问题，解决了许许多多技术难题，当三峡工程出现公众关注的问题，受到质疑、批评、责难时，潘家铮一次次挺身而出，为三峡工程辩护，为公众答疑解惑，他是三峡工程的守护者，被誉为"三峡之子"。

晚年，潘家铮出任国务院南水北调办公室专家委员会主任，他对这项关乎国计民生的大型水利工程倾注了大量心血，直到去世前两年，他还频繁奔走在工程工地上，大到参与工程若干重大技术的研究和决策，小到解决工程细部构造设计和施工措施，所有这些无不体现着潘家铮作为科学家的严谨态度与作为工程师的技术功底。南水北调中线、东线工程得以顺利建成，潘家铮的作用与贡献有目共睹。

作为两院院士、中国工程院副院长，潘家铮主持、参与过许多重大咨询课题工作，为国家能源开发、水资源利用、南水北调、西电东送、特高压输电等重大战略决策提供科学依据。

潘家铮长期担任水电部、电力部、能源部总工程师，以及国家电网公司高级顾问，他一生的"工作关系"都没有离开过电力系统，是大家尊敬和崇拜的老领导和老专家；担任中国工程院副院长达八年时间，他平易近人，善于总结和吸收其他学科的科学营养，与广大院士学者结下了深厚的友谊。无论是在业内还是在工程院，大家都亲切地称他为"潘总"。这个跟随他半个世纪的称呼，是大家对潘家铮这位优秀科学家和工程师的崇敬，更是对他科学胸怀和人格修养的尊重与肯定。

潘家铮是从具体工程实践中锻炼成长起来的一代水电巨匠，他专长结构力学理论，特别在水工结构分析上造诣很深。他致力于运用力学新理论新方法解决实际问题，力图沟通理论科学与工程设计两个领域。他对许多复杂建筑物结构，诸如地下建筑物、地基梁、框架、土石坝、拱坝、重力坝、调压井、压力钢管以及水工建筑物地基与边坡稳定、滑动涌浪、水轮机的小波稳定、水锤分析等课题，都曾创造性地应用弹性力学、结构力学、板壳力学和流体力学理论及特殊函数提出一系列合理和新颖的解法，得到水电行业的广泛应用。他是水电坝工科学技术理论的奠基者之一。

同时，他还十分注重科学普及工作，亲自动笔为普通读者和青少年撰写科普著作、科幻小说，给读者留下近百万字的作品。

　　他在 17 岁外出独自谋生起，就以诗人自期，怀揣文学梦想，有着深厚的文学功底，创作有大量的诗歌、散文作品。晚年，还有大量的政论、随笔性文章见诸报端。

　　正如刘宁先生所言：潘家铮院士是无愧于这个时代的大师、大家，他一生都在自然与社会的结合处工作，在想象与现实的叠拓中奋斗。他倚重自然，更看重社会；他仰望星空，更脚踏实地。他用自己的思辨、文字和方法努力沟通、系紧人与水、心与物，推动人与自然、人与社会、人与自身的和谐相处。

二

　　2012 年 7 月 13 日，大星陨落，江河入海。潘家铮的离世是中国工程界的巨大损失，也是中国电力行业的巨大损失。潘家铮离开我们三年多的时间里，中国科学界、工程界、水利水电行业一直以各种形式怀念着他。

　　2013 年 6 月，国家电网公司、中国水力发电工程学会等组织了"学习和弘扬潘家铮院士科技创新座谈会"。来自水利部、国务院南水北调办公室、中国工程院、国家电网公司等单位的 100 多位专家和院士出席座谈会。多位专家在会上发言回顾了与潘家铮为我国水利电力事业共同奋斗的岁月，感怀潘家铮坚持科学、求是创新的精神。

　　在潘家铮的故乡浙江绍兴，有民间人士专门辟设了"潘家铮纪念馆"。

　　早在 2008 年，由中国水力发电工程学会发起，在浙江大学设立了"潘家铮水电科技基金"。该基金的宗旨就是大力弘扬潘家铮先生求是创新的科学精神、忠诚敬业的工作态度、坚韧不拔的顽强毅力、甘为人梯的育人品格、至诚至真的水电情怀、享誉中外的卓著成就，引导和激励广大科技工作者，沿着老一辈的光辉足迹，不断攀登水电科技进步的新高峰，促进我国水利水电事业健康可持续发展。基金设"水力发电科学技术奖"（奖励科技项目）、"潘家铮奖"（奖励科技工作者）和"潘家铮水电奖学金"（奖励在校大学生）等奖项，广泛鼓励了水利水电创新中成绩突出的单位和个人。潘家铮去世后，这项工作每年有序进行，人们以这种方式表达着对潘家铮的崇敬和纪念。

　　多年以来，在众多报纸杂志上发表的纪念和回忆潘家铮的文章，更加不胜枚举。

　　以上种种，都是人们发自内心深处对潘家铮的真情怀念。

　　2012 年 6 月 13 日，时任国务委员的刘延东在给躺在病榻上的潘家铮颁发光华工程科技奖成就奖时，称赞潘家铮院士"在弘扬科学精神、倡导优良学风、捍卫科学尊严、发挥院士群体在科学界的表率作用上起到了重要作用"。并特意嘱托其身边的工作人员，要对潘总的科技成果做认真的总结。

　　为了深切缅怀潘家铮院士对我国能源和电力事业做出的巨大贡献，传承潘家铮院士留下的科学技术和文化的宝贵遗产，国家电网公司决定组织编辑出版《潘家铮全集》，由中国电力出版社承担具体工作。

《潘家铮全集》是潘家铮院士一生的科技和文学作品的总结和集成。《全集》的出版也是潘家铮院士本人的遗愿。他生前接受采访时曾经说过："谁也违反不了自然规律……你知道河流在入海的时候，一定会有许多泥沙沉积下来，因为流速慢下来了……我希望把过去的经验教训总结成文字，沉淀的泥沙可以采掘出来，开成良田美地，供后人利用。"所以，《全集》也是潘家铮院士留给世人的无尽宝藏。

潘家铮一生勤奋，笔耕不辍，涉猎极广，在每个领域都堪称大家，留下了超过千万字的各类作品。仅从作品的角度看，潘家铮院士就具有四个身份：科学家、科普作家、科幻小说作家、文学家。

潘家铮院士的科技著作和科技论文具有重要的科学价值，而其科幻、科普和诗歌作品具有重要的文学艺术价值，他的杂文和散文具有重要的思想价值，这些作品对弘扬我国优秀的民族文化都具有十分重大的意义。

《潘家铮全集》的出版，虽然是一种纪念，但意义远不止于此。从更深层次考虑，透过《潘家铮全集》，我们还可以去了解和研究中国水利水电的发展历程，研究中国科学家的成长历程。

三

《潘家铮全集》共 18 卷，包括科技著作、科技论文、科幻小说、科普文章、散文、讲话、诗歌、书信等各类作品，约 1200 万字，是潘家铮先生一生的智慧结晶和作品总集。其中，第一至九卷是科技专著，分别是《重力坝的弹性理论计算》《重力坝的设计和计算》《重力坝设计》《水工结构计算》《水工结构应力分析》《水工结构分析文集》《水工建筑物设计》《工程数学计算》《建筑物的抗滑稳定和滑坡分析》。第十卷为科技论文集。第十二卷为科普作品集。第十三卷为科幻作品集。第十四、十五、十六卷为散文集。第十七卷为序跋和书信总集。第十八卷为文言作品和诗歌总集。在大纲审定会上，专家们特别提出增加了第十一卷《工程技术决策与实践》。潘家铮的科技著作都写作于 20 世纪 90 年代之前，这些著作充分阐述了水利水电科技的新发展，提出创新的理论和计算方法，并广泛应用于工程设计之中。而 90 年代以后，我国水电装机容量从 3000 万千瓦发展到 3 亿千瓦的波澜壮阔的发展过程中，潘家铮的贡献同样巨大，他的思想和贡献主要体现在各类审查意见、技术总结、工程处理意见、讲话和报告之中，第十一卷主要收录了这一时期潘家铮参与咨询和决策的重大工程的审查意见、技术总结等内容。

《全集》的编辑以"求全""存真"为基本要求，如实展现潘家铮从一个技术员成长为科学家的道路和我国水利水电科技不断发展的历史进程，为后世提供具有独特价值的珍贵史料和研究材料。

《全集》所收文献纵亘 1950～2012 年，计 62 年，历经新中国发展的各个重要阶段，不仅所记述的科技发展过程弥足珍贵，其文章的写作样式、编辑出版规范、科技名词术语的变化、译名的演变等等，都反映了不同时代的科技文化的样态和趋势，具有特殊史料价值。为此，我们如实地保持了文稿的原貌，未完全按照现有的出版编辑规范做过多加工处理。尤其是潘家铮早期的科技专著中，大量采用了工程制计量单位。在坝工计算中，工程制单位有其方便之处，所以对某些计算仍沿用过去的算式，而将最后的结果化为法定单位。另外，大量的复杂的公式、公式推导过程，以及表格图线等，都无法改动也不宜改动。因此，在此次编辑全集的时候都保留了原有的计算单位。在相关专著的文末，我们特别列出了书中单位和法定计量单位的对照表以及换算关系，以方便读者研究和使用。对于特殊的地方进行了标注处理。而对于散文集，编者的主要工作是广泛收集遗存文稿，考订其发表的时间和背景，编入合适的卷集，辨读文稿内容，酌情予以必要的点校、考证和注释。

四

《潘家铮全集》编纂工作启动之初，当务之急是搜集潘家铮的遗存著述，途径有四：一是以《中国大坝技术发展水平与工程实例》后附"潘家铮院士著述存目"所列篇目为基础，按图索骥；二是对国家图书馆、国家电网公司档案馆等馆藏资料进行系统查阅和检索，收集已经出版的各种著述；三是通过潘家铮的秘书、家属对其收藏书籍进行整理收集；四是与中国水力发电工程学会联合发函，向潘家铮生前工作过或者有各种联系的单位和个人征集。

最终收集到的各种专著版本数十种，各种文章上千篇。经过登记、剔除、查重、标记、遴选和分卷，形成 18 卷初稿。为了更加全面、系统、客观、准确地做好此项工作，中国电力出版社在中国水力发电工程学会的支持下，组织召开了《潘家铮全集》大纲审定会、数次规模不等的审稿会和终审会。《全集》出版工作得到了我国水利水电专业领域单位的热烈响应，来自中国工程院、水利部、国务院南水北调办公室、国家电网公司、中国长江三峡集团公司、中国水力发电工程学会、中国水利水电科学研究院、小浪底枢纽管理局、中国水电顾问集团等单位的数十位领导、专家参与了这项工作，他们是《全集》顺利出版的强大保障。

国家电网公司档案馆为我们检索和提供了全部的有关潘家铮的稿件。

中国水力发电工程学会曾经两次专门发函帮助《全集》征集稿件，第十一卷中的大量稿件都是通过征集而获得的。学会常务副理事长李菊根，为了《全集》的出版工作倾其所能、竭尽全力，他的热心支持和真情襄助贯穿了我们工作的全过程。

潘家铮的女儿潘敏女士和秘书李永立先生，为《全集》提供了大量珍贵的资料。

全国人大常委会原副委员长、中国科学院原院长路甬祥欣然为《全集》作序。

著名艺术家韩美林先生为《全集》题写了书名。

国家新闻出版广电总局将《全集》的出版纳入"十二五"国家重点图书出版规划。

国家出版基金管理委员会将《全集》列为资助项目。

《全集》的各个分卷的主编，以及出版社参与编辑出版各环节的全体工作人员为保证《全集》的进度和质量做出了重要的贡献。

上述的种种支持，保证了《全集》得以顺利出版，在此一并表示衷心的感谢。

因为时间跨度大，涉及领域多，在文稿收集方面难免会有遗漏。编辑出版者水平有限，虽然已经尽力而为，但在文稿的甄别整理、辨读点校、考订注释、排版校对环节上，也有一定的讹误和疏漏。盼广大读者给予批评和指正。

《潘家铮全集》编辑委员会

2016 年 5 月 7 日

《春梦秋云录》是潘家铮同志的回忆录。潘家铮是人所共知的水电专家、大坝专家，那巍巍大坝如何联到春梦秋云？我怀着浓厚的兴趣读了文稿，认为这是一本不寻常的回忆录。

首先是人物不寻常。以我来说，经过几十年的认识，才对潘家铮同志逐步有所了解。

20 世纪 60 年代，我初次认识潘家铮同志，知道他是新安江水电站的设计负责人。新安江孕育的专家很多，潘家铮也是专家之一吧。他不大说话，我也未作更多了解。20 世纪 70 年代，为了研究葛洲坝工程设计中的技术问题，人们向我推荐潘家铮同志。他们说，长办（长江流域规划办公室的简称，是葛洲坝工程的设计单位）的技术人员对潘家铮很佩服，很愿听他的讲课。这引起了我的注意，对长办的技术人员我是有些了解的，他们中有很多专家，能令这些专家钦佩的，那就不是一般的专家了。这时，葛洲坝二江泄水闸的消能和护坦设计，引起很大争议。那是葛洲坝工程成败的重大关键，长办同志建议的是一种轻型和先进的设计，不少人对此有疑虑。为此，我们请潘家铮同志主持复审。他在发扬民主的基础上，亲自分析计算，做出了令人信服的结论，肯定了原设计方案。在此以后，又经过了几年时间，我们确认他是水电界的第一流专家，并任命他为水利电力部的总工程师。但是对他在技术以外的其他方面，我仍没有多少了解。

20 世纪 80 年代，在研究处理龙羊峡的地质问题时，我开始认识到他的另一方面——可贵的政治品质。龙羊峡是我国正在修建的最大水库，但坝址的地质情况非常复杂，开工后暴露了很多难于处理的地质问题。国内外一些著名的地质权威专家考察现场后，对该处是否能建高坝大库深表疑虑，甚至

本序作者是原中国人民政治协商会议全国委员会副主席、原水利电力部部长，中国工程院院士。

做出不宜建库的结论。我们请潘家铮同志负责，召开了多次技术会议。经过周密的勘探与科学的分析计算，他肯定了建库的可能性，并制定了相应的技术措施。在水电技术界，许多同志都有"摇头容易点头难"的体会。如果对某一措施提出责疑，一般不会冒多少风险；但如果肯定一项措施并付诸实施，就要准备承担一切后果。对龙羊峡这样事关工程成败的问题，敢于主持并做出"点头"的结论，是要冒坐牢判刑的风险的啊！这不仅要有高度的技术水平，还要有置个人得失于度外的高度为人民负责的精神。这以后，潘家铮再一次要求入党。我们查阅了他的入党申请过程，真是历尽坎坷，百折不回。（"文革"前和"文革"中，他曾多次受到错误的批判）"文革"后虽经拨乱反正，但他的入党申请仍被搁置。到了 20 世纪 80 年代中期，他的名誉已完全恢复，地位也有了，工作也顺利，当时又正值一部分人对共产党提出"信任危机"，而潘家铮同志仍坚持要求审查他的入党问题。经过史大桢和 娄溥礼 两位同志认真研究并负责介绍，终于实现了他的愿望。我才认识到，他不仅是一位工程师，一位学者，还是一位立志献身的革命者。

去年，我意外地认识到他的政治水平，那是在读到报载的一篇署名政论文章后。大家认为文章写得非常好，但当了解到这是潘家铮的手笔时，才真正令我大吃一惊。我只知道他会设计大坝，写技术论文，却不知道他还有这一手！直到最近，看了他的回忆录，才知他岂止能写文章，而且诗词歌赋，都有很深功底。如果不是命运捉弄，他本来应当成为一位文学家的。要全面了解一个人，真不容易啊！

一位热爱文学的人，居然成为大坝专家，可见其经历之不寻常。潘家铮同志的成长道路，和我们很多同志大不相同。他首先声明，他并非"自幼热爱水电"，甚至也未热爱科学。由于战乱，他只上了初中，后经自学，才考上了大学，为便于谋生，选学了土木工程。四年大学仍处在激烈的国内战争中，学习时断时续。他的水电专业知识，主要是在工作中刻苦自学的。他对水电的感情，也是在实践中产生并日益加深的，直至成了"水电迷"。在水利电力界的中国科学院学部委员（现改称"院士"——出版者注）中，他是最年轻的，也是唯一的完全在国内学习成长的。他是新中国水电人才成长的缩影，他的经历很不寻常，却有历史的必然性。

回忆录的写法也不寻常。按照潘家铮同志的经历，完全可以写出一部辉煌成就的回忆录。但他没有这样写，却是严格地解剖自己，正如鲁迅先生所提倡的，向读者交心。展现在我们面前的，不是一位高不可攀的专家，而是一个有血有肉、有复杂情感的中国人。从一个旧中国的普通顽童，怎样经历灾难困苦，成为新中国的水电专家；在半个多世纪的中国巨变中，作为一个普通的知识分子，是怎么想和怎么做的。和他同龄以及比他年长的人，从回忆录中可以看到自己的身影，仿佛在和他同行，从而引发亲切的联想和对比。对年轻的一代，可以更具体真实地看到中国知识分子的过去、现在和未来。总之，每一个人读了它，都会进一步回忆和思考，怎样做一个中国人。我想，这也是本书的主旨吧！

钱正英

1990 年 4 月 1 日

于北京

原版序二

　　这本集子是一位工程师写的，写的是作者人生道路上甜酸苦辣的往事，读起来像是传奇，却都是纪实，很感动人。

　　我做此介绍，因为我认识作者潘家铮，我了解他作为工程师和科学家所做出的贡献和成就，我又欣赏他文学方面的修养和才华。

　　作者潘家铮从事新中国的水力发电建设工作将近40年了，现在是能源部的水电总工程师。他先后参加和主持过许多座大中型水坝和水电站的设计和施工，几乎可以说，在中国所有较大的水电站工地上都留下过他的足迹和汗水。他在学术方面也有很多成就，有专著和论文上百种，1980年11月当选为中国科学院学部委员（院士）。

　　这样一位有成就的工程师和学者，却天生爱好文学。正如他自己说的："我是热爱水电事业的，但这是伟大的历史潮流把我推上这条道路的，我与水电事业是'先结婚后恋爱'的。"至于他对中国文学的感情，则是热烈的"初恋"，深情至今不衰。看来，现实与理想总是有矛盾的，只有经过不懈的努力和追求，才能统一。

　　中国的知识分子所经受的困苦曲折，是其他国家知识界所难以理解的。但正因为如此，中国知识分子的爱国心和事业心也是他人所难以想象的。我读过这本集子的部分稿子，我觉得它的好处就是真实地反映了这个大时代中一名工程师所走过的路，和他对国家、对事业的一颗心。对于这个大时代，我们过来人是不应该忘记的，我们的后代也是不应该一无所知的。如果由一位专业作家来写，可以写得很精彩，但是由工程师自己来写，事迹就更翔实，喜怒哀乐的感情也会更真实一些。作者愿意出版他的稿子，

　　本序作者是中国科学院院士、大连理工大学教授。

正好可以作为这个时代的一个痕迹，而且也可以给我们的后代提出许多发人深思的问题。

钱令希
1990 年 9 月 8 日
于大连

原版自序

　　记得童年时握笔作文，往往喜欢写些"光阴似箭、日月如梭"之类的套话，长大后钻在古典文学堆里，又无病呻吟似地写些"双鬓催人"的诗句。当时并未真正认识到流光的可贵，更没有感受到老之将至的威胁。谁知眼睛一眨，60多年的岁月已经飞逝了，尽管自己似乎还没有好好体会一下做人的滋味，却真已齿豁头童，垂垂老矣。这才恍然于光阴对人来说是何等严酷无情啊。

　　据说人老了常常喜欢回想前事，有成就的人则写回忆录。我对做旧梦的嗜好，不但未能免俗，而且乐此不疲。一空下来总情不自禁地想想几十年前的事和人，它们像迷漫的烟雾、将醒的梦境，分明在前，伸手去抓却什么也没有。至于写回忆录，那应该是有贡献的人的事，在他们的回忆中有可歌可泣的事迹，具有发聋振聩的作用。即使是位平庸的总统，总也掌握些外人鲜知的内幕轶事，印出来也足资考证谈说。我却是个极平凡的人物，有什么可写，又有谁要看呢？

　　可是这件事始终萦绕在我心中，这不是我无自知之明，而是有自己的想法。我的一生虽然平淡无奇，可是我经历了中国近代史上光怪陆离的几十年。平凡的生活中处处留下时代的痕迹，或者叫作打上时代的烙印。把它们如实记述下来，同样可起到从一个角度反映时代特色的作用，正像丢在垃圾堆里的破镜子可以照出大都市里某个角落的面貌一样。

　　当我呱呱坠世时，宣统皇上已被赶出了紫禁城，蒋委员长也坐上了龙庭，可是几千年来的封建势力几乎纹丝未动。加上我的出身影响，我仍然接受了传统封建教育，而且还读了大量中外小说。一直到弱冠之年，四书五经、七侠五义加上红楼西厢指导着我的思想和言行。另一方面，我自有知以来就生活在亡国灭种的阴影中，11岁时爆发了救亡战争，我也饱尝逃难、挨炸、流亡、要饭，最后沦为亡国奴的滋味。抗战胜利后我进了大学，正当满腔热情想读书建国时，迎来了三年解放战争。新中国成立后我才有了一个献身事业的机会，但又经历了一次次的政治运动，直到进入牛棚又从牛棚中出来。如果把这些记述下来，不也可供谈论借鉴吗？我想至少青年人读了比之于读一些充斥书市的武侠或黄色小说有意义些，可以知道今日局面来之不易、弥足珍贵。这就是我想写书的本意。

话虽如此，真要动笔，顿感困难重重。首先要恨这支秃笔，也许写惯了技术文章或会议纪要，现在要改写些歪门邪道的东西就笔重如山了，只好每天或每周硬挤千把字出来。其次，茫茫往事从何下笔呢？我只能选一些印象较深、能引起人兴趣的琐事来写。对旧社会，我写了许多苦难；对新社会，我没有歌功颂德，也对以往的失误做了记述和讽刺。我爱社会主义祖国，爱祖国的救星共产党，也正因为如此，我对失误才有无比的痛心。我想这样写更有益处。如果有人不体谅，那也只好"知我罪我，其唯此乎"。

最大的问题还是谁愿意印这本书呢？这确实难住了我。但最后水利电力出版社愿做这笔赔本买卖，于是就出现了这样一本不成样子的东西，呈献在读者面前。这样的东西居然得到李鹏同志慨赐墨宝、钱正英和钱令希两位尊长赐写序言，不但使我受宠若惊，更感到压力在身。如果我写的内容辜负了领导、师长的期望，只能是自己负责，并事前在此请罪。

最后还得交代几句，我在写作中当然力求真实，但事隔数十年，一些人物、事迹、日期不可能记得很准确，张冠李戴、前后讹乱怕是难免，姑且不谈"艺术夸张"因素。好在这不是信史，我也懒得一一考证，望勿深究是幸。所谓"诗学西昆原有意，不劳辛苦作评笺"也。

1990 年秋
于能源部

编辑说明

一、基本原则

《潘家铮全集》（以下称《全集》）的编辑工作以"求全""存真"为基本要求。"求全"即尽全力将潘家铮创作的各类作品收集齐全，如实地展现潘家铮从一个技术人员成长为一个科学家的道路中，留下的各类弥足珍贵的文稿、文献。"存真"即尽量保留文稿、文献的原貌，《全集》所收文献纵亘1950～2012年，计62年，历经新中国发展的各个重要阶段，不仅所记述的科技发展过程弥足珍贵，其文章的写作样式、编辑出版规范、科技名词术语的变化、译名的演变等都反映了不同时代的科技文化的样态和趋势，具有特殊史料价值。为此，我们尽可能如实地保持了文稿的原貌，未完全按照现有的出版编辑规范做加工处理，而是进行了标注或以列出对照表的形式进行了必要的处理。出于同样的原因，作者文章中表述的学术观点和论据，囿于当时的历史条件和环境，可能有些已经过时，有些难免观点有争议，我们同样予以保留。

二、科技专著

1. 按照"存真"原则，作者生前正式出版过的专著独立成册。保留原著的体系结构，保留原著的体例，《全集》体例各卷统一，而不要求《全集》一致。

2. 科技名词术语，保留原来的样貌，未予更改。

3. 物理量的名称和符号，大部分与现行的标准是一致的，所以只对个别与现行标准不一致的进行了修改。例如："速度（V）"改为了"速度（v）"。

4. 早期作品中，物理量量纲未按现在规范使用英文符号，一般按照规范改为使用英文符号。

5. 20世纪80年代以前，我国未采用国际单位制，在工程上质量单位和力的单位未区分，《全集》早期作品中，大量使用千克（kg）、吨（t）等表示力的单位，本次编辑中出于"存真"的考虑，统一不做修改。

6. 早期的科技专著中，大量采用了工程制计量单位。在坝工计算中，工程制单位有其方便之处，另外，因为书中存在大量的复杂的公式、公式推导过程，以及表格图线等，都无法改动也不宜改动。因此，在此次编辑全集的时候都保留了原有的计算单位，物理量的量纲原则上维持原状，不再按现行的国家标准进行换算。在相关专著的文末，我们特别列出了书中单位和法定计量单位的对照表以及换算关系，以方便读者研究和使用。对于特殊的地方进行了标注处理。

三、文集

1. 篇名：一般采用原标题。原文无标题或从报道中摘录成篇的，由编者另拟标题，并加编者注。信函篇名一律用"致×××——为×××事"，由编者统一提出要点并修改。

2. 发表时间：①已刊文章，一般取正式刊载时间；②如为发言、讲话或会议报告者，取实际讲话时间，并在编者注中说明后来刊载或出版时间；③对未发表稿件，取写作时间；④对同一篇稿件多个版本者，取作者认定修改的最晚版本，并注明。

3. 文稿排序：首先按照分类分部分，各部分文稿按照发表时间先后排序。发表时间一般详至月份，有的详尽到日。月份不详者，置于年末；有年月而日子不详者，置于月末。

4. 作者原注：保留作者原注。

5. 编者注：①篇名题注，说明文稿出处、署名方式、合作者、参校本和发表时间考证等，置于篇名页下；②对原文图、表的注释性文字，置于页下；③对原文有疑义之处做的考证性说明，对原文的注释，一般加随文注置于括号中。

四、其他说明

1. 语言风格：保留作者的语言风格不变。作者早期作品中有很多半文半白的文字表达，例如："吾人已知""水流迅急者""以敷实用之需""×××氏"等。本着"存真"和尊重作者的原则，未予改动。

2. 繁体字：一律改用简体字。

3. 古体字和异体字：改用相应的通行规范用字，但有特殊含义者，则用原字。

4. 标点符号：原文有标点而不够规范的，改用规范用法。原文无标点的，编者加了标点。

5. 数字：按照现行规范用法修改。

6. 外文和译文：原著外文的拼写体例不尽一致，编者未予统一。对外文拼写印刷错误的，直接改正。凡是直接用外文，或者中译名附有外文的，一般不再加注今译名。

7. 错字：①对有充分根据认定的错字，径改不注；②认定原文语意不清，但无法确定应该如何修改的，必要时后注（原文如此）或（？）。

8. 参考文献：不同历史时期参考文献引用规范不同，一般保留原貌，编者仅对参考文献的编列格式按现行标准进行了统一。

目录

我是怎样走上水电建设道路的❶

他将与缪斯女神的初恋和翱翔蓝天的遐想珍藏在心灵的深处，走遍祖国的天涯海角，制服一条条桀骜不驯的江河……*

一些朋友在介绍我和青年同志见面时，常说我是个"自幼热爱水电建设，在水电界勤奋工作数十年，做出卓越贡献的科学家。"我听了总是面红耳赤。因为不仅"卓越贡献"并不存在，而"自幼热爱"云云更与事实相去万里。其实，我走上水电道路纯系"历史的误会"。我愿意在本书的开宗明义第一章中，追忆一下我的曲折经历，对于在甜水中长大的青年朋友也许有些益处。

1927年深秋，我诞生在故乡绍兴的一个破落书香人家，祖母抚养我长大。她不识字，却是一位地道的"民俗文学专家"。我至今记得，当我啼哭时，祖母便将我揽在怀中，一边摇晃，一边唱起山歌来：

> 一把芝麻撒上天，肚里山歌万万千，
> 江南唱到江北去，回来再唱两三年。
>
> 山歌好唱口难开，鲜果好吃树难栽，
> 白米饭香田难种，鲫鱼汤美网难抬。
> ……

我懂一些事后，祖母又教我猜谜：

> 年少青青老变黄　十分敲打结成双
> 送君千里总须别　弃旧换新丢路旁

谜底是草鞋。我不知道这些诗谜是出于文人雅士之手，还是劳动人民所创，总之，我觉得意味深长，自然合律，确是佳作。在祖母的启蒙下，我幼小的心灵里种下了喜欢诗歌

---

❶ 曾在《科学家》1987 年第 3 期上发表过，收入本书时稍作改动。

* 《科学家》编辑部所加。

的根苗。

我刚念到小学五年级，抗战爆发了。父亲携带我们逃到海滨的一个小村躲避。父亲是个十分古板、封建的人，在兵荒马乱中还不忘以经史课子。他将我关在楼上一间房中，每日除做些算学外还要授四书一段或古文一篇，第二天要我背诵出来。这真害苦了我。我最恨的是那位搞四书集注的朱夫子，曾把他的大名写在纸上剪成碎片以泄愤。在万分枯燥之余，我注意到堆放在屋角的一口锁着的大木箱。我曾多次扒在箱上，猜想内藏何物？久之，终于发现一个秘密：木箱背面底部因受潮霉烂，可以拆下一条木板，伸手进去掏摸。当我发现原来箱里藏有大量诗文和小说时，简直喜出望外。自从得此宝库后，我再也不在下午吵着要出去挖野菜和钓鱼虾了，日夜浸沉在文史之海中。我发现中国的文学和独特的汉字体系真是妙不可言，确乃人类文明的瑰宝，我是愿意终生沉醉其中了。

在海滨的避难生活前后持续有两个年头，接着我在浙东山区流浪，断断续续读到初中二年级，到1942年日军大举进攻浙东而辍学。其后回到沦陷了的县城，做了两年"良民"。但是，终究忍受不了"皇军"的欺侮凌辱，又跑到游击区当上小学教师。对我来说，读书深造已无指望，我已安心在乡村当一个被人看不起的"猢狲王"度此一生了。

抗战的胜利却给我带来希望。胜利不久，父亲命我参加"沦陷区中等学校学生甄别试验"。我只好暂时和唐诗宋词告别，重新捡起代数、几何和物理、化学，夜以继日地死啃硬记。这真是一场难以想象的拼搏。半年多时间，人瘦了十斤，但居然考得一个高中毕业的资格。接着父亲为我买来浙江大学的招生简章和报名单。我真如绝处逢生，并毫不犹豫地填上报考中文系的字样。不想父亲看后，勃然震怒，把我叫去一顿臭骂：

"荒唐！你将来还要不要成家？要不要养儿育女？"

我素来畏惧父亲，而且一时体会不出这与养儿育女有什么关系，结结巴巴答不上话。父亲见状放缓了口气，"谆谆教导"起来：

"中文系是万万念不得的，读出来有什么出路？好不过混个中学教师，清苦一辈子，老婆都养不活……我已经吃了一辈子苦，不想让儿子也去过这种日子！"

"那我去念什么好呢？"我迷惘地问。

"要读实科！学些真本领，才能有个好饭碗。"

于是我又埋头研究招生简章上的"实科"科系来。结果发现了一个"航空工程系"。航空，不就是造飞机么？这对于连火车也未坐过的我具有很大的吸引力。于是我涂掉了中文系，端端正正写上航空工程系五个大字。这次父亲没有发什么话，只是咕噜了一句："航空倒是新东西，就不知你能否考得上、读得进，满脑子都是才子佳人、风花雪月，不长进的东西！"知子莫如父，他知道我的爱好，而且对之深恶痛绝。

接下来又是一场考大学的拼死搏斗，由于要向父亲交差，而且还关系到今后"养儿育女"大业，我又掉了几斤肉。这年暑假又居然糊里糊涂地考上了航空系。命运似乎已经把我带上做飞机设计师的道路了。

但在第二年夏天，我偶然在一张残破的《东南日报》上看到一则小新闻，说的是一位留英航空博士，回国后就业无门、病贫交迫、饮恨上吊自杀云云。我看了后不禁倒抽一口冷气，暗自琢磨：不论自己如何悬梁刺股、焚膏继晷，也读不到留英博士水平。博士尚且上吊，我又有何望耶？的确，这一届航空系毕业的同学很少找到出路，倒是土木系人数虽多，饭碗却都有了着落。据说，这不仅因为系老板（系主任）交游广，更由于土木系所学较杂：测量、建筑、铁道、公路、水利甚至还能装马桶排污水，到哪里也可找到饭碗。我聆教后不禁怦然心动，装马桶虽然比造飞机要低级得多，但看到同系学友纷纷转系，我也索取了一张申请单，填好了转土木系的要求。

但是事到临头我又犹豫，我很留恋放在工厂里的那两个破飞机头，它是我的第二志愿啊。最后，理想毕竟得服从现实，为了吃饭，连多少年来最心爱的唐诗宋词都可以割爱，何况破飞机头呢。我咬咬牙拿了转系单跑到系主任办公室门口。到了门口又是"足将进而趑趄"。因为我怕见系主任范绪箕教授。这次航空系新生纷纷转学，对他是个打击，我在此时又去告退，未免不够仗义，倒不如与飞机头共存亡了吧。我正在进退不决时，忽然房门"吱"的一声打开，系主任走了出来。

我慌忙把转系单藏在背后。他已看见了我，"有什么事吗？"

"……"

"来转系的吗？"他已料到八分，满脸不快。我鼓起勇气，蚊子似地应了个"嗯"字。

"进来！"我以为他还会挽留我一下。如果是这样，我肯定是与飞机头共存亡了。但他只是冷冷地说："拿过来！"

我红着脸递上单子，他看也不看就签上了字，掷还给我。我本来还想说几句我是如何喜欢航空工程，出此下策乃不得已也之类的道歉话，但张了几次口都语不成音而止。于是我鞠了个躬，像被释放的小偷一样溜回宿舍。残酷的现实！为什么不能让人读他心爱的书做他心爱的事啊！

命运似乎总是嘲弄人。转系后第二年，航空系毕业的人都进了"航空委员会"，土木系毕业生倒有不少教书或回乡去了。这下子我真狼狈万分，后悔莫及啦。再转回航空系去吗？又不知明年是什么行情。而且从二年级起，两个系的课程已有所不同，再转回去就得延长半年，这对穷学生的我是不能接受的。于是，心一横就和"污水处理"善结良缘到底了。

顺便说一下，我的四年大学生活是极不平静的，实际上读不了多少书。第一年浙大正在复员，新生拖到12月才入学，入学不久就爆发抗议美军暴行运动，提早放暑假结束。第二年是学运高潮年，一浪接一浪，罢课时间比上课时间还长。第三年，从准备应变到迎来解放。第四年，我响应党的号召去支援解放舟山的战争（修公路和机场），而提前一年毕业。这样，在四年中学到的东西就很有限了。但是，多年来的自学经验，使我在大动乱中仍能见缝插针地汲取知识。特别是浙大名师荟萃，言传身教，学风严谨求实，虽乱不变，对我的影响至为深巨。例如钱令希教授讲授的结构学、汪胡桢教授的水力发电和张福范教授的弹性力学等都在我脑中留下深刻的印象。特别是钱令希教授博大精深的学识、启发诱导式的讲课，确实使学生犹如坐春风似沐霖雨的感受。他可能是浙大中第一位让学生自己预习、写出讲义初稿、实行开卷考试和鼓励学生在课堂上交流争辩的教授。这些师长的教诲，不仅是给了我知识，更重要的是教给我今后工作、研究、思考乃至做人的道理。在他们的潜移默化影响下，我确实有了难以察觉然而至为重要的进步。钱先生和钱师母对我尤为关心，还不断地用他们微薄的薪水资助我度过经济难关，能够遇上这样的恩师真是我的运气。

四年大学生活梦幻般地逝去了，面临着毕业就业问题。那时还没有统一分配之说，但失业之虑是不存在了，因为新中国处处建设，百废待兴，处处要人啊！同学们纷纷报名去天南海北，专业有港口、铁道、建筑、公路、水利……我也多么想飞到祖国的边疆去一显身手啊！可是，当时我家中父亲早已逝世，母亲、姨母和长兄都患上精神分裂症，弟弟抗美援朝离去，还有个幼妹需我抚养。这些无形的绳索将我紧紧捆住，我是无法远离家乡的。钱令希先生了解我的处境，对我说："燃料工业部在杭州有个钱塘江水力发电勘测处，挺不错，我认识他们的徐洽时主任，你还是到那里去吧，也好就近管家。"说实话，我当时并不乐意，因为这个勘测处是国民党资源委员会留下的一个小摊子，任务只是查勘钱塘江支流和一些小河的水力资源，虽说也有 CVA 的计划（在街口修个十多万千瓦的电站），天知道哪年能够实现。去那里工作也不过是混日子，但是为了照看这个破烂的家，也只好将就了。几天后我就背了行李卷报到去。徐老倒是十分热情，安排我参加一座 200 千瓦的小水电站的设计施工，还给了 123 个"折实单位"的工资，这在我的同学中算是最高的了。从此我有了赡养母亲和其他亲属的能力。

我到勘测处去工作，原来是作为"过渡站"考虑的，因为我总梦想飞到天涯海角去为祖国建设贡献青春。没想到一年以后，祖国的水电建设就以不可想象的速度蓬勃发展起来，而我也逐渐对水力发电这门科学技术产生了感情和兴趣。不久，我终于走出小圈子，从衢江、新安江走向广东的流溪河，海南的昌化江，西南的大渡河、雅砻江、金沙江、红水河和乌江，西北的黄河和汉江，把青春献给了祖国的水电事业。所经手的工程也已经是数百万千瓦到千万千瓦以上的巨大工程，一干就是 40 年。当我看到一条条桀骜不驯的孽龙被征服、日夜奔腾的江水转化为无穷无尽的电力，给祖国带来光明和繁荣时，心中有说不出的欢乐。现在，我和水力发电已经有了生死与共的感情，什么力量都不能把我们分开。我希望在有生之年能参加更伟大、更困难的中国乃至世界的一流大水电站的建设。尽管由于自然规律的限制，我能为祖国做出的贡献已经有限了，但我回首前尘，觉得愉快和安心，因为我没有虚度年华。总而言之，我是热爱水电事业的，但这是伟大的历史潮流把我推上这条道路的，我与水电事业是"先结婚后恋爱"的。

至于我怎么打发自己的初恋——中国文学呢？据说一个人对他的初恋是终世难忘的，我也如此。尽管我已做了工程师，整天和大坝、隧洞、水轮机打交道，但总是忘不了"她"，经常是一卷相随，自得其趣。不论是在野外查勘还是工地苦战，不论是读报有感、故友来访还是慈母见背、爱女夭殇，我总要把喜怒哀乐涂鸦成诗，寄托我心底的深情。这是我的乐趣，也成了祸根。尤其在"史无前例"期间，人们查获了我的诗稿，作了"史无前例"的剖析，发现其中有"史无前例"的恶毒攻击。为此，我遭受了难以忍受的折磨。幸喜我对中国历史颇有研究，当年津津有味地探索过明太祖和乾隆皇上的文字狱，觉得自己尚未遭受凌迟和灭族之祸，大可自慰，因此还能熬到"四人帮"垮台，这是后话不提。

亲爱的年轻朋友，你们现在可以自由地选择专业，也没有毕业即失业的恐惧，祖国建设正等待着你们，看了我的曲折经历后不知有什么感想？

《西厢记》的风波

——童年幻影之一

在我十四岁的时候，抗战的烽火烧到了我的家门口，父亲带着我们"逃难"到一个滨海小村躲避。我在狼烟漫天、哀鸿遍野的时候，竟然在这个桃花源里隐居下来，天天背诵着父亲讲授的"四书""诗经"和古文。

让一个孩子去读那些"断烂朝报"确实是件苦事，但我也有自遣之道。原来我有好些枕中秘籍，那就是我从一口大木箱中找到的许多妙书。其中的精华则有一部木版的金圣叹批点的第六才子书——《西厢记》、四卷扫叶山房石印的《诗韵合璧》，还有不少笔记小说和一套《芥子园画谱》。其中，那部《西厢记》更是宝中之宝，我把它珍藏在枕头底下。感谢父亲让我一个人睡在楼上的书房内，他也许是指望我悬梁刺股、研习圣贤之道，却给我带来极好的机会。每当夜阑更深、大人们都睡熟后，就是我的天下了。我悄悄点燃一盏昏暗的菜油灯，在豆大的灯光下欣赏这部名著，那滋味啊，真是"妙处难与君说"。

尽管那时我已涉猎过不少闲书，大大高过同龄儿童的水平，也远远超出礼教和家规许可的范围，但一接触这部才子书时，其心情真像张生初遇莺莺那样："颠不剌的见了万千，似这般可喜娘的庞儿罕曾见"。读了《西厢记》，我才知道天底下除了"诗云""子曰"以外，还有着这么美妙的文章。我完全着了迷，读了一遍又一遍，大段大段的唱词对白都能一字不漏地背下来——也无需父亲戒尺的帮忙。一闭眼，风流痴情的张生、美丽羞涩的莺莺，还有那个聪明伶俐可人心意的红娘都活灵活现地出现在我面前。那些最精彩的绝妙好辞，如"眼花缭乱口难言，魂灵儿飞在半天"啦、"怎当她临去秋波那一转"啦，直到"碧云天，黄花地，西风紧，北雁南飞"，真个是读上去满口生香、沁人心脾、撩人情怀。正像批书人说的，这些话都是我想说而说不出来，却被作者写了出来；又像是我失落在什么地方久久找不到的，被作者捡了起来。我完全相信：这种好文章是天生的，不是人写出来的。"文章本天成，妙手偶得之"。一句话，我是五体投地拜倒在王实甫的脚下了。（顺便说一句，我也完全同意圣叹先生的高见，《西厢记》中大团圆的第五折，即使不是伪作，也实在是败笔。这幕人生活剧能在长亭送别草桥惊梦处戛然而止，曲终人不见、江上数峰青，教人回味遐想，胜过大团圆结局何啻万倍！）

有了《西厢记》这样的奇书，怎么还读得进圣贤之文呢！而且那时父亲讲授的又是韩愈老夫子的大作，什么"原道"呀、"原毁"呀这类哲学意味很深的文章，又写得佶屈聱牙、古奥无比，我委实听不进，读不熟，记不住，一心只惦记着张生的病情，揣摸着莺莺的心境，回味着红娘的言语。但第二天照例是要背诵出来的，放在书桌上的红木戒尺逼着我去嚼这甘蔗渣儿——不，比甘蔗渣还糟，简直是逼人吃蜡烛嘛！我敢打赌，创造出"味如嚼蜡"这句成语的先生肯定也是尝过这滋味的。时间呢，又是夏天。"春天不是读书天，夏日炎炎正好眠"可一点不假。尤其到了下午，人更困倦，窗外落花如雪，知了一声又一声地长鸣，倍添烦恼。我长叹一声，把手中这本"古文辞类纂"狠狠甩在地上。明天拼着个"嫩皮肤倒将粗棍抽"，干脆不念了。这时，我正在无师自通地学做近体诗，就对窗吟哦起来。花了很久工夫，依靠那部《诗韵合璧》，居然凑成了一首歪诗，还是一首七律呢。诗曰：

> 寂寞心扉久未开　长歌当哭且徘徊
> 也知春去已多日　为见花飞正作堆
> 魂逐张崔临普救　梦随刘阮入天台
> 奈何苦被诗书误　辜负芳华去不回

写好后，摇头晃尾地吟哦一番，觉得心里舒畅多了。还舍不得把它遗忘了，用毛笔悄悄写在书桌角上，而且落了个很文雅的款：惜花主人未定草。

第二天我果然获得一顿好打，倒不是因为没有流利地背出韩老夫子的大作，而是写在桌子上的歪诗被老爸爸发现了。他气得面色发青，手持戒尺，边打边问："下流胚，这是谁教你的，写这种东西？"

大凡一个人被逼到走投无路的境地，容易横了心反扑，此古人所以有"穷寇勿追"之训也。孩子也是一样，我吃打不过，干脆进行自卫反击，就一面哭一面叫："这还不是你教我的么！"

父亲闻说，又惊又怒，停下戒尺，厉声喝问："你这个畜牲，我几时教过你写这种下流东西？"

"你不是教我读诗经么？关关雎鸠，在河之洲；窈窕淑女，君子好逑。我不过想找个'好逑'罢了，为什么又要打我？"

父亲像被打了一闷棍，哑口无言。半晌才结结巴巴说了一大通，什么诗有六义、赋也兴也比也啦、关雎王者之风、美后妃之德啦，还有什么诗三百一言以蔽之思无邪啦等。最后他又找到一条我不能"好逑"的道理："况且，你也没有到君子好逑之时。"

我抓住他的话，继续进行反攻："既然我还没有到好逑之时，为什么要我读好逑之章呢？你说，关雎是得性情之正、美后妃之德，那么'静女'呢？'死麕'呢？'静女其姝，俟我于城隅''有女怀春，吉士诱之'，不是吊膀子轧姘头是什么？"

想不到在这场论战中，貌似强大、满腹经纶的父亲竟败下阵来。他根本说不过我，最后只能搬出他的看家本领，不管是非曲直，一顿好打，以力服人。还责令我跪在祖宗堂下思过，并且不许吃中饭。在和爸爸的舌战中，我注意到祖母和母亲明显地站在我的一边。母亲不敢多言，祖母虽然没有《红楼梦》中老祖宗那么大的权威，但多少有点发言权，她不满意地发话：

"教儿子也得有个分寸，这么小的年纪，这样打仗的时候，天天关在楼上读古文，还想要他去考状元不成？写点诗、看点闲书有什么不好。"

父亲装作没有听见，也许他自知理亏，所以当母亲偷偷塞给我一个烧饼时，也眼开眼闭，不予深究。饿火上升中得到这个烧饼，当然是"味道好极了"。

但是父亲还不肯罢休。他从我的歪诗中看到有"张崔""普救"字样，心中动了疑，进行了突然袭击，搜查了我的床铺，果然发现了我的枕下秘籍。他面有愠色，狠狠地指着我说："不长进的下流胚，小小年纪看起淫书来了，我教你再去看！"他边说边找来一只火盆，擦根火柴就点燃了那部有金圣叹批语的第六才子书。我这时好像眼看亲人受刑，犹如万箭穿心，欲抢不敢，欲哭无泪，眼睁睁看着火舌吞吃着这部天下奇文。父亲直到书快烧尽时才走，我马上扑向火盆，顾不得烫手，抢救莺莺。可怜这部久经沧桑的木版书，本已纸脆线断、虫蛀鼠啮，怎再经得起丙丁之劫，除了书缝中尚留下一些未烧透的残片外，就是一堆轻灰了。我伤心恸哭，一面用筷子在火盆中拨来寻去，一面咬牙切齿地做了一首抗议诗。那诗说：

熊熊烈火送多情　顿足搔胸救未成
无奈相思烧不尽　拨灰犹唤小莺莺

我也同样不肯罢休。我将还能记忆的《西厢记》文章，尽可能地追写出来。而且，我不能让宝贵的遗灰散落在地，被不干净的脚践踏。于是我钉了一只小木箱，铺上洁白的棉纸，将纸灰细心地倒在里面，又寻出几支用破的毛笔和磨剩的墨头，连同那首小诗端端正正放好，作为殉葬品，在后园掘了个坑，筑了一个小小的"文冢"。每到月明之夜或风雨之夕，我常常到"文冢"前徘徊凭吊，直到这海滨小村也逃不出日军铁蹄的践踏，我们又匆匆逃离为止。

茉　莉　缘

——童年幻影之二

自从我的那部"枕中秘籍"《西厢记》被父亲无情地火化后，我仿佛失掉三魂六魄，一直寝食不安、郁郁寡欢。张生和莺莺的幻影一直盘踞在我脑中。"哪里有压迫，哪里就有反抗"，面对着父亲的高压政策，我也不断产生反抗的念头。这一天，我忽然想起，张生是在荒凉的普救寺中遇见莺莺的，西施也是个乡下浣纱女，赵飞燕的出身也不光彩，我住的村子虽小，焉知没有空谷幽兰存在呢？与其坐而思，何若起而觅，我何不放出眼光，物色个绝世佳人，演它一出哀感顽艳的悲喜剧出来呢？！

这么一想，精神大振，于是我着意在左邻右舍中寻找我理想中的佳人。不幸的是，村子里的女孩子虽有几个，但多是头上长着白虱、脸上拖着鼻涕的姑娘。尽管我一再放低"佳人"的标准，降格以求，甚至达到"不惜血本"的程度，总难以有人入选。我也没心考证西施在浣纱时是否长过虱子或赵飞燕小时是否拖过鼻涕，只能慨叹上天对我的不公平了。所幸一个多月后，竟来了机会。原来有一家城里贵客又避难迁来这里。这一家姓程，程伯伯是做绸布生意的，人很厚道，更重要的是带来了一个女儿，名唤茉莉，小我几岁，我们很快就厮混熟了。

茉莉的到来，使我大有山重水复疑无路、柳暗花明又一村之感。我曾不止一次地偷偷端详过她，觉得她虽然离"沉鱼落雁，闭月羞花"有很大距离，但和那些乡村姑娘比实有天壤之别。"蜀中无大将，廖化作先锋"，或者说得更通俗些，"山中无老虎，猴子称大王"，根据相对论原理，我决定选茉莉为我的理想佳人。美中不足的是她的年龄实在太小了些，我也顾不得许多了。于是我施展浑身解数在她面前大献殷勤。茉莉也不大愿意和村里的野孩子玩，又惊羡我肚子里有那么多的故事，所以一拍即合。一有机会我们就耳鬓厮磨混在一起，大有相逢恨晚的情意。

经过一段时间的"感情酝酿"，我开始向她发动第一个战役。这天下午，我邀她进行秘密会谈。茉莉欣然而来，和我并肩坐在小河边洗足。我悄悄问她："茉莉，你肯和我做才子佳人的游戏吗？"

"什么叫才子佳人？"茉莉瞪大了一双杏眼问我。我一听她连才子佳人的基本定义都不知道，未免扫兴，而且着实瞧不起她，但仍然按下火气慢慢说教：

"你看过梁山伯与祝英台的戏文吗？对了，梁山伯就是才子，祝英台就是佳人。还有呢，你看过《何文秀》《红楼梦》《西厢记》……嗳，你多读点书就好了。一个人啊，做上才子佳人，将来会上戏呢，真真是千古流芳。你如果肯，你做佳人，我来做才子。"

茉莉听说做上佳人有这么多好处，高高兴兴地答应了。她又问：

"怎么个玩法呢？也是拜堂做新娘子吗？"

我慌忙制止她那庸俗不堪的问话，只告诉她一切要听我指挥。第一步当然要像个佳人的模样，于是我给她上起基本课来，诸如走路不可快，说话不能露牙，喝茶要一小口一小口地啜等。茉莉很有兴趣地听着学着。但最后我要她自称"奴家"时，她咯咯地笑个不停，怎么也不肯说，一溜烟逃走了。

经过我的精心培育熏陶，茉莉大有长进。我有说不出的高兴。掂掇着火候快到，就发动第二回合的攻势，这就是约茉莉晚上到天井中相会。茉莉听说后不解地问：

"你有话现在就讲好啦，半夜三更到天井里干什么？"

"啊哟，茉莉，才子佳人都是这么干法的。私订终身后花园、落难公子中状元嘛。你想想，将来我中了状元，你就是一品夫人，凤冠霞帔，多神气。"

茉莉被我说动了心，但她皱着眉头说："可我们没有后花园呀。"

"马马虎虎，用天井代一下。将来我中了状元，再来翻修成花园。"

茉莉经不住我的软磨硬求，终于答应九点左右在天井里相会。可怜我这一天从中午起，哪有心思吃饭读书，一心盼望太阳早些西下，不住盘练幽会时的台词和举止，幻想着今夜将发生的艳遇。好不容易挨到夜深，我悄悄下楼开门出来，坐在石凳上痴等。好一会儿，左厢房的门也开了，茉莉鬼头鬼脑地溜了出来。我心花怒放，迎上前去，正想开口，茉莉却一伸手递给我一个东西。我不知就里，接了过来，在月光下一看，原来是个冷饭团，我这才注意到佳人的另一只手中也握着一个饭团，而且樱桃小嘴还在一动一动地啃着吃，这饭团显然是她偷出来送给情郎享用的。我被她这种大煞风景的举动激怒了，怎么能想象莺莺会偷个饭团给张生去吃呢。我用力把饭团丢得远远的，恨恨骂道："你这个人真正小家败气、不成大器！"

茉莉被我的粗野举动吓怔了，接着鼻孔一缩就抽抽咽咽哭了起来。我发觉局势不妙，只好赶快百般温存求饶。好不容易哄得她收泪止泣，我扶她在一条石凳上坐定，然后贴着耳朵对她说：

"茉莉妹妹你坐好，哥哥有些心底话要和你说。"

"好，你说吧。"茉莉仍专心地啃她的饭团。

我就按照预定模式，屈下一条腿，半跪着用唱越剧的调门说道："小姐请听。小生姓某名某某，会稽山阴人也。年方二七，尚未婚配。父母不生多男，只生小生一人……"

茉莉好奇地听着。她经过我苦心教育，已能听懂不少唱戏中的调门。她听到这里，不觉放下饭团打断了我：

"二哥哥，你们不是有四兄弟吗？"

我大为扫兴，不快地回答说："这个么，凡是才子都这么说的。你别打断我，你听好……今者小生见到小姐有沉鱼落雁之容、闭月羞花之貌，此心不能自主，千里相随至此。望小姐怜我一片痴心，私订终身。如若不然，小生唯有跳河上吊，了此一笔孽债也……"我说到这里，便做出要跳河的架势，尽管天井里只有几只水缸，河是绝对没有的。

茉莉信以为真，慌了手脚，赶忙拉住我，连声答应："我嫁给你好了，你千万别寻死，你妈妈知道要打我的。"

我一听此话，兴致全消。一跺脚跳了起来，指着茉莉的鼻子发泄起来：

"茉莉，你怎么永世教不会的！真是个大笨蛋。佳人能这样自轻自贱吗？"

"那我该怎么办啊？"茉莉已不知所措了。

"我教过你多少次了！你是佳人嘛，先应该怕羞，把脸孔转过去，低下头——看你这个样子，还吃粢饭团呢。"我越说越火，一伸手夺来她的饭团，扔到地上。"你不该一口答应的，你起码也要说一句'我家三世不招白衣女婿'么。你要试试才子，考考他，刁难他，苏小妹三难新郎，你都忘光了？"

茉莉也光火了。"佳人这么难做，我不做了，还是白相'拜堂成亲'爽气。"她气愤愤地站起身来要走。

这一下击中我的要害。我怕佳人一失再也寻不到了，只好又一次软化下来，连哄带求把茉莉留了下来。这一夜，我们不但私订了终身，交换了信物，茉莉还赠给我五个铜元，资助我上京赴考。真是享尽人间艳福。一直闹到十点多才分手，各自回房。

从此以后，茉莉受我播弄，也不知演了多少活剧。可笑两家大人都未发觉。但是好景不长，只"恩爱"了两三个月，程伯伯见到县城暂时太平无事，舍不得他那点绸布生意，决定仍举家迁回去了。茉莉正苦乡居寂寞，跳跳蹦蹦地帮助收拾行装。当她把这个喜讯告诉我时，我呆若木鸡，半晌无言。

"你怎么啦？"茉莉推着我问。

"你们回去，当然是好，但我们的好事还未成功啊。以后怎么见面？唉，侯门一入深如海，从此萧郎陌路人！"

"这有什么，我家在马梧桥大夫第里，你回城后来玩好了。"

我盘算了一会儿，忽然一拍大腿跳了起来：

"从来天下奇缘没有一蹴而成的，一定要经过千磨百劫才成正果……天将降大任于斯人也，必先苦其心志，劳其筋骨，饿其体肤……"我正在发挥，看到茉莉瞪目相对，只好收起，对茉莉说："你走就走，可不要忘记我们私订终身。你们哪一天走，一定要告诉我，我要学山伯送英台，还要写一支断肠曲来送你。"

于是我把自己关在书房里，真的绞尽脑汁写起送行曲来。经过东抄西拼，好不容易凑成一篇自认为是"乐而不淫，哀而不伤"，符合温柔敦厚之旨的"河梁送行曲"。我一面端端正正抄在诗笺上，一面摇头晃脑自言自语地说："读孔明出师表而不下泪者非忠臣也，读李密陈情表而不下泪者非孝子也，读我河梁曲而不下泪者非有情人也。"我根本不管不久前还在读"来来来，来上学"的茉莉究竟能看懂多少。

这样过了几天，一场大祸又飞临。那天下午我正在书房里摇头晃脑读孟子，忽然大哥走上楼来对我说："爸爸叫你下去呢。"接着又低声叮嘱："你又闯什么祸啦，爸爸气得不得了，小心点。"

我左思右想，近来并无非礼之举，壮壮胆子下楼。只见那位程伯伯满面飞红正在粗声大气说话，父亲阴沉着脸在听。我走进屋去，他们都向我瞪上一眼。我一眼望去，茶几上放着一叠诗笺。坏了，这正是我献给茉莉的河梁送行曲，不由得心中暗暗叫苦。程伯伯的喉咙这时更响了：

"我们茉莉还是个小小囡呢，怎么动起她的脑筋来了，传扬出去，这还了得，叫我们茉莉今后怎么做人！"

"程大伯，不要动气"，母亲拼命打圆场，"我们家的小鬼和你们茉莉合得来，要好些也是有的，他们都这么小，会有什么事，你别多心了。"

"我多心？"程伯伯的面孔已涨得像猪肝一样。他愤然拿起茶几上的诗笺，用手指着说："这东西总不是我捏造出来诬陷他的吧，白纸黑字在这里。你们看，上面写的什么东西！……'可记得双宿双飞玳瑁梁，莫忘了花前月下诉情肠……'啊哟，真要气死我了。还有，你看这里'……猛抬头惊看柳吐千条线，难比我别恨离愁万缕长'，你看呀！"他把诗笺塞到父亲的鼻子下。

父亲接过诗笺，皱着眉头看了一遍，然后发话："程兄，你别动肝火。我这个小畜牲就喜欢冒充文雅，好动笔头是真的。这篇东西无非是东拼西凑抄来的，恐怕他自己也不懂是什么意思。你看，这是从李陵《答苏武书》中抄的，这是从《滕王阁序》中抄的，这段好像出自西……他就是想卖弄才学罢了，其他坏心思是不会有的。我会好好管教他的，明天让他到府上来磕头赔礼吧。"

程伯伯这才收兵回营。临走时还恶狠狠地对父亲说："老弟，不是我多嘴，你那位世兄也真该管教管教啦。光长坏心眼不长个子，小小年纪就动这种歪脑筋，将来大了岂不败坏你清白门风！"

父亲送走客人回来，面色阴沉可怕，一屁股坐在椅子上。我自分难逃一顿皮肉之苦，已暗自在擦擦手心摸摸屁股做些准备。但父亲只板着脸对母亲说：

"你去把小畜牲的东西收拾一下，明天打发他走。我没有本事管他，早点滚，省得以后出事。"

母亲呻吟似地哀求："你叫他到哪里去啊？只有十三岁的人呀。他做错事，你打也好、骂也好，我不来说情，只求不要赶他出去，送了他一条命。"

母亲一说，更添了父亲怒气，他拍案咆哮说：

"他到哪里去我不管，我这里不要他，你不把他送走我就打死他，顶多偿他一条命。"

于是母亲的哀求、父亲的咆哮、祖母的劝解和我的哭声同时迸发，演奏了一曲出色的交响乐。最后当然没有真的把我赶走，条件是：禁闭一个月，写下悔过书，每日背诵圣贤语录和……

这一场祸事总算惊醒了我的才子佳人美梦，甚至回城后也不敢到"大夫第"去找我所欢了。其实，茉莉也远不够我理想中的佳人标准。我和唐·诘诃德先生一样，幻想着有这么一位十全十美的女神存在，愿把一切呈献给她，不同的是，唐·诘诃德的女神完全存在于他的想象中，我则找到那位茉莉小姐来具体落实一下，比较起来，我似乎还略胜一筹。

这段茉莉缘就此宣告收场。我很抱歉，没有征得茉莉女士的同意就公开了这段艳史，我不知她在何处天涯，想必也是子孙绕膝了吧。我只好请这位佳人以及她的官人谅解，我毫无破坏名誉之意，只想说明文学作品对少年的影响而已。这罪魁祸首无疑是那部金批《西厢记》。客观地说，《西厢记》这部书是不能称为淫书的，涉及的色情描写很少，也很隐晦，小孩子是看不懂的。但是它描摹男女相爱痴情真是入骨三分，撩人情怀，摄人心魂，此所以被道学先生痛斥为坏人心术者也。所以我倒愿意借此机会向那些主张打破禁区、暴露真实、大写特写、大演特演青少年性冲动的"作家""文艺家"呼吁，请珍惜你们的笔头和镜头吧，为广大青少年的身心健康着想；积点功德吧，不要过早地引诱他们去打开潘多拉魔盒。顺其天性，善加引导，也许是最合适的做法。

亡国奴生涯纪实

——抗战春秋之一

战火烧到家门口

记得我上小学时，走进大门，迎面墙上画着桑叶似的中国国耻地图，大日本帝国像一条毒蚕疯狂地啃嚼着它。东四省是早已沦亡了，平津危急、华北危急的标题经常在报端出现，亡国的阴影笼罩在神州大地上。我尽管还是个小学生，也同样生活在这阴影之下。我们为义勇军的抵抗和百灵庙大捷而欢欣鼓舞，我们捐献了辛苦积下的几块零用钱购机救国。我们在童子军课中学习军事救护，在自然课中制造炸药——这叫做国防教育。从1937年起，杭州开始搞防空演习，更增添了恐怖、神秘气息。但鬼子毕竟还在几千上万里路以外，打仗、逃难似乎还是遥远的事。想不到卢沟桥一声枪响，接着是上海的隆隆炮声和杭州上空的大空战，鬼子的铁蹄竟然很快踏到家门口，速度之快真是想象不到的。

七七事变发生后，我有说不出的兴奋鼓舞，只怕仗打不起来、打不大。后来，仗倒真是打起来了，而且越打越大，但坏消息雪片似地传来：平津失守、上海登陆、大场撤退……寇兵压境，"官军"溃退，老百姓怎么办？当然有不少热血男儿奋起上前线或打游击去了，但更多的赤手空拳的芸芸众生只能俯首做亡国奴。既不能请缨杀贼又不甘做亡国奴的中层人士（特别是知识分子）则采取逃的一法。翻开中国历史，在宋朝或明朝末年好像也都是这么个规律。我父亲也采取这一祖传秘方，日军在上海登陆，我们就从杭州逃回祖籍绍兴，日军侵占南京杭州、兵临钱塘江，我们就从城里逃到乡下。敌我在钱塘江两岸对峙了一段时期，我们又悄悄溜回城里暂住。1940年日军渡过钱塘江直逼诸暨绍兴，我们第二次逃到乡下。后来两军在萧山一带对峙，我们又溜回城里。真可谓灵活执行了敌进我退、敌退我回的战略。但是日军在1941年4月又突然发动进攻，绍兴迅速沦陷，这一次连拔脚逃跑都来不及，于是我终于当上了亡国奴，见到了日本鬼子。前事不忘，后事之师。提笔追叙一下当年的生涯也许是有点意义的。

我第一次看见了鬼子兵

我第一次看见鬼子兵还是在绍兴正式沦陷前一年。大约是1940年10月，鬼子突然发动进攻，渡富春江、窜诸暨，一部分敌兵迅速攻入绍兴城。这时我在一家教会中学里念初一。第一天放学时我们还高唱"大刀向……"回家。过了一夜，枪声大作，邻里奔走相告说是鬼子兵已进了城，大家都乱成一团。这时我爸爸和哥哥在邻县和郊区教书读书，家里除母亲外算我最大了。忠厚的母亲除了紧紧关上大门外，只有跪在菩萨前叩头的份。我听说鬼子顶恨丘八和丘九，如果发现哪一家里有败兵或学生都会动杀戒，所以忙不迭地把书包、童子军制服和一切忌讳物件搜集拢来，烧的烧，藏的藏，提心吊胆怕鬼子上门。

但上午太平无事。下午我实在按捺不下好奇心，从后门溜了出去，想去看看鬼子究竟是啥样子。这确实算得上胆大包天。我走出家门，沿小巷往北走，尽头处是条横街，然后又折入一条竖马路，俗称县前街，本系县政府所在地，已被敌机炸成一片废墟。路上冷冷清清，不见人影，但走近县前街却听到人声鼎沸。我走到街口，偷眼北窥，果然有个鬼子兵在远处放哨。这条街上有家南货店，许多流氓、贫民打开店门正在乱抢东西，老板娘则坐在地上大哭大号。我躲在巷口，一眼又一眼地打量那个鬼子，想看看他和"人"到底有什么区别。那鬼子模样正和我们现在在电影中看到的相同：披一套黄皮，戴一顶军帽，手执"三八大盖"，站在那里用鄙弃的眼光看着那些在抢东西的人，仿佛在厌恶地看着一群苍蝇叮粪一样。我忽然觉得他的眼光正向我射来，不禁打了个寒噤，赶紧缩回头，不敢多停留，悄悄又溜回家。路上突然听到一声枪响，吓了一大跳。后来听说是鬼子看到有个人一次又一次进店抢东西就一枪把他打死了。这真是自取其死。

这次鬼子兵没有打算长据绍城，所以两三天后在中国军队反攻下又退走了。一切恢复正常，报纸上出现了"我军绍兴大捷"和"国军克复绍兴"的大标题。对于我来讲，最大的收获是总算亲眼看见了这种野兽，呵，原来鬼子兵就是这种样子的！

鬼门关上逃命记

绍兴县城是 1941 年 4 月 17 日沦陷的。这天晚上城内还在上演话剧"雷雨"，鬼子用偷袭的办法突然进城。事变仓促，许多军政人员都措手不及，边打边逃，县长邓㘭就在撤退中战死。军民、学生死了不少，有的学生在睡梦中被杀，有些回城看戏的学生在爬城外逃时被射杀，河上漂流着许多尸体。鬼子到底杀了多少人、烧了多少房，我也记不清楚。大约得手容易，杀的老百姓可能不多。所以不久出版的汉奸报纸上就宣称"皇军进驻绍兴秋毫无犯""民众夹道欢迎，渝军狼狈逃窜"云云，看了令人发指。

沦陷后不久，出现了"维持会"，接着发"良民证"，打"防疫针"（据说这是"断种针"，打了后就不能生育了），出版伪报，开办伪校，发行伪钞，最后成立伪县府，成为汪记汉奸政府下的一县。

这期间，中国军队还认真反攻过一次，这是我第一次亲历枪炮洗礼。密集的枪炮声震耳欲聋，愈打愈近，后来几乎好像就在耳朵旁爆炸了。一部分英勇的战士甚至已冲进城内，高喊"老百姓不要慌，中国军队回来了"，敌人也已做好向杭州撤退的准备。可恨的是共同配合攻城的所谓"保安队"不争气，敌人见我军后继无援，重新闭城大战，结果已冲进城内的战士全部战死，伤兵也被敌人残酷处死。我每次回想起来，总要对那些为国捐躯的无名战士英灵致以崇高敬礼，不管他们是国民党或是共产党的士兵。

反攻失败以后，国民党军再也没有进攻，绍兴这个报仇雪耻之乡也就变成了藏垢纳污之地。这时的形势是：敌占县城及附郭一带（五至十里）的村子和东、西两条交通干线，抗日部队控制广大乡村；两者之间则有一条"阴阳带"，其中部队混杂，你进我出，政权是两面甚至三面的。在抗日势力中，组成也很复杂。有国民党的正规军、杂牌军、特种部队（忠义救国军、挺进四纵队、挺进五纵队等）、国民党县、区政府拥有的县保安大队、区保安大队，有共产党领导的金萧支队、三五支队。敌人方面有鬼子兵、正规伪军（俗称王阿宝部队）、杂牌伪军。此外还有不明不白的各种游杂部队，有的专以烧抢老百姓为业（俗称为烧毛部队）。真所谓三人成队长，五人当司令，一片混乱，恐怕请左丘明或太史公来修这部抗战春秋也有无从下笔之叹。

我们当上顺民后不久，城里的粮食就时有时无了，经常要冒着被轧死的危险去抢买大米。我们只能以南瓜、番薯和玉米糊充饥。我家有祖遗的二十来亩租田，都在离城十多里的乡下。父亲便让我出城到佃户家去借粮吃。这差使落在我头上是因为我是个孩子，不引人注目，又比哥哥机灵一些。那些佃户都是十分老实的农民，没有多少阶级斗争知识，看到"老爷"家要断炊，一般都肯预借几斗米给我，还帮我挑到"埠船"上。每次出发总可弄回四五十斤大米，未曾出过事。但最叫我头痛的是进出城门这一关。城头碉堡林立，鬼子站岗盘查，照例有几条黄狗（伪军）相助。进出都得对他行九十度的大礼。有时鬼子背面站着，得向他的屁股鞠躬。鬼子不在时，要对那条狼犬敬礼，这实是我的奇耻大辱。

这一次，我下乡未借到米，空手而归，心中正烦恼。过岗哨时鬼子又背面站着，我实在不愿对他的臭屁股敬礼，便一溜烟混了过去。不幸鬼子突然回过身来，发现了我的"大不敬"行为，顿时满脸杀气，两眼凶光，大吼一声"八格亚鹿"，端着枪向我走来。我不觉魂飞魄散，两腿发麻，一起进城的人也都怔住了。

眼看鬼子的刺刀要捅过来，求生的本能使我不顾一切转身就逃，鬼子一面骂一面就是一刀，饶我逃得快，刀尖已刺上右脚后跟，我觉得一阵疼痛就跌倒了。

这时一个伪军赶了过来，一把将我从地上抓起，夹面孔打上两个耳光，我顿时满嘴淌血。他痛骂了几句就命令我朝着太阳跪下，然后转过身去谄媚地向鬼子说：

"小孩大大地不好，太君动气的不要，太白古兴教兴教地有。"伪军将一根香烟递了上去，又点头哈腰为他划上火柴。鬼子不吭声了，依然回转身去站着。行人们哪敢再怠慢，一个个向他的屁股顶礼膜拜。

可怜我不知跪了多少时候，脚上流血，头上烈日曝晒，心中又羞又恨，如果我手中有一把刀，我肯定会奋力刺进鬼子身体，来一个"时日曷丧，余及汝皆亡"的，可是我什么反抗手段都没有。正当我快要支持不住昏过去时，鬼子走进了岗楼。那个伪军又走到我身边，低声喝道："还跪着干什么，快走！"

我还不相信自己耳朵，"鬼子出来怎么办？"

"下岗了。快走吧，下次小心点，不要鬼子不鬼子的。"他拉起了我，还招呼路过行人扶我回家。我这时才省悟他的打我，让我跪下，其实是在掩护我。以后我对伪军多少有些新的看法。我在旁人的搀扶下，艰难地过了鬼门关，坐了一辆黄包车回家。父母见我这般惨状，大吃一惊，我把经过说了一番，放声号啕：

"爸爸，妈妈，我再也忍耐不下去了，我要出去，我不愿当亡国奴。"

这次不但母亲泪痕满面，跪在观音大士像前祈祷，平素严肃的父亲也流下了眼泪，默默地沉思着。我脚上的伤很快好了，但心中的伤痕却又深又巨。我经常在夜半哭醒，哭喊着："我不要做亡国奴！"

经父亲多方写信和托人联系，我们知道国民党的浙江省教育厅在收罗流亡师生，创办了三所临时中学，设在嵊县廿八都的临中三部是离绍兴最近的一所。几经联络，终于在这一年十一月里，父亲带领我和哥哥悄悄地离开已经变成鬼子窝的绍兴城，到临中三部去教书和读书了。可等待着我的究竟是怎么样的一条路啊！？

颠沛流离读中学

——抗战春秋之二

敌进我逃　敌停我读

我满五足岁就上了学，在抗战爆发时已读完小学五年级。可是自此以后，我就只能在烽烟里或逃难中见缝插针地读一点书，在八年抗战中我只勉强读到初中二年级。实际上，在1942年5月敌军大举侵犯浙东后，我已失去读书的可能了。我那时的最高学历就是初二肄业，而那张肄业证书也是用血汗换来的。

"八·一三"炮声一响，我的家乡马上靠近前线，天天处在敌人轰炸和侵犯的威胁下，已不可能正常地夹着书包上学了，我们只好采取敌进我逃、敌停我读的方针，这在上一篇回忆中已经说过。当然，那时我们并没有读过毛主席的军事论文和十六字诀，完全是被迫出此对策的。

姑且记一笔流水账："八·一三"战争开始和杭州大空战后，我们就从杭州逃到绍兴城，我并转学到绍兴第二小学读"六上"年级。三个月后敌人进攻南京、杭州，烽火烧到钱塘江边，刚刚修好的钱塘江大桥在一声巨响中炸断，我只好停学逃到一个滨海小村——马鞍村，改读古文。1938年初敌我隔江对峙，我悄悄溜回绍兴城，重新读六上年级，不久敌机开始轰炸绍兴城，我就读读停停。第二年春天我恢复读六下年级，但轰炸愈烈，我没毕业就逃到乡下躲避，也未能投考初中。1940年初我报名考初中，还未上考场，敌军渡钱塘江南犯，我们又匆忙地第二次逃到马鞍村，再次失学。这年秋天敌我对峙于萧山一线，我又回县城考上一个私立中学，总算上了中学。读了两个月书又因敌军渡富春江而停课数天，但总算读完了第一个学期。1941年我读一年级下学期，仅三个月敌人突然占领绍兴城，这次来不及逃走，当上了亡国奴。11月我随父亲爬越会稽山，到嵊县廿八都就读于临时中学初二，1942年读初二下。到了5月份就因敌军大举进攻，临中撤销，结束了我的中学生涯。年轻的读者一定会觉得这笔流水账十分枯燥乏味，但是我在回忆追述这本账时却倍感心酸。要知道，当国家民族遭受着空前浩劫时，一个学生的求学史上也是沾满眼泪和辛酸的。

炸弹在头顶爆炸

西安事变后，国民党政府对准备抗战还是比较认真的。卢沟桥事变前半年，在杭州就开始进行防空演习和灯火管制。那时我只感到新鲜和兴奋，想不到半年后自己就尝到挨炸的滋味。

特别是在1938、1939年中，敌机对绍兴城进行疯狂的轰炸。炸的是县政府和学校，"顺便"也炸毁许多民房和商业区。绍兴是浙东一座古城，既无工业，更非重镇，为什么敌机要炸了又炸呢？很令人费解。后来才知道这是敌人在训练投弹手，因为绍兴城内除了两个防空哨外绝无抵抗能力，敌人的驾驶员尽可大胆低飞随心所欲地投弹和扫射——这就是侵略者的哲学和行径。

当时的情景历历在目：设在山上的防空哨突然发出凄厉的空袭警报，我们慌忙钻到结实的八仙桌下躲避。接着就是紧急警报，敌机在头上盘旋、吼叫，突然呼啸而过，又带着揪心的马达轰鸣声俯冲下来。一声巨响，古老的屋宇乱鸣乱动，我不由闭上眼。经常还夹有嗒嗒嗒的机枪扫射声，这是敌人用他发现的人当活靶子在练习射击了。我家离县政府原址很近，敌机好像一直在头顶盘旋，炸弹好像就在头顶爆炸。俯冲下来的敌机如此之近，好像可以清楚地看到窗洞里那张野兽的脸。我想如果有步枪或轻机枪，不难把野兽打下来。可是我们什么都没有，只能躺在地下听任敌人宰割。

有一次，炸县政府的重磅炸弹落得很近，窗棂尽碎。这时祖母和四弟正患着病，都吓昏过去，我们只好狼狈逃到近郊躲避。又值瘟疫流行，他们先后死去。这是我家在抗战中第一批间接死亡的人。轰炸后我常常跑出去看看残垣断壁和血肉模糊的殉难者，听家属的哀号声，心中也不知是什么滋味，只是深深种下了仇恨敌人的种子。

为读书爬越会稽山

在敌机的滥炸下，绍兴中学只好分散到乡下上课，最后被迫迁往邻县的山岙中去了。父母怕我年龄太小，不能自理，让我留在城内读一家教会中学。这家中学的校舍上漆着大英帝国标志，可免挨炸。但是没有读满一年，绍兴突然沦陷。我不愿去读伪中或日文，只好失学在家，熬到1941年11月，才跟随父亲去设在嵊县崇仁廿八都的临中三部复学。

绍兴谚语中有一句话"王城廿八都"，是形容极其边远的地方，想不到今天要去亲自经历。可以想象得出我当时的兴奋心情，因为不但可以重见天日、再进学堂，而且还可以远赴异乡，经历一段新生活。爸爸看我高兴的样子，警告我说："你要准备爬一座高山，是你从来没有爬过的大山！"他的话不仅没吓倒我，反而使我更憧憬这段旅行了。

从绍兴城到廿八都，整整要走上三天。母亲精心为我准备了最简单和必要的行李，含泪送别。我们用"良民证"混过岗哨，走到南门外一个叫做"平水"村的佃户家中休息，把良民证寄放他处。再爬一座小岗到上灶镇，在那里办理了国统区的证件并宿了夜，第二天就进入云雾茫茫的会稽山中。浙江虽是沿海省份，可是在浙东除濒海有些平原外，几乎全是丘陵山冈。我边走边放眼欣赏，只见山连着山、岗连着岗，羊肠小道盘旋于千山万壑之中。偶尔在山坳里升起几缕炊烟，那就是个小村子了。村子傍山倚溪，多以坳字为名。鲁迅先生笔下的贺家岙一定是以这些荒村为型的。我尽管空手走路，可是一天要走六七十华里的路，真累得汗下如雨、气喘如牛，两条腿又酸又麻，一坐下来就不能再站起。行李是雇民工挑的，每人挑一百多斤。特别是一位小民工，并不比我大几岁，挑上八九十斤重担，不仅运步如飞，还能负重爬山，这真叫我钦佩得五体投地。如果肯多出一些钱，还可以乘坐用两根竹竿和两块木板扎成的"兜兜轿"。我因为夸过口，咬紧牙根挣扎着自己走。

这天中午，我们走到一个叫做孙坳的小村。爸爸告诉我下午就要翻越有名的孙家岭了。我才知道昨天和上午爬的这许多山岭都不算是山呢。这孙家岭果然雄伟壮观，一级级的石阶好像永无尽头，沿途有三座凉亭可供憩息。爬上第一座亭子，白云已铺遍脚下。低头望去，孙坳村已隐蔽在群峦叠嶂之中了；抬头望去，一条小路直入云端。我看了不禁心寒。所幸这时民工的脚步也慢了下来，爬高十几米就要喘息一下，我拼出吃奶的气力一步一步地往上爬，不敢掉队，最后居然爬完了孙家大岭的最后一级。这真是永生难忘的盛举。这天晚上我解开草鞋袜子看时，脚上已全是血泡，神经也已僵直，一步也挪不动了。

但第二天我还必须走完剩下的六七十里山路。这段路虽无太高的山，可是由于我已成了强弩之末，走这点路却成为一场对决心和毅力的考验。尤其走到下午，两条腿已完全不听使唤，而且已拉下了一大段距离。我差不多每遇到一个老乡，就要乞求似地问一下到廿八都还有多远。得到的回答总是"不远了""马上到了"或"只有八里路了"。可是这"不远了"的路仿佛永远走不完似的，而且往往走了一大段路后，一问剩下的路反变成了十里，使我几乎失去了耐心。这时我才体会到"行百里者半九十"这句话的意义。幸喜，在天还未黑透的时候，我终于发现远处出现了作为廿八都象征的一排长松！第三天，我就坐在临时中学初二班级的课堂上听课了。

廿 八 都 的 生 涯

廿八都这个地方，在地图上是找不到的，它是嵊县崇仁镇所属的一个山村。据说因为村头有一排挺拔的古松，共二十八株，所以称为廿八都。这个村子虽小，却有大量的祠堂（当地人称为公祠），绍中和临中正是看中这些公祠可以作为校舍，才选它为临时校址的。校舍不够，就借用土地庙和民舍。我所在的班级就设在"乡主庙"里。

我到廿八都时，学期已过去大半，拖下的功课够多了，这一点我却不在意。饱尝失学和当亡国奴痛苦的我，能够生活在清新的空气中、坐在课堂里聆听自己的老师们的讲课，乃是一种无比的幸福，我感到无限的甜蜜。我这时才较深地理解都德的名著《最后一课》中那位法国小学生的心情了。何况当时临中聘请的又都是毕生从事教育的名师，像教我们国文的何植三老师、教代数的小徐老师（女）、教化学的赵君健老师、教英语的范崇照老师等，都是十分优秀的教师，听他们讲课，真是一种享受。我常常痴痴地望着老师的脸，一动不动地听入了迷，课后也没敢浪费一分钟。这样，我的成绩飞快地赶了上去，不久就爬到班上第一。老师们也很看重我，教地理的孙老师尤其喜欢我，常在我爸爸面前夸我。所以爸爸不常骂我"没出息的畜牲"了。

到了这年年底，又传来大喜讯：鬼子偷袭珍珠港，悍然发动太平洋战争，中国在打了四五年仗后总算正式向鬼子宣战了。我们高兴得又蹦又跳，墙上贴满大红捷报。我听到这个消息后长长地透了口气，非常高兴那些在东京的鬼子大头目们会阴魂附体似地犯下这么个决策性大失误——敢于四面树敌，妄想一口吞下世界。过去中国是孤军奋战，今后可以同强大的盟国协同战斗了。我们已无心上课，天天缠着教地理的孙老师讲时事。孙老师也很兴奋，滔滔不绝地讲解战局，发挥宏论。但后来却传来一系列的败耗，盟军不断损兵折将，丢城失地。孙老师预言不灵，只好大讲一些我们听不懂的名词，以什么制海权、制空权、迂回战略来搪塞。但不论怎样我们心中都充满希望。

进入第二个年头后我又不安分起来。我嫌上课进度太慢，又惋惜浪费掉的两年时间，约了几个同学暗自商议，打算暑期去常山临中一部跳班考高中。于是，在每夜熄灯后，我们偷偷集中在教室角落里自修初三功课。为此我们买了一捆洋烛，还偷了一大瓶煤油。这个计划执行了很长时间，每晚深更都有几个游魂似的影子集在一起，在豆大的烛光下啃着三角和物理，到二点钟才各自摸回床去。结果大家都面黄肌瘦呵欠连连。但后来这一秘密行动被老师查获了，每人都记上小过，计划就此告吹。父亲闻悉后写了张手谕狠狠责骂，说什么"……读书宜循序以进，大忌躐等，尔辈所为殊属非是"，云云。

在廿八都的生活中也有令人苦恼的地方。最大的问题要算是吃不饱肚子了。我们都是在发育中的少年，食欲旺得惊人。而学校厨房能提供的，只有一点用百家米煮成、夹杂稗子泥沙的老米饭和清水雪菜煮豆腐，再不然就是千篇一律的烧萝卜。在夏季则是"上茄容易退茄难"的烧茄子。这如何能煞住肚子里的馋虫，何况还不够吃。开饭铃一响，八个饿鬼围住一桌，一手端碗，一手握筷，眼睁睁地盯住桌子中央那钵头菜。如果偶尔有几片带毛的肉片飘浮在雪菜豆腐汤中，或躲在萝卜块中张头探脑，那更成为众目之的。老师的哨子一吹，众筷齐发，疾如迅雷，要夹住那些肉片非眼明手快心狠不可。我个子矮，又近视，当然是每战皆北了。一星期下来，正如《水浒传》中李逵大哥说的"嘴里淡出鸟来了！"

幸喜每逢星期或隔上半月，常可从父亲那里弄来一些私菜，如红烧牛肉之类。淡出鸟来的嘴巴中嚼上这五香红烧牛肉，那鲜味好像散发到全身一样，三万六千个毛孔都像被熨斗熨过那样舒服。私菜不宜拿到餐桌上去吃，我常常在早晨、晚间偷偷地自己享受，有时还找个把知心朋友共享异味，他们便变成我的驯服工具了。我这瘦小衰弱的躯壳，能承受以后几次劫难而未殒越，这几块红烧牛肉一定起了极大的作用。

还有件伤脑筋的事是所谓闹鬼了。这些半懂事的孩子们远离家乡聚住在荒郊破庙里，已够恐惧的了，哪堪又闹起鬼来。原来每天黄昏，校工总提来两只大尿桶放在檐下，作为男生们小便之用。一个冬夜，月色凄厉，一位素来胆小的同学战战栗栗摸出门来小便，忽然大喊一声面无人色地逃回卧室。据他说是窗外有一张恶鬼的脸望着他狞笑，这十有八九出自他的幻觉罢了。可第二天他发热病倒，吓坏了学生们，而且以讹传讹，更弄得草木皆兵，以至有人宁愿尿床也不敢出门。如果不幸闹了肚子，要在半夜里开庙门绕到后面阴森森的厕所去，更是一个难以形容的可怕旅程。闹鬼一事，我本来并不怕，因为不仅我晚上从不方便，而且读过《聊斋》《子不语》和《阅微草堂笔记》等鬼书，内心深处，与其说怕鬼，不如说希望结识个善良的男鬼或俏丽的女鬼为伴呢。我所苦恼的是每当夜阑人静好梦正香时，帐子外会伸进一只冰冷的手把我推醒，我正要发作，照例又听到一阵哀告声，那是胆小的同学要出去大小便来哀求我"保驾"的。虽然我睡意正浓，便意毫无，但最后总是碍于友情，不得不披挂下床，陪同前往。

说起闹鬼，又想起我做过的一件傻事，那就是赌气去坟头。有一天晚上熄灯后，几个同学嘁嘁喳喳大谈鬼故事，听得人毛发悚然，一位同学忽然挑逗地说：

"潘！你常说你胆子大，有种的现在出去，到乱葬岗坟头上捡一块砖头回来，我们就服你。"

"这有什么难，不过大冷天，我才不去呢。"我钻在被窝里回答。

那人又激将说：

"算了吧，谅你也不敢去，还说大话。你叫我一声爷，就不要你去了。"

我光火了，探出头来说：

"我才是你爷呢。你把你那听火腿罐头拿出来，放在桌上，我就出去。回来后我吃一半，大家吃一半。"我肯定他舍不得那听罐头，提出了苛刻的挑战条件。

伙伴们的情绪顿时大涨，纷纷怂恿对方献出罐头来。此人又认定我不敢出去，真的掏出他的镇箱之宝，交给室长掌管。这就把我逼上绝路，现在不是吃不吃得到火腿的问题，而是维护我的光辉形象的问题了。只好一咬牙钻出被窝，套裤披衣。正要出门，一个工于心计的又出坏点子：

"外面到处是砖头，谁知道是不是坟头捡来的。你拿一支粉笔头去，在坟头的砖上画一个圈才算数！"

大家又一阵喝彩。我气得面孔血红，拿起笔头就开门外奔。我虽胆大，在这寂静的月夜里孤身奔到坟头上去毕竟害怕。等赌气的劲头一过，就越来越害怕和后悔。走到小丘旁，那座可怕的荒坟已经可见，但还要爬下一条沟再攀上一个坡才能走到坟前。我这时实在胆怯了，仿佛坟中那个僵尸正在等着我。我不由得坐在地上喘气，同时想出一个办法：在地上捡了块砖头，浓浓地画上圈，然后用力掷向坟头。上苍保佑，那块砖头正巧落在坟脚边。我吁了一口气，急忙返身就跑。愈跑愈怕，愈怕愈跑，好像有个鬼影一直在紧紧地盯着我。等我奔回庙门时，汗水已经湿透内衣，肺也快炸了。我连回身看一看的勇气都没有，推开门就奔入寝室。伙伴们都被我的突然闯入吓了一跳，接着又对我的壮举钦佩不已。其实我的面孔已吓得雪白了。还有一个面如土色的人就是与我打赌的同学，当然是为了他的那听藏之久矣的罐头啰。

从此我的大胆就名震遐迩。但第二天我并没吃上火腿。因为同学们虽在坟头检查后证实我确实到过，但这件事被班主任知道了，当事者都罚站一个小时，火腿罐头也被没收，由老师们去享受了。

又 一 次 逃 难

1942年5月，我在廿八都临中三部已连续读了五个月太平书，进入初中二年级下学期，开始学习"解二元二次联立方程"了。但在一个周末晚上，我正在邻村欣赏学生们自编自导的演出，忽然台下一阵混乱，人人交头接耳，纷纷离场。我不明就里，正在发怔，一位同学附耳对我说：你还不回去，鬼子又打来了，学校要疏散呢！

我预感到大祸又将临头，太平书又要念不成了。一路小跑回宿舍，路上看到校长所住的"锦香公祠"里灯火点点，大约正在连夜商讨对策。回宿舍后，同学们都在收拾行李，议论纷纷，看来真个又要变天了。

原来浙东战线本非主要战区，敌我对峙已一年多，并无大的战斗。"西线无战事"，大家多少有些麻痹了。不意在1942年5月，鬼子突然发动大袭击，要囊括浙东心腹基地金华、衢州。国民党军政各方毫无准备，节节败退，一片混乱。驻在永康的教育厅匆促逃离，并急令各校解散。学校当局彻夜商讨后，决定由两位年轻教师率领部分无家可归的高年级学生向宣平、丽水方向撤退，去找教育厅，其余学生尽量遣散。我一想到再回沦陷区去当亡国奴，不禁一阵心寒，决定跟着队伍撤向内地。父亲虽然疑虑，但最后还是给了我一个金戒指和两张50元面额的大钞让我去试试。他自己仍留在一个小村里观望。万一我找不到出路，仍可回廿八都。

于是我赶紧收拾行装。我的行李本来少得可怜，但这次要自己挑着走几百里路，必须少中求少。我不得不狠心地把平日视为性命的一点用具和许多书本都放弃了，打了两个小包。用扁担一试，约摸三四十斤，好像很轻松。我就这样在次日挑上行李，满怀信心地腰缠两双鞋子随大队走了。

　　我实在过高估计自己的体力。俗语说，百步无轻担，何况是三四十斤重的担子，压在一个营养不良从未磨炼过的孩子身上。走不多久，我就气喘吁吁，汗下如雨，脚底起泡，肩上发肿。在路上又是风声鹤唳，谣传纷纷。原来排成长龙的队伍，不久自然地分解为几个集团。前后相距拉长到十多里路了。我没有其他办法，只能拼出吃奶力气紧紧跟上。草鞋很快磨破脚踵，痛苦难忍，干脆扔了赤足赶路。

　　后来实在挺不住了，只好采取壮士断腕的壮举。在一个小村子里休息时，把行李包中最贵重也较沉的小毛毯、枕头等低价出售。一条毛毯只卖了两三元。枕头无人要，只好作秋扇之见弃，放在一块捣衣石上泪汪汪地向它泣别。后来还丢过几次东西，记得我把一本英汉双解大辞典丢在一个凉亭中时，真是心碎肠断。我想李清照当年在逃亡路上一路丢弃她平生收藏的"重物"时的心境，也不过如此吧。反正到最后我身上除遮体衣服外，就只剩下一张肄业证明书了。这是后话。

　　这两天的辛苦真是一言难尽，恕我这支秃笔难以描摹。谁知更大的苦难还在后面。这天晚上我在暮霭苍茫中走到一个叫作乌岩的村子。尽管太阳已下山，还可看出村子后面雄伟大山的黑影，其气势又非孙家岭可比。这时我已精疲力竭，找了间草房一头栽下去就爬不起来，胡乱嚼了些炒米粉、喝了点开水就昏昏睡去。据说我们离开最先头的队伍已有20里路，还有更不行的同学落在我们后面呢。

　　深夜，我突然从昏睡中被喧闹声惊醒。有人在高喊："快走，快走，鬼子兵进村了。"接着是哭爷喊娘的吵嚷声。我的动作虽然迟钝，心里倒还清楚，一骨碌爬起来，先摸摸裤带上的戒指和缝在内衣袋中的钞票，幸喜无恙。再在行李中捞出一些"精华"，捆在身上，一双一直舍不得用的布鞋也套在脚上，然后放开脚步从后门出走跑到山脚下，只见许多人已点着火把上了山腰。我们几个较弱小的学生彼此招呼，慌不择路，只向有人声火光处爬。老乡们是爬山能手，我们又都是耗尽精力的孩童，距离当然是愈拉愈远。开始时还能听到看到一些人声火光，后来都消失在茫茫黑夜中。我们迷失在大山坳里。远望山村已经起火，还听到枪声，知道鬼子又在毁灭这个原始村子了。

　　折腾到半夜过，我惊恐地发现我们只剩下四个人了。另三个是其他班级的，都和我一样年幼力弱，其中两个是兄弟，关外人，一个是我的同乡，姓王。我们怕鬼子上山搜杀，在大山中盲目地向上乱攀乱登。最后走到一个四面是尖峰的盆地里，忽然望见远处山头有火光一闪，顿时信心大增。我说：

　　"死也要爬到那边山头上去。"

　　于是收紧裤带，再次攀登。没几步，最小的那个同学突然惨叫一声倒在地下。原来黑暗中他一脚踩在山民砍竹后残留的竹尖桩上，立刻血流如注，痛得几乎昏去，无论如何不能走了。我们也想背他走，可是只背了十多步两个人都垮下来。要背他爬山简直是幻想。

智穷力尽，走投无路。伤者忽然说：

"哥哥，你们走吧，跟上队伍。我反正走不动了，让我留在这里吧。你给爸妈写信时就说我生病死了。"

不但哥哥号啕痛哭，不肯离去。我们也都惨然无语。但不能四个人在此等死。后来阿王说：

"这样吧，你先坐在这里休息，千万不可离开。这里有一株大樟树，对面有一座笔架山。好认好记。我们先爬上去，找到人，明天下来接你。"

没有其他更好的办法，只好把他安顿在大树下，千叮万嘱以后，我们再奋勇攀爬。直到晨光曦微，我们才找到一个小村，并和另外一些走散的人会合。我们诉说了昨夜的苦难，并央求几个老乡陪那哥哥下去找人。我们则在村里休息。但直到傍晚，才见几个老乡回来。原来他们再也找不到那个地方了。至于大树，遍山皆是。有些山坳像昨夜到过的地方，却不见人。不知是找不到地方还是人被马熊叼走了。哥哥说什么也不肯回来，只好给他留了点干粮让他继续在山里找。好心的乡民说第二天还要下去帮助。我以后一直不知道这对苦命儿的下落，总之是凶多吉少。可怜的兄弟俩被鬼子从关外赶到关内，从北方逃到南方，最后或许葬身于狼口熊吻之中。挣扎在关外的父母，可能还在等待着他们的归去。鬼子欠下中国人民的血债究竟有多少笔啊！

求 学 梦 的 幻 灭

为了求学和活命，我们几个人继续向南流亡，去找政府。这里是括苍山地区了，语言、风俗都和会稽、四明一带有别，但老百姓都是一样的淳朴、善良和贫苦。

不幸的事终于也降临到我头上。我经不起日奔夜走、栉风沐雨的折磨，身体垮了。我发烧、泻肚，开始时还挣扎着走，后来不仅跟不上队伍，连爬也爬不动了，成为别人的累赘。同伴们没奈何，把半昏迷的我寄放在一个老乡家里走了。

尽管我已记不得那个村子和老乡的名字，快满五十年前的往事已像秋云一样渐渐散忘将尽，但有几个镜头始终印在我的脑中。例如，当我从昏迷中、从无数次的噩梦中渐渐醒来而哭泣时，一位老妈妈就跑过来用冷毛巾压在我的额上，用我听不懂的乡音安慰我。我还记得他们用土方土药给我治病，熬了米汤喂我，从死神手里救回我的性命。所以每当看见电影中出现老大娘救养负伤战士的镜头时，我总感到很亲切，而且往事就会一幕幕地在脑中涌现。

十多天后我已恢复过来，性命是无忧了，还可以下地为老人家们看管小鸡，但心中却感到无比的空虚。我常常掇一张小竹凳坐在门口，呆望着门外重重叠叠的山冈，不知应把自己的命运押在何方？这一天下午意外看到村头走来几个学生模样的人。我心中一动，过去问话，果然是临中逃散的同学，他们一直走到龙泉又回来的。我像千里逢故人

25

一样，兴奋极了，忙不迭地打听种种情况。

原来国民党政府对这一次鬼子的横扫浙东毫无准备。尽管黄绍竑、黄敬九这些人大唱"确保金衢""固若金汤""放开袋口装敌"的高调，但实际上是城丢袋破。可悲的是，敌人挺进的速度远比我们撤退为快，无怪乎学生们摸不着头脑一片混乱了。据这些同学讲，逃在最前面的高中学生命运最惨，因为第一夜就和敌人先头部队相遇。一些男学生都被俘去当挑夫，不少倒毙在路上或鬼子刺刀下。女学生们的命运就更不可问。

他们这几个人历尽千辛万苦到了后方，找到了教育厅。但教育厅也在窜逃之中。虽说有个学生收容所，所里的人却跷起二郎腿打官腔说："逃亡学生登记早已过期，概不受理。"气得学生们怒火攻心，又是上街游行控诉，又是占据办公室不走要饭吃。当局见事情要闹大了，才出面收容了一些，又拼命动员学生回去。据说，省里拨下的收容指标其实还有，都被官儿们贪污或做人情了。这几位同学在绝望之余，才决定回头走的。讲到这里，一位学生气愤愤地拍着大腿叫嚷：

"妈的！做官的捞钱，带兵的逃命。中国不亡，简直没有天理！"

我听了这样绝望的嚎叫，只觉得心头冰凉。他们听说我还想步行去找教育厅，都嘿嘿冷笑。好心的人则劝我：

"我们都回来了，你还去？时间那么久了，他们还理你？你是黄绍竑的小舅子吗？算了吧，这几根骨头犯不着葬到仙霞岭去，回去是正经。你又不是无家可归。"

经过反复思考，我终于向现实屈服，我的求学梦幻灭了。有什么办法呢？只能回去做皇军的良民。这些同学多是东阳、天台一带人，只有一位姓劳的是我同乡，我们俩就结伴而行。第二天我叩别了重生父母，束装首途。我把那只小金戒留给他们以报答救命之恩，也包括他们为我宰的两只母鸡身价在内。他们说什么也不收，直到我跪在地上恳求为止。他们为我们烤了好些玉米饼和山薯，让我们带着上路。老伯伯还专门为我削了一枝龙头竹杖，好让我支着走路。

两 个 小 叫 花

这些天是早晚凉，中午热。我身体不好，每天也不能走太多的路。一天中午，我又热又累，在一条小溪边痛饮一阵，解衣休息了半晌才走。约摸走了十里路，劳忽然惊呼说："你的上衣呢？"

该死的我，竟把上衣忘在溪边了。我心慌意乱，气喘吁吁赶了回去。上衣还在，但口袋里的零钱和"大钞"都不翼而飞了。

我心痛万分，后悔莫及。抬头望着劳说：

"我身边没有钱了。路上的饭食你垫一下吧。到廿八都我爸爸会加倍还你的。"

他瞪大了眼：

"啊哟，我身上一个铜板也没有。一路上我都是吃他们的。我还认为你有很多钱哩，在村里吃得那么好，还喝鸡汤。"

我闻言半晌出声不得。这真是到了山穷水尽的地步啦，正像幼时读过的越剧脚本或弹词宝卷中描写的情节：落难公子在路上又失落了小姐私赠的银两，只能上吊或投河。不过在越剧中，照例总有一位大官路过此地，救下公子，认为螟蛉，带往京师，一举考取状元的。而对我来讲，绝对没有这样的机会。我像散了架子的蛇一样，瘫倒在地上动弹不得。

还是惯于吃白食的劳比较镇静，他劝我说：

"别哭了，总归回得去的，大不了讨饭回去。"

做叫花子？我一阵战栗，脑子中又闪出许多父亲教过的古训，什么士可杀不可辱啦，君子不食嗟来之食啦，我不禁把头乱摇。劳见我不从，又劝解说：

"这有什么！讨饭走大路，我们一不偷、二不抢，是鬼子逼着我们这样的，有什么好难为情。你开不了口我来讨好了，你只要跟着后面帮帮腔，能哭几声更好。"

要说做小叫花，我们俩倒是一不用化妆二不要道具。因为两人不但面黄肌瘦，遍体褴褛，而且头上长满白虱，脚跟流着浓水。劳有一只破旧的大搪瓷杯，我有那根龙头竹杖，正好打狗。我们终于走上求乞的道路了。劳并不食言，一路上都是他开口哀求，我只红脸低头捧着杯子跟在后面。

这叫花生涯倒比我想象的容易些。农民们听了我们苦况，都肯将残羹剩饭相赠。好心肠的老大娘甚至用玉米糊装满我们的口杯。晚上，土地庙和祠堂是我们安身之所。有时，农民也允许我们在牛栏边栖息。一路上我们还总结了不少经验，例如，最佳的要饭时间是农民刚吃过中饭的时候，最佳的要饭对象是不穷不富的老大爷大娘，遇到狗叫要蹲在地上摸石子等。可惜我当时不曾潜心钻研，不然定可写出一本"讨饭要诀"或"求乞大全"之类的书的。

但也有受辱的时候。有的青年农民听了我们的哀求后，冷冷地说：

"要饭？连'莲花落'都不唱一段？唱了再给。"

我们唱不来莲花落或凤阳花鼓，而且我们是堂堂男孩儿，唱什么"奴家没有儿郎卖，身背花鼓走四方"也实在难以出口。好在我们在校时真学过一只叫花歌，只要改动几个字就符合我们的身份，我和劳计议后，自己改编了一支讨饭歌，在必要时唱：

> 穷学生，走天涯，逃难失散了爸和妈；
> 穷苦日，过不下，流落做叫花。
> 没东西吃，没地方睡，满身病痛苦难话；
> 大娘啊，大伯啊，做做好事吧。

名义上是两人合唱，其实我的声音轻于蚊子哼，都是劳领衔主唱，我主要是用竹筷子打打搪瓷杯"伴奏"而已。劳可真是个唱歌能手，唱得如怨如慕、似泣似诉，农民们都动了心。有的慨叹说："都是洋学堂里的学生！日本鬼子造的孽，走上了讨饭的路。"我听了后，有时禁不住失声痛哭起来。这倒好，更增添了演出效果，我们可以多得到一些冷饭残羹了。

还有一次难忘的苦难经历，是在半路上逢着瓢泼大雨，淋得我们无处容身。后来发现一座高大古墓，是砖砌成的，年深月久，已经倾圮。棺木早已化尽，只散布着几根白骨和一个骷髅。我们也顾不得许多，钻了进去。我不禁想起父亲教过我的庄子和瘗旅文，呆呆望着骷髅出神。后来我摸出一块玉米馍供在它面前，口里发精神病似地向它祷告：

骷髅骷髅，未语泪流。

君生何域，君殁何秋？

我今落魄，与尔为俦。

尔其有灵，冥中相佑。

他年荣归，千金为酬。

另觅佳城，葬君高丘。

松柏森森，钟灵毓秀。

呜呼哀哉，魂其知否？

尚飨。

这雨下到天黑也未停，我们也只好与白骨为伍，度此良宵了。

就这样，凭着叫花歌和打狗棒，依靠土地庙和古墓穴，我居然回到了廿八都。爸爸还在那里呆等着我的音讯。当我见到爸爸时，只觉两眼发黑，双腿一软，就跪倒在他腿边，痛泪滔滔而下，倾吐不尽我的苦难和屈辱。

爸爸红着眼睛，用从来没有过的慈祥的声音，拉起我说：

"新儿！你能够保一条命回来就好，你还算能干的。我们回去吧，在这里没有出路。我看轴心国虽然得势，他们要同英、美、苏联、中国打，迟早要失败的，和上次大战一样的。我们就回去等着吧。"

这样，我休整了几天后，怀着一颗受伤的心回乡了。我们先走到城东的道圩镇，这里有我一家亲戚。托人去城里带信，捎来了我们的良民证——现在是称为居住证了。1942年7月14日，我坐了航船回城，又在城门口向膏药旗敬了礼，低着头回到自己的旧居。十个月的经历像一场幻梦，永远逝去了，但这是一场多么辛酸苦涩的梦呵。

第二次当上亡国奴

——抗战春秋之三

糜烂的城市　堕落的灵魂

公元 1942 年 7 月 14 日，我拖着疲惫不堪的身体，怀着一颗绝望和创伤的心，低着头走回故乡，第二次当上皇军的顺民。

我们穿过"阴阳界"后，先来到一个叫"道圩"的小镇里休息。这里有我们的一家亲戚——已当上伪镇长的姑父。他官大气扬，也不怎么理睬我们。百无聊赖，我在表妹案头找到半本石印的小说《支那儿女英雄传》，借此消遣。书中讲的是一位文武全才的小姐，女扮男装，统兵百万征服番邦，看了着实舒畅。等到县城里带来我们的良民证（现在正名为居住证）后，就一齐坐航船回城。

进得城来我就发现沦陷一年多的故乡已变成一个霉烂腐化的毒窝了。满街的戒烟所（鸦片烟馆）、赌场、妓院、酒楼、交易所。喇叭中播送着"支那之夜"，到处是歪戴帽的流氓特务和妖形怪状的女人，真可谓"流氓与妓女齐飞，赌场共烟馆一色"。卧薪尝胆的会稽城竟变成了藏垢纳污之所。我宁愿看到故乡变成个寂寞荒凉的鬼城，也不愿看到眼前这种醉生梦死的丑态。

敌人要灭亡中国是煞费一番苦心的，它有硬的一手，更有软的一面。前者是血淋淋的屠杀。设在绍中原址的宪兵司令部中经常传出志士仁人的惨号声，拖出被狼犬活活咬死、血肉模糊的尸体。而更厉害的一招是用汉奸政府来统治和榨取，让中国人走上腐化堕落的路，使中国人不仅失去爱国心也失掉起码的良心，这就可以长治久安地建设"大东亚共荣圈"了。

回来后不久，弟弟上了伪绍中，哥哥也去念日文了。我为此事着实和父亲吵了一番。父亲阴沉着脸说："不上学，干什么？只有伪政府伪学校，没有伪百姓伪学生的。长点知识总是好的，只要'身在曹营心在汉'就是了。"我也说不过他，反正我不上伪中。便在家自修些功课，还找些诗词歌赋读读。这时，苏联和日本还维持着外交关系，出版一种叫做《时代》的刊物，上面刊有德苏战争情况，我发现这个奇迹后，买来一期又一期的《时代》，仔细研究战局的变化。斯大林格勒的生死搏斗，奥莱尔的浴血奋战，配合着从敌伪报纸中泄露的一鳞半爪消息，我逐渐看到战线正在一步步西移，也知道美军在太平洋上正在一步步给鬼子以打击。我看到了希特勒的末日和日寇没落的前景，闭门躲在家中研究战局是我唯一的消遣和希望所托。

尽管我闭门不出，但妖风却一阵阵吹进大门。我家所在原是一家马姓大官僚的住宅，占地极广，从大门到靠河的后门，共有五进，前有影壁，后有专用码头，旁侧还有一个极大的侧厅。大堂上高悬着"最白堂"的匾。到民国时代，马家已经败落，偌大住房除由后世子孙分割居住外，还出租出典给外姓不少。我父亲就用了一千八百块银元在第四进典了一套三楼三底的独立住宅，可以关起门来与外隔绝。但是，在第三进里住着一个听说是半开门的妖形怪状的女人，还兼供黑饭（烧鸦片），鸦片香味和靡靡歌声不断传了进来。不久，大厅里居然开设起赌场了。我不免溜出来开开眼界。只见大厅顶上汽灯大放光芒，底下万头攒动。在大厅中央摆放着一长排八仙桌，两边是座椅，在桌子一端竖立着一个四周用席子遮住的小屋子，仿佛是交通警察用的"岗亭"。岗亭是密封的，仅在前端壁上开着一个小孔。内部有一张椅子。赌的方式很简单。在赌头中选一人坐在岗亭中"做牌"。他在"天、地、人、物"四张骨牌中选取一块，放进一个小碗里，再用茶杯覆盖好；然后放在小孔边上，由坐在外面的赌头们递出放在桌子上。于是赌客们下注押打。等下注结束后，赌头们一面高声唱叫，一面掀开茶杯，报出其中牌名。于是吃的吃，找的找，赌客们有的丧魂失魄，有的欣喜欲狂。一局既终，将小碗、骨牌和盖碗再放进小孔去，由岗亭里的人再次做牌。

我细细考察，那些赌客可以分为三类。第一类是大商高官，他们并不亲自下赌，在大厅旁有专设的雅座。他们穿着纺绸长衫，手摇折扇，口衔雪茄，躺在雅座上品茶进点，揣摸着该下哪一门注。自有走狗们为之奔跑办理，还有些妓女围着他们打情卖俏。第二类是一般赌客，他们围坐在长桌两侧，当场付钱下注。第三类则是斗升小民，包括一些戴毡帽的农民，他们一般是小笔下注，没有座位，挤在两侧，提心吊胆地等候赌头唱出他们的命运来。

在大厅的周围和外面，直到大门以外，还有大批"服务行业"哩：挑馄饨担的、做小生意的、卖烟酒瓜子的、兜售五香茶叶蛋的，以至当铺办事处、银楼收购点甚至代写绝卖田契的测字摊，当然还少不了涂满胭脂的妓女和满面横肉的保镖。正像一堆堆的粪蝇和蚂蚁，一派亡国迹象。看到这些，我总不免想起杜牧的名句："商女不知亡国恨，隔江犹唱后庭花"！

这一天酷暑难禁。赌场中的喧闹声一阵阵钻入耳鼓。我按捺不住，也挤到人群中看热闹，却见众人交头接耳，情况有些异样。原来这天那位坐在岗亭中做牌的人竟一连出了二十多次天牌，赌头们输得一败涂地。想不到下一次居然又出了天牌，全场好像开了锅的粥汤，沸腾起来。一个赌头用钥匙打开岗亭，发现里面做牌的人已经中暑死了。赌头们迅速计议了一下，便有个麻面大汉跳上长台大声吆喝：

"在家靠父母，出外靠朋友。今天弟兄们出了事，老大已在里面归天，所以连出了二十几次天牌。请各路好汉体谅，今天赌的都不算数，请把钱统统掏出来，我们好办丧事。"

于是全场大乱，有的骂，有的叫，有的想溜。这时打手们亮出手枪吼道：

"识相的把钱留下，谁想发死人财，拿命来换。"接着响起乒乒几声枪响，这就激起更大的混乱。哭声、骂声和馄饨担的倾倒声混成一片。我见势不好，赶紧从人缝中挤出来溜回家里，心中还突突地不断乱跳。

这就是沦陷区社会的丑态和惨状。

第二次离开鬼蜮世界

在鬼城中住了快两年，我终于跟父亲离开了它，走到游击区去。原因有两个方面。

首先是父亲受到"下水"的威胁。父亲这个人当然够不上抗日义士之称，对付敌人他只有逃的本领。但他有强烈的民族气节感，住在沦陷区中，我想他是以陷贼的杜甫自居的。所以伪政府聘他任职时，理所当然地被他一口回绝。伪县政府教育科长姓屠，原是绍兴中学的"训导主任"，他不把父亲拉下水不肯甘心，几次三番登门劝驾。下面是一段对话。

"仁兄近来做何消遣呀？"

"也没有什么事，教教小犬写诗罢了。"

"世兄们聪明，一定有好句了。"

"小孩子们写得出什么好诗。不过昨天他们写的咏梅诗，有一联还可读读。"接着父亲写下了"愿傲冰霜全气节，不同桃李弄轻柔"十四个字给他看——其实，这是父亲自己的句子。屠某登时满面飞红，脸也拉得很长。他沉默一会，悻悻地走了。但第三天，伪绍兴日报上登了则小消息，说是某某人应聘到伪中任职了。父亲气得暴跳如雷，立刻上报馆交涉，又刊登一则启事否认。屠某就不再登门，但传来一些威吓性的话。父亲不安，打听到国民党县政府在乡下办了个"舜阳中学"，正在招聘人马，父亲就决定去那边教书，并把我也带去当文书。

第二个也是更重要的原因，是我在这股靡烂的香风中也逐渐走上堕落之路。我渐渐觉得鸦片香味非常好闻，"支那之夜"的乐曲也很悦耳。我渐渐上街游荡，结识了不少狐朋狗友，羡慕花天酒地的生活。我悄悄把父亲珍藏的棺材老本——十多两黄金偷了出来，与人合伙开旧书店、做投机买卖。我整天出入于茶楼、酒肆、赌场和投机市场中。连我那个天真的三弟也天天逛赌场，满口六上庄、天二方了。父亲察觉到我的变化，只是还未发现我的滔天罪行和堕落之深罢了。为了防止我进一步变坏，他决意带我去游击区以新耳目。因此我在 1944 年 8 月来到汤浦镇（现属上虞县）的九莲古寺，先在中学里刻钢板为生，这是我自立谋生之始，刚交 17 岁。第二年我又流浪到汤浦镇中心小学当起小学教师来了。以后陆续执教于漓渚、双山诸校，结束了我做皇军顺民的生涯。当乡村教师虽然又穷又贱，为人鄙视，但脱离了皇军魔爪，自食其力，和天真的儿童们为伴，内心毕竟是愉悦的。

鬼 子 的 下 场

远在斯大林格勒城下德苏两军进行殊死搏斗时，就露出了轴心国失败的端倪。接着是墨索里尼的垮台，日军在瓜岛和中途岛的惨败，盟军在法国的登陆，终于招致 1945 年 5 月法西斯德国的投降。这时候，日本强盗已成为全世界的公敌，只要是精神正常的人，谁都不怀疑这条野兽很快就要被打死在它的巢穴里了。

日本军国主义分子像犯了失心疯似的，嚎叫着要独立完成大东亚圣战，把一批批的自杀队（神风突击队）送上枉死城，疯狂地打通大陆交通线，还梦想在本土失陷后依靠我国东北进行垂死挣扎。这使中国人民在天亮之前遭受到加倍的苦难。但是，野兽们的一切挣扎毕竟阻挡不了历史车轮的前进。三个月后，苏联红军转旆东征，歼灭了号称皇军之花的百万关东军，美国在攻克冲绳后又在广岛、长崎投下两颗原子弹。日皇终于发出了投降诏书。

日本投降的消息，我是在一个叫做宋家店的小山村里听到的。尽管这是个很偏僻的穷村，但立刻自发地爆发出盛大的庆祝活动：彻夜不停的爆竹和锣鼓声、大红的捷报、游行的队伍、流不尽的热泪、诉不完的灾难……每个人都像发了狂。一百多年来骑在中国人身上的野兽，缠在中国人颈上的毒蛇总算是被推翻和打死了。由于消息闭塞，战斗的最后阶段和敌人屈膝的过程被传得很玄乎。特别是把原子弹传为原始弹，说是这种弹投下后，方圆几百里地内都化成岩浆，恢复到原始状态，所以叫作原始炸弹——这可能是从封神榜里元始天尊所掌握的法宝上推想出来的。我感到炸弹虽然残酷，落在日本人头上却是活该。我当然没有懂得被炸死的几十万生灵都是和我一样的无辜者，真正的罪魁祸首没有被炸死。

天皇的投降诏书广播后，陷在中国泥潭中的百万皇军就像割去脑袋的苍蝇乱成一团。可恨的是当绍兴城内一些人民按捺不住狂喜心情自发地上街欢庆胜利时，武装日军还曾枪杀过人，欠下了最后一笔血债。不过，手掌终究遮不住太阳，全城老百姓都起来了，日军也只好乖乖地缴械集中，威风凛凛的大日本皇军一下子变成抽掉了脊梁骨的癞皮狗。一批死心塌地的军国主义分子跑上卧龙山顶向东方顶礼膜拜后切腹自杀。听说这切腹自杀很有讲究。标准姿态应该将刀刺入腹内，用手上提，再向左一偏，刀尖刺心而毙。实际上这些野兽一样怕痛，都是用刀刺入腹后，身体向前扑倒，利用体重进刀毙命，算不得上乘之作。双爪沾满人血的野兽终于走上这条自绝之路，也算是天网恢恢，报应不爽。

我是在敌人投降后几个月才回到光复了的绍兴城的。这时国民党政府早已接管县城，马路上再也见不到不可一世的皇军和点头哈腰的汉奸了，但日军似乎尚未完全遣送到杭州集中。倒是有些日军家属在冷街小巷中摆着地摊卖破烂，企图在遣返前换回一些钱，有的还穿着破旧污秽的军服，好像是从集中营中溜出来似的。那天我在一条小巷里就看到这么一个"皇军"坐在地上卖他的破烂——无非是一些旧的皮带、皮鞋、烟斗和钢笔之类，围观的人也不少。忽然从人丛中走出一条汉子，威风凛凛地站在皇军面前厉声喝道：

"滚起来！"

皇军遵命迅速站起，一躬到地："哈伊。"

"他娘的，你们杀了多少中国人，也有今朝一日啦！"

"哈伊。"

"他娘的，你们抢了多少东西，还要在这里骗钱吗？这些东西你是哪里抢来的？"

"哈伊。"

"他娘的，什么哈伊不哈伊，今天教你尝尝中国人的厉害！"说完，夹面一记耳光，打得那皇军连晃几晃，但他仍迅速立正："哈伊。"

那位好汉满面红光，洋洋得意地向我们看了一眼，又用脚将地摊上的破烂乱踩乱踢一番，扬长而去。其昂首自得模样远比在战场上亲手杀了敌人回来的英雄神气。我肯定是个没出息的人，毫无打落水狗的精神。此时此刻，不仅对好汉的出色演出深感鄙视，而且平生第一次把同情心落在那位低头肃立的鬼子兵身上，尽管他也许就是当年在城门口猛刺我一刀的那个皇军。

附：第二次世界大战面面观

下面是我在 1943 年秋天所写的一篇"军事战略论文"。当时我正交 17 岁，在绍兴乡下游击区的"县立舜阳中学"里当刻钢板的文书（当时叫做书记员）。这座设在九莲古刹中的游击中学出过几期校刊，都是连史纸油印本。由于我握有刻印大权，把这篇大文也塞在里面印了出来。难得的是后来我把它塞在一只破衣箱中，居然经历了 47 年沧桑未化劫灰。前几年大扫除时把它挖掘了出来，重读一遍真有隔世之感了。

写这篇文章时日寇凶焰尚炽，我像算命先生一样为它算上几卦。可喜的是大部分都算准了。其实，在当时任何人只要冷静想一想都会得到相同的结论，并非我学过奇门遁甲。遗憾的是我对自己祖国的命运却算不出来，文章中我对战后如何处治日本的种种设想也全部落空。现在就把这篇妙文抄在下面。

第二次世界大战面面观

仲　衡

第二次大战的原因　此次世战若从七七事变算起已近八年，若从波兰事变算起已近六年。动员之众，战祸之惨，历时之久，创人类残杀史之新纪录。此次战事之起因可分两部说明。在欧洲方面为迷信武力之侵略国家德、义（意）与欲图维持现状英、法、苏联之决战。在亚洲方面为中国与其世仇日本之搏斗。这两方战事因日寇在太平洋起衅后遂汇成一体。如今除苏联与日寇间尚保持一种微妙之关系外，全球各国均已投入战涡，形成明显之两大阵线，正做着空前绝后之决战。

交战国与中立国　此次大战战区波及亚欧非澳四洲，除少数小国未曾加入外，余皆卷入战涡。其主要者，轴心方面有德、日两国，盟国方面则有中英苏美法诸国。义（意）大利本为轴心要角，今已屈服于盟军帅下。罗马尼亚、保加利亚、匈牙利、芬兰等，本均轴心帮凶，今均纷纷倒戈。荷兰、比利时、希腊、波兰、丹麦、挪威诸国曾一度为轴心所陷，今皆纷纷解放，协助击溃轴心。余如中亚南美大小十余国均加入盟国阵营。现尚中立者仅瑞士、瑞典、西班牙、葡萄牙寥寥数国。他如土耳其、阿根廷二国现已与轴心绝交，参战之期恐在不远。双方动员兵力约达五千万，超过任何一次巨战。至双方交战国人数则约为十万万左右。

第二次大战的简史　（1）初期：民国二十年，日寇无故夺取中国东四省，继又攻占察南绥东冀北等处，继于二十六年又无故大举进攻我国，从而爆发中日战争，是为亚洲战争之始。欧洲方面，德国初并奥地利，继而瓜分捷克，最后又大举进攻波兰，义（意）大利则在非洲并吞阿比西尼亚，在南欧并吞阿尔巴尼亚，又煽动西班牙内战。在德国侵略波兰时，英法乃联合对德宣战，时于二十八年，为欧洲战争之始。

（2）轴心全盛期：日寇发动侵华战争后，先后攻入冀绥察鲁豫皖鄂苏浙诸省，直下中国名城数十。欧洲方面，德国挟其最精锐之陆军，先后击破波法荷比丹挪六国，义（意）大利见有机可乘，乃于巴黎陷落法国崩溃之时加入轴心，先后灭亡希腊，攻入非洲英法领土，欲在非洲建立义（意）大利海外殖民帝国。

（3）从德苏战起到东西汇流期：当时德国席卷欧洲，芬匈罗保又全部投入轴心，欧洲大陆上除苏联外几全遭蹂躏，气焰不可一世，乃悍然以闪电式进攻苏联，击破二千余里之防线，三路直抵列宁格勒、莫斯科、斯大林格勒城下，直下爱沙尼亚、莱（拉）脱维亚、立陶宛诸国。此时日寇以为轴心必胜，乃以偷袭方式进攻亚洲英美荷兰之领土而爆发太平洋大战。美国与中国遂于此时正式向轴心宣战。一面德日义（意）三国同盟正式成立，一面 ABCDR 阵线也正式结成，第二次世界大战于此时乃全面展开。

（4）从斯城会战到轴心崩溃期：当时德苏均在斯城附近集结近五六十万大军，展开空前剧战，结果德国惨败，同时日本却乘盟方不备，席卷印度支那、东印度及太平洋大部岛屿，盟国情势曾一度陷入极恶劣之局面。

自此后轴心国乃步入溃亡之途。德国精锐在斯城郊下被歼，从此一败不振，从列莫斯线直退至本土东普鲁士，前后相距数千里。同时不暇顾及非洲战区，遂使数百万德义（意）联军在非洲全部覆灭，盟军侵入义（意）本土，墨索里尼好梦难圆，反先累自己倒台。如今战局已发展至义（意）北，同时盟军又在法本土登陆，数月间已直抵德本土莱茵河西，试问于四面八方围击之下，德国尚有几日残喘！

同时，日寇也遭到不可挽回的惨败，美军先后收复所罗门群岛、吉尔贝特群岛、马绍尔群岛、加罗林群岛、马利亚纳群岛、关岛、新几内亚与帛硫群岛，今又在菲律宾群岛登陆，陆战在雷伊太展开，海战在台湾海面发生，缅甸败耗迭传，南洋交通已绝，数百万陆军均陷于中国不能动弹，残余海军退保本土尚不足。可见日寇之败已可计日而待矣。

今后战局的预测 德国至迟明春定可击溃，日寇则乘盟方主力暂难东移之时尚力图挣扎。惟菲岛完全克复在望，滇缅路打通在即，美军可从菲岛攻占台湾，切断日本南洋交通，北路可由阿留地安群岛南下，直接攻击其本土，中路由马利亚纳群岛可直捣东京，南路由新几内亚可收复东印度全部，英军则可自缅甸南下，克复新加坡，夹攻南洋，同时我国亦可正式展开全面反攻。在此三面围剿中，日寇之彻底击灭决不出二年之外。

此次豫湘桂会战之前因后果 日寇因南洋交通已绝，其孤悬海外之数十万军队将悉成瓮中之鳖，故不惜任何代价急欲打通越桂、湘桂路线以为逃途，乃对我国发动空前未有之大进攻，但迄今大陆输血线仍成梦想。桂柳虽告弃守，但战争最后之胜败不在土地之得失，而系于实力之大小。观德寇当日席卷全欧之时，远较日寇为盛，但终至不堪收拾，故敌人愈深入，其最后之惨败亦愈甚，此有德国在法苏境内之惨败可为车鉴者也。

日寇必败论 ①滇缅线打通在望，嗣后盟国资源可源源运抵我国，我国届时可出动久藏未动之最精锐国军，配以最新式武器，抱有最坚强之决心，以攻精疲力竭之残敌，何愁不克？②敌人实力将尽，仅有一支陆军精锐关东军亦于此次会战中歼灭，而我国于土地上做若干退却，实力完整无缺，足堪作战。③日寇战线延长，处处为其弱点，况敌后又有大量我军存在，可制敌死命。④美军主力尚在欧洲，仅以小部兵力应付，日寇已遭惨败，若全力东移，日寇尚何望哉！⑤英军主力均在欧洲，在亚洲未尝全力作战，一俟德国崩溃，全军可悉数东移，围剿残寇，日寇如何维持？⑥法军荷军，即将大量调至远东作战。⑦日寇调尽后备军侵华，苏联如乘机进攻，日寇定一败涂地。总之，日寇今已成世界公敌，不败何待？

战后之一笔血债 此次我国受日寇之祸，无堪比拟，战后自当总算历年所负我血债，其大者：①交出台湾、朝鲜、琉球、库页等领土。②调查全国损失情况，责令日寇分期偿还。③解除日寇一切武装解交我国，永远不得再成立军队。④征用全日本民夫为我服务若干年。⑤交还全部在我国掠夺物资。⑥接管全部日本工业关税等。⑦交出各次侵华事变负责人由我国惩办。⑧我国当驻兵其本土若干年……

结论 日寇在垂死之前自尚有一番最剧烈之挣扎，尚须我国人民勿因胜利在望而松懈，须加紧从事作战，以争取最后的胜利！

十二月二十日于教务处

琴韵书声出九莲

——一所有特色的学校

自从县城沦陷以后，绍兴的年轻学生要上中学就成了问题。当然，伪县政府也设有教育科，开办了学校——原来的绍中校址已被皇军占去，做了宪兵司令部，只好另择陋巷开张。城里还有几家日语学校，——要投靠皇军，读日语是必由之路。但毕竟多数学生不想接受皇民教育，也十分憎恶日语，更何况广大乡村中的学生是不可能进城来念"伪学校"的。若说跑到大后方或小后方去念书，也不是一般学生和他们的家庭能办到的事。许多人都为此彷徨，而且这仗还不知要打到哪一年！

当时的绍兴县政府已迁到遥远的小村——裘村。绍兴的辖区很广阔，北至钱塘江，南抵会稽山，东达曹娥江，西连萧山县，龟缩在裘村的政府难以有效管理。于是在1943年设立了两个分支机构，一个叫塘北行府，一个叫塘东南办事处。这个塘东南办事处的主任名叫傅召沛，虽然也是个腰挎双支左轮、拥有地方武装的军人，外表倒也儒雅，还写得一手好毛笔字。父亲告诉过我，他的名字是有出典的。傅主任在塘东南一带很有些作为，得到一些士绅和文人颂扬，不乏"召伯之思""沛然而雨"一类的马屁话。

大约在这年夏天，住在汤浦区的一位开明士绅董阳生，可能因为不堪兵匪之扰，决心捐献他家的600多亩良田兴学。傅召沛本是好事之徒，大为赞许，召集一些心腹和士绅商讨，感觉可行。经计议，校址择在汤浦山区白牧村的一座古庙"九莲禅寺"处，校名则叫做舜阳中学。一是这里有条小舜江，学校位于舜水之阳，二是嵌进捐献兴学人的名字，以资纪念。其实这个校名是不规范的，因为按当时惯例，私立学校才有个两字校名，如之江大学、春晖中学、成章小学等，公立学校只能称为省立绍中或县立三小等，不能有个特殊名称。反正那时兵荒马乱，天高皇帝远，也没有人计较这些。至于原来庙中的主持，则每月贴他一些大米，让他另外择地修行去了。

当然，600亩田地收入不足以开办和维持一所中学，不敷经费都由塘东南办事处在它的不明不白的收入中支付了。譬如说，他们有一次扣住一个赶了十多头牛上市去卖的牛贩子，并加以"资敌"的罪名，吓得牛贩子跪地苦求，最后从轻发落，罚了一头牛了事。这头牛的价款，也就进了舜阳中学的账户。傅主任有时还召集部下计议："他妈的，舜阳中学又没有钱了，上哪里去搞他一票？"因此爸爸暗地里称舜阳中学为"烧毛中学"。

原来当时绍兴土话，给兵匪部队敲诈勒索人民的行为取了个极不雅驯的代词："烧卵毛"，简称烧毛。傅主任们的行为虽然非法，动机毕竟是兴学，似可宽容三分。至少满腔正义感的爸爸和我也从"烧毛收入"中领到不少工资。

有了经费、校址和校名，接下来是招学生和聘教师。学生好办，可在附近乡村小学毕业生中招取，也有从沦陷区中闻名而来的学生。老师的问题要复杂一些。筹建学校的士绅们倒并不降格以求，除在附近的著名士绅中物色外，主要去找那些从原绍中回家的教师。名义校长是县长郑重为，傅召沛任副校长，主持校务的叫宋孟康，教务主任是蒋屏风，总务主任是陶茂康等。蒋先生就来邀我爸爸去任教，担任史地教课。爸爸其时正受到伪县府要他下水的威胁，有此机会，一口应允，又怕被伪府察觉，联系信件都用暗号，还改了个名字去上任。总之，爸爸在 1943 年底就悄悄溜到九莲古寺中去教书了。

几个月后，爸爸又悄悄回城，向我们说了这所学校的种种逸闻趣事，特别对那里秀丽清幽的风光赞不绝口，还出示了他在那边写的一首七律"山居偶成一律，即呈校中同仁"。诗曰：

数椽僧舍白云边　　曲径通幽别有天
蓬户半开迎远翠　　竹楼小睡听流泉
岩间风雨来窗内　　树际烟霞满眼前
更喜同心君子在　　一杯相属自陶然

我听得甚是神往。爸爸最后盯着我看，说："我看阿新年纪渐渐大了，老躲在沦陷区也不是办法，我已经说妥给他在那边安排一个书记的工作，不如同我出去，见见世面，也好赚些薪水。"

爸爸的决定是不可违抗的，而且我在沦陷区也实在混不下去了，就欣然应命。我整理了一些简单行装，精选了几本相依为命的书籍，就在这年暑后，来到这座九莲古刹，当起书记来了。请别误会，所谓书记是搞抄写誊录的人员，在学校里主要是刻写讲义，可不是今天的党委书记。我的薪水是每月大米 105 斤，比陶渊明的每天五斗米少多了。

舜阳大学堂还是舜阳小学

1943 年 7 月 7 日，我们启程去九莲寺。除爸爸和我外，同行的有蒋屏风先生，一位刚从"英士大学"毕业的杜先生，一位从交大管理系毕业去教会计学的莫女士（舜中办了个会计专修班）以及她的夫君王先生和幼妹"小莫先生"（是去念插班生的），此外还有教务处和医务室的两位女职员。我们先在城里搭上航船，花半天工夫到达城东南的长塘镇。弃舟上岸，在镇上小学里吃饭和午休，从这里到九莲寺还有 30 里旱路，就坐了"兜兜轿"进去。坐在这简陋的轿上，摇摇晃晃，别有趣味。既然用不着辛苦两腿，我就尽情欣赏起风景来。只见平畴绿野，一望无边，倒不禁诗兴盎然，摇头晃脑做起诗来。直到夕阳西下，才凑成"舜阳道上即景"一律。诗云：

> 长天欲暮霭苍苍　岭转峰回路渺茫
> 云锁深山芳草碧　烟迷曲径野花黄
> 牧童闲弄溪边笛　村女轻歌陌上桑
> 满眼风光如画里　每教错认到仙乡

诗虽平庸，倒是实描。在这条大路快走完要进入汤浦镇前，轿夫们拐入了一条小道，这就是爸爸和我诗中所称的曲径了。曲径长约三四华里，其风光之妙，实难形容，只好以一句古话："山阴道上如在画中行"来概括。曲径尽处，就是舜阳中学办的农场。再行若干步，九莲寺的檐宇就隐约可见。

这座九莲古刹隐在白云深处，山环溪抱，泉水淙淙，古树参天，浓荫盖地。不仅是车马罕至，附近山坳里还有狗熊出入。现在忽然辟为学舍，来了穿长衫的老师和数百学生，琴韵书声代替了晨钟暮鼓。要不是迟到的报纸里不断登载着战祸演变情况，可真是世外桃源、人间仙境了。

这里本来就是边远之区，农民大部分是文盲，"最高学府"大约就是镇子里的中心小学了。现在居然在破庙里办起了比最高学府还高的学堂，着实令人震惊。所以农民们提到舜阳中学都崇敬地称为"舜阳大学堂"。只有爸爸的评价截然不同。他认为舜中学生水平之低、素质之差，令人扼腕。他是习惯于用战前的省立第五中学的辉煌历史来衡量一切的。他私下曾对我说：什么舜阳中学，只能叫舜阳小学！两者评价有天渊之别。

但不论怎么说，学校里至少教起了代数几何、物理化学、历史地理，而且教师的水平不低，除了体育老师外，都有大学毕业文凭，都是我的父、师辈。失学已久的我，渴望能向他们日夜求教，可总有些自惭形秽，教师们虽看爸爸面上对我客客气气，我心中有数，他们多半把我看作靠父亲牌子挤进学校来混饭吃的人。我只能在层次稍高于我的职员中找朋友，他们只有初中或高中毕业资格，年龄也大不了我多少，容易相处。像教务处的一位 R 君就是我的密友。学生们见我年纪小、个子矮，也不怎么尊重我，顶多叫我一声小潘先生。

但我也有神气的时候。那就是爸爸为了省事把一大叠考卷交我代批时。这是决定学生成绩操纵升留级的大事啊。每逢此时，我神气活现地坐在藤椅上，握着蘸满红墨水的毛笔一一批改。照例总有些学生挤在窗外窥探。老师们在批卷时最讨厌学生在外窥望，我是希望窗外的脸越多越好，来充分显示自己权威。当我批完卷子，算好总分，提笔在卷子上写下结果时，常会听到窗外的惊叹或惋惜声，我就更洋洋自得了。

在批卷中，我感到爸爸的抱怨是有些道理的。学生们不但会把曹娥江答作是中国最大的河流，把隋炀帝当作是杨贵妃的老公，还会犯更荒唐的错误。想想也可以理解，这些学生能走到曹娥江边已是不错了，而杨贵妃的老公到底是谁和他们有什么关系。那些答对了的肯定是死记硬背的结果。我猜想他们中很多人大概都想不懂为什么舜阳大学堂要教他们这种知识。

我有时去旁听爸爸讲课，他正不嫌其烦地告诉学生，我们住的大地是一个悬挂在天空中的星球。一个学生想了很久担心地问：这个星球如果落了下来掉在地上怎么办？你看，地球能掉在他自己身上，多深的哲学问题！还有一次爸爸正在吃力地介绍高山大海，猛不防一个学生站起来问：

"老师，大海洋有底吗？"

爸爸半天不答，显然气得发昏。这个学生的提问，不仅无礼貌，也说明他根本不在用心听课，而且连起码的常识也没有。其实，仔细想想，那位学生虽则无知，倒有勇气不知就问，也许比那些呆呆地听课的同学更有出息呢。

舜阳诗社和舜阳诗钞

舜中有不少老师对古汉语和诗词有很深造诣，所以吟咏之风盛行。爸爸那首"山居偶成"也许是其滥觞。既然是"即呈校中同仁"，那同仁们少不得或和或步做答了。像蒋屏风先生就写道：

> 江南芳草绿无边　尤爱山村二月天
> 红杏枝柔留夜雨　碧萝香细试春泉
> 乱离心事抛身后　淡荡诗情到酒前
> 潦倒惯为羁旅客　竹篱茅舍亦恬然

一时和作纷纷。教职员中担任师爷角色的一位老夫子堪称诗坛祭酒。他用杜甫的韵写了《秋兴八首》，古奥无比。大家也只好搜索枯肠奉和。嗣后，什么"山居杂兴""秋日咏怀""时局有感""舜阳八景""对菊、赏梅"……都成为绝好题材，吟咏推敲不绝，出现了一个诗社。

我在几年前就在无师自通地学做近体诗，胡诌了不少自以为是绝唱之作。处在这个环境中更是食指大动，但我多少有些自知之明，不敢率尔献丑，只和与我有同好的 R 君相互切磋。不过我也有个好条件，我是"书记"嘛，便积极卖力，为诗翁们印刷诗笺誊录诗稿，检索资料，传递诗简，果然得到了他们的欢心。我又殚精竭虑，也"敬步"爸爸的山居偶成一律，曰：

　　两三篱落夕阳边　　疑是桃源洞里天
　　芳草如烟迷小径　　落花似雨点幽泉
　　一声樵唱青峰下　　百啭莺啼绿柳前
　　最爱白云深锁处　　问津到此总茫然

诗翁们看了都点头笑笑，没有说尖刻的话，我就放心地把它塞进我所誊录的"舜阳诗钞"中，偷偷挤进了诗社。为了"巩固地盘"，少不得进一步讨好诗翁。蒋屏风先生做生日时，我就献诗祝寿云：

　　醉中诗句客中身　　白雪才华不染尘
　　愧立程门蒙化育　　喜从绛帐沐阳春
　　吟风弄月修心洁　　种竹栽花养性真
　　高卧北窗松鹤伴　　不妨暂作草莱人

这些小动作果然获得好感，没有人要把我清除出社，我就以诗人自居，更沉浸其中了。我有一部不可须臾离身的诗韵合璧，还在学校图书社里借了几部诗选和一部辞源，整日价摇头摆尾，想吟出些千古绝唱，一鸣惊人。

　　可是，近体诗已流行了一千几百年，一些常见题材更被人吟了又吟，想在甘蔗渣中再领风骚实在是太难了。甚至自己几经推敲得出的警句，竟会和古人的诗作重合呢。当时是秋天，我可没有少做秋兴、秋怀、秋感之类的诗。这天夜里，坐在树下，明月在天，人影在地，凉风吹拂，蟋蟀鸣叫，灵感一动，得一联曰："梧桐影落三更月，蟋蟀声寒万里秋。"得句后，觉得意境苍凉，对仗工稳，追不上李杜，至少可和元白比肩。哪知两天后，在"清诗别裁"中竟发现前人诗集中就有此一联，一个字都不差，其失望懊丧心情，真像中了头奖又丢失了奖券一样。方知要做诗人还真不容易也。

　　其实老师们对我的帮助也不大。倒是与我有同好的 R 成为我的莫逆之交。两人私下计议，为了提高诗感，熟谙诗路，在没有人的时候我们尽量用"诗的语言"交谈。结果，两人弄得有些像戏迷传中的戏迷一样。这一日，R 去登厕，我在读诗，忽闻呼唤甚急，原来他在厕上也不忘吟咏，一分心那卫生纸飘落坑中成了堕溷之花，不得不求援于我。我不觉光火，大声吟道："谁教君作堕楼燕，应识侬非逐臭人"。R 只能哀求道："他年若得功名就，敢忘今宵送纸恩。"相与大笑。总之，在这半年中，我写诗的水平确实提高了不少。

甲骨文写的数学

　　在九莲寺中，除了学写诗外，我主要的事就是研究古算学了。我虽然只读了两年初中，但对数学已深感兴趣。住在沦陷区时，也自学过一些代数、几何，那时最难办的是找不到可供自学用的书本。幸而我与人合伙开过旧书店，在收购的旧书中细加挑选，终于找到一本高中平面几何、一本解析几何和一本大代数，都零星涉猎过一些。此外还得到几本有关数学史方面的书，尤使我着迷。从这些书中，我知道在代数、几何、三角之外，还有一门叫作微积分的东西，而且好像比几何代数还高深。这微积分到底是什么玩意，使我百思不解。问过许多人，也都说不清楚。有的人神秘兮兮地说：这微积分非常深奥，学会后，做起加减乘除就又快又精了。说得我心中大痒，苦于不得其门而入。

皇天不负有心人，我终于在旧书店的废纸堆中找到几本残缺不全的《数理精蕴》，是一种石印小本，印象中似是康熙大帝御纂钦定的。如所忆不误，这位大帝在平定三藩之乱、统一全国、开拓疆土又大搞文字狱之余，还有心情和时间编纂这部囊括古今中外的数学全书，实在不能不佩服他的文治武功。

我对这几本破书发生兴趣，是为了其中居然含有微积分（这书中或称为"流数"）的内容。发现这一点，心中欢喜赞叹，不可形容。还来不及开卷精读，就跟爸爸去了九莲寺。这样，每当夜深人静，我就孜孜不倦地攻读起来。但在正式开读后，我不禁叫苦连天。原来这书不仅是用古文写的，而且通篇没有一个洋字洋码。微积分这种学科，要用古文写，那是决心不让后人读懂的了。我记得书中把 dx、dy 写为一些怪字"彴""彵"，原来著译者其实也煞费苦心，他把天地人等表示变量 x、y、z，把甲、乙、丙、丁等代表常量 a、b、c、d。dx 是指 x 的微增量，就写成彴了，可说是与 dx 丝丝入扣的。同样，dy 就成为"彵"了。但用这样的符号语言来叙述微积分，还深入到函数的泰勒展开、形式积分等，其难懂是可想而知，简直像一本用甲骨文写的天书。老师中懂微积分的虽大有人在，可我拿这本甲骨文执卷相叩时，他们只能摇头相谢。因此尽管我悬梁刺股，除了得到一些似是而非的概念外，仍然弄不清微积分是个什么东西。

山重水复疑无路，柳暗花明又一村。正当我快要放弃努力时，又在旧书店中得到一本原版的"Calculus for beginners"的书。这本书印刷之精，纸质之优，是我少见，更重要的是写得十分深入浅出，我从字典中查出 Calculus 就是微积分的意思，心中又萌出希望。现在的问题是我只读过林语堂编的两本"开明英文读本"，又怎么读这本大著？这又是一本洋天书。反正也不会比甲骨文更难，就利用一本英汉字典读了起来，还和甲骨文中所述对照起来，这样就渐渐入了门。我还搞了张对照表，如天＝x，地＝y，彳＝d，禾＝∫，⊥＝＋，〜丁＝－等，沟通了古今中外。所以在我还没有考上大学时，就在九莲寺中自学到"形式积分"的程度。

帮助我进入数学分析大门的两本天书，《数理精蕴》是早已香消玉殒，不知下落；那本原版书倒一直被我珍藏，直到"文化大革命"才消失。

舜阳中学的归宿

舜阳中学规模虽小，也充满人事挤轧。1944 年底，学校已较稳定，当权的就把一大批他所不够满意的教职员解聘，包括爸爸、蒋先生和教语文、会计、体育的老师，我和 R 当然也在内，另聘一位施先生来掌校。这时，县政府为了收权，将塘东南办事处也撤了。傅召沛变成了小小的教育科长，再也没有腰挎双枪、身拥警卫、叱咤风云的权力。又过了半年多，日寇败降，政府复员，舜阳中学也搬到城里，并正名为绍兴县立中学。一离开九莲寺，舜阳中学便失去她神秘的色彩气氛，变成一所极普通的县办初中了。

我和舜阳中学只有半年缘分，就很快失去"书记"的饭碗，但我已尝到进社会干工作的滋味，再也不愿回县城去。在舜阳中学，我结识了担任总务主任的陶茂康先生，他是汤浦镇有名的正派士绅。我在获悉自己即将被解聘的消息后，就去找他。他慨然为我在汤浦小学里安排了个教师的工作——为此还把他的侄女儿撤了下来，这样，我又从短命的"书记"摇身变成了一个猢狲王。

红 儿 小 传

1944 年秋天，我正交 17 岁。带着迷惘的心情，我悄悄地离开了沦陷两年多的县城，流浪到数十里路以外的游击区去自觅生计。这时，我已渐懂人事，而且饱尝亡国之苦，再也不做才子佳人或剑仙飞侠的幻梦了。唯一心愿是觅一枝栖，学点末技，以便作为日后啖饭所倚。我先在一家流亡中学里做了半年文书，刻写讲义，以后就改行做上猢狲王——小学教师。两年中，换过三个学校，结识过数百位乡下学生。抗战胜利的喜讯也是在山坳里听到的。这段生涯直到 1946 年底去浙江大学复学才止。

猢狲王是被人看不起的贱业，何况是在穷乡僻壤当猢狲王呢——我连初中都没有毕业，根本没有资格在县城或有名气的小学教书的。我曾不止一次地为自己灰色的前途而惆怅哀叹。但是，生活里也有使我感到欢悦安慰的一面，因为我已深深爱上这些乡村里的孩子们。尽管他们往往很脏，甚至有些笨，知识之少就更不必提了，但他们一个个都像未凿的璞玉，那么天真可爱。你只要真心爱他们，他们会以十倍的爱回报你。这些孩子们给我枯寂的生活带来了无限的乐趣和欢笑，当然也有带给我酸楚的回忆的。我和红儿的因缘就是一出小小的悲剧。

红儿是我的一个女学生，我不想写出她的真名实姓。她的名字中有个红字，我总是叫她为红儿。多少年来我一直想给红儿写篇小传，总是难以下笔。要给她写篇传，说难也不难，因为这个可怜的小生命在世界上不过停留了短短的十载，当然不会是巾帼英雄或扫眉才子，有许多事迹可以记述。让史官来写，大概几十个字就足够了。但真要写，也确实不容易。我甚至还不知道她的父母究竟是谁，她是怎么来到这个世界上又是怎么匆匆地离开的。没奈何，就把我和她的相识、相聚、相别的经过做个简单的记述，就算是她的一篇小传吧。

我第一次看见红儿是在新学期开始、我站在讲台上点名的时候。当我喊到她的名字时，听到一个特别低的应声。近视的我，寻觅了好久，才看清这是一个蜷缩在靠窗座椅中的瘦弱的女孩子。她长得很清秀，但面上带着一种愁苦相，用家乡话说，是属于"短命相"或"寡妇相"类型的。

红儿是个很听话的女学生，读书也很用功，但功课并不好。想来由于家道贫穷，衣服穿得很褴褛，但总是洗得很干净，破的地方都用粗布打上补丁。她有好些与其他学生不同的地方：沉默少语，也不和同学打闹玩耍，这和她的年龄很不相称。放学时总把书包放在抽屉里，并不带回家。她的作业本都是用废纸钉的。在一叠叠整齐的作业本中夹着一本形状不规则的破本子，那准是红儿的。

我和红儿的进一步接触，是在所谓学费问题上。这天，肥头胖耳的总务主任在校务会议上诉苦说，开学一个多月了，还有不少学生拖欠学费，要求各班级任课教师抓紧催缴，否则学校只好开除他们了。其中我的班级里就有红儿的名字。我对这类事向来不放在心上，第二天上课时就简单地通知了一下。被点到名的有三个学生。两个男生都答应回去告诉家长，只有红儿迟疑地站了起来，低头不语，连"回去告诉爸爸"六个字都不肯说，这使我很怀疑。当天晚上，我和另一位住在学校里的音体老师孙先生谈到此事。孙老师沉默了一会儿，慢慢地说：

"红儿怕是不能再念书了。"

我追问所以，孙老师叹了口气：

"你是初来乍到，我在这里已教过两年了，学生的情况多少知道一些。红儿不是她父母亲生的，是抱来的。当初他家没有子女，望子心切，就不知从哪里去抱了个'血毛头'来。红儿的名字本来叫招弟呀，后来果然招来了好几个孩子，他们就讨厌红儿了，把她当作眼中钉、出气筒。这个学期他们早就不让红儿来上学了，是红儿哭死哭活一定要来。你想，他们还会替她交学费吗？红儿实在可怜，那么多的事都要她去做，整天挨打受骂，她娘就是镇子上有名的'蛤巴叫'。唉，真是个苦命人。"

我听了后心中很内疚。我这才理解她为什么那么沉默，那么孤寂，为什么她的成绩总是不好，为什么总是用废纸钉作业簿。我很后悔不应该对她太苛求。但是红儿也怪，为什么不和老师讲呢。孙老师又喃喃自语：

"我要是宽裕点，真想替她缴掉这些费用。可是救急容易救穷难，不能帮她一辈子呀。"

他的话打动了我。红儿欠缴的钱，其实也不多，就是一点书籍费、讲义费和一些捐税。当时我的薪水是禄米一百零五斤。一咬牙，拿出了十来天的辛苦报酬，第二天为红儿缴掉欠账。总务主任很出意外，跷起大拇指夸赞：

"老弟，你真有些本事，把红儿欠的钱也收上来了，哪一学期她的费用不是要催了又催，像挤牙膏似的……"

我只好苦笑一下。

但是红儿还不知道这件事，所以在放晚学时，总务主任又一次催缴欠费后，她呆立在操场上不走，最后走进教室去整理她的书包。我去检查课室卫生时发现了她。

"红儿，你在干什么，还不回家？"

"老师，我缴不出钱，明天起不来啦。"她的声音低得像蚊子叫。

"哟，红儿，我还没有告诉你，你的钱我已缴掉了，没有事了，你放心来上学吧。"

红儿好像触了电一样，痴痴地望着我，半晌无言。我看到两粒钻石似的泪珠在她眼眶中滚动，但是她强忍着不让它们流下来。我心中一阵酸楚，把红儿带到办公室中，她照例低头立在我前面。

"红儿，你是个好学生，我知道。你家里吃口多，穷一点，这也不是倒霉事，老师虽然也穷，帮你点小忙还是可以的，以后有什么为难的地方，要老老实实告诉老师。这里有几本新的本子，你拿去用吧。"

红儿强忍住的眼泪这时才像断线珍珠似的滚滚流下，她把头埋在我的膝头上抽泣起来。我把她拉起来时，看到她那双小手粗糙得像柴杆一样，还夹着一道道血口。我自己的眼睛也润湿了，不禁把她拉进我的怀中。我暗暗下了决心，要给这个可怜的小生命一点温暖和同情。

但是，这个世道甚至容不得人做善事。过不了几天，我替红儿缴钱的事就传开了，学生们都在背后窃窃私议，红儿更成为众矢之的。从此以后，红儿总是远远地躲着我，我同样也不敢接近她了。有时看她憔悴得可怜，想买几包"麻条酥"或几块"棒头糖"给她时，也只能悄悄塞在她的破书包里。如果红儿在上课时，偷偷地用充满感激之情的眼光向我看上一眼，这就表示她收到我的心意了。我真不明白这到底是为什么——红儿要是一个男学生，也许就好了。

又过了个把星期，从学生们的谈论中，我获悉红儿又挨了"蛤巴叫"的痛打。在课堂上果然看出红儿两眼红肿，我实在忍耐不住。在课外活动时把红儿叫进办公室询问。红儿哽咽地承认了，说是她娘发现她衣袋中有零食，又有新本子用，怀疑她是偷来的，用藤条狠抽了一顿。我听后怒火填膺，当天晚上去了红儿家。走进门就看见红儿背着弟弟在吃力地洗一脚桶的衣服。她见我进门，吓得失魂落魄似地站了起来。

"蛤巴叫"的地位虽然低下，但喝过墨水，在这个穷乡村里，精神上还有些威信。所以"蛤巴叫"见我驾到，倒也不敢怠慢，一样请坐奉茶。我开门见山地和她说，红儿很聪明用功，而且诚恳勤俭。学费和本子都是我送的。我望着"蛤巴叫"的脸说：

"大嫂！你们家里吃口多，有时照顾不过来，我会帮些忙的。请你不要误会，不要打红儿了。"

"蛤巴叫"面上通红，赔笑着说：

"都说你先生做人好，看得起我们这个小赤佬，她不知哪世修来的福。我是怕她在外面做坏事，又恨她样样事瞒着我，才抹了她几下。红儿，还不进来给老师磕个头。"

我慌忙谦让。"蛤巴叫"又说：

"我们乡下人，穷人家，小丫头读什么书，认得几个字会写写信、上上账就够了嘛，难道还想上京赶考？不比你们城里秀才，要考状元啊！"她见我面上大不以为然的样子，又半真半假地开玩笑说："你先生要是喜欢红儿，干脆收养了去吧，她也好享福，我们也脱罪。"

我的脸刷地涨得通红，又羞又窘，只能支吾几句，起身告辞。红儿一直低头立着，没有吭声。但她送我出门时，我确实发现她的眼睛中闪烁着一丝希望之光。

这次上门拜访后，红儿倒是过了几天安静日子。但没几天，"蛤巴叫"又故态复萌，甚至变本加厉地虐待红儿。我获悉后实在按捺不住，但又无计可施，总不能去"干涉内政"嘛。有时也梦见自己变成了一个口吐飞剑的侠客，或是腰缠十万的公子，一挥手就把红儿救了出来。但夜阑梦回，发现自己仍然是个猢狲王，一筹莫展。最后我决定回城向母亲求援。凑巧我需要动一个小手术，于是就请了十天假回了家。

当天晚上，我就把红儿的情况，在煤油灯下一五一十地诉说给母亲听。我想母亲是位吃素念佛忠厚慈善的人，一定会援手的。果然，母亲听了后很难过，但她只揩揩眼睛说：

"这孩子也真命苦，想来是前世冤孽。所以做人总要存点天良，修修来世。"

"妈"，我乘机而进，"红儿这样下去要丧命的，我不能不救她一下，你说对吗？"

"人家的孩子，你怎么救她？"

"妈，你岁数也高起来了，身体这么不好，家里事也快做不动了，妹妹还那么小，我看家里要弄个人照顾。我想把红儿要了过来，带她上城，一面可以服侍你，一面就近读读书。"

母亲听了我的荒谬计划，吃惊得半晌说不出话：

"阿新！那怎么行啊，人家的孩子你怎么能要过来。再说我们也不宽裕，平空多一张吃口，你爸爸怎么能答应。"

"妈，红儿娘很讨厌她，亲口说过，只要我肯收养，她就送我。"

"哎呀，那是随口说说的呀，你怎么当了真。你真的去要，人家还会向你算还这十年的饭钱的，你付得出？而且你难道养她一辈子？哪里来的力量？"

"妈，她娘那里我会去说的。红儿还小，吃得了几口饭？我每个月用薪水贴家里好了。妈，你就发个善心收养她吧。积点阴德，比吃素念佛强多了。你只要看见红儿，一定会欢喜她的，你晓得她多么听话、勤俭，来服侍你最好不过了。也许你以后还离不开她呢。"

"阿新，天底下苦命人多呢，你难道一个个都带回来抚养？我做不了这个主，你同你爷（南方指父亲）去说。"

我反复和母亲辩论。平素很喜欢我、对我言听计从的母亲，这次不知什么原因"顽固不化"，坚不同意，我差一点要声泪俱下了。母亲见我这么起劲，居然也取笑起她的儿子来了：

"阿新，你这么起劲，莫不是打算把红儿接来做童养媳吧？她长得好看吗？"

"妈，你怎么也这样说！人家十岁还不到呢！"我真的动火了。"算了，你们不肯也就拉倒，我自己去养她。反正只要我有饭吃不会让她喝粥。一百零五斤米两个人总是够吃的。"

母亲见我动了真气，只好含含糊糊答应写信给在杭州师范教书的爸爸问问看，也同意在第二个星期天把红儿带上城玩一天，让母亲看一看，我觉得事情有成功希望，心中的高兴劲就不用提了。

我病愈后，兴高采烈地赶路回校，一路上憧憬着红儿知道这个好消息后该有多高兴，又该怎么感谢我。她一定会倒在我怀中哭的，而我呢，一定会把她接回家中，像个亲妹妹一样地抚养她、教育她。另一方面，我又盘算着怎么和"蛤蟆叫"交涉，万一她真的狮子大开口地敲我竹杠，又怎么对付。一路上胡思乱想。回到学校后也顾不上休息，就去教室里寻红儿，遗憾的是这天红儿缺课未来。我怕被人议论，也不敢迫不及待地去打听。熬到下午，还是不见人影。我忍耐不住，放学后就问那位孙老师，他眼圈一红：

"我还没有告诉你呢，你不要难过，红儿已经走了——死了。"

我不能相信自己的耳朵，只是呆瞪着他。孙老师慢慢地讲了过程：

"你不是上上星期五走的吗？她那时好像已经有些发烧了。星期六也没有来上课。星期天，她妈叫她上街买酒和麻油，从店堂里出来人就支持不住，跌了一跤，瓶都打破了。她吓坏了，哭着到学校里来找你，哪知你已经回城去了，凑巧我也不在，她扑了个空，又哭着回去。听说她娘狠狠地抽了她一顿，也不给她吃饭。第二天她就高烧、困倒了，也没有请大夫看病吃药。拖到星期三，全身抽筋，眼看不行了，才请了个走方郎中看了看，弄了些草药，有什么用！是星期四死的。咽气前听说还叫着你，说下世要做牛马、做儿女报答你呢，你看，这孩子多有心啦。她家里想弄张芦席给她包一包就埋掉，我们不忍心，她苦了十年，总不能死了又被野狗刨出来吃掉。好坏寻了几块木板钉了口棺材，葬在乱坟岗上。上星期六，他家来收拾红儿的书包，里面还有好几块方糖、新橡皮、新蜡笔，都是你给的吧，全给了她弟弟了……喂，你怎么啦？"

我战栗着站了起来，拉住孙老师的手，恳求说：

"红儿死了，我也救不活她了，求求你带我去她坟头看一看，也算了却几个月来的因缘，你带我去一下吧。"

孙老师面有难色，建议星期天再去，我死活不答应。他拗我不过，只好带我前往。从镇子里去乱坟岗有好长一段路，一路上他说了一大套话劝慰我，我半句也没有听进去。走到岗上已是夕阳西下，晚霞万道了。我们走到一座小小的新堆起的土坟前面，孙老师用手指了一指，也不说话。我两腿一软，就坐倒在坟前，眼泪像开了闸的河水滔滔而下。

我哽咽着、哭泣着、用手拍打着坟堆，把脸贴着黄土叫道：

"红儿，红儿，老师来看你了，老师在叫你，你听见了吗？红儿啊，你为什么要到这个世界上来？你活着没有一点点温暖，死了没有一口像样的棺材，苦命的孩子！老师这次回来，是要带你走的呀，你就不能等我几天吗！苍天！"

说到这里不禁放声大恸。这个坟堆是这么单薄，我相信我的眼泪能流到红儿身上，我相信躺在里面的红儿一定能听见我的叫声，只是她不能回答罢了。身世凄凉的孙老师也被我哭动了心，掉了许多眼泪。最后他收泪苦苦劝我：

"红儿是个苦命女儿，活在世界上没有过过一天好日子。走了倒也解脱了，再也不会吃苦受难了。而且她在最后几个月中，得到你的照看，使她在临走前也尝到一点人间温暖，我想她是死也瞑目了。还是祝愿她早早去投胎转世吧。"

我只有痛哭的份，到月上东山后，两个人才拖着疲倦的脚步，带着哭肿的眼睛回校。

第二天，我去了红儿家，"蛤蟆叫"慷慨地把红儿的一些遗物送给了我，这里有几张试卷、一本作文簿、一本日记、一本算术簿和大小楷本。我把它们仔细清理好，用鞋底线钉成一本小册子，题了个集名曰"昙花一现集"，还写上几首哭红儿的诗。半年后我离开了那个村子，永远再未回去过。以后不论我走到哪里，我总把遗集带在身边，我结婚成家后，也把它塞在柜子底。有时大扫除清理箱柜时，翻出这本发脆变黄的本子，我往往会呆坐半天。往事像电影似的一幕幕涌上心头，一个憔悴、羞怯、可爱的苦命女儿形象，就会又一次呈现在我眼前。酸苦的往事会使我感到窒息，眼睛湿润，一颗心像浸在浓醋中那么难受。直到"文化大革命"时，我被关入牛棚，家属在清理四旧时，才把它随同许多旧东西扫进了垃圾桶。从此，红儿曾经在这个世界上停留过的最后一点痕迹也就永远消失了。

印在心头的乡音

1946 年暑假，浙江大学在抗战胜利复员后第一次在杭州举办招生考试。我奉了父亲严命，从绍兴乡下来到杭城，也参与这一盛举。从抗战爆发我逃离杭州算起，也是我阔别九年后的首次旧地重游，心情当然是激动的。但我已没有闲暇重赏六桥三竺风光，行装甫卸便紧张地投入冲刺战斗。

对这次应试录取的可能性，自己也做过反复分析，结论是可能性极小。当年浙大招三四百名新生，而应试者达三千多，工学院尤为重点，录取率仅为 1/10。入学考试除考"英、国、算"三大科外，还要考物理、化学、历史、地理。对于国文和史地，我自忖有些把握，只恨不考格律诗难展奇才罢了。对于数学就难说了，虽然我在九莲寺中已自修到微积分，但考试中不考它，也不容许用微积分解题，而我对代数、几何、三角的基础训炼却非常的差。至于对英语和物理、化学就更少准备了。所以，当时的情况也是"无可奈何，姑妄考之"而已。

那第一场数学考试就把我考得晕头转向。我清楚记得，试卷上五道大题。开宗明义第一题，是在"复数平面上解一个不等式"，完全超出我准备的范围。我一时阵脚大乱，苦苦从脑海深处追索这"复数"和"不等式"间有什么他妈的关系。偷看左邻右舍，似乎都在奋笔疾书，更使我紧张万分。其实，这试卷总的难度并不高，其余四道题都在我的能解范围之内。估计命题的教授也是在和考生打心理战，先给你闷头一棍，看你是否能挺住，稳定阵脚。有经验的学生大都先撂下此题不管，动手解答下面的题目。我因失学离群已久，孤陋寡闻，中了奸计，上了圈套。最后省悟过来，匆忙答完全卷时，试场上已没有几个人了。考完回来，愈想愈懊恼和后悔，在父亲面前一味怪试题太难。其实，试卷的难度和考生最终的录取结果并没有太大影响，考试的作用无非是将考生的水平排个队罢了。但当时我哪里想得到这些，不免把命题教授的祖宗十八代诅咒上几遍。

数学考垮了要不要再考下去呢？这时我想起别人讲过的一个故事。有一年，交通大学招生时的数学试题特别难，有位考生自估只能得 20 分，他泄了气，也放弃了其他科目的考试。但后来听到学校招生处的人讲，今年的数学考题太难，不少人缴了白卷，最好的考生也只有 20 分，可惜这个人没有考完全程，也落了榜。那学生听到后"一恸几绝"。

这个故事深铭于心。因此我还是考完了所有科目。我还想，反正已缴了报名费，来了杭州，见见场面、长长见识也是好的。我最害怕的是每场考下来，父亲总要详细查问，还用一架小算盘为我估算成绩，他那副认真模样着实使我难受，只好在心中嘀咕："老爸老爸，这番孩儿又辜负你的期望了也"。

考完后也无心玩赏，黯然回到绍兴，百无聊赖。但还是要吃饭过日，只好重操旧业，托人又找到个乡村小学老师的工作，这次是在县城西门外十多里路之遥的双山乡中心小学。八月下旬的某天，我挟了个简单的行李卷，心情怅惘地走到城西的水偏门，在这里雇了只小乌篷船划向双山乡，踏上人生旅途新的一程。

双山乡是个风光秀美的水乡，以河代路，以舟代车。小学校所在的峡山村，是个相当简陋的小村。但小村出名人，这里还是鉴湖女侠秋瑾的故乡呢，村子里还有不少秋姓后裔。我到村后，发现校舍又破又窄，心中更不是滋味，大有王小二过年，一年不如一年之感。有位校董何先生倒很热心，正在满头大汗地指挥几个泥瓦漆工粉刷着破门烂墙。既来之则安之，我安顿下来后就帮助校长布置校舍，写布告报名招生开学。然而几天下来，生源寥寥，尤其高年级几乎只有小猫一只两只。我又失望又惊奇。后来有人悄悄告诉我，上一届的校长、老师人品极差，不仅不好好教学，还横行霸道，欺负乡邻乃至污辱女学生。所以乡人视学校为魔窟，孩子视上学为畏途，无怪少人问津。我听了如梦初醒，嗟叹不已。于是到处游说，消除疑虑，这样生意才稍景气一点。

话说这一天是礼拜天，我在办公室里抄写"老师守则"有些倦了，就打打"大正琴"（凤凰琴）消遣。从校门口进来了两个大眼睛小辫子的女孩儿，她们仔细地"考察"一间又一间的课室，还时不时偷偷向我望上一眼。我估计她们是来报名上学的，就丢下大正琴，主动揽客：

"你们是来报名的吧，来来来，什么名字？几年级？"我迫不及待地拿出报名册，打开墨盒，只等她们发话。

"啊，我们，我们不是来报名的，我们来看看"。大一点的女孩子嗫嚅地说。

"不报名，来看什么！学校又不是戏台！"我因失望而光火。"你们这么大年纪了还不抓紧念书，将来怎么得了。真是没有出息！"

女孩们面红了。还是那个大女孩低声说：

"不是我们不要读书。我们也想读书的，不过要爸爸答应。我们回去跟爸爸讲。"

"那好。一个人只要自己有志气，想上进，就好"，我的口气转和缓一点，"你们姓什么呀？住在哪里？我可以和你们的爸爸去说"。

"啊，不要，不要！我们自己会去说的。"两个孩子像逃也似的离去了。两天后，这两个女孩果然来报名上学了，一个在六年级，一个在五年级。后来又拖来了不少同学。也许她们经过实地考察，已相信这一届的老师是正经人，不是流氓吧？

　　就这样，我又拿起粉笔头，干起猢狲王的行当来。三个月来，也没有接到浙大的通知，我也不存指望了，但心中的失落感总是消除不了。过去我在乡村，做"书记"也好，做老师也好，都能"安贫乐道"，并无奢念，因为也没有任何其他出路。这次到过杭州，考过大学，有了展翅腾飞的愿望和机会，但又碰壁回来重操旧业，这颗心就再也平静不下来。我常常在执笔批改学生作业时，中途停了下来，呆呆地看着想着。"家有三斗粮，不做猢狲王，我这辈子就永远和粉笔头打交道了吗？"我常常自己问自己，心境的惆怅和苦闷，真不是笔墨所能描摹的，我只能用叹息和流泪来打发这似水流年。我甚至星期天也泡在校里，不愿回去。我怕看到精神失常的大哥和母亲衰弱忧伤的脸庞。唯一能排解我心头郁闷的，还是那些学生。我在上一篇回忆中也说过，虽然他们似乎又笨又脏，有的脸上还拖着鼻涕，但他们都是未经污染和雕琢的璞玉，都有一颗金子般的心。我深深地爱他们，而且我发现，只要你真心爱他们，他们就会以十倍的爱奉还给你。我把全部心血都倾注在他们身上了。我和这些孩子们厮混得那么熟，他们不再把我当作老师，而仿佛是自己的哥哥。我努力教书，还不时从《格林童话》《安徒生童话》或《西游记》《封神榜》中改编些故事讲给他们听——要知道在编故事方面我是学贯中西、道通古今而且有特异功能的——骗得他们如醉似迷，都和我结下了不解之缘。那时我也是个十八九岁的大孩子呀。只要和孩子们在一起，我心中的忧伤与郁闷就会一扫而空。只是下课后，我又进入了另一个寂寞世界。

　　记得在一个深秋周末，本地老师都回家团聚去了，剩下我孤身只影，面对着桌上的一碗米饭和一碟咸菜发怔，忽然从门口伸进一个女学生的头来向内窥探——就是开学时被我动员来的那个大眼睛女孩，我正没好气，喝退了她。但几分钟后，她又翩然而至，走到桌边，一伸手把一只鹅蛋放在我碗中，"老师，给你下饭"。

　　我被她的情意感动了。我谢了她，又摸出一张钞票给她，她坚不肯收。我把钞票叠成小方块，冷不防塞在她的领圈里，望着她微笑。她那忸怩的样子可真够逗人。但她马上挖出了钞票，趁我不备也塞进我的领内。有这样一个调皮可爱的孩子为伴，一切愁烦都烟消云散了。

　　她陪我吃完饭，有一搭没一搭地和我闲聊：

　　"老师，你为什么不回家？"

　　"我家在城里，远着呢。"

　　"老师，你知道吗，村子里的人都称赞你，说你为人和气，书又教得好。"

　　我心中甜蜜蜜地，不禁沾沾自喜起来，嘴上却不承认："你骗人。"

　　"谁骗你啦！"她嘟起小嘴，又神秘地贴着我的耳朵："你还有个绰号呢，同学们背后叫你看家狗。"

　　我的脸顿时通红，发作道："这一定是你出的主意，女生里就数你最坏。"

　　她急了，赌咒说这绝不是她出的谋，还说她最敬爱我了，读了几年书，就算在我手下进步最多。我听了回嗔作喜，心花盛开，但仍佯嗔道：

　　"你这个小马屁精，最会哄人，我要真有那么好，你就亲热点叫我一声。"

　　"老师!"清脆的童音在空中回荡。

　　"我比你大不了几岁呀，你不是没有兄弟吗？叫我声哥哥吧。"

　　这回轮到她面红了，说什么也不肯。我装出生气的样子，不理睬她。她情急了，张开小嘴，动了几下，却像有千钧之重吐不出口。我乐滋滋地望着她，她终于吐出了蚊子般的声音："老师哥哥"，一脸的娇态羞容。

　　"什么？我听不见，平常吵嘴骂人，算你的喉咙最尖，今天怎么变哑巴了。"

　　"哥哥!"她响亮地、干脆地叫了一声，吃吃地笑着，又把脸埋在手中。这一声音飞进我的耳朵，贴在我的心头，并且永远刻在上面。

　　她在我房间中又逗留了一会，翻看着桌子上的数理化书本，包括那本原版的微积分。我看她专心致志的样子，便告诉她书中一些内容，并说："你只要考上中学，就能读这些书了。将来再上大学，本领就大了，能够量天测地，修铁路、造飞机，还可以到外国去和外国人讲话！"

　　"我这样的程度，哪能考得上中学呢！"她发出一声出自内心的叹息："双山小学的学生，还没有一个考上过中学。"

　　"有志者事竟成，就怕你没有志气！"看着她深蹙的长眉，我的侠义心肠又冲动了。"你要是真有志气，每个礼拜天到我这里来，我给你补课，包你明年考上中学！"

　　"我有志气，我来！"她情不自禁地叫了出来，但马上又犹豫起来："好是好，就怕被同学们知道，他们会说我笑我……"

　　"怕什么，谁愿意来我都教。"

　　"要是你明年不来教书了呢？"

　　"为了你，我要在双山小学教下去，一直到看见你上中学。"我立刻做出承诺，就像武侠小说中一位大侠拯救一个弱女一样。

　　"你真好！你为什么待我这样好呢？"她向我深情地看了一眼。

　　"哟，谁教你是我的妹妹呢"，我又回复到调皮口吻。她啐了一声，红着脸不响。忽然伸过头来，在我耳边叫了一声"好哥哥，谢谢你"，就一溜烟走了。

　　这天晚上我还真的为她拟了个补课计划，并计划要给她找一些补习书本。但计划还来不及实施，我就意外地接到浙江大学的通知，我已录取在航空工程系，并限期报到。我在万分激动欣喜之余，想到要离开我的小天使们，又不免黯然神伤，特别是想不出怎么能向我的"妹妹"开口。数日后，我要辞职去杭州读书的事就满校皆知了。我在课堂上不敢向"妹妹"看，下课时也躲着她走。但是，有一天终于狭路相逢，两个人在走廊上面对面遇见了。她看了我一眼，低着头说了一句："你说话不算数，你骗人。"

我的心像被刀刺了一下，滴着血。我红着脸，无言以对。我伤害了这个天真女孩的心，使她空喜欢一场。我想她一定十分恨我，鄙视我，再也不会理睬我了。

离别的那天，我仍雇了一只小乌篷船远去。晨曦中许多学生排着队在河畔送别。在"老师一路平安"的喊声中，我和孩子们一一握手作别。我意外地发现我的"妹妹"站在最后，眼圈又红又肿。我走到她面前，她把一个小包递给我：

"一点土点心，自己做的，路上吃吃。"

我紧紧握住她的小手，强忍着眼泪不让流下。

"老师——哥哥，你还会再来吗？"

我哽咽着说不出话来，以惭愧的目光向她看了一眼，点了一下头，就匆匆钻入船篷，不敢再向岸上探望。双桨一落，搅起了满江离愁，撕断了万缕情丝。

我流着泪在船中吟了两首小诗：

> 双双小手扯衣罗，欲语还休泪似梭。
> 东去扁舟留不得，断肠声里唤哥哥。

> 白杨渡口送行舟，树自无言水自流。
> 早识离情酸似此，芒鞋不踏峡山秋。

此后，我再也没有到过这个小村，但是它的一切：小河、石桥、狭巷、破屋，特别是那天真、清脆、带满乡味的童音，永远刻在我的心头，它伴我度过五十多个春秋，它伴我走遍东西南北，美澳非欧。

人人都有故乡，人人都爱故乡，而我对故乡的眷恋尤其深刻。绍兴啊，生我育我的故乡和母亲，我离开你的怀抱已数不清有多少个年头了。然而家乡的风土人情，亲人的音容笑貌，永铭于心。历时愈久，记忆愈新。一件最细小的事，也会勾起我无限的情丝，又甜又酸，如醉如痴。辛酸和喜悦的眼泪，交织着流下我的面颊。我爱你，我的故乡，我的父老姐妹兄弟，你们对我的爱永远是我力量的源泉。

中正诗人的由来

——从猢狲王到闹罢课

1946 年暑假，我谨遵严命，投考了刚复员到杭州的浙江大学。当时的录取比例大约是一比十。考试后我自忖无望，仍然回到绍兴，通过友人介绍，到离城十多里地的一个水乡——双山乡重操小学教师旧业。

但是两三个月后，三弟从城里转寄来一封浙大通知书，说是我已被录取在航空工程系，还是个名列前茅的公费生。由于复员关系，新生要在 12 月初报到注册。这封信像投入池塘中的一块巨石，把我恬静的生活和思想全打乱了。开始时我怀疑这是否是一场梦，接着，我陷入狂喜之中，最后我又舍不得朝夕相伴的小天使们，我实在太爱他们了。但毕竟是前程要紧，我硬着心肠辞了职。孩子们知道他们的老师要半途离去时都很伤心，临别那天还列队到河畔送行。当我站在船头挥手向他们告别时，真的忍不住流下许多泪水。

不过，眼泪干了后我又按捺不住兴奋喜悦的心情。在我眼前展现了一幅金光灿烂的前景：世界五强之一的中国将蒸蒸日上，繁荣昌盛，而我在刻苦攻读后又将成为一名声震寰宇的飞机设计师，我仿佛此刻正坐在自己设计的飞机中遨游太空。恕我这支秃笔无法描摹出自己做过多少美丽的梦。我哪里知道等待着我的是一条多么曲折坎坷的路呀。

我到了杭州后所受的第一个致命打击，是发现在杭州师范教书的父亲已卧病在床。我刚到时，他还挣扎着招呼几句，嘱我赶紧去校注册，还指给我看他为我准备的衣服和学费。第二天就陷入昏迷状态。我肝胆俱裂，求人把他送入医院。这家医院除了敲索病家有特长外，医道简直是不可问。父亲就这么昏迷不醒地在一个大雪纷飞之夜咽了气，连病因都查不出。

父亲平素待我很严厉，我不仅怕他，有时甚至有些怨恨。只有在他长逝后，我才如梦初醒地认识到他是如此爱我、盼我、恕我，而我又是如何地使他失望、伤心和悲痛。失去父亲后我才发觉有父亲在旁是多么幸福，我是如何不能离开父亲。但是这一切都晚了。尽管我发狂似地跪在医师面前恳求救命，尽管我捶胸顿足哭得晕了过去，一切都无济于事，父亲口眼不闭地死在病床上了，抬到太平间去了，连清醒几分钟听一听我的忏悔也不可能。他留下一个破烂的家：身患重病的母亲、精神失常的哥哥和姨母、在中学和小学里念书的弟妹，管自走了，一切担子都撂给了我。

人地生疏、大雪漫漫、慈亲见背，一个孩子处此境界其苦况是可想而知了。但我似乎突然长大懂事了。我揩干眼泪，强忍悲痛，办理了丧事，把灵柩寄放在"会馆"中托运回乡。我及时到浙大注册入学，自己安排一切，还制订了以后长期奋斗计划。我发愤努力，拼命学习，因为我深知自己只有初二水平，考进大学是侥幸，不拼搏是没有出路的。我依靠公费过活，还在讲义股刻钢板工读，每月还可以积一些钱寄家奉母。我暗下决心，一定要争气，上慰父亲之灵，下为弟妹着想。这就是我初入浙大时的情况。

但是国家的不幸比家难更沉重地打击和摧毁了我，使我几乎丧失了奋斗的方向和决心。走出乡村进入大学后，我才惊恐地发现自己的祖国竟然处在我难以想象的悲惨境地。号称五强之一的中国，在国际地位上竟是如此低下。抗战胜利被称为惨胜，而且继之而来的是全面内战。我心目中的正统政府竟和"昭和世界"一样的黑暗和腐败，社会是如此的混乱、不公和贫困。这漫漫长夜何时才旦啊！我的一切美丽幻想都像肥皂泡似地破灭了。我从失望到绝望，再也无法安心啃书本了。在我入学后爆发了一次又一次的学潮：抗议美军暴行、反饥饿、反内战……直到浙大学生自治会主席于子三被害后的大罢课。我就身不由己地投入了进去。历史证明，政府反动腐败倒行逆施，学潮是一定要被激发起来的，任何力量也控制不了。不是走投无路、苦闷万分，我这个一心想读书建国、光宗耀祖的学生，怎么会丢下书本上街呢。这个简单道理倒是值得今后治国之士深思的。

当时的浙大有东方剑桥和民主堡垒之称。前者指竺可桢校长延聘到一批第一流的教授，在许多学术领域里起有带头和争鸣作用，后者指在竺校长的明智管理下，浙大学生有一定的民主权利。前者是否够格，恕我不敢妄议。对于后者，浙大确有些特色，尤其是那脍炙人口的"生活壁报"。

浙大有个较强有力的学生自治会，负责人多数是较进步的学生，也有少许地下党员。生活壁报是自治会办的墙报，其形式和后来的大字报有些相似，你可以写任何内容，具任何笔名。与大字报不同的只有一条，即作者要负文责。稿件必须投给自治会，统一登记编号后贴出，而且必须登记真实姓名。如果稿件内容失实、污蔑中伤，经人指控作者理屈，自治会就公布其真名。这种登记贴出的壁报谁也无权撕毁。当然，你也可以自行张贴，不过这就和自治会无涉，也不在保护之列。每一期壁报出来，照例是图文并茂琳琅满目，有的谈生活小事，有的议国家大局；有的讽刺影射，有的点名痛斥。所用纸张从白报纸、红绿纸到旧报纸甚至大草纸都有。在学潮期间，双方壁垒分明，尖刀拼搏，煞是好看。我常常利用吃饭时间，手执饭碗，边吃边看，时而粲颜，时而戟指。纵使一大碗白饭上只盖了几片萝卜，也在不知不觉中全下了肚，大有古人汉书下酒遗风。

我是个笔头不安分的人，看着看着不禁手痒难熬，逐渐变成热心的投稿者了。记得开始时，我是写文讽刺国民党政府草木皆兵地不许人唱那些有为匪张目之嫌的歌曲，如

"你这个坏东西"和"茶馆小调"之类。以茶馆小调为例，歌词是：

> 晚风吹来天气燥，东街的茶馆好热闹，
> 杯子盘儿叮当叮当叮当叮当响唷，
> 瓜子壳儿劈里啪啦劈里啪啦吐哟，
> 有的谈天有的笑，有的谈国事有的就发牢骚。
> 只见那，茶馆的老板胆子小，
> 走上前来，细声细语说得妙，
> 诸位先生，生意承关照，
> 这国事的意见，千万少发表；
> 谈起了国事容易发牢骚，
> 引起了麻烦，你我都糟糕；
> 弄得不好你要坐监牢，
> 我这小小的茶馆，贴上大封条。
> 哈哈哈哈哈哈哈哈满座大笑，
> 老板说话太蹊跷，
> ……

下面的歌词记不确切了，反正更为悖逆，号召大家起来把一切枷锁都打倒也。当道对此，殊为恼火。我就用"中正诗人"的笔名，写了张壁报，还冠以小序，大意是：诸公爱唱茶馆小调，有为匪张目之嫌，常蹈法网，危险滋甚。本诗人悲天悯人，欲普救众生，是以冥思苦索，得出良计，特将调中犯忌字样，一律以中正二字易之。如是，小调可唱，又不致伤天地之仁而得中和之气，国泰民安，岂不懿欤！经我改写后的茶馆小调便变成下面的样子，我还逐句批注改易的原因：

晚风吹来，天气中正（注：原词天气燥，燥则易火。火为赤色，犯忌故改），

东街的茶馆好中正呵（注：原词好热闹，热闹则人多，人多易惹事捣乱，不妥故改），

瓜子壳儿中中正正中中正正吐哟，杯子碟儿中中正正中中正正响哟（注：劈里啪啦，叮叮当当有枪声争斗声之嫌，迹近煽动，故改），

有的谈心有的笑，有的谈国事有的就发中正（注：原词有发牢骚字样，甚属可怕，亟改之）。

只有那，茶馆的老板最中正（注：胆子小，岂非影射暗无天日乎，改为中正，万事大吉矣），

走上前来，中中正正说得妙（注：细声细语，非谓路人侧目乎，罪大恶极，速改为是），

诸位先生，生意承中正（注：关照二字，有密探接头之嫌，故改之），

国事的意见，千万多中正（注：少发表三字影指钳民之口，易为多中正，针锋相对，圆滑天成）。

谈起了国事容易发中正（注：见前），

惹起了麻烦，你我都中正（注：糟糕二字有失敦厚之旨，故改）。

弄得不好你去学中正（注：坐监牢改为学中正，点铁成金），

我这小小的茶馆贴上中正条（注：民主国家岂有贴封条之事，改为中正条，则不明其为何物矣）。

哈哈哈哈哈哈哈哈满座中正，

……

我为什么这样写呢？原来中正二字，乃今上御讳，且系龙意自取的。考其意，是要继承中华四千载正统，从三皇五帝尧舜禹汤周公孔子直到中山中正，以示唯我执中，唯我居正。但察其行，自御极以来，既不中更不正，甚至连茶馆小调都不准唱了。所以干脆把一些忌讳字样都改为中正得啦。此文贴出后，观者无不捧腹，后来竟把中正两字作为不着边际的代词用了。譬如说，你向一位同学索债：

"老郑，上礼拜借去的钱该还我了吧？"

"啊哈，小王，中正中正了吧。"

而我这个中正诗人的笔名倒出了名，但很少有人知道这位大诗人就是航空系的区区也。

中正诗人的下一篇大作，矛头对准主张复课的同学，文字欠雅，姑且不录。第三次的对象是教授。起因是有个星期天我看到一位教投影几何的副教授穿着一套破烂西装，驼着背，提着菜篮，从街上买了些青菜豆腐回来，颇失师道之尊。我不禁文思涌发，回到寝室，取笔一挥而就，写了篇"教授苦"，其词曰：

教授苦　教授苦

拈针穿线补破裤

阿大的妈在旁叽哩咕（注：阿大者，教授公子奶名也）

唠唠叨叨说丈夫

东邻西舍都升官

个个眉扬又气吐

只有你一事无成守旧业

薪水还是二百五

教授听了心内酸

强扮正经训其妇

君子固穷有明训

我不贪无名之财不义富

再说我薪水虽只二百五

也可买上几斤老豆腐

比上不足下有余

多少胜过隔壁包车夫

讲罢道理上街行

躲躲掩掩进当铺

接收大员坐车过

看了呵呵笑破肚

什么教授正来教授副

不如我的汽车夫

煮豆腐　吃豆腐

豆腐吃得撑破肚

隔壁红烧猪肉香

阿大直着脖子喊亲娘

亲娘短　亲娘长

烧碗猪油鸡蛋肉骨头汤来尝尝

教授太太听了气得哭

一个巴掌打得阿大头上添只角

小鬼要吃肉

等到民国六十六

小鬼要吃蛋

等到民国七十三

小鬼要吃油

等你爹爹不做穷教授

此文问世后观者如堵，无不粲然捧腹。一些道貌岸然的教授也站着看，心中滋味自知。当时有些教授是不赞成罢课的，常来劝导。我们就唱起"阿大要吃肉，等到民国六十六"的歌，他们也只好苦笑而走了。

国民党政府在崩溃前夕，搞过金元券，并限制物价。他们把物价飞涨完全归咎于奸

商囤积，特派蒋经国为督察员坐镇上海打虎，结果以成为笑料而收场。中正诗人也为督察员写过一篇"颂歌"：

督察员　有气派

当今圣上他爹派得来

肃静回避前头引

哼哈众将后面随

汽笛呜呜专车动

浩浩荡荡到上海

下了火车把面板

大小官民听明白

本督察言出法随胜包公

谁敢囤积算他活倒霉

不论是皇亲国戚地头蛇

莫怪我尚方宝剑下得快

训话完毕见行动

杀个把阿猫阿狗壮军威

果然是铁面无私若冰霜

小民战栗又敬畏

忽报沪东有大户

囤积物资如粪土

太子一听冲冠怒

亲率鹰犬去搜捕

当场抓出管库人

喝问谁是大老虎

谁知对方不在乎

叫声太子莫糊涂

此虎非是野山虎

你的娘舅和后母

太子一听泄了气

尚方宝剑落尘地

弃甲曳兵归营去

马不嘶风狗夹尾

　　尚有部下不识趣

　　追问此案怎么办

　　太子拍桌把眼弹

　　这是俺家务事情你少管

　　若是报纸追查紧

　　只要说仓库里都是五香茶叶蛋

　　贴这种讽刺诗是要担些风险的，但我的诗中除五香茶叶蛋云云是创造发明外，其他都有小报为根据。太子、娘舅这类词也常见诸报屁股，当局如不查办报纸，也不能光办我。

　　提到物价飞涨事，我又想起自己担任过一届膳委，到月底时适值肉价大涨，未能打牙祭，颇激起公愤，曾作过一歌以明心迹，词曰：

　　膳厅有习俗　月底要吃肉

　　千呼万唤影茫茫

　　只有一碗猪头汤

　　触怒诸公火气高

　　都说其中有奥妙

　　定是膳委在贪污

　　大块肥肉落了肚

　　诸公且莫发冲冠

　　膳委腹内有奇冤

　　上任以来颇奉公

　　愿学包拯海刚峰

　　月末积得十万金元券

　　要令广大寒士尽欢颜

　　不料物价翩翩飞

　　手忙脚乱误时机

　　前日肉价犹在肩

　　昨日忽然上屋檐

　　今朝扶摇刺破天

　　噩耗传来心胆寒

　　统率厨工冲上前

　　不知精力花多少

抢到一个猪头五条鞭（注：鞭，猪尾也）

诸位都是大学生

精通几何三角微积分

粥少僧多事实在

何妨从头算分明

头尾共计十一斤

要分五百零三人

每人零点三五两

折合公制十克兰姆还挂零

千算万算始定案

吩咐厨工精心砍

剁成五百零三块

厚度切成一分正

看不清可用放大镜

厨工一听瞪了眼

丢下菜刀不肯干

辗转无方生奇计

一只大锅煮头尾

保证人人喝上汤

有头无尾碰运气

本人忠心耿耿为大家

到头还是挨臭骂

冲冠一怒挂冠去

明日退位做小民

始觉古人不欺我

真是无官一身轻

中正诗人投的稿中，也有一些被壁报编者扣下不发的，这些多半是点名骂教授或火气太大之作。例如在南京开"国大"、选"总统"时，我写了篇竞选歌。其词曰：

新闻年年有　今岁特别红

民国三十七　要选大总统

正的多谦让　副的抢得凶

恰似苍蝇逐矢闹哄哄

李将军　孙太子
旗鼓相当拼生死
一个说我是国父亲生子
祖传秘方可治世
一个说我统兵百万为革命
不选老子选啥人
南京城里不夜天
龙门酒家开琼宴
正宫娘娘亲临阵
万紫千红各争妍
国大代表架子足
千请万求赴宴来
夫人哈腰又握手
定要代表笑颜开
为国为民敢言苦
一天握手九百五
皱着眉头不哼声
纤手肿得像屁股
这种精神实可佩
小民唯有泪满腮
从此副号天子要出世
天下太平万万载

还有一首"抬棺请愿歌"：

南京城内出新闻
抬着棺材把愿请
"最高"听到肝火升
正要行宪政　怎么出丑闻
友邦面前难交代
直头里发热昏
代表叩头如捣蒜
微臣实有不白冤
为争国代倾家产

金元花上几千万

好不容易当了选

凭空让人心不甘

商人也将本求利

我的血本谁来还

最高当局发金言

诸公都是本党好英贤

岂不闻亲亲仁民是美德

朕要你让你就莫争先

他妈的礼义廉耻要牢记

操你娘曾文正公家书读几遍

若说本利无着落

朕封你做个宪政研究员

领干薪再加车马费

将就些三年定把本利还

代表聆训喜开颜

如拨云雾见青天

回去都把棺材卖

害得棺材店老板破了产

这两首奇诗写的当然也是事实，但用词太刻薄，刺人过甚，弄得不好，当局会动真的，要强迫自治会交出诗人真名。那样，也许我会被抓出来开除示众，我的个人历史也就要重写了。

记钱塘江水电勘测处二三事

这是个什么样的单位

1950年7月，我从浙大毕了业，四年大学生活在惊涛骇浪中一闪而逝了。那时候还没有统一分配之说，由各地需人单位来学校物色，也有由学校或教授向外界推荐的。我的恩师钱令希教授知道我身上背着一个沉重的破落家庭的负担，不便远适天南海北，就介绍我去设在杭州的"燃料工业部钱塘江水力发电勘测处"（简称钱塘江勘测处）工作。

这个单位，连管大门的以及女佣人都算在内也不上二十个人。按照今天的标准，不仅够不上"地师级""县团级"，恐怕连个"排级单位"也勉强。原来，在国民党政府的资源委员会下，设有一个"全国水力发电总处"，钱塘江勘测处则是"总处"下面的一个勘测单位，专门勘测钱塘江的水力资源，做点水文观测和地形测量工作。虽说"总处"仿效美国TVA的模式，拟有一个CVA的计划，天晓得猴年马月能实施。因此勘测处生意清淡，门可罗雀。听说杭州解放时军管会还不知道有这么个小单位，迟迟无人接收。大家慌了手脚，只好毛遂自荐地请求接收了。还听说来接收的军代表也弄不清这是个什么性质的机构，是否应按"俘获人员"处理？最后，总算成为隶属于燃料工业部下的一个小处，一切人员照留。当然其中没有一个党员，也没有一个团员。主任是水电界老前辈徐洽时，处里人员虽不多，但专业较齐：水文、测量、钻探、设计、机电、施工、管理……而且每个人往往文武双全，一专多能。到后来，除了老妈子以外，勘测处中所有的人好像都成为新中国的水电骨干，当上总工、厅长、院长。勘测处中缺少的专业好像是地质和政工。

钱教授向徐主任推荐我时，也许顺口夸过我是班上的高材生，以便徐老破格录用。这话不知怎么误传为我是班上的积极分子，因此颇引起一场虚惊。当时机关内虽无政工干部，大家还是按制度每周学习政治两次，当然学习会往往流为海阔天空的龙门阵会。我刚去时，大家对"积极分子"深怀戒心，学习会上都道貌岸然，口必诵马列。但不久发现积极分子和他们原来是一丘之貉，戒心全消，彼此彼此，和平相处。

我到底是怎么混进勘测处编制中的，自己也不明白。反正那时机关中并无干部处或人事处或组织科之设，徐老一人说了算。听说在正式接收前就把我的名字塞入花名册中，使"俘获人员"中多了一名。比之今日，手续简单多了，我的工资是 123 个"折实单位"。

我在这个处里留了三年半，1954 年元月奉调去北京水力发电总局时离开。钱塘江勘测处也先后改名组成浙江水力发电工程处和华东水力发电工程局了。我在这个摇篮里度过了难忘的几年岁月，使我逐渐跨进水电建设的大门。回忆往事，我总有一种说不出的眷念之情。

第 一 次 出 洋 相

勘测处的办公地址在开元街 73 号。这是一幢两层楼小房子，楼上是单身宿舍，楼下打通成一间大办公室。徐老以及他的参谋长坐在办公室的最北端，还把台子垫高一尺，以便君临天下。他坐在那里，只要用眼一扫，全体人员工作情况尽收眼底，谁想偷点懒都不行。幸喜主任经常公出。御驾一行，我们就可以活动活动手脚，摆一会儿龙门阵，甚至手捧茶杯向邻座进行友好访问以至周游列国，显得生机盎然。作为代理主任的吴课长照例眼开眼闭，经常自己也轧上一脚。

上面说过，处里人手少，都得一专多能。譬如说门房小王便兼司收发、蓝晒和交通。当他出去搞"交通"时，我这个实习技术员便得兼任门房之职。但我这个不成材的东西，连看门也看不好。有一天，电铃大振。王师傅又不在，我当仁不让地去开门。从电铃声的响度和频率判断，我估计来者身份必定不凡，因此打开后肃立在旁恭候。不想从门口伸进一只龌龊的脚，接着又露出一张江北叫花子的脸。我又惊又怒，痛斥他竟敢以叫花子身份而大按门铃之罪，并严词赶他出去。谁知此丐不理我的账，不仅寸土不让，而且步步进逼，我智穷力竭，只好说理斗争：

"这里是机关，不是住家，你还是到别的大户人家去要吧！"

"机关里人多钱多嘛，你们凑一点给我。共产党不是穷人的大救星吗？"

想不到叫花子的理论比我还足。在他进逼下我只好步步退让，最后已退到办公室门口了。我绝望之余，干脆甩手不管，回到座上管自描图，任他兵临城下。办公室里其他那些前辈们都停止工作，津津有味地欣赏我和叫花子之战。一位仁兄忽然说道：

"小潘，你怎么放了个无产阶级进来？"

于是哄堂大笑。这种"恶毒攻击"如放在六七年后，肯定是双料右派言论。我正又羞又窘，忽然王师傅救命似地回来了，我赶紧呼援。这位小王走上前来不知说了些什么江湖切口，就把叫花子打发走了。我这才慨叹天下之大、学问之广，看门一道也有名堂存焉。王师傅还教导我说：

"以后电铃响了，先在门上小孔里张一张，不要稀里糊涂就开门！"

钱 塘 江 水 电 宣 传 处

新中国成立时，水电建设接近空白。当时自己修建的水电站，最大的也不过是数千千瓦。倒是鬼子在东北修建了一座摇摇欲倒的半拉子丰满大坝，装上两台机组，使得我们在"惨胜"和接收以后的水电容量一下子增加到十多万千瓦。

建国伊始，水电建设还排不上队。因此，我们这个勘测处显得门庭冷落，很不景气。幸喜经徐主任努力，争取到继续修建一座"湖海塘水电站"。提起这座水电站的规模，教人有些赧于启齿：不多不少 200 千瓦。坝高 3 米，压力水管是木制的。只有机组倒是洋货——美援物资。不过工程虽小，五脏俱全，处里各位专家都有一显身手机会，我也能描上几张图。

除了描图以外，我还要缮写些计划书，什么"龙游灵山港水力发电计划书""衢县黄坛口水力发电计划书"等，不一而足，这些计划书好像都出自吴元猷课长之手，写得抑扬顿挫，掷地有声。计划书的最后一句话照例是："此处水力资源丰富，形势天成，不可多得，洵宜及早开发以利国计民生也"。徐主任每天挟着装满这种计划书的皮包，奔走于浙江省工业厅之门，进行游说。当时我们的最大期望是能修建装机 600 千瓦的灵山港电站，至于黄坛口，装机 9000 千瓦，坝高 30 米，实未敢存此奢望，只是以此为陪衬耳。不过我们的兜售效果并不佳，实在没事干就帮助治淮委员会描些图，印些文件。所以人们称我们为"钱塘江水力发电宣传处"。

其实，不但是我们不景气，在南京的"留守处"也一样赋闲。说起这留守处，实是藏龙卧虎之所。原来建国后，定都北京，原水电总处人员也要北迁。当时很多大专家都不想走，政府也曲予照顾，在南京成立了个留守处养着。实在没事干，又举办几期测绘人员训练班请专家教课。听说他们经手的最大工程是利用库存的几只进口马桶，修建一个厕所。专家们对这座巨大工程是非常认真的，亲自动手丈量尺寸，精心设计。但竣工后发现厕房太小，蹲在坑上，双膝必然露出门外，无法关门，群情激愤。仔细一查，原来是留守处头头为了贪些微利，拿进口马桶换了尺寸较大的国产货，设计大师信息不灵，遂铸此错——此事系道听而来，确否待考。但留守处生意清淡，则是无疑的。

不过我在勘测处里倒不清闲。徐主任对我是全面培养，从描图制图、水文内外业、测量内外业直到文书、晒图和传达，十八般武艺件件盘练，算得上是科班出身。所以后来那些勘设人员要在我面前耍花招是不容易的。我还记得那时徐老对我管得可细呢，一张描图纸领来应怎么布局裁剪，一张图上哪些线要描粗哪些要描细……一应芝麻绿豆大的事他都要过问。有一天我应某工程师之请，晒了一张未得他许可的蓝图，他发觉后臭骂了我一顿，我也隐忍下来。因为我知道这是骂丫头给小姐听，是在骂工程师也，与我何涉哉。虽然受些小委屈，到底学了一些基本功，这不能不感激我那敬爱的徐老。

你 妈 妈 真 健 康

在衮衮诸工（程师）之间，夹着我一个小技术员，缺乏共同语言，够寂寞的。每到晚上，孤灯相对，更只能靠读书消遣了。在这段时期内，我确实读了大量的书，颇补学校中之不足。

但半年后，出差在外的胡成俊同志回来了，我才知道除我以外还有另一位单身的技术员呢。老胡为人直爽风趣，我们很快成为挚友。有他在旁，常常可以笑上几场。

解放前，美国政府曾派萨凡奇、柯登等一批专家来华，搞什么 YVA（三峡）计划。老胡居然和柯登相处过。从来未和洋人接触过的我，对此不胜羡慕神往，常嬲着他讲些洋人轶事。他拗不过我，偷偷讲了一段秘事。那天柯登正在看他女儿的一张相片，老胡走过，柯登就把相片给胡欣赏，希望听到一些赞词。

据老胡说，外国女孩发育得实在早，这洋小姐不过十六七岁，但挺胸凸肚，长得宛如妇人。老胡误会是柯登的夫人了，因而没口子夸赞：

"你夫人真年轻美丽呀。"

柯登气得发昏。亏他沉得住气，不声不响地掏出真正的夫人照给老胡看。据老胡说，外国妇女上了三四十岁后实在老得快，所以他一错再错地夸赞：

"这是你妈妈吧？你妈妈真健康啊。"

据老胡分析，柯登后来待他很冷淡，可能与"你妈妈真健康"有关。

老胡比我年长，工资也高，一块出外吃饭时理应他多请客。可是他精于盘算，要敲他出钱难度很高。一天晚上，我们在延龄路小吃店吃馄饨。我知道他吃起东西来狼吞虎咽，因此就说：

"胡兄，今天谁先吃完谁惠钞，好吗？"

他出乎意料地满口答应。当我吃了三只馄饨后，偷眼看去，他碗中只剩下三只了，不禁暗暗自喜。不想这最后三只馄饨他竟吃了十来分钟还未吃完，而且似乎忙个不停：时而舀些汤啜啜，时而放下筷子找胡椒粉撒撒，时而啃一点馄饨皮，嚼得津津出声。我抵挡不住，只好认输，吃光付钱，败下阵来。

老胡在勘测处似也不得意。水电建设大发展后，他终于到某工程局当主任工程师和总工，一展宏图了。这么一位直爽可亲的战友，却因心脏病而过早地离开了我们。当我接到噩耗时，怅惘了很久，一幕幕的往事又涌上心头。

2 月 30 日的水情

钱塘江勘测处辖有几个小水文站，整编水文资料也是我的任务之一。我为了表示卖力，对每张报表都仔细审核。这一天，果然查出毛病，在报表上居然出现 2 月 29 日、2 月 30

日的雨量和水位来，而且水位高得出奇，把去水尺处的小路也淹了。除非游泳过去，是看不到水尺的。我得意扬扬向上司汇报，活像查获了窃贼的侦探一样得意。

课长皱着眉头看了半晌，咕噜道："这家伙（指测工）又在瞎造了。你看出来了，很好。这样吧，你出差一次，去弄弄清楚。"

我没想到告发后得到的后果是要自己远跑他乡，心中大不乐意，但也无法推脱，只好束装就道。到了水文站，测工恭迎钦差大臣。我按照"包公案"或"彭公案"中的战略，先是声色不动，在外查明他在2月底3月初进过城，根本未看水尺。证据确凿，就把他传来盘问。这在越剧里叫做"叫花子审大堂"。

当我点破他假造资料后，他矢口否认，大约认为这事只有天知地知他知，无可究诘。我知道测工们多系就近雇的农民，并无多少知识，心生一计，摸出一支KE双面计算尺，在他面前一晃：

"你还是说实话好。老实告诉你，这水位资料不用你看，我也算得出。我算出的结果就是和你的不对头，你赖什么？"我边说边把小尺抽来抽去，发挥道具作用。

"水位怎么能算出来？"他半信半疑，心中发慌。

"那要靠天文学、水文学、高等数学！我四年大学难道是白读的！你再不老实，我要告诉处里开除你了。"我又取出一本厚厚的洋书放在他面前助威。其实这是本《超静定结构学》，和陆地水文是毫不搭界的。

这一下他垮了，只好承认那几天他没有去看尺子，数据嘛是他"研究出来"的。我乘胜追击，还查出他以前也玩过几次这样的花招。凭着我那根神秘的计算尺和厚厚的洋书，战果超出预料。我高高兴兴地收拾行装打算得胜回朝。

临走时，他忽然胆怯地问我：既然你们工程师算得出水位，为什么还要雇人看水尺呢？

我一时答不上来，想了半晌才说"算是算得出来，但要花多少精力和时间哪！所以只好抽查一下。算你倒霉，刚巧查到你的毛病。以后老老实实地读水尺吧，不要再在我手里玩花样了！"

祖 传 秘 方

勘测处里有不少工程师都吃过洋面包——到美国垦务局实习、进修过，南京留守处的更多。他们在美，或专习一门，或普学全局，回国时都带有千方百计搜集来的技术资料。垦务局当时修建了大量水电工程，包括世界第一的胡佛坝，正处全盛时期；结合工程又进行大量科研，确实处于世界领先地位。带回来的资料无疑是十分可贵的。

在旧社会，教会徒弟饿死师傅。所以专家们都把所拥有的资料视为琅嬛秘籍，秘不示人。像拱坝试载法、闸门设计、水锤计算、调压井设计、压力管道分析等，分散在各人手中，何况还有各人手记的心得和笔记，更为宝中之宝。

据老赵告我，有甲专家者确悉乙专家拥有某秘籍，力求抄录复制，以广库存。乙专家洞察一切，保密甚严。乙专家嗜酒，甲乃购鸭肫肝一串、美酒一瓶，送货上门，醺然共醉。等到肴核既尽、杯盘狼藉后，甲才开口：

"老兄，你那份资料借我看看吧。"

乙始知中计，但喝了人口软，不好马上变脸，万分无奈，只好忍痛取出宝籍，战战抖抖递给甲，谆谆叮嘱道：

"老兄，你真厉害，就在这里看一看吧，抄可别抄！"

解放后不久，这种心理还没很快转变。所以我这后生小子只能看到一些保密度不高的普通资料，难以复制琅嬛宝籍。听了老赵讲的故事后，更不敢觍颜启齿，自讨没趣。只能利用少有的机会，见缝插针似地瞄上几眼。这就逼得我养成极快的浏览速度，而且在浏览中主要看清原理、准则和方法，不敢也来不及去复制图表曲线和抄录文字。然后我自己根据基本原理和方法来计算数据，编制图表。这虽吃力，却带来很大好处，因为自己不仅 know how（知其然），而且 know why（知其所以然），还弥补了一些不足的数据，破除了迷信，甚至还发现一些洋人的疏漏讹误。当然花的代价是很大的，经常要深更半夜在寝室中计算，用"八位对数表"解联立方程——那时如有个计算器在旁边，我真要顶礼膜拜了。付出的另一个代价是我的近视度又增加了200。

后来，随着业务的发展，这些资料就不怎么神秘了。"三反运动"后，有识之士干脆将他的宝籍善价而沾地卖给了机关。等到苏联资料源源进来，职工大学俄文，大批崇美亲美思想后，这些资料更被打入冷宫，身价一跌千丈。"宝籍"有知，定感自己身世凄凉，宛如一梦了。

在 T.M.海中游泳

垦务局除了出版过许多成卷的工程规范、图集、研究报告和总结外，还有一种称为技术备忘录的东西（Technical Memorandum，简称 T.M.）。这是他们在设计诸如胡佛坝一类大工程面临大量技术问题时，提请有关科学家、工程师和教授进行专题研究的成果。成果不是正规出版物，也不强调理论的严密性，而更重视技术上的实用性。这种 T.M. 前后大约出过六七百种。萨凡奇博士来华时，曾赠送一套，放在南京。在钱塘江勘测处中也存有翻制的百来份资料。

我发现这批宝货时的心情，就像十二三岁时发现藏有《西厢记》的那只大木箱一样。这里记录了很多水电技术发展史上一些重大问题的解决过程，例如地震时的动水压力、拱坝的试载法分析、重力坝的角端应力集中、坝内孔口的分析、混凝土坝的温度控制和温度应力、复杂管道中的水锤计算、差动调压井的过渡过程、连续地基上的梁和板、松散体的极限平衡等。我如痴似醉、夜以继日地诵读着。许多资料中的数学处理都远超过我在大学里念的水平，我不得不现炒现卖地补习一些数学知识，从变分法、矩阵、偏微分方程直到复变函数和积分变换。

我特别喜欢读那些前人搞错了的或是成为数学力学上的谬论（Paradox）的问题。例如，探讨为什么无限楔承受集中力矩作用时，若楔顶角取某一值，经典公式就会给出荒谬成果的原因。从这里出发，可以弄清不少基本概念，大大有助于提高专业水平。

以近视程度再次提高为代价，我把勘测处所藏的百来本 T.M. 都精读完了，而且做了详细的笔录和评述。我渴望能窥全豹。天从人愿，徐主任忽然发兴要把南京的全部库藏 T.M. 打印 8 份，分售有关单位、院校。那时节可没有"施乐复印机"，得雇人用复写纸打字，附图也要全部描晒。主任命我司其事，我顿时高兴得像荣膺了"四库全书总纂"一样，用句家乡俗语是"小狗落屎坑，得其所哉"。当然校改打印稿和复制图纸是十分繁琐头痛的工作，但我却乐此不疲，这样我可以在大白天堂堂正正地一本本地校读 T.M. 了，谁也不能道个不字。我不但校改了打印的错误，甚至还发现一些原稿中的讹误。差不多有半年时间，我一直在这 T.M. 的海洋中游泳，这对我叩开水电技术的大门，酷爱这一行业，起了很大的作用。

打响新中国水电建设的第一枪

在湖海塘水电站竣工后，徐主任挟着大皮包，到处推销他的灵山港水电计划。我也奉命到龙游县去测量、放样，稍尽犬马之劳。这不仅可使勘测处有些活干，更重要的是风闻燃料部有将钱塘江勘测处转移到甘肃去查勘黄河朱喇嘛峡的水力资源。在当时，去朱喇嘛峡工作也好比满清时"发往宁古塔效力"一样令人胆寒，所以得赶紧在浙江搞上个工程。

这天主任游说回来，满面春风，召集心腹紧急计议。原来工业厅顾德欢厅长听了他的游说，看了湖海塘的实绩，对水电颇为动心，但嫌灵山港太小，问有没有什么更大的点子。

于是人心激奋，献计献策，一致认为以黄坛口的资料丰富、规模适当（9000 千瓦），"洵宜及早开发以利国计民生也"。于是七手八脚，翻出老计划书修改润饰上报。

所谓资料最充实的黄坛口工程，只在河床中打了两个钻孔，水文系列不仅短缺，而且极不可靠。规划工作近于凭空想象，只听说将用发出来的电制造化肥。至于施工组织设计和概算编制就更粗糙。一座大坝估价是 600 亿（万）元，是个典型的上马预算，但这已是浙江省头号大工程了。

经过浙江省与燃料部的研究，黄坛口工程竟真刀真枪地干了起来。燃料部水电总局的张铁铮副局长专程到杭，与顾厅长共同宣布将钱塘江勘测处改为浙江水力发电工程处，负责建设黄坛口工程。全处人员兴奋万状，那天晚上还美美地吃了一顿饭。接着，工程处开始招兵买马，上级派来了政工干部，面目一新。徐主任也弄到一辆锃亮的专用三轮车，可以叮当叮当地出门拜客，不必临时雇人力车，办公室也迁到西浣纱路一座破大楼去了。就是我这个小小的实习员也升格为一个起码的设计员，可以设计点"边角料"工程，画几张配筋图。关于施工问题，徐主任找到上海颇有点名气的国华公司。公司的总经理吴锦安也是浙大校友，很富事业心，一头扎进了这个宏伟工程中去。最后全公司迁到工地，并改组为公私合营。于是荒凉的黄坛口峡谷中炮声隆隆，新中国建国后第一座新建的中型水电站就这么开工了。

杭州方面的"突破"，惊动了在南京修厕所的专家们。他们闻风而动，来到杭州，商谈参与设计事。谈判进行得不太顺利。开始时，宁方要价较高，提出设计由南京负责，杭州得派人参加。杭州方面群情激愤，采取不合作不理睬态度，使远方专家每日坐冷板凳，虽一再降低条件，均无成果，专家们一怒拂袖而归，只有两位专家投杭工作。

尽管黄坛口水电站初期进展顺利，在某些项目（如木笼围堰上）还取得好成绩，但由于地质、水文等基础资料太不足，终于遇到了挫折。最大的问题是左岸坝头（西山）的滑坡问题。由于无地质资料，左岸开挖线是假定的。全面挖进十多米后仍是一团破烂。徐主任命我带民工挖洞勘查，挖进很深也无好转迹象。西山的事闹大了，接着概算也远远不足，水文资料也发现有问题。燃料部派了刚到中国的苏联专家来研究，接着决定停工，由南京的专家前来彻查情况，补充勘探。这一次南京大员再次莅杭，可比上次神气多啦。真是十年风水轮流转啊。

我们呢，还在做些亡羊补牢的挣扎。例如把左坝头设计成一个"弯坝"，接到下游的岩石露头上去。这下子我倒被派上用场，负责计算"弯坝应力"。彻查结果，西山是个老滑坡体，洪水资料也远远偏小，工程设计必须全面修改。我们的弯坝设计没有被采用，根据专家建议，对西山进行削坡和筑土堤护脚，改善稳定性，将混凝土坝与护坡相接，取消坝后厂房，另建引水系统和电厂，大坝堰顶降低以宣泄大洪水。这样我们又忙于设计土坡接头，核算滑坡稳定，设计进水口、隧洞及调压井。设计任务大大增加，少数几位专家再也包办不了，我们六个技术员成为承担设计的主力之一。

黄坛口工程就这样走了弯路。可以一提的是，在检查中徐主任承担了全部责任，没有一丝一毫的推诿，表现出英雄气概。对于这一点，我至今钦佩不已。

黄坛口工程尽管走了弯路，并推迟到 1958 年才发电，但并未影响我们的积极性。中央对水电开发也给予愈来愈大的重视，做出重要的部署。到1953年底，水力发电总局决定将浙江水电工程处及闽江工程处改建为华东水电工程局，迁到上海，下设黄坛口及古田两个工程处，并负责新安江水电站的勘测与规划。浙江水电工程处的设计人员集中到北京总局设计处。一年后根据形势需要我们又回到上海，承担华东（包括广东）的水电设计任务。我个人在黄坛口工程后先后参加了流溪河水电站设计、海南东方水电站的修复任务，1957年起更投入了装机超过丰满电站的新安江水电站的建设。在新安江上，我们战斗了三四个年头，经历了反右、大跃进、反右倾、技术革命种种运动，尽管风波重重，而且不断受到冲击和批判，但中国的水电事业终究以一日千里的速度迅猛地向前发展了。

岭　南　行

　　童年时，就听到有"老不入川，少不入广"之说。可见那时是把四川和广东当作遥远的"异方殊域"看待的。老不入川，显然由于蜀道之难难于上青天，暮年进川，这把老骨头就可能回不到故里。至于少不入广，则含有少年人血气方刚，怕经不住岭南的奇风异俗、声色犬马之诱惑而堕落也，这比四川似乎更神秘一些。1955年初，我从北京调回上海后，想不到由于工作需要，和岭南结下了不解之缘。

流 溪 河 之 梦

　　话得从用电负荷说起。建国以后，广东省尤其是广州市的电力负荷急剧增长，除了兴建火电厂外，急需开发水力资源。首先提上议事日程的是位在广州附近的一条小江流溪河——以前称为杨村江。水电总局把开发流溪河供电广州的任务交给成立不久的上海水电设计院，不久，更扩充到规划、勘测两广的水力开发。于是，一批批的江南客奔赴岭南战场。两年后，更在去穗同志的基础上扩充成立了广州水电设计院——是总局的八大设计院之一，接过了所有任务。新中国水电建设形势发展之快，真教人目不暇接。

　　流溪河是条宁静的小河，规划中的流溪河水电站也不过三四万千瓦容量，在今天看来已不值一谈，但当时却算是个重点工程。上海院不敢怠慢，1955年5月秒，由第一把手王醒带队去粤。总局的李锐局长也从北京赶来，我也有幸忝陪末座。

　　初到广州，什么事都感到新鲜：闷湿多雨的气候、古老弯曲的街巷、熙熙攘攘拖着木屐来去的男女、"蛇王满"铺子前笼养的大蛇和巨蜴、到处可见的"王老吉"大茶壶、沿街炒卖的美味龙虱（这东西，倒贴我一百大洋也咽不下去），还有秀丽的越秀山、宏伟的镇海楼及海珠桥、宁静的沙面岛、茶楼中的珍肴美点、一年一度的花市，都让人永难忘怀。连那些地名也怪诱人：白鹅潭、荔枝湾、十三行、芳村……菜馆中的菜名也耐人思索："菜远""蚝油""牛河"直到"光棍打和尚"（鸽蛋烧芋头）。不过我因为语言不通，而且受到"少不入广"的影响，胆子很小，不大敢独自出门。

　　在广州住了三四天，我们就沿流溪河而上去看现场。我不知道怎么形容这原始的流溪风光才好，只能说，我们进入了一个绿荫世界，让人俗虑全消。当然，在春末夏初季节，江南也是一片绿意，但这里的绿，是天公用最浓的颜色涂出的深绿、浓绿，是由一望无际的荔枝树丛堆出来的，它们像一朵朵绿云围绕着你，真令人神迷心醉。荔枝也真便宜，几毛钱可以买来连枝带叶一大捧，剥开一只，洁白丰润，放入口中甜香无比，怪不得被流放的苏东坡有"日啖荔枝三百颗，不辞长作岭南人"的诗句了。我爱甜贪便宜，沿途大啖，直到淌鼻血也不知。只可惜一开工，荔枝身价马上腾飞，不能这么享受了。

汽车不通坝址，要在从化温泉住下。这是广东著名的温泉，据说洗温泉浴可治百病。以前，这只能供达官贵人享受。1955 年以前，国家还没有力量整理扩建，我们去时只有一幢室内浴池和一些淋浴设备。住下后，一位小姑娘把首长请到室内浴池去，并叮嘱我们去厢房淋浴，不许享用盆汤。

人多龙头少，我就坐在藤椅上休息。一会儿首长浴毕出来，准备上街。看见我们，就让我们进去。我们说不行呀，那是首长用的。李锐呵呵大笑："什么首长不首长，去吧。"有他的撑腰，两位工程师就进了浴池。不想那小姑娘见首长外出，浴池有声，动了疑心，过来一看果然有人闯入禁区，登时柳眉倒竖，杏眼圆睁：

"谁教你们进去的？"

我们见势不好，推在首长头上，而且一个个脚底抹油，溜走了。那姑娘敲打房门，催人出来。里面的两位男士，一面恳求，一面放刁：

"算了吧，我们已经脱了衣服在洗了。"

谁知那姑娘并非平凡之辈，见警告无效，便掏出钥匙，打开房门，闯将进去，这就听到里面传出杀猪似的叫声："不要进来，不要进来，我们就走。"不久，两位工程师身披浴巾，面容苍白，狼狈窜出。小姑娘把人像赶猪一样赶出去后，面不改色，从从容容锁上房门，得胜回朝去了。我目睹这幕活剧，一面捧腹，一面庆幸自己未受此辱，同时不得不对这些眼珠深邃、颧骨高耸的广东姑娘的泼辣作风和大无畏精神深表敬佩。

首长们很快就离开从化回广州，又去海南岛了。我们继续进行现场勘察。想不到离开广州不过百来公里的流溪峡谷，已是人迹罕至的处女地。不但无路可通，而且坡顶是藤锁草盖、一片绿荫，底下是怪石纵横、陡崖壁立。一股急流在峡谷中奔腾激荡。这河面窄得似乎可以跳过去，然而天大本领也过不了这条小溪。我们从"黄竹塱"查勘到"一坝址"，两三天下来已是精疲力竭、遍体鳞伤了。不过我们看到这峡谷的条件极好，没等做坝型比较，我就一门心思想在这儿修个薄拱坝了。在中国的河流上修一座拱坝，这是我做了很久的梦。

从广东回来后，上海院任命最富经验的马君寿同志担任设计总工程师，组织了十多位同志成立 502 工程组，负责广东工作，指定我为组长。自此我们就紧张地投入战斗。流溪河成为我终生难忘、魂绕梦牵之地。因为这个水电站供给我们一个最好的实习机会，让我们纵横驰骋，发挥才智。我可以悉心探究水工结构之奥秘，从六百多卷 T.M.中学来

的理论、方法可以在实际中应用，实现我脑中的种种设想。流溪河啊，我将永远怀念你、感激你！

英 雄 难 过 语 言 关

在旧社会，不通粤语要去广东会遇到种种麻烦。因为人们听不懂你说什么，也许听懂一点也不愿睬你。解放初期，除机关里可以说点普通话外，情况也是一样。我呢，由于重听，加之反应迟钝，学语言无疑是个头号蠢材，不仅学不会洋鬼子的话，就是粤语也听不懂、说不来。单身去粤，总是困难重重、洋相百出。这和今天"万方云集""百语畅通"的情况相比，真有天渊之别。

举个例子，当我坐了 48 小时火车，昏昏沉沉提着旅行包从广州东站出来后，广东同胞们一个接一个坐上三轮车走了，而凭我喊破喉咙，却无人理睬，真让人焦急。没办法，我看到有辆空车驶来，便采取"劫持"行动，拦住后就把行李放上去，强迫他送我到泰康路。那车夫吃惊非小，和我争吵，我抱定宗旨，死活不下车。僵持一阵，他踏动车子走了。我正暗自庆幸"坚持到底就是胜利"战略之奏效，冷不防他把我踏进了派出所，向民警控告我的劫车罪行。幸喜那民警看我不像暴徒，有礼貌地问我：

"同鸡，你希哪个单位的？"

我如遇救星，陈述了我的难处，他不禁哈哈大笑，叽里咕噜和车夫说了一阵，这才把我送到泰康路"流溪河水电站筹备处"。

坐公共汽车就更危险。每逢外出，我总先问清该坐哪路车，应坐几个站。但仍屡出意外。例如，我根据朋友指点，上了某路车，坐了八个站，下来果然是要去的商场。但回来时同样坐八个站，下来却不是住处了。原因也很简单，回来时有些站头无人上下，巴士就没有停。我方寸大乱，心想还是回商场从头一站一站地辨认。但再次上车坐了八站后又不见商场，我还怀疑白天闹鬼，遇上鬼打墙了，花了很大工夫才摸回招待所。以后我就买了张小地图努力钻研，才算基本弄清头绪。

同样的冷遇也出现在菜馆里。我好不容易觅桌坐定，总不见有人来招呼。而后来的广东人却是坐定菜来。我猴急无计，也只好"劫持"了，当服务员端盘经过时，抢来一碗面就吃。虽然引起一番风波，毕竟填了肚子，而且也未进派出所，因为我并未打算白吃，按价付钱也。所以我最愿意去坐茶楼，那边不需点菜，自有小姑娘推着点心车，唱着"有该路美"（油鸡卤味）在你身边兜来兜去，你只要伸伸手就行。不过上茶楼所费不赀，不是身为一级技术员的我可以经常光临的。总之，到了广州好像耳朵和嘴巴都失去90%的功能，要不是市招上的汉字相同，我真会把棺材铺当洗澡堂闯进去的。

但有时连汉字也失灵。记得初到广州，在一家菜馆进餐。我当然不敢点"光棍打和尚"或"龙虎斗"这类异味大菜，一般只要碗面条果腹。但一看那菜谱，鸡丝面是以"矶"

为单位，恕我学识谫陋，实在不知道"矴"字出自何方典籍，估计就是碗的简写。反正不贵，就要上一"矴"试试。待端上一看，原来是只小盅，依我当时食量，至少可吞四至六矴。我只好先吞掉这矴，换了一家馆子再进几矴。那家馆子却无鸡丝面，而有什锦面，又以"窝"为单位。这次吸取经验，要上两"窝"。天哪，上来的窝又惊人之大，是那种盛得下"一品锅"的椭圆形大碗。尽管剩下不少，这一顿饭仍吃得我消化不良多日。

上理发铺也是望而生畏的事，实在不得已才硬着头皮进去。这次倒好，未生枝节。但后来理发师拍拍我的肩问道："要'罗勒'吗？"我风闻广州常有走私货可买。当时我还没有一只手表，认为这理发师一定兼营走私，向我兜售 Rolex 的梅花表呢，不由私心窃喜，悄悄回答：

"要呀，什么价钱？"

"不贵，外加一毛钱。"

我吃惊非浅，一毛钱的梅花牌手表未免太便宜了些。最后才弄清理发师是问我要不要"落蜡"，落蜡者搽油也。翻成上海话就是"阿要拓眼油？"空欢喜一场。

不过最气人的还是一次接电话事件。当时我作为客卿在广州院协助工作，还教点业务课，和广州院水工组同志坐在一间办公室里。这天广州同志开会去，留我守家。忽然电话铃响，我犹豫半天，大胆拿起话筒，并且问了一句刚学会的话："望宾谷（找谁）？"于是电话中传来滔滔不绝的粤语。我急得满头大汗，只好招认自己是外乡人，请他讲普通话。对方却不加理睬，愈说愈来劲。纠缠良久，毫无结果。最后我总算听清一句话，那是对方因为白费唇舌动了火，骂了一句"他妈的"。毕竟是国骂威力大，四海通行，我听得清清楚楚。无端受辱未免不甘，我立刻高声回敬："猪猡！赤佬！侬骂啥人！"但是来不及了，因为他早把电话搁断了。

海 南 猎 奇

如果说广州已是化外之域，那么孤悬海外的海南岛更是不可思议的天涯海角了。过去，我只从文献上知道，宋朝大文豪苏东坡曾流放到琼州。据说他从中原放逐到广州，再经过雷州半岛渡海登上琼州。他一直走到岛的南端，面对着浩浩大洋。土人告诉他：再往南就是无边无际的海洋，再也没有陆地了。东坡先生乃喟然叹曰：原来天涯海角就在此处。的确，从海南岛往南，要经过赤道达澳大利亚才是大陆，其间相距何止万里。古人能跑到海南也确实可说是已走到了天涯海角。顺便还说一句，东坡先生也没有白来海南，东坡帽、东坡肉……还流传至今，为开发海南、促进民族团结，老先生是立了大功的。

我之和海南岛结缘，是为了修复一座小水电站——东方水电站。原来岛上有一座石碌铁矿，储量之富和品位之高都是国内少见的。1942 年日军侵占海南岛后，急于掠夺铁矿资源，就利用附近昌化江的水力，匆匆忙忙修了座水电站，输电开矿。昌化江位于岛的西部，是海南第二大江，昌化江在东方县广坝村附近有一集中的跌水（瀑布）。日本人在江上筑了一座几米高的拦河坝，开渠引水，利用瀑布形成的落差发电。原装了一台 7000 马力的机组，还留有扩充余地。日方只派了两个工程师（一个搞土木，一个搞机电），两年后就发了电。这倒不能不佩服他们的效率，当然，设计质量是谈不上的。电站建成不久，日本就投降了。国民党政府接收了电厂，据说那位土木工程师还不愿离开，希望留在岛上继续他的事业。但第二年，昌化江发了一次特大洪水，一直淹到厂房的吊车梁上。水退后，泥沙淤积，电厂报废，无声无息地沉睡着。

1955 年重工业部计划恢复铁矿生产，商请电力部修复这座废弃的水电站。这样，我们这个组就增加了一项修复东方水电站的任务。恢复电厂容易，但怎么抗御大洪水的侵袭却成了难题。我们绞尽脑汁，想出了三种方案：一是在尾水渠外修一拱坝，御敌于国门之外；第二方案是加固厂房，做成不透水的结构，就在门口御敌；第三方案则只保护机组不受淹，任凭敌人进大门了。这个工程虽小，但技术上却十分复杂，伤人脑筋。我当时正在研究利用特殊函数分析薄拱坝，很想试用一下，所以竭力推荐"尾水拱坝"方案，说服了设计院领导，基本通过。不意被北京的苏联专家否决了，他力主加固厂房防水。当时苏联专家的话胜似御口金言，违抗不得。我只好收起心爱的尾拱方案，老老实实研究如何在大门口御敌的方案，暗地里则着实骂了几句"死老毛子"。

1956 年初，我就带了方案率领几位同志去海南做设计。一路上，到广州、下三埠、改乘汽车经阳江、电白到湛江。再过雷州半岛渡海到海南的秀英码头。从这里去工地还有一天路程。连同路上的休息、联系，整整花了十三天才从上海到广坝村。

我猜想苏东坡当年大致也是走这条路的，所以沿途考证调查他的遗迹，当然绝少收获。倒是雷州半岛的寂寞荒凉、野草长得比人还高的景况，给我留下深刻的印象。上得岛来，看到巍巍高山，浩浩大江，宽阔的国防公路，一望无垠的农田阡陌，哪里是个海岛，完全和大陆一样。祖国的河山真是壮丽多姿啊！

水电站位在东方县广坝村，这里是岛西比较贫困落后的地区。所谓的东方县治，也不过是有几百户人家的小镇❶。至于广坝村，黎族同胞还像有巢氏一样在树上安营扎寨，过着刀耕火种的日子。住在树上也确有方便之处，但卫生条件是可想而知，而且地方病（淋病）流行，小孩子的眼睛里都流着脓水。看到这种情况，我心中总十分难过，期望着这种苦难贫困的日子早早结束。我们当然不能上树，就住在电厂的破旧房屋中。

岛上的猴子不少，听说猴肉还可以吃。村子合作社门口就挂着只猴干，临风飘荡。半夜出来小便，猛一见还会认为是吊死鬼，大吃一惊。厂区里也有只大马猴，见人友

---

❶ 目前东方县治已迁往海边的八所港。

好。我们也经常丢些馒头皮给它，和平共处。也是合当出事，有一天我们闲谈中说到住在这里，最怕患急性阑尾炎。要送海口开刀，经过一百几十公里的颠簸，人也就没命了。言者无心，听者有意，这话激怒了卫生所的一位护士。于是他骗住那只马猴，捆在台上做一次实地试验，给猴子切除了阑尾，尽管那畜牲毫无患病迹象。手术详情我不知道，但确知猴子活了下来，证明该卫生员不愧是合格的大夫。只是从此以后，那马猴见人就怒目龇牙，好可怕。人们不得已只好将它链住，不久它挣断链条逃入山中了。听人说，这猴身上拖着锁链也活不了多久。那位卫生员遇见我就笑眯眯地说："现在你不必怕了，你患急性阑尾炎我来给你开刀。"口气中还流露出盼我早得贵恙的心情。我只好暗中祈祷上帝保佑，千万别让我落得那只马猴的下场。

这里很少特产，例外就是椰子。邻村就有上好椰林，我喜欢在星期日上邻村去买椰子。讲妥价钱后，那些黎族小男孩就腰挂弯刀像猫一样爬上高耸入云的椰树去——既不需藤圈，更不要梯子，就靠树上砍出的条条痕迹，手足并施，毫不费劲。不久就隐身椰叶中，一只只新鲜成熟的椰子便落了下来。这些孩子十分诚朴原始，似乎讲话也以单音调为主。椰子叫"云"，巨大叫"龙"，所以大椰子就是"龙云"。我摸出一条经验，去买椰子最好备足零票。譬如说，买五只椰子，一毛一只，你最好是掏出五张角票，拿一只椰子付一张票，简简单单，童叟无欺。如果要用一张五角票取回五只椰子，不免有些周折。如果给他一张一元票，拿回五只椰子，还要他给你五角钱，这就十分困难了。他始终会认为他吃了大亏。如果你能带些麻绳、洋刀作为礼品相赠，更将受到极大欢迎。椰子很沉，背回家来是件苦差事，但当你走得汗淋如雨时，坐在椰树下砍开一只吸饮，其清凉甘甜，真是飘飘欲仙。

除了买椰子外，我还喜欢做两件事。一是跑到大瀑布下，找一块可以躺卧的巨石，一枕黄粱，睡上半天。涛声似雷，飞瀑如雨，河床经过水流千万年的冲刷，已磨得晶莹如玉，而形状又千奇百怪，水就从它们的缺口中泻下、孔穴中喷出，织成一幅水晶帘子。卧在其侧，阵阵凉气，沁人骨髓，要不是必须回去吃饭，我真愿整天躺在这水帘洞里。另一件事是寻读资料文档，研究往事。我在储藏室内曾发现一本发黄的文卷，内有接收人员的记载，以及日本人留下的半鳞片爪。灯下孜孜读来，兴味无穷。读到当年建站经过，又不禁毛发悚然。原来日本人修电厂时，民工都是以哄骗方式从广东大陆招募来的。到了岛上，便在日军的刺刀和皮鞭下强迫劳动，酷热的气候、繁重的苦役、粗劣的伙食，使许多民工葬身荒野。有的人不堪受苦逃跑，也被日军抓回处决。最惨的是黑死病流行，大批工人病死，日军为防止疫疠扩散，将死人集中烧化，其中也不乏尚未断气的活人。怪不得在墙头厕角，题着许多凄凉的"绝命诗"。从某首诗意看，作者还是个知识分子，是从沦陷的香港抓来的。小小的东方水电站竟是用中国人的头颅骨砌成的呀——中国人啊中国人，你受人宰割奴役的历史真是太长了！希望我们的后代永远不要忘记曾经有过

这样一段历史。

这一年的春节，我们就在岛上过了。什么节日食品也没有，只分到一些糯米和白糖。我们熬了一锅糯米香粥，放上白糖啜之，其味胜似山珍海味，有的青年还在沙地上跳舞，自得其乐。

但后来我终于染上疾病。在岛上，除黑死病外，要算瘴气（恶性疟疾）最厉害。我虽然百般注意，战战兢兢，到头来还是病倒了。染上这种病，入夜体温奇高，好像血都煮沸了，烦躁得无法忍受，睁着眼睛一分钟一分钟地熬等天亮。这时才体会到"长夜漫漫何时旦"的意境。第二天，我坐了牛车到坝头路边，等汽车载我去铁矿求治。等病稍愈就接到上海电报嘱我回去了。我挣扎着病躯，拖上几只椰子，在公路边的招呼站等候长途汽车。适巧有位黎族干部也来候车，我们就闲聊起来。他知道我是从上海来的，不禁感叹地说："解放了，变化真大。你一个上海人也可以单身坐在这种地方等车了，十年前，简直不可想象。"

"为什么呢？"我问。

"唉，那时遍地盗匪，再加上民族仇恨，你如果一个人坐在这里，早就被宰掉了。"

有的年轻同志不理解这"解放"两字意味着什么，解放后到底有了些什么变化。这位干部的话，多少解释了这个问题。

我回沪后主要精力放在流溪河水电站的设计上，对"东方"的事就少管了。半年后，修复东方电站的工作就揭开序幕，厂房全部加固，足以抗御特大洪水，日本人的破烂机组吊走了，安上了新中国制造的 5000 千瓦水轮发电机组，电站起死回生了，电流源源送往铁矿，海南岛上第一颗水电明珠重新闪闪发光。可是我却再没有机会重去，直到 31 年后我才重到广坝村。这时，中南设计院已在其旁另建了一个广坝水电站，而且规模是东方水电站 48 倍的大广坝水电站也在筹备开工了。

坝 顶 飞 瀑 的 官 司

从海南回上海后，我请了至亲好友，举行一个椰子会，我郑重其事地捧出几个鲜椰子，自傲地说："这才是椰子！上海水果店中挂着的椰子，已不知是哪个朝代的旧货了。今天请各位光临，就是让大家尝一尝椰子真味！"客人们纷纷摩挲椰子，赞赏不绝。有的问："这么厚的壳，怎生打开？"这又给我卖弄本领的机会，我用刀削去顶皮，指给大家看："这里有天生的三个洞，只要捅破它，就可以倒出椰子汁了。"我一面说，一面捅破小孔，在各人的茶杯中倒了一些椰汁。于是客人们像饮铁观音茶似地细细品味，但入口后都面呈异状。我发觉情况欠妥，赶快自己也品了一口："坏了，坏了，这椰子汁走味了。"原来新鲜椰子经不起长途颠簸，我又不会保存，全腐烂了。神奇化为腐朽，椰子会以大失败而告终。

回来后，我把全部精力和心血都倾注在流溪河水电站设计上。我发誓要创造个一流水平，来个一鸣惊人。502 工程组已扩大到 20 多人，大多是初生牛犊。好处是从组长到文书姑娘团结得像一个人一样，绝无纠纷和扯皮。我们采用了溢流式的双曲拱坝（这无疑是国内第一座）、地下式电厂和别致的隧洞。尤其在拱坝的选型、分析、温控和溢洪问题上，花的力量最多。我们从学习试载法和热传导的原理开始，开发了许多算法。那时还没有电子计算机或计算器，一切靠手摇机、计算尺和函数表进行工作。计算量之大是惊人的，我们把应力分析做到再调整阶段，这已是很不容易的了。更麻烦的是溢洪问题。流溪河是条小河，流量有限（千年洪水也不过是 1735 立方米/秒），我们决心让全部洪水从坝顶通过（最大的单宽流量也不过 27 立方米/秒），不设置泄洪孔或泄洪洞。但领导上提出溢流水冲刷坝脚和溢洪时的振动破坏两大难题要求解答。对于前者，我们在坝顶上布置了跳流槛，而且做成差动式高低槛，以便水舌在空中充分冲撞消能——当然，这使得体型极大地复杂化了。对于后者，尽管从概念上我们认为这么点流量是不会对拱坝带来危害影响的，但为了说服人，不得不破天荒地进行拱坝动力分析和溢流试验。我们还找到大连工学院求援。我们和大连工学院为流溪河拱坝所做的动力研究，可能也是中国坝工史上的首创，而且其质量在今日看来也堪称优秀。论证结果：在拱坝顶上泄洪是安全、经济和可行的。

但领导上总是不放心，要在坝旁加设一条泄洪洞，使坝顶溢洪变成"聋子的耳朵"——摆设。这可伤了"初生牛犊"的心，引起一片抗议声。问题照例恭请苏联专家裁决。苏方还真重视，除了派一般专家外，还请了一位白发苍苍的老专家华西林柯专程前来。老专家听过汇报后，表态赞成加设泄洪洞。牛犊们失败了。但这一次我的抵抗却很强烈，冒着反对苏联专家的罪名继续抗争。于是由到工地视察的总局李锐局长拍板。李锐对流溪河工程的设计、施工顺利进展很是满意，心情甚好。相对来说，泄洪洞之争是小事一桩。他问清加设一条泄洪洞的代价是二百万元后就说："加一条吧，200 万块钱这点责任就由我们负好了。"牛犊们遂告彻底失败。

我对这桩官司一直愤愤不平。不敢骂李锐，便把怨气发泄在苏联专家身上。我曾悻悻地说："什么苏联专家，一句话就使我们浪费了两百万！"这话不仅狂妄，而且有些政治风险。因为鉴定右派的六条标准中，是否反苏也算一条。上海院的领导是有水平的，并没有因此将我划入右派，只在批判中，拿这句话证实我的骄傲狂妄："你本事再大，过去设计过拱坝吗？怎么能说出这样的话！"

我几乎要吐出一句针锋相对的反驳的话来："那些苏联专家，包括你们顶礼膜拜的华西林柯，也没有设计过拱坝呀！"但在这个当儿，以避免戴帽为最高纲领，我硬是把这句精彩的驳词咽下肚去。这样，由于"认识较深刻"和"检查较彻底"，我安然过关。我身上的棱角又磨掉一些，变得更圆通了。

　　1956 年后，中国水电建设形势发展极快，总局决定新建广州水电设计院，负责两广及海南的水力开发任务。我们根据上海院的布置，采取一些措施，扩大加强 502 工程组的力量，配置了得力同志，加速培养，然后把这个组的主要力量随同任务调给广州院。1957 年上半年我仍仆仆于沪穗道上，移交任务，协助广州院工作；下半年后就转移到新安江战场上，和岭南告别了。流溪河水电站开工后，进展十分顺利。两年后，双曲拱坝就耸立在当年人烟绝踪的峡谷之中，地下厂房胜利投产，工程于 1959 年初全部竣工。工程质量堪称一流：设在薄薄坝体内的廊道，竟做到滴水不漏，赢得前来参观的意大利专家的赞赏。听说在 1961 年和 1975 年遇到大洪水时，坝顶溢洪道也投入运行，出现了拱顶飞瀑的壮丽景观。坝体当然是固若金汤，坝脚也没有严重冲刷，倒是那条泄洪洞在施工和运行中发生过一些问题。可惜我那时已投身于新安江和援外工作中，没有机会去鉴赏了。直到 30 多年后，我才重临流溪河，这时广东境内不仅新丰江、南水、枫树坝、长湖……大批水电站都已投产，而且我们已着手兴建容量为 120 万千瓦的流溪河抽水蓄能电站了。这真是：萧瑟秋风今又是，换了人间。

　　在流溪河水电站的设计和施工中，贡献最大的有刘世康、谭文奎、任文杰、谭靖夷、陈顺天、陈国海等同志，他们现在都是厅局级领导或总工，有的甚至退休了。可是当年都是些没有经验或经验不多的牛犊。为什么在没有经验的时候，人们能建设起第一流水平的工程，而在有了一些经验后，却一再失误、出现问题、留下隐患呢？这是一个发人深思的哲学和政治问题，而不是技术问题。

新安江上竹枝歌

新安江是钱塘江的最大支流——也有人考证过，认为它其实是钱塘江的主源，发源于黄山之麓，在古老的徽州境内流过；进入浙江后，又流过遂安、淳安县境，在当年的"严州府"（今建德县梅城镇）与从南方北上的兰江相会，汇流后称为桐江或富春江；再流经桐庐、富阳就成为钱塘江，并于杭州汇入东海，形成一个有名的大喇叭口——钱塘江口。

新安江自古以来就以她的旖旎风光著称，特别在"二十四番花信风"的季节里，山清水秀，桃红柳绿，典型的迷人江南风光。新安江又以她的滩多水急著称，清代诗人有"三百六十滩，新安在天上"之句。千万年来，新安江温柔宁静地滋润着她的 12000 平方公里的流域面积，勤劳朴素的人民在她的怀抱中辛勤耕耘，开发出一片又一片锦绣家园。但是，和中国一切桀骜不驯的江河一样，每值大水年汛期来临，她会马上改变面貌。在狂风暴雨的伴奏下，滚滚狂涛泼天而下，冲溃一切约束她的河堤江岸，激荡横扫，造成赤地千里饿殍遍野的人间惨剧。翻开中国的历史长卷，这种悲喜交错的剧本不知已上演了几千回。

中国的水利工程师们一直梦想开发新安江的资源，彻底改变她的面貌。解放前，国民党政府资源委员会全国水力发电总处在杭州成立了一个"钱塘江水力发电勘测处"，对新安江的水力资源做了初步查勘和规划，好像还制订过一个"CVA"的设想，这是模仿美国的"TVA"而命名的，可以意译为"钱塘江流域开发管理局"。CVA 中最宏伟的工程，是在浙皖分界处的街口修建一座十多万千瓦的水电站。当时中国自己已建在建的水电站都是几百千瓦最多不过几千千瓦的量级，这一规划真有些一鸣惊人，但在"惨胜"后的中国，政治腐败，经济崩溃，国力疲敝，内战正剧，CVA 的设想无异于痴人说梦。钱塘江勘测处的主任徐洽时，每天挟了皮包到各个衙门去游说，为的是能利用美国剩余物资修一个装机 200 千瓦的湖海塘水电站，好让他的部下多少有些用武之地。无怪有些人辛辣地把"钱塘江水力发电勘测处"称为"钱塘江水力发电宣传处"。要实现 CVA，猴年马月、白日做梦。

新中国成立后，历史车轮就突然加速前进。湖海塘水电站很快就竣工发电。接着，北京的水电总局和浙江省工业厅决定开工建设乌溪江上的黄坛口水电站（3万千瓦）。"钱塘江水力发电勘测处"也改为燃料工业部水电总局领导的"浙江水力发电工程处"，而且招兵买马、鸟枪换炮。不幸由于急于求成，黄坛口水电站的建设遭受挫折，以致中途停工，补做勘测设计。有意思的是，燃料部和水电总局领导不但没有因此而放缓水电建设的步伐和处分任何人，反而将浙江水电工程处扩大成为华东水电工程局，迁往上海，负责浙闽两省的水电建设，并加紧进行新安江的规划勘测工作。今天看，这一决策是何等英明正确，在关键时候，领导的高瞻远瞩和宏观决策是何等重要啊。1954年后，由于全国水电建设蓬勃开展，总局又决定在全国成立八大设计院（北京、上海、长春、广州、成都、长沙、昆明和西安）和相应的工程局，开发中国所拥有的独步世界的水力资源的号角吹响了。

新情况下规划的新安江水电站就不是当年设想的CVA了。根据形势，新安江的水力资源将一次开发，在新安江最下游的峡谷段（铜官—罗桐埠河段）建立百米以上高坝，形成240多亿立方米的巨型水库和建设一座58万千瓦的大型水电站（后扩充为66.25万千瓦）。强大的电力将通过220千伏高压输电线送在杭州、上海。"开发新安江、供电大上海，当务之急，势在必行！"李锐下达了明确的指示。他采取了一系列措施：向中央汇报，与华东、上海、浙江会商，成立设计院、工程局，聘请苏联专家，全力加快了建设步伐。

新安江水电站的建设，确实是新中国水电开发史上的一个里程碑。它的规模不仅大大超过我国自己以往已建、在建的水电站，也超过了苏联建国后的水电里程碑第聂伯水电站。通过新安江水电站的建设，中国人民将掌握百米以上的高坝、百亿立方米以上的大库、66万千瓦量级的水电站、7万千瓦量级的水轮发电机组和相应电气设备，以及220千伏高压输电线路的建设经验，还要进行20万人口的大迁移，按当时水平，一步就跻身于国际水电建设之林。所以李锐把新安江列为当时拟建的五大水电站中的重点（这五大水电站是新安江、刘家峡、三门峡、五强溪和紫坪铺），而且定为全国示范工程。这显然是用新安江工程作为新中国水电开发的试金石，看一看中国人民究竟能否以自己的勘测、设计、施工、制造力量来完成这座大型水电站。这件事无疑得到了中央领导的重视和支持，所以在1959年新安江建设遇到极大的困难和挫折时，周恩来总理亲临工地，挥毫留下了"为我国第一座自己设计和自制设备的大型水力发电站的胜利建设而欢呼"的题词，给处于困境的职工以极大的鼓舞。建设者们终于咬紧牙关，继续拼搏，在第二年初就建成大坝，不久并网发电，对这份有历史意义的试卷做出了毫不含糊的回答。

新成立的上海水力发电设计院（后改名为上海勘测设计院）承担了新安江水电站的设计任务。院领导任命头号权威徐洽时负全责，最富设计经验的马君寿任设总。那么我又怎么和新安江结下不解之缘的呢？原来，1956年上级已决定开发新安江了，成立了工程局，王醒、徐洽时都调任工程局领导，马君寿接任上海院的总工，因此又任命邹思远和邢观猷同志任正副设总。在1957年又将我从流溪河调回，也任命为副设总，做邹、邢两位的助手。这是一种破格的提拔，对我来说是难以胜任的。但俗语说："大树底下好乘凉"，有这些前辈挑着大担子，我只负责点具体建筑物的设计，并不感到有太沉重的压力——何况还有苏联专家高踞在上。问题的性质是在1957年底开始发生变化的。这一年底，工地施工准备工作进展顺利，尤其是一期围堰提前完成，形势十分喜人，但远在上海进行的设计工作却愈来愈跟不上要求，矛盾很大。因此，我跟着领导、专家和设计同志下工地去了解和会商。想不到这一去就留在工地当"人质"了，不久就正式任命我兼任工地设计代表组组长。进入1958年，大跃进风暴席卷全国，富春江、湖南镇、瓯江、建溪……许多大电站全面开工，邹、邢前辈都去负责更宏伟艰巨的工程了，上海院又根据形势把新安江设计工作转移到现场进行，将设计代表组改为现场设计组，新安江工程这副担子就完全落在我的肩上。就这样，我从1957年底一直待到1960年大坝基本建成后才离开，在工地度过了难忘的三个年头。

这三个年头正是中国大陆政治经济形势光怪陆离、风云变幻的三年：激动人心的大跃进导致经济崩溃的灾难，党国元勋一夜变成反党头目，牢不可破的友谊逐步演变为势不两立的仇敌……单纯的技术工作和意识形态、政治斗争、人事倾轧全挂上了钩。这种情况岂是当年对政治问题毫无概念更无准备的区区所能梦想的呢！无怪我一卷入这个大漩涡就昏头晕向、动辄得咎、左支右绌，有时简直达到走投无路的地步。总之，在这些年头中，既有使人心血沸腾的胜利和成就，也有使我胆战心惊的失误和挫败。我本身也一下子是表扬的模范，一下子是批判的典型。到底怎么评说这段历史，我自己是无能为力的。

记得在我离开上海去新安江时，有位朋友送给我一句话"希望你专在新安江，红在新安江"，我很感激他，也想这么做过。遗憾的是，我完全辜负了他的期望。姑且不提"专"的问题，关于"红"，我不仅在离开新安江时没有当上劳模、入上党，反而作为一个反党的右倾机会主义分子挨了批判，离开"红"的要求未免南辕北辙。知识分子总是要对左的做法腹诽口谤，不愿"理解的要执行，不理解的也要执行"。即使说点应时话入了党，迟早也会露出本底来的。因此我对苦战三年戴上一顶白帽子这件事，并不感到遗憾，而且相信那位朋友也不会因此而责备我。

在这风风雨雨的几年中，我经常写些打油诗纪实，称之为新安江竹枝词。这里面有正面的描写和歌颂，也有反面的发泄不满和反映阴暗面的内容，因为我并未打算拿出发表，所以笔下没有忌讳。在1959年底集中批判我时，为了"安全"起见，我悄悄把有恶毒攻击嫌疑的部分销毁了。留下一些"歌德派"的诗，它们在"文革"中也被抄走，而且经分析后仍然是打着红旗反红旗的毒草。运动后期发还给我的稿子也已残缺不全。下面所录的就是这些歌德派作品，从中可以看出当年情况的一鳞半爪。

为什么不把描摹阴暗面的毒草也写出来呢？原因是记不起了，要重新补写则事过境迁，难以肖真。为了弥补这个缺憾，我在歌德诗后面做了些笺注。这样，非但表示自己坚持两点论，客观公正；而且万一追究起来，又无原稿，可以罪减一等，此诚计之善者也。

闲话说得过长，就此打住，下面请看这些竹枝歌。

[序歌]

> 风光自古说新安，千里明江万叠滩，
> 转眼沧桑惊巨变，且听俚句唱悲欢。

> 扁舟疑在画中行，处处风光刮眼明，
> 春满江南谁诉出，三分桃李七分莺。

> 大山三座压当头，人祸天灾何日休，
> 莫道春江明似镜，几多鲜血几多愁。

【笺说】新安江的秀丽风光确实是迷人的。特别在春夏之交，你如能泛舟一游，就能具体感受到古人"暮春三月，江南草长，杂花生树，群莺乱飞"的醉人景色。扁舟溯江上行，进入峡谷区，又换成"一滩接一滩，滩滩高十丈"的境界，山影与舟影相映，涛声与橹声互和，它们会使你陶醉在大自然的怀抱里。

可是，翻开这美丽画页的反面，又是另一幅景象。新安江，尽管美丽富饶，在旧社会依然无法摆脱贫穷落后、灾难绵绵的悲惨局面。江水固然滋润了两岸良田沃土，洪波也使得庐舍为墟、哀鸿遍野。江水固然是沟通浙皖的唯一水道，也使多少舵工葬身急滩之下，尸骨无存。尤其是千百年来贪官军阀地主流氓的盘剥、压迫、征战、杀伐，一部历史原是用泪和血写成的。直到解放初期，我们还可以在流域内找到过着极端原始、贫困的生活的人们。

许多人大概不知道，在新安江深处的崇山峻岭之中，留有当年绿林好汉窦尔墩的遗迹，而且更是八百年前威镇东南的农民领袖方腊的基地。"红旗卷起农奴戟，黑手高悬霸主鞭"，新安江何尝不是如此，故我有"几多鲜血几多愁"之句也。要改变这个面貌，只有在人民世纪了。

[前期工作]

> 三军未发我先行，不愧尖端水电兵。
> 踏遍荒山和野水，凌烟阁上最前名。（地质勘测）

红旗招展遍长岗，锦绣山河寸寸量。

结队儿童笑相问，告他要捉老龙王。（库区测量）

层峦叠嶂会铜官，呼吸岚光泻急滩。

要斩西江立石壁，千秋万载锁狂澜。（铜官选坝）

千磨百琢算从头，苦战频年硕果收。

巧想绮思谁可比，敢教洪水厂房流。（初步设计）

北京城里定宏图，要把荒江变翠湖。

自力更生树模范，佳音颁到尽欢呼。（批准初设）

　　【笺注】新安江工程的勘测、规划工作在解放前就进行了，但在1953年后才在新的基础上大力开展。1954年编制了技术经济调查报告，确定了一级开发方案，1955年完成初步设计，接着进行技施设计，1957年国家批准初步设计并正式动工兴建。1958年设计工作移到现场进行，1960年4月基本建成。面对这样一座大型水电站，总的说来前期工作是做得又快又好的。

　　走在最前面的是地质、测量和水文战士，他们都是水电建设的尖兵，工作最辛苦，条件最差，常常要在土地堂或龙王庙中栖身，为工程建设献出了青春、健康甚至生命。在记述新安江水电站建设的史册中，他们无疑应列为第一批功臣元勋。

　　1955年6月，召开了选坝会议，确定了铜官村坝址。在罗桐埠—铜官峡谷段中，这无疑是个较优的选择，但条件并不好：岩层倒转褶皱、断裂发育，基岩风化破碎，两坝肩山头稳定条件都差。在技术设计中，我们又把坝轴线做了调整，并设计成折线形，避开最不利地区。

　　要在这样的地形地质条件下选择合适的枢纽布置，设计院几乎研究比较了各种可能的方案，最后选用了别出心裁的厂房顶溢流方案：将厂房布置在溢流坝下，汛期洪水通过厂房顶下泄（最大过厂泄量达9500立方米/秒）。这不仅在当时，甚至在今天也是少见的溢流厂房布置。厂顶溢流式方案克服了河床狭窄、两岸山头稳定性差而要布置大规模电厂的困难，是一个极为成功的设计（当然给具体设计工作带来一些难题）。有趣的是，新安江水电站建成后，许多工程仍不敢或不愿采用让洪水通过厂顶的布置。

　　在这里我们还须提到苏联专家。在"一边倒"的时期里，人们对苏联专家敬若神明，好像他们全知全能，放个屁都是香的；关系恶化后，又被丑化为无能之辈甚至是别有用心的特务。这种说法实失公允。至少，在新安江初步设计中，主要的几位专家（特别是葛伐利列茨）做出了不可磨灭的贡献，他们对中国人民的感情也是真挚的。这种友谊将载在史册上，不会因政治气候的改变而变化的。

新安江水电站的初步设计于 1957 年 4 月被国务院批准，消息传来，群情激奋，一场改天换地的战斗就要真刀实枪地开始了。

[开工]

铁道兵团筑路忙，荒滩忽起万幢房。
风云儿女源源到，要与蛟龙斗一场。（准备工程）

底事江流绕道行？木笼围作水中城。
不知基坑深多少，仰见半空帆影轻。（水上长城）

八方豪杰会江东，锦旆飘飘战鼓隆。
礼炮声中大军发，开门先取满堂红。（开工大典）

十里荒滩摆战场，采沙洗石雾茫茫。
为教前线军粮足，夜夜挑灯苦战忙。（砂石之城）

上仓滩畔万人家，十里明珠到白沙。
车水马龙看不尽，人民世纪最繁华。（水电新城）

【笺注】50 年代的效率是惊人的。新安江工程列入计划后，一声令下，万方云集，施工准备工作进展神速。作为施工的指挥部及主力军的新安江工程局，它的骨干力量是从丰满、上犹、古田、黄坛口抽调集中的。各部门各行业都大力支援，铁道兵团派来精锐部队抢修兰溪至新安江的铁路；建筑公司在渺无人烟的荒滩上建起了水电之城，直达下游白沙古渡（建德县治也从古老的严州城迁到白沙）；在坝下游的溪头村又建成了一座砂石之城，生产工程所需全部骨料，还远销沪杭。在争分夺秒的会战中，没有扯皮踢球，没有讨价还价，更没有雁过拔毛和敲诈勒索，有的是团结、支援、共同战斗。

在准备工程中，最宏伟的要算一期围堰工程。这是由 80 只巨大的木笼拼装沉放后围成的一道水上长城，围出了右半部江面。木笼最大高度 15 米以上，能挡住 5000 立方米/秒的洪水，设计和施工质量堪称优秀，做到稳若泰山、滴水不漏，而且提前完工。第二年（1958 年）挡住了超标准的特大洪水。它为新安江水电站的胜利建设立下了殊勋。

在各种准备工程就绪后，1958 年 2 月 18 日（春节），工地举行正式开工典礼，并由浙江省和工程局领导浇下第一车大坝混凝土。是日也，红旗招展，锣鼓沸扬，各单位上台表决心、致贺词，沸腾情景，如在眼前。会后人心激荡，各条战线上捷报飞传，全部超额提前完成计划，人称"满堂红"。

[百工咏]（录其五首）

新安江畔响春雷，顽石巉岩一扫开，
谁敢阻挡前进路，教它身骨化飞灰。（爆破工）

身似灵猴缘壁爬，刺天长梯几层加，
飞桥复道倾时起，三百行中一朵花。（架子工）

千钧高压灌琼浆，百米钢杆入地长，
破碎危岩细修补，回天妙术赛娲皇。（灌浆工）

英姿飒爽入云中，火树银花放夜空，
不绣鸳鸯非绣凤，烧成铁闸锁蛟龙。（女焊工）

沉沉吊斗织如梭，百吨巨机飞过河，
举鼎拔山成一笑，红旗队里霸王多。（起重工）

【笺注】 在工地上万职工中，工人占半数以上，是承担建设任务的主力。他们个个身有专长，奋勇拼搏，为社会主义建设付出了汗水甚至鲜血。在上百工种中，我这里只选了五种，尝鼎一脔，可窥全豹。

爆破工是打先锋的部队，修路、削坡、打洞、开挖坝基，处处都是他们一马当先。闷雷响处，土石齐飞，在他们面前，没有不可逾越的障碍。

许多人可能不知道"架子工"是干什么的，他们也是打先锋的特种部队，利用当地盛产的毛竹、杉树和铅丝，顷刻间可在悬崖上架起栈桥，化天险为通途，在平地上搭起高台，为浇筑创造条件。苏联专家奥西波夫对此不胜赞叹，他对我说过："必须给你们的架子工和毛竹记下大功！"

也许最辛苦而鲜为人知的是灌浆工，他们长年累月战斗在阴暗潮湿的廊道和隧洞中，操纵钻机和灌浆机，将水泥浆在高压下灌进基岩的裂缝中，把破碎的岩块胶结成整体，堵塞漏水孔道，形成地下防渗长城。我曾在灌浆队蹲点数月，深知他们的艰苦和贡献。

诗中写的那位女焊工，是个朴素无华的姑娘，头戴面罩，手执焊枪，爬在高高的架子上。玉手落处，火花迸发，英姿飒爽，每个人看到后都会留下深刻的印象。

新安江工地上的起重工，个个身怀绝技，依靠一些不显眼的土设备，能把庞然大物随心所欲地移东转西，架缆机，立栈桥，下巨闸，为工程建设立下功劳，人称"红旗队"。

［人物志］（录其五首）

红旗包子庆功汤，巧作佳肴百里香。
风雨无间送前线，热情暖透万人肠。（炊事员）

任劳任怨更无辞，苦战连年夜漏迟。
他日同歌凯旋曲，评功敢忘"小螺丝"。（行政员）

规程一卷袋中藏，白发银须斗志强。
执法如山天不怕，任人骂我老阎王。（质检员）

青囊妙术可回春，救死扶伤岂顾身。
伟绩丰功描不尽，人人争做白求恩。（医务员）

超欧赶美志凌天，万卉齐芳正少年。
百尺竿头求再进，祝君快马更加鞭。（技术员）

【笺注】俗语说："三百六十行，行行出状元"。在工地几乎有所有行业的人员，大家为这场战斗尽心尽力：在烈日下送饭送菜上前线的炊事员；夜阑更深、埋头苦干的财会、文书；在现场爬上爬下检查质量的"活阎王"（阎王是爱称，并无恶意）；日夜抢救伤病员的来自上海、杭州的医师和护士；还有那朝气蓬勃、"目无欧美"、八九点钟太阳一般的青年技术员。这是一曲八音齐奏的乐章，这是一台复杂精密的机器，任何一个音符、一颗螺丝都是不可缺少的。把一个大型水电站建设的成就归功于少数人是完全错误的。

［跃进高潮］

车如流水马如龙，机器轰鸣烟雾浓。
千万健儿齐奋战，更无人睬下班钟。（工地即景）

金鼓齐鸣万马号，红旗翻滚浪滔滔。
动心奇景谁堪比，风卷钱塘八月涛。（跃进高潮）

跃进潮如箭脱弦，你追我赶竞争先。
墙头指标❶扶摇上，直欲乘风刺破天。（劳动竞赛）

---

❶ 指画在墙上的进度曲线。

革命花开分外香，纷飞捷报百千强。

年终报表几番改，忙煞文书小女郎。（双革运动）

无边锣鼓沸如汤，万盏灯摇百宝光。

今夜狂欢人尽醉，倾心歌唱党中央。（国庆之夜）

【笺注】在新安江开工后不久，中国就发动了大跃进运动，而且一浪高过一浪，1958年末达到高潮，踏入1959年"是一个持续跃进的形势"，1960年还没有改口。

"大跃进"的实质和得失，已有历史学家下了结论。这是一场领导错误估计形势，完全脱离实际，狂热性发作，错误发动并给中国经济建设带来深巨创伤的运动。

尽管如此，我回味这些年月中的经历，总觉得还有值得留恋之处。我一闭眼，就会出现一幅幅激动人心的战斗场面，那确实像钱塘江大潮，澎湃汹涌。这种奇观异景，恐怕在任何其他国家都看不到的，充分反映了亿万中国人民迫切要求改变落后面貌的心情。在大跃进中，成绩和奇迹不是没有，像新安江工程的建设期就实实在在地缩短了一年。我常常做些事后诸葛亮式的痴想：如果当时党能正确地引导群众的这种冲天干劲，循着科学的轨道运行，那该多好啊。今后，这种群众运动式的生产方式是不会也不应出现了。但是，11亿人民要求腾飞，一雪百年来的耻辱的心理，是永远需要的。

在大跃进浪潮中，正常的设计进程全打乱了。设计一改再改，一"革"再"革"。这里确实也涌现出不少大胆、成功的设计，但也留下一系列问题和隐患。作为现场设计的负责人，我从开始时的跃进积极分子一步步走向反面。我处在两难境界中，既要跟上跃进形势，服从工程党委的决定，又要保证结构物起码的质量和安全度……这哪里是技术工作，简直是玩走钢索的玩艺。为此，我用尽了古书上的"三十六计"，甚至还有发明创造。有时我软磨硬顶，有时就赤膊上阵（例如抓住质量事故大做文章），有时躲在背后唆使部下出头，有时拉大旗作虎皮（把专家建议、上级决定当挡箭牌）；有时表面佯从，背后写报告，有时负隅顽抗、死硬到底（例如坚决不肯代表设计组上台献礼表态），有时利用"统一战线"广泛出击（设计组的党小组长张发华、工程局的总工潘圭绥都是我的统战对象）；必要时，借口去上海汇报工作，来一个金蝉脱壳，避几天风头。把这些记下来，倒真可写出一本古今中外未曾有过的"政治坝工学"。

我这种吃里扒外的手法，显然瞒不了人。正如一个基层支部在整风学习中所总结的：通过学习，擦亮了眼睛，总结出一条规律：每当我们要发动跃进时，设计组便必然出来破坏。讲的是真情，只是破坏二字改为"煞车"较为公允。所以，最后我的下场是可想而知：猪八戒照镜子，里外不是人。在下闸蓄水以后，就进行清算，从批判张发华的"反党罪行"开始，清算我的反党反大跃进言行。好在那时还没有发明喷气式，依靠"沉痛检查"和"深入挖根"，我混过了关。最后，于 1960 年 4 月 20 日灰溜溜地离开了工地。尽管心中百感交集，但回头望望那巍然矗立、固若金汤的拦河大坝，心头仍感到有些安慰。

[艰苦奋战]

天崩地裂乱烟浮，疑是共工触不周。
开挖英雄浑不惧，抽刀怒砍太华头。（大坍方）
风雨交加酿怒涛，漫山遍野浪滔滔。
英雄十万齐临阵，敢叫狂龙卷尾逃。（战洪水）

夜深灯火映高楼，领导齐临细运筹。
明日一声号令下，风雷齐发战功收。（党委会）

亲临工地快挥毫，为鼓军心不厌劳。
恰似春风吹大地，热情如浪泪如潮。（总理视察）

施工又见起高潮，处处红旗金鼓号。
万马奔腾齐奏凯，风流人物数今朝。（新的高潮）

【笺注】施工进入 1959 年后，困难如山，问题成堆。"大跃进"的一些恶果开始暴露：材料短缺，质量下降，施工中问题百出，隐患丛生，甚至需把浇好的坝体挖除重来。接着，左岸山头发生大坍方，交通中断，基坑被埋。入汛后又迭遭大洪水侵袭，损失严重。对工程建设负全责的党委，一次接一次召开扩大会议研究对策。党外人士的我也次次参加，贡献刍荛。事实已很明显，上年所提"五一蓄水""十一发电"的目标已无法实现，而领导又坚决不同意松口。工地上笼罩着阵阵阴霾。

日理万机的周恩来总理没有忘记作为示范工程的新安江水电站的建设，他听说工程发生严重事故后，亲自聆取汇报，做出决策。并于 4 月 9 日亲临工地，肯定成绩，强调质量，拨正了航向，并写下了"为我国第一座自己设计和自制设备的大型水力发电站的胜利建设而欢呼！"的题词。周总理的到来，如春风时雨，温暖和滋润了每个职工的心，再一次激发起奋战高潮。在战胜重重困难后，终于在 9 月 21 日沉放下最后一扇封孔闸门，断流蓄水。

[团结就是力量]

剧团慰问上门来，丝竹悠扬舞影回。
华月满天人始散，归家都唱祝英台。（慰问演出）

公社农民慰问来，联欢会上百花开。

两双巨手牢相握，铁铸江山不可摧。（工农联欢）

走出高楼下现场，冲锋陷阵笔为枪。

未知脱否书生气，渐觉全身泥土香。（现场设计）

填满深沟推倒墙，工人干部共商量。

同餐同住同劳动，渐把称呼改"小张"。（三结合）

五湖四海聚英雄，围坐团团笑语融。

北调南腔都听遍，又谁侬软说苏侬。（生活会上）

【笺注】在新安江几年，令我难以忘怀的是那亲密无间的团结气氛。不论是干部工人，不论是中央地方，不论是设计施工，不论来自哪一部门哪一单位，心往一处想，劲往一处使，汗往一处流，都为了让新安江水电站尽快尽好地投产。尽管部门间、行业间也有矛盾和争吵，但绝无扯皮踢球现象，更不要说居奇勒索了，公关小姐是用不到的。

不同的剧团主动送戏上门慰问演出，从未听说要什么演出费。逢年过节，附近农民敲锣打鼓，抬着小象一样的大肥猪前来慰劳。推行"两参一改三结合"后，干部和工人亲密无间，"现场设计"又使知识分子下高楼出深院，获得宝贵的现场经验。这些经验无论如何不能斥之为极左做法而一概予以否定。

如果你有机会参加这些联欢会、谈心会、生活会……你会听到祖国四面八方的乡音，你会感受到亲切和蔼的气氛，感到心情舒畅而激动。可惜在后期，这种风气被"整风运动"破坏了。但愿今后我们能多开联欢会，取代那些没有道理的批判会、斗争会和声讨会。

［蓄水与移民］

巨闸沉沉斩大江，满天云雾入仙囊。

都教化作光和热，温暖繁华万载长。（断流蓄水）

信然高峡出平湖，百里烟波画不如。

若让巫山仙子见，还应来此觅新居。（高峡平湖）

千载名城要改妆，万民推倒旧门墙。

楼台亭阁沉湖底，吩咐鱼虾自主张。（别矣故城）

二十万人辞旧坊，载歌载舞理行装。

村村锣鼓迎新客，何处天涯不故乡。（移民新居）

【笺注】1959 年 9 月 21 日，在浇下第一方大坝混凝土后的第 578 天，321 吨重的钢筋混凝土闸门徐徐下沉，封堵了最后一个底孔，新安江从此永远改变了她的容颜，一个烟波浩渺的千岛湖慢慢出现了，昔日峰峦起伏的群山，有的永沉湖底，有的变成座座孤岛。山上的狐狼鼠兔被这个巨变惊破了胆，盲目窜逃，最后被清库队一一擒伏。从此，坝上游流域面积中的滴滴降水，都收入仙囊之中，为民造福。滚滚电流注入华东电网，浩渺的湖面上鸢飞鱼跃，坝下游一望无际的平原，迎来了岁岁风调雨顺、旱涝保收的太平盛世。千岛湖并和淡妆浓抹的西子湖、明媚绮丽的富春江、乱石奇松的黄山一样，成为上海—杭州—富春—新安—黄山旅游线上的一颗明珠。

可是，所付出的代价也是沉重的：淹掉两座县城，迁移了 20 万人。这不仅在外国难以想象，在今天的中国怕也难下决心（指按单位千瓦计算的淹没指标）。这具体反映了当时党的决心有多大，威信有多高，而人民为了祖国富强愿意付出多大代价！

人们常谴责水库的淹地损失。公平地说，即使以新安江水库而论，它对于耕地和粮食的影响也仍是得大于失。这不仅因为摆脱洪涝灾害又拥有充足电能的下游平原成为稳产高产粮仓，而且还由于两岸难以利用的万顷荒滩也开发成为最富饶的耕地。只是得在下游，失在上游，人们一般只看到明的失，得益却少为人提。今后采取些合理的政策，情况和观点是会改变的。

但无论如何，我们首先面临的还是明的困难。在规划设计中，原也作为头等大事研究的。我们与地方政府经过调查安排，编制移民规划，制订水库概算（按人头计，水库费用近 500 元/人，这抵得上今天的 5000 元以上）。浙江省成立了专门机构负责这一伟大的移民工程。我们还进行试点，修建移民新村，先把靠近坝址的小溪、茶园镇人民迁去，十分成功。移民不仅可以安居乐业，而且生活水平能显著提高。所以我会写下"载歌载舞理行装"的句子。在蓄水前夕，我曾去库区查看，看到落日下已变成"芜城"的淳安故城时，虽不免感慨万分，但总认为移民生活会有保障。在新社会里，"何处天涯无故乡"。旧的不去，新的不来，让那座千载名城沉入湖底，"吩咐鱼虾自主张"吧。

不幸的是，大跃进和"五风"同样干扰了正常的移民工程——岂止是干扰，简直把移民工作推上了绝路。移民经费一减再减，最后只剩下 120 元/人（？），而且这里面又拿去盖楼建厂，不知有几块钱真正用到移民身上。许多新名词出现了，"编连队""大行军""新长征"……随着库水位上升，移民只得携男带女挑着担子远迁异乡。库区内一片惨状。迁走的人无法安顿，大批回流，生活困难，甚至游行请愿，要求"扒掉大坝""抓工程师"……在那些日子里，我曾悄悄避在山上，看到那些衣衫褴褛、妻啼子号的移民的痛状，心中有说不出的难受。再要写诗，就只能写出"三吏""三别"一类的东西了。万恶的"左"倾路线和"五风"给人民、给党的事业、给党和人民间的关系，带来多么巨大的灾难和损失！

欠债是要还的，何况是对中国人民负责的共产党。造成失误后的二三十年时间内，党和政府花了巨大的精力和经费清偿这笔债，使人欣慰的是，问题终于解决了。但教训应该永远记取。

[安装送电]

巨机巍峨列成山，惹得洋人注目看。
欲问厂家何处是？太原东北与西安。（自制设备）

电花飞溅照明宵，精密岂容差半毫。
钢铁巨机终就位，安装英杰笑声高。（机组安装）

百米钢龙伸颈斜，鲸吞骇浪吐银蛇。
雷霆余怒犹难熄，尾水波翻十丈花。（试运行）

开关站上闪金光，锣鼓如潮热泪狂。
机器轰鸣洪水息，千秋万载永流芳。（送电）

电流飞舞到农庄，水满荒畴谷满仓。
唤雨呼风等闲事，从今不再拜龙王。（电到农村）

【笺注】新安江水电站的设备全部国产。在挣脱殖民枷锁后不久的50年代中，中国的机电部门就能取得这样的成绩，不能不教前来参观的外国人心折。

进入 1960 年后，工程重点已移到安装、发电上了。经过上万职工多年苦战后，第一批机组于 1960 年 4 月发电，9 月并入华东大网，从此，新安江水电站走进新的阶段。30 年来，它成为华东电网的最大水电站和主力调峰调频及备用电厂，确保电网的安全和电能质量。它输送电能数百亿千瓦小时，创造数千亿元产值，积累了数倍于投资的资金。它拦洪近百次，减除了下游洪灾。它有力地促进了附近地区的工农业生产和城市建设。水库内山峰翠叠，湖水澄碧，浩瀚似太湖，秀丽胜西子，发展为旅游和渔业基地。新安江，它将永远为祖国和人民服务。

[尾曲]

新安儿女志无双，苦战四年驯野江。
滚滚电流输厂矿，源源粮食入囷仓。
穷途美帝干瞪眼，末路苏修枉断肠。
革命风云今日变，炎炎旭日起东方。

【笺注】1960 年 4 月 20 日，我怀着惆怅的心情离开新安江返沪，临别时口占了这首打油诗。苏美一联，是在当时政治形势下的写法，我也不想修改，因为可以反映出那时中国敢于以苏美两个超级大国为对手进行抗争的大无畏精神。政治问题可留待历史学家去评说，这种无畏的气概是万分可贵的。

但是我真正和新安江告别还在 5 年以后。回沪后，我致力于组编一本百万字的巨著《新安江水电站设计》，希望把这一不平凡的设计过程和得失记载下来。不幸书虽写成，由于各种因素，最后还是胎死腹中，未能问世，至今我仍引为遗憾。

以后我参与了其他工程的设计，花样很多：长江北口潮汐电站、黄浦江拦江大闸、飞云江珊溪、九溪梯级电站、钱塘江潮汐电站、富春江七里泷水电站、乌溪江湖南镇水电站……并不断去工地承担设代工作。但是我的心仍系在新安江，我仍多次返回新安江参加验收、审查、汇报和遗留问题处理会议。1962 年，工程局领导还对 1959 年批判我的反党罪行一事进行甄别（平反），清除了我心中的一个疙瘩。

特别是在执行"调整、巩固、充实、提高"的八字方针后，大跃进中遗留下来的种种问题仍得由我们去解决，我又承担了"填平补齐"的设计任务。清理出来的"尾工"项目竟达数百项，填补工作竟做了五年——比当年修建电站的工期还长，真称得上是一条够长的尾巴了。1965 年 4 月 15 日，我还在工地清理最后一批尾工项目，第二天接到上海院的电话，嘱我立刻返沪改赴四川工作。这才匆忙移交工作，向工程局同志告别——多年来虽然经常争吵，而感情至深，一旦远别，不胜依依。4 月 17 日离开了相依八年的新安江，奔赴万里以外荒凉原始的雅砻江。车子驶过紫金滩时，我回头向新安江大坝做了最后一瞥，眼泪就自然滚落下来。

食 堂 买 饭 记

——大跃进插曲之一

引　　言

自从 1950 年参加工作起，我就和食堂结下了不解之缘。即使在结婚后，由于长驻工地和频繁出差，在食堂里吃饭的次数也比在家用膳的为多，我和食堂的感情可谓深且厚矣。

进食堂吃饭，自然是付票（饭票、菜票）购餐，道理至为明显，程序亦殊简单，就连七八岁的小孩也所知晓。我今拈出"食堂买饭"这个题目来大做文章，委实没有出息。这倒不是我小题大做，原因是在那大跃进的年代里，连"买饭"这个简单交换过程也经历了一番极其复杂的变化。深恐这一盛况在后世湮没无闻，不可不为之记，以便藏之名山，传诸后世，"子子孙孙其宝之"。

昙花一现的天堂餐厅

闲话少叙，言归正传。却说 1958 年在中国大地上出现了万马奔腾的跃进浪潮，带头的就是农业大丰收。

那时候到处纷传，三面红旗创造了奇迹。中国人民不但轻而易举地解决了吃饭问题，而且粮食已多得成灾了。神州大地，处处都"大放粮食高产卫星"（顺便说一句，当年这种风行一时的提法实在是狗屁不通的）。开始时，"卫星"的高度还在情理之中，亩产 1500、2000 斤的，后来记录扶摇直上，亩产一万、一万五、五万斤，最多的似乎到过二十多万斤，这真教人目瞪口呆了。报纸上刊着一幅幅的照片，赤裸裸的胖小子端坐在密密实实的稻穗层上，不由你不信。听说科学家还从太阳光的能量计算过，每亩的极限产量有四五十万斤，无怪乎"人有多大胆，地有多高产"了。

成为问题的是这汪洋大海般的粮食如何打发？不采取断然措施，看来六亿人民将遭灭顶之灾了。于是一大批军师又纷纷献计，有的建议今后只种三分之一的耕地，其余一概改成花园和苗圃；有的主张采用休耕制或轮耕制；有的赞成无偿送给穷朋友，条件是自行背走。在这种形势下，再按常规上食堂排队买饭，显得太不适应时代面貌。我们工地也和全国一样掀起改革之风，决定创办一种新式食堂，八人一席，自由组合，入伙者只要报明粮食定量并缴一点点钱，就可以顿顿五菜一汤，米饭管饱。我是个最懒的人，听说加入这种新食堂可以免除排队买饭之劳，自然是欣然参加。第一天去用膳，真有换了人间之感。但见门口红旗招展，两侧贴有大红对联，上联是"放开肚皮吃饭"，下联是"鼓足干劲生产"，横批是"天堂在望"。步入餐厅，整齐的八仙桌铺上雪白的台布，木桶中装满小山般的香粳米饭，桌面上摆着五菜一汤，个个油光水足，色香俱全。尤其是那一钵头红烧四喜肉，块块都是五厘米见方。真使人心旷神怡，感到离开共产主义天堂只有咫尺之遥了，因此我就叫它"天堂餐厅"。

谁知好景不长，没过多久，情况就起了变化。五菜一汤递减为四菜一汤、三菜一汤；菜中猪肉的尺寸也一路递减，最后变成躲在白菜帮子内的一些肉末，不用放大镜是很难找到的。饭桶中的米饭高度也越来越低，去添第二碗饭时早已见底，于是大家都在盛第一碗饭时下工夫：带上大碗，采用打夯加压方式，尽可能加大容重，这一来又开展了盛饭之战。最苦的是我这种经常开会、下工地的人，回到食堂后往往只能在空空的饭桶中刮一些粘在桶边上的饭粒和在菜钵中捞一点"残渣余孽"充饥了。贴在大门口的大红对联早已黯然褪色，而且似乎应该改成"鼓足干劲抢饭，束紧裤带生产"更符合实际一些。到第二个月，天堂餐厅终于宣告完成历史使命，我又恢复了买饭生涯。共产主义天堂似乎又变得遥远不可及了。

保姆帮和光棍党的较量

天上方七日，世上已千年。从天堂中一交跌回尘世、恢复付票购餐后，我发现买菜买饭是愈来愈难了。

首先是买饭人的成分起了变化。食堂本来是为单身职工办的，买饭者也都是吊儿郎当的男女光棍。虽然偶尔也有些家属——保姆、小孩、老婆婆前来买菜打饭，所占比例很小，不成气候。不想自从供应紧张后，食堂成为角逐之所，保姆们迅猛增加，大有反客为主之势。她们拉帮结派，欺行霸市。十一点钟起就结群而来，挪动食堂中的凳子，在"甲菜"窗口排起长队。一面结绒线，一面论说张家长、李家短。面皮厚的还当众拉开衣襟为小孩喂奶。一到开饭，蜂拥而上。后到的光棍们只有望洋兴叹的份。不满之声、吵架之事日有所闻。我手下那些虾兵蟹将都自动提早下班去和保姆一较短长，我也只好眼开眼闭。保姆们便再次提前到食堂，光棍们仍非对手。迟去的我，当然命运更惨，往往走到食堂战斗早已结束、风流云散，连乞带求，只能弄到点残羹剩饭，"买饭"一下子上升为头号伤脑筋的事。

于是我不免利用职权在党委扩大会上发表些过激演说，声讨保姆们的不法行径。领导上倒也从谏如流，指令"膳管会"找我商议对策。我很喜欢当"狗头军师"，提出了一条又一条克敌制胜之策。但实践结果，都败在占有天时地利人和优势的保姆帮手下。

首先想出的一招是关紧食堂大门，不到下班不开门。这虽给保姆帮造成些不便，但起不了作用。她们仍然老早出动，围在大门边，反而弄得开门时秩序大乱，作茧自缚。

第二招是限制每人购菜数量，不得超过两盘。可是这就招来更多的家属前来排队，有的甚至"倾巢来犯"，把拖鼻涕的小姑娘和瞎了眼的老婆婆一齐拉来参战，此招也以失败而告终。

第三招是颇动了些脑筋想出来的，分析家属们之所以欺行霸市，无非想抢购些油水足的菜，所以都霸住"甲菜"窗口。我们就取消固定的甲乙丙窗口之分，"甲菜"在哪个窗口出现，成为一种"随机事件"。开始实行这一招时，很使保姆帮晕头转向，吃了些亏。但她们很快适应了新情况，兵分三路，把三个窗口都占了去，等"甲菜"一出现，立刻集中兵力，插队成龙。依然奈何她们不得。

"空间随机法"不奏效，我们就改用"时间随机法"。开饭时，并非甲乙丙三种菜齐出，而是先端出白菜、萝卜开售，至于甲菜何时出笼，要凭"几率"。任你提前站队，我却来一个"遭遇战"。此法实行之始，颇奏奇效。排在前面的保姆只好悻悻地买些白菜帮子回去，光棍们却有五年一遇机会买上好菜，民心大悦。但是不久，食堂中出现了一种奇怪的君子国风度。大白菜端上来时，保姆们让出干线，占据两厢，谦虚地让后面的光棍先买，光棍们也彬彬有礼加以婉拒，僵持不下。而"好菜"一露面，顿又乱成一团，食堂秩序每况愈下，买饭简直成为灾难了。

后来，情况进一步恶化，已不是买到什么菜的问题而是能否买到任何菜的问题了。别无它计，只好动用祖传秘方：发证购菜。每个月给每个职工发一张卡，上面印好 60 个（或 62 个）小凭证。购菜时必须撕下一张缴上，这才取得购菜一盆的资格。保姆帮也改变战略，由于这时候已难得有好菜出现，她们就从吃里扒外的食堂工作人员中摸取机密，平时少买一些，每当有猪头肉或臭带鱼出现时，便集中撕票购买，依旧是她们的天下。当然，我也可再想出点新招来，譬如说在票上印明日期等。但是，道高一尺，魔高一丈，我已无心恋战了。最后，作为光棍党狗头军师的我，施出了一条极不光彩的绝招：动员在上海的爱人带孩子下工地，再以十五块大洋一月和免费供给口粮的代价雇来了一位粗眉大眼、腰圆膀粗的保姆为我买饭，彻底背叛了自己的出身阶级。我和保姆帮的战斗就这样以我的彻底投降而告终。

复 杂 的 食 堂 数 学

上面描述的食堂战绩若和两年后的情况相比，又是小巫见大巫了。

1961 年严冬，正值人祸天灾交相侵逼、国民经济下降到谷底的艰难时刻，我又被派到一个工地去当设代组组长。这个工地远在八衢山区，面临停工下马局面，数千名职工生活已处于极端困苦之境。一批又一批的人患上肝炎。我却背上背包到这里来落户。

我到工地住上十多天，就饿得头昏眼花，"嘴里淡出鸟来"。但还有更严重的问题呢。这天，在党委会上，行政处长阴沉着脸汇报一些不祥之兆：大批工人在上半个月放开肚皮吃饭，到下旬吃光定粮后集体躺在食堂门口饿肚子，不怕组织上不救济，得紧急制止这种讹诈行动。我听后心中奇痒，又想出头当狗头军师。当下建议每人发一本"购饭本"，每日一张，其上印有若干方格，每格代表一两粮（按每人定粮，划掉多余的）。凭证撕票买饭，只许延后使用，不得提前预吃。票格当场撕下，撕下即作废。这样就可完全控制每个人的"吃饭进度"，岂非计之善者乎。

主食问题方告稳定，副食问题又告紧张。原来这时基本上顿顿都是白水煮菜皮之类的"无油菜"，偶尔出现一些"有油菜"时便你抢我夺地恶斗起来。其实所谓"有油菜"者，无非起个油锅，把菜皮多炒几个翻身，或者走后门搞来一些猪尾巴、烂带鱼之类。但那时饿馋了嘴，一听说有"有油菜"发售，谁不想捞它几盆。剧烈的争夺战搞得职工和炊事员都精疲力竭，体弱近视的老九更是有苦难言，非想出措施来不可。

这次狗头军师动足脑筋，从"化学分析"下手。我想同一菜皮，有油无油身份大异，却用同一菜票去买，病根在此耳。对症下药，菜票宜分为"有油菜票"与"无油菜票"两类。前者每角票券含纯食油 5 克正，每人每月限购 2 元（折合每人定油 2 两），后者不限。食堂发售的菜，应按其含油成分，规定应付含油菜票若干，无油菜票若干，这样还怕天下不治么。我自己觉得从马克思创立剩余价值理论后，第二个划时代的创造发明应该算这种科学的买菜理论了。

这套措施果然实行了，当然是极其精密、科学、公正和合理的，只是买饭程序空前复杂，时间更长。那天轮到我帮厨，照例围上白大褂，窗口一站，接待顾客。我自以为自己学过低等数学、高等数学，卖饭卖菜末技，岂有应付不了之理。不想，事非经过不知难，请看下一段现场实录：

（买饭者，他是一位生相凶恶的工人，以下简称买）：打四两米饭，一只花卷。

（我）：本！

（买者缴上一本又脏又皱、像一团草纸一样的购饭本）

（我）米饭四两，花卷二两，撕你六两票……啊，不行，今天才十五号，你已吃到十六号了。

（买）老子今天进洞，还不许我多吃一些。明天我休息，挺尸不吃好了。

（我）那不行，制度规定，不准预吃。

（买）妈的，老子吃自己的饭，你到底卖是不卖？（工人大有动武之势，炊事员赶忙调解：只差一天，算了，卖给他吧。我正要撕票，忽然发现票根有异状，检查一番）

（我）不对头。你这票是自己粘上去的，不能卖。

（买）你瞎了眼吗，这上面不是还连着吗？

（我再次拿起买饭本，眯着眼细细鉴定）

（我）不行，票子是你在背面用纸粘上去的，不能卖。同志，人格要紧，不能弄虚作假。

（买）你这条四眼狗，专门来找我岔子。这种草纸印的本子，每顿饭抓进抓出，还能不落下来？你是有心不让老子吃饭吗，滚出来！

（炊事员见势头不好，赶紧把买饭本拿去，用放大镜照了半天，点点头表示同意。我只好忍气吞声，大声吆喝起来）

（我）米饭四两、花卷一只，什么菜？

（买）一盆带鱼，一碗白菜，两碗萝卜。

（我）带鱼、白菜都要含油菜票的，你有这么多含油菜票吗？别盛进碗里又倒出来。

（买）你这小子真跟我过不去吗？你怎么知道我没有含油菜票？

（我）那好。

（然后我把菜碗交给炊事员，开始紧张的劳动：心里盘算，手里递送，嘴里吆喝）

（我）米饭四两，撕票四两，无油菜票六分；花卷一只，撕票二两，无油菜票四分，含油菜票二分；带鱼一盘，含油菜票一角三分，无油菜票七分；白菜一盆，含油菜票四分，无油菜票四分；萝卜两盆，无油菜票八分；一共是含油菜票一角九分，无油菜票二角九分。快一点！

（买者低头扳着手指盘算了半晌，摸出含油票三角、无油票三角给我）

（我）找你含油菜票十分、无油菜票三分。

（买）怎么啦，你少找我一分有油票？

（我）对不起，没零的了，一分钱就用两分无油票代嘛。

（买）不行。我买菜时少给你一分有油票你肯吗？非找我不行。

（我）没有零票了，叫我啥办法。

（买）你是死人吗，不会到旁边窗口去换吗？

（我的火上来了，把柜台一拍）

（我）你不是死人，你到那边去买好了。把菜拿回来，不卖了。

后面排队的人混乱地叫喊着"快一点！""一个人要买多少时间？""排上这个队真倒他娘的霉！"……

一片混乱。

这一顿饭卖下来，只累得我腰酸脚麻，口哑头昏，连血压也上升不少。而我接待的

"顾客"是最少的，挨的臭骂声却是最多的，我才恍然大悟：尽管我学过什么代数、三角、微分方程，要应付这食堂数学还差得远呢。

带 铁 链 的 饭 碗

当我稍微熟悉了一些"食堂数学"，可以应付卖饭卖菜任务时，又发生了几起工人打炊事员的事。起因是工人说食堂给的饭分量不足，另外买饭时撕票的手续太繁。食堂招架不住，又开了几次紧急会议，决定大改大革，按定量发米给个人，自己掌握，放米加水蒸饭。这叫做包干到人，一包到底。

于是我们月初、月半背回一袋黄黑籼米。每餐匀出当天定额，淘洗后放入饭碗加水适量。食堂已备好十几套大方蒸架，一字排开。每人小心翼翼地将饭碗放妥，并记好蒸架编号。开饭时各找其碗，显出另一番忙乱景象。我对此又摸索总结出十二字真言："少淘米、多加水、靠边放、提前到。"少淘米者尽量减少维生素之流失也；多放水者可以多出饭骗过肚皮也；靠边放者，将饭碗放在蒸笼边上，最好是在四只角上，既容易找到，又可防止发生倾覆事故；为此，又须提前到食堂，抢占有利地形。一个月下来，依靠这十二字诀取得不少便宜。

不幸的是，有一天从工地回来，时间稍迟。匆匆赶到厨房，找到蒸架，不禁叫一声苦。架子上早已空空如也。不知哪个狗养的贼子把我的饭连同新买的搪瓷碗和盘端走。这号人为了自己果腹竟不顾阶级弟兄挨饿，真太不仗义了。我满头大汗，里外找了个遍，哪有踪影。回到房里，饥火如焚，搜箱倒柜，找不出可以充饥之物。忽然想起上月初每个职工分到"古巴砂"二两，一直舍不得吃。食糖可以转化热量，正可救急。于是找出那包古巴砂，摊在纸上，用小钳子仔细匀成十份。取出一份，用手指拈着慢慢享用，聊压饥火。

一面吮糖粒，一面思索对策。决定加强防守。一咬牙买了只大号搪瓷碗，一条链条和一把小锁。每次蒸饭时，把饭碗锁在蒸架底面的竹条上。我想贼子手段再高，总不能在众目睽睽之下用钢锯锯我链条，攫我饭碗。当然进厨房后，我得先从头颈上取下锁匙，开锁松链，操作程序复杂了些，外观也很不雅。为了安全第一，就顾不上举止不雅、行动惊俗了。

采取加锁措施后，果然平安了好些日子，稍迟一些进食堂也不用担惊受怕了。不想有一天去迟了，那贼竟采用"掏心战"，将我碗中的饭掏走，只留下粘在碗边上的一些"边角料"。这下气得我发昏。看来光凭铁链，锁得住碗锁不住心，还是另筹良计。

于是我决定在饭碗上加做带铰链的活动保护盖板，双重加锁。盘算已定，精心设计，还画了一张施工详图。下午去白铁铺找铁匠施工。那位白铁师傅听我说明"设计要求"后，摇摇头说：

"这盖板不好做，要打铆钉才能连在碗边上，搪瓷碗就敲坏了。"

我发觉在设计中确实忽视了盖板和饭碗的连接细节，嗫嚅地问：

"能焊一下吗？或者想些其他办法？"

大师傅仍然摇头："也得敲掉搪瓷才行。而且，自从盘古开天地，哪有饭碗盖帽子的。你要做这盖板干什么？"他怀疑地盯着我看。

我不好意思说是防盗所需，支吾道："我有用处呢，我是……做化学试验的……"

"你就买个有盖的焖碗吧。"他把"施工详图"退回给我。我垂头丧气回来，还不死心，买了块铁皮，决定自己动手来试制这个 60 年代的双保险防盗饭碗，而且打算制成后定名为"跃进Ⅰ型防盗碗"。于是每天晚上在我寝室中响起了叮叮当当的声音。但跃进Ⅰ号工程尚未竣工时，上级下了通知，工程正式缓建。三天后，我又背上背包，拖着疲惫不堪的身体，走向新的工地，准备去应付另一场食堂买饭的战斗了。

在技术革命运动的浪潮里

——大跃进插曲之二

技革运动和六字真言

1949 年新中国建立以来，我已记不清经历过多少次运动了。开始时，以政治、思想为主，还没有涉及具体业务，但进入 50 年代后期，技术问题也遭波及。政治运动中出现的某些"左"的做法和缺点，也带进技术领域。"双革运动"就是一个绝好的例子。

这场运动持续的时间相当长。在我的记忆中，它大约在 1959 年四季度发动，在 1960 年上半年达到高潮，一直延续到 1960 年底或 1961 年初渐渐消亡。我也记不起它的确切名称，似乎是"反右倾、鼓干劲，开展以机械化、半机械化、自动化、半自动化为中心的技术革命和技术革新运动"——好一个冗长的名称。坦率讲，对于这场运动，我从一开始直到结束都抱着抵制情绪，当然不是公开违抗，所以对某些事记忆得特别清楚，值得濡笔一记。

在 1959~1960 年出现这样一场运动，其实也是理所当然，势所必至。因为 1957 年酝酿、1958 年达到高潮的大跃进运动，把国民经济建设计划全盘打乱，人力财力消耗殆尽，"五风"孳生，难以为继，这些都已是明摆着的事了。因此，1959 年的庐山会议，原本是纠左的神仙会，企图通过和风细雨慢转弯的方式进行不失面子的弥补。不幸心直口快的彭大将军上了个万言书，形势急转直下，纠左变成反右，三面红旗完全正确，问题全出在右倾思想和阶级斗争上。于是在庐山会议后大搞整风运动，处处反右倾、抓彭的代理人。进入 1960 年，据说又是一个持续跃进的年头，但哪里来的人力、物力、财力呢？这就要从技术革命和技术革新中去找出路了。我们的政治家幻想着依靠阶级斗争和群众运动的威力，一夜间可以在中国实现机械化和自动化，起码是半机械半自动吧。再通过设计革命、革新，就可以解决物力财力枯竭的问题了。这场运动本来就是和大跃进及整风配套成龙的嘛。因此，它的脱离实际和违反科学也就不言而喻，失败的后果也就"无待蓍龟"。可叹的是我们有一些同志，包括少数科学家和技术人员，不仅随波逐流（这在当时形势下无可非议），而且别出心裁地推波助澜，这就使得在神州大地上演的这幕长剧中出现了不少"皇帝的新衣"一类的闹剧。

如果说到我的方针，老实说，我有一个"六字真言"作为"因应之道"。原来我曾研究过这种脱离现实的运动，总结出"一轰、二松、三空"的发展规律。一轰者，运动之来也大轰大嗡，一哄而上，大有顺我者昌逆我者亡之势。二松者，行之既久，一无所得，或得小于失，民心渐散，声势渐息，自然进入松的阶段。最后则是偃旗息鼓，或以声称"运动已取得伟大成果"而结束，或者索性无疾而终。摸出这条规律，我就不难制定对策了，那就是"一叫、二泡、三跑"。一叫者，针对一轰而发，即运动压顶而来时，你得卖力叫好，积极表态，尽管你实际上完全不想投入。切不可采取"呆子不怕鬼"的僵硬形式抵制，自取灭亡。二泡者，针对二松而言也。你既松，我就泡，表面上忙忙碌碌，实际上磨磨菇菇，泡上一天是一天。三跑者，运动既空，我亦拔足溜走，此时绝没有人说你破坏运动。此所谓针锋相对，明哲保身。我对自己的发明，秘不示人，也未申请专利，只想将来作为传家之宝，传授我的子女，以便今后安度波澜。我怀疑中国五百万知识分子中有几个和我一样得此妙谛。

闲话表过，言归正传。这场运动风刮起时，我还在新安江工地。运动之来也，其势甚猛，其锋甚锐，范围广泛，全国鼎沸，完全符我"一轰"之规律。姑且不说各施工队组和技术科室，就是行政后勤部门也闹翻了天：食堂在制造自动包饺机，财务处在搞光电点票机，计划处将一台崭新的进口手摇半自动计算机开膛破肚，添装马达，改成电动……仿佛这么一来，就可以实现一天等于二十年的预言了。我呢，也热情满怀，拍手叫好，以蹲点为名，东流西窜，时而到灌浆队建议把人工秤料改为自动，时而上食堂主张研制一台自动卖饭机。似乎非常热心，其实，应付而已，岂有他哉。

但我是设计组长，不能老在外面游荡，而且党委还要设计组献礼呢。我不得不挖空心思寻思些门路。这时正在设计举船道的大拱结构，我灵机一动，就建议利用最小功原理，做一台拱桥分析机。搞一些输入设备，装三只可调旋钮（分别代表力矩、轴力、剪力），将总内功显示在电表上。那么，转动三个旋钮，指针取最低值时不就是解答吗？反正我是"君子动口不动手"，出些点子教部下去做就是——我的部下后来还真的搞出一台"拱桥分析机"样品，初试告捷，可惜那时已进入"二松"阶段，以后也就不了了之。

神 秘 的 强 化 器

1960年4月，我回到上海，发现运动的规模比工地还大，令人眼花缭乱。而且，到底是在工业大城市，又是个设计部门，技术革命的档次就更高一筹了。这里摆下好多大战场：强化器、电模拟、"三无三新结构"、大兵团作战等。我一回来，负责技革的头头就找我，征询我打算参加攻强化器关的哪一连队。我只听说强化器就是超声波的别称，就回答说：

"你是指超声波么？我对这玩艺儿不懂行……"

"嘘！"他马上伸出一只手指按在唇上，示意我噤声。然后左右环顾一下，才轻声说道：

"不许说超声波，只许讲强化器。强化器这个项目是主席亲自抓的，现在看来，大有苗头，无论军事、农业、工业技术上都要出现奇迹了。这是国家头号机密，你务须注意了。"

我不禁肃然起敬，当下虔诚请教：

"超声——，噢，不，强化器有这么大的威力？军事、农业我不懂，你介绍些在工业上的作用好吗？"

"啊，真有教人难以想象的威力！譬如说，你不是搞混凝土坝的吗？浇混凝土大坝要温控、要散热，多么复杂、花钱，用强化器就可以把骨料冷到任意温度。院里还要你负责钱塘江潮汐电站设计，泥沙是个大问题，用强化器就可以驯服泥沙。"

我听了真是惊愕万分。不幸我的头脑中机械唯物论的毒太深，或者可以说这头脑是铁块铸的，一听到混凝土散热，马上冒出一连串数字：每立方米混凝土用水泥 200 千克，每千克水泥发热 70 大卡，二七一十四，共计 14000 大卡。一座大坝 200 万立方米混凝土，一二如二，二四如八，共计 280 亿大卡热量，强化器不知从哪里弄来这么多能量能把 280 亿大卡热量消除掉，莫非发生了电子内部的变化？至于泥沙运动，我马上又想到什么双相流体力学、异重流、河床动力学，不知强化器又如何改造了这些落伍的学科？

对方见我满脸狐疑，警告说：

"你不要不相信，现在中国正在出现奇迹。技术革命人人都得参加，这是个立场问题。你搞点什么，是'簧片式'还是'压电式'？"

我对强化器虽然外行，但也知道簧片式是最简单的，所以没口子答应："簧式片，簧片式。"

于是我来到地下室，这里好像变成了个"白铁作坊"，到处响起叮叮当当的声音。原来簧片式强化器说也简单，就是用一根钢管，将管头打扁，再焊上一片薄钢片。用压缩空气通入，只要尺寸合适，簧片振动时便可以发出超声波来。简而言之，就是一只特制"叫皮"。我为了表示坚决投入运动，也寻了一根自来水管一本正经地敲打起来。然而越打越犯疑，这样的"叫皮"就可以使混凝土骨料降温、使江河中泥沙改道，甚至可以打下敌人的卫星导弹？我不禁想起在鸦片战争中，有人主张在城头放满鸡血、狗血，乃至粪便、月经，以破洋人之妖术，今日所为，会不会是历史重演？

诚则灵，我的脑子中转着这样大逆不道的念头，当然做不好特种叫皮了。分了心，一锤下去，就把"国家核心机密"的头给敲瘪了，报废了一根管子。不过，真正统计起来，我糟蹋掉的自来水管还是最少的哩。

电模拟大战和九九归原

另一个十分热闹的战场是"电模拟"，口号是"彻底扔掉计算尺，实现计算电模拟化"。想不到运动一起，计算尺变成过街老鼠，万恶之首了，我不禁为之叫屈。

计算尺在现在当然是淘汰的工具了。但在电子计算器出现以前，它可是工程师随身必携之宝。记得在我读大学时，哪个工科学生不以拥有一支美制双面 Log—Log 计算尺为荣！我买不起这号名牌货，至少有一根古旧的太阳牌算尺，它陪伴我度过四年大学生活，依靠它过关斩将，立下赫赫战功。直到 1955 年机关里买来一批西德制的 Aristo 牌算尺，它才退休林下。我眷恋旧情，仍把它珍藏在箱底，让它"颐养天年"。计算尺这东西使用得当，实有得心应手之妙，我还精心设计过一种"化微算尺"，可以把精度提高一位，可惜当时并无专利法，没有制成潘氏化微算尺风行天下，发它一笔大财。如今不明不白就要把它打倒在地，仿佛社会主义建设速度不快全是它的罪恶，这教人如何服气？

再说，如果取代它的工具真有高明之处，那即使我情意绵绵，自亦难以挽回它退出历史舞台的命运。但这被视为新生力量的电模拟又是什么货色呢？第一，它也是模拟机；第二，人们搞的那些电模拟，其功能也无非是四则运算或计算某个指定公式，还远比不上 Log—Log；第三，又粗又笨，不要说放不进口袋，搁在台子上也粗笨碍事；第四，最后成果显示在一只电表上，那精度连"太阳牌"都不如，更不要想比我的化微了。我曾试用过，用它做一道算题 2×2：

$$2×2＝3.92～3.93$$

怎么能设想用 2×2＝3.9 的工具去做设计呢？！

可是，当时正处于"一轰"阶段，我"纵有千般风情，却与谁说"，只能眼送一批批部下，身揣钞票，手提网袋，进出于电器元件商店和中央商场之类的旧货店中，搜购着各类模拟元件——那些积压多年的次品、代用品和滞销品纷纷找到出路，旧货店倒着实发了点财。

为了检阅赫赫战果，鼓舞士气，党委决定举行一次献礼检阅大会。照例是贴满红条，锣鼓阵阵，各设计组抬着一台又一台披红挂绿的电模拟绕场一周，上台献礼。书记满脸堆笑，频频点头挥手，接过一封又一封大红喜报，这可急坏了我所在的组，因为他们正在制造一台功能较多的大型电模拟，企图一鸣惊人，艳压群芳。可是虽经日夜奋战，眼看来不及在献礼式以前完成，难道空手而去不成？于是有狗头军师献计曰：管他娘，把外壳用红绸包一下，同样可以献礼。于是这台徒具外表而无内容的空壳机也混在其中在锣鼓声中上了台。我真担心，万一首长兴致到来，要当面试一试这台机的威力，岂不殆哉。幸喜首长被喧天的锣鼓声敲昏了头脑，丝毫未想到其中有诈，顺利地混过了关。

两个月后，电模拟的高潮似已回落，从绚烂归于平淡。这时又有人想出新点子，用硬纸板做了一台模拟机。转动旋钮，纸盘徐徐转动，居然也能做 2×2 的乘法，只不过成果是 3.8 罢了。由于不必用电容、电阻元件，也不需要电源，一切是土生土长，故定名为土模拟。支部书记闻悉，兴奋异常，断定这又是一个新生事物，技术革命又进入新的里程碑，并叫我一同去观看学习，好接受一下教育。我看了半天，不禁失声道："这不是最原始最粗糙的计算尺么！"这正是：天道好还，九九归原，从打倒计算尺开始，回到了最蹩脚的计算尺。

大 兵 团 作 战

强化器和电模拟还只是工具上的改革，更深入一步就要革那设计程序和设计方法的命。

凡接触过水电站设计的同志都知道，要建设一座水电站，前期工作是够大和够复杂的，要进行水文观测、地形测量、地质勘探、库区和社会经济调查，还要进行梯级规划、水能计算、建筑物设计、机电设计、施工组织设计、概算编制……每项设计还要多方案比较、优选，各专业间还有矛盾、关联，需要联系、协调、反馈，牵一发而动全身。要完成一个中型水电站的初步设计，没有一年时间是下不来的。这样的烦琐哲学，显然是不符合多快好省精神的，看来非把老的一套彻底破除不可。"破字当头，立在其中。"

于是设计院的领导决心借群众运动之东风，来一个惊人之作：搞大兵团作战，效法辽沈、平津、淮海战役，一举歼灭敌人——敌人当然指的是"初步设计"，在一个晚上完成一个工程的初步设计。这可不是幻想，也不是虚张声势，而是见诸行动的。计议既定，由副院长挂帅，调集各路大军，组成了一个攻坚兵团，真刀真枪干将起来。

如果说对于强化器和电模拟我还在表面上拥护一下，叫几声好，对于这个"一夜完成一个初步设计"的壮举，我是连看都不想去看了。只要是精神正常的人，都会想象得出这样搞出来的初步设计是个什么东西，会把工程建设引到什么道路上去？我真担心，堕入这条魔道，我们的水电设计前景将不可问了。但是，沉舟侧畔千帆过，病树前头万木春。尽管我一百个想不通，一千个看不惯，大兵团作战还是在积极准备中：有的人在看基本资料，有的人在整理计算公式，有的人在背诵初步设计书的格式、文字，好一派紧张场面。会战之夕，场内灯火辉煌，各路演员分别鱼贯入座，个个带上纸张、钢笔、算盘、计算机，摩拳擦掌，跃跃欲试。时间一到，会战总指挥庄严宣布战斗开始，哨子一响，"万马齐发"，画的画，算的算，写的写，还有翻书的，摇计算机的，打算盘的，来往穿梭交换资料反馈信息的，制图打印的，巡回视察的……坐在最后的设总则洋洋洒洒奋笔疾书暗中已背熟了的初设报告，空下几个数据，等待计划员送到填入，大功也就告成。一本完整的初步设计书就成功啦。指挥长又吹一声哨子，宣布战斗取得伟大胜利，一个工程的初步设计仅仅用了 3 小时 40 分钟全部结束，而且质量优秀。真是：

技术革命撼天地，风流人物看今朝！西方资产阶级想也不敢想的事，东方无产阶级做到了！马克思一天等于二十年的预言，终于在中国实现了。

多 余 的 话

没有经历过"双革运动"的同志，在读了以上的"简明介绍"后，当可想象出这是件多么荒谬的事了。总之，在那段岁月里，人们仿佛生活在一个虚幻而扭曲的世界里，什么数学公式、物理定理、哲学原则都会失效或改观。你可以无拘无束地发挥主观想象，只要大方向正确，客观世界都会自然迎合你的。所以不少单位都设有"胡思乱想办公室"。

再举几个小例子。在混凝土中埋放毛石，虽然是落后工艺，但毕竟可以减少些水泥用量和发热量，提高强度，针对当时国情，也是该提倡的。可是纳入运动轨道后，提出了"大埋特埋""放埋毛石的卫星"之类口号，于是埋石百分率一路上升，节节提高，从5%到10%、15%、20%、50%，最后达到120%。在这里，数学中的局部小于全体的原则显然不存在了。

一亩田中的稻谷产量，从数千斤到数万斤直到数十万斤。我曾粗估一下，将这些稻谷堆放在一亩地的面积上，平均厚度也将达数米。大约那些支承稻穗的草杆都是不锈钢制造的，或者用强化器强化过，才能担此重任。这里，什么材料力学之类全失了效。

一个设计组，从月初一到二十九，没有干过一点生产工作，到月底，任务忽然超额完成，奥秘何在呢？原来据说发明了一条设计曲线，可以提高功效666倍，在劳动效率的提高上又放了卫星，打破世界纪录。严密的生产计划管理和统计又变成弹簧尺子，任人摆布。无怪聪明的组长们都安排一两个人专门在月底临近时画那些能提高功效几百倍的神妙曲线。

某某工程的大坝混凝土经多次设计、核减，还有130万立方米。党委书记可以在一个早晨把你叫去："给你个任务，砍掉那100万，压缩到30万，怎么样？"如果是拍电影，我当然应该立正敬礼："保证坚决完成任务，请首长放心。"可是，作用在坝上的几千万吨水压力，并不因慑于你的气势会减少1吨，垮坝后冲下来的洪水也不会感于你立场坚定而少淹死一个人。我们天真的书记真的认为主观意识可以完全取代客观实际了。

一个施工队，从数十米高的坡上，把混凝土天女散花似地倒进仓面，一霎时飞沙走石，火花直进。连最起码的工艺要求都不管了。这是质量事故吗？不，有工程师认为，这种新的浇筑方法能提高混凝土质量。道理呢，骨料从高处下落，势能化为动能，冲进下层混凝土中，会使砂浆翻腾，大大增加密实性和强度，还专门取了个名词叫"冲击翻浆浇筑法"。原来科学是可以用来为错误涂脂抹粉的。

我不想多写了，尽情发挥会写成一部"二十年目睹之怪现象"那样的巨作。只是我走笔到此，感到很惭愧和痛心。因为，在20世纪60年代，在以科学社会主义为指导思想的共产党领导下，在胜利不久、朝气蓬勃的芙蓉国里，竟然会上演这样一幕剧本。当然，绝大多数知识分子和干部暗地里都在抵制错误的做法，但再也没有出现一个彭大将军式的反对派猛喝一声："住手，你们是在以封神演义治国，不是在以马列主义建国！"

历史无情，大跃进、整风、技术革命把社会主义建设推上了绝路，积之不易的人力、物力、财力扫地以尽，掷诸虚牝，亿万人民渴望翻身的积极性受到沉重打击，中国赶上先进国家的速度被致命地推迟！在经受这么现实的教训后，在全国人民已经走到吃不饱饭的地步后，出现了八字方针和转轨改辙的政策。平抚创伤，休养生息，从 1965 年起重新迈开前进的步伐。我呢，也在搞了一些在当时条件下很不现实的"黄浦江大闸设计""长江北口潮汐电站设计""钱塘江口潮汐发电研究"等工作后，回头参加比较现实的富春江水电站设计和乌溪江水电站设计。这两座工程的建设进度放慢和缓建后，我又回头去搞新安江工程的填平补齐工作。五年后，我告别了江南，振奋精神去四川，参加了三线建设。

最后还要说几句多余的话：这样的剧本今后还会上演吗？许多同志认为，饱受创伤、进入 21 世纪的中国不会再出现这样的失误了。我却没有绝对的把握。细考过去发生失误之故，除了长期存在的"左"的路线和日益滋长的个人崇拜以外，平均民智水平的低下也是一个因素。到今天，这个基本情况并无太大改变。不要说还有许多芸芸众生仍热衷于烧香求神，就是一些知识分子、科学家也未必分得清科学和迷信的界限。只要看一看近来对"特异功能"和"气功"神话式的宣扬和流传，市场竟如此之大，就可以察觉一斑。不是有些同志在辛苦宣传：中国人已能在几个月甚至几年前预报出洪水灾害、中国气功大师已能够空中调云调水，从而建议由中央领导挂帅，统率空军，上天应战吗？这条路如能走通，整个水利规划都可以不要了，或至少要全部改写了。我毫不怀疑这些同志都是志士仁人，有一颗爱国忧民之心，也不反对对尚未被人认识的生命科学进行探究，但我决不相信最基本的数学、物理定理会那么轻易地被废除。不努力提高全国人民的科学文化水平、弘扬科学精神，不努力建立社会主义民主，在中国再次出现"义和团""大跃进"或"气功治国御敌"仍是有可能的，愿我中华同胞共思之。

麻 哈 渡 纪 事

——锦屏梦影录之一❶

已经是数十年以前的事了。

1965 年初夏，我正在百花盛开的新安江畔做着发电后的"填平补齐"工作，忽然接到上海来电，要我速去川西参加雅砻江上锦屏水电站的查勘和建设工作。"开发雅砻江、建设大三线"是我期望已久的事。我匆忙移交了工作，依依不舍地告别了度过七八年岁月的新安江，踏上征途。

从新安江到雅砻江，仅仅两字之差，却好像换了个人间。这边是"暮春三月，江南草长，杂花生树，群莺乱飞"；那边却是重峦叠嶂，蛮烟瘴雨，万古穷荒，人迹罕至。一路上，我过西安，下成都，然后跨大渡河，越泥巴山，来到红军长征路过的名城冕宁县。最后，也是最艰苦的一段路程就是从冕宁进锦屏山了。我平生第一次骑了马，用了两天时间翻越牦牛山，到达雅砻江畔的工程指挥部所在地里庄。在这里休整了两天，再在指挥长钦乙俊的率领下去查勘锦屏水电站的厂址、隧洞路线和坝址。

这支查勘队伍好生庞大复杂。成员除二十多位干部、工人、近十名带路老乡、马帮和护卫的民兵外，还有三十来匹马，驮着帐篷、食物和用品。当然，其中还有几匹是领导的"专骑"。我因为身体较差，也分享到一匹黑马。

由于人马夹杂，启程那天，折腾到上午十时才出发。队伍沿着从悬崖峭壁中开凿出来的羊肠小道向南行进。中午时分来到了一个荒凉的渡口。从北奔泻而来的雅砻江，到了这里，由于受到一个跌水的控制，显得波平浪静，景色如画。江畔停着一只破旧不堪的渡船。两名船工张罗着分批载我们过江。我打量了一下这条渡船，不禁皱起了眉头。原来这条船好像是由几块旧木板用扒钉拼装起来的。水不断从船底汩汩地漏进来。过江时还得由人不断地用勺往外舀水。我纵然精通结构力学，也实在判断不了这只船的应力、变形和安全度究竟是多少，只好听天由命了。

由于等待过渡的人马多，我干脆坐下来，和同行的那位彝族老乡拉起家常来："老乡，你叫什么名字啊？"

---

❶　曾发表于《中国水利》1988 年 5 期。

"里海龙"，他含糊地应了一声。我的耳朵欠灵，听成了"尼赫鲁"。于是以后我们就一直叫他"尼赫鲁"了。

"'尼赫鲁'，这渡口也有名字吗？"

"怎么没有？这是麻哈渡。雅砻江上三大渡口嘛：皮罗渡、麻哈渡、巴折渡。"

"麻哈渡？"我应了一声，便细细欣赏起周围的景色来。只见这里两岸危峰簇立，一水中穿。山坡都陡到七八十度，像刀砍出来的一样。对岸有一条小路，弯弯曲曲地在山峦中萦绕。江水清澈见底，平稳地流着。两位老船工悠闲地划着桨，渡船上的人马倒影入水，清晰可辨。从山峦深处偶尔传来几声猿啼。听说，在黎明时还可看到群猴臂拉着臂从悬崖上挂下来喝水的奇观呢。面对这充满诗情画意的风光，我不禁赞叹道：

"多美的风景啊。我将来老了，真愿意到这里来当个船工，享享清闲的福。"

"当船工，清闲？""尼赫鲁"不屑地瞟了我一眼："你听说过'走遍天下路，难过麻哈渡'吗？"

"为什么？"我的兴趣上来了。

"哼，'五月发大水，十月方得过'！你再过个把月来看看吧！"他滔滔不绝地向我讲开了麻哈渡的故事：一进入汛期，这里马上会变成浊浪滚滚的狂流。横渡麻哈渡成为一场生死搏斗。"尼赫鲁"用手指着对岸一块尖石说，只要石头被淹，就必须停渡。解放前，山里的老乡出来售货易粮，回去时常被阻在麻哈渡，一阻就是几个月。有的人冒险过江，无不舟毁人亡，尸骨无存。1948 年，一个国民党军官用枪逼着船工渡他过江，船已到了对岸，就差一篙子的距离没有钩住岸边的岩石，立刻卷入狂涛化为齑粉。他冷笑着看看我说："你们过江去，要是不在一个月内回来，包你只好在锦屏山上住半年。"他的话引得大伙哈哈大笑。

最后轮到我们过江了。马匹先被牵上船，我就站在那匹大黑马身边。站在船头的船工用竹篙一点，渡船就离了岸。一位年轻同志打趣说："潘总，你回头多望几眼吧，也许这一去就永远回不来了啊。"这小鬼真是只不吉利的乌鸦。

船到江心，只听得水声啪啪，江风习习。对岸不时传来几声凄厉的野兽叫声。我禁不住诗兴大发，顺口吟道：

> 荒岗野渡不知名，千里狂流到此平。
> 波映一船人马影，风吹万壑虎猿声。
> 峰如斧劈江边立，路似绳盘洞里行。
> 处处青山可埋骨，何须回首望归程。

我们这支查勘队越过锦屏山，踏勘了洼里坝址后，已接近五月下旬。快要收兵回营时，党委书记钦乙俊同志临时决定再派一支四人小分队深入上游，查勘一下大金河以上的情况。此任务交给了一位搞规划的工程师、一位搞施工的工程师、一位地质师和我。钦书记为我们配备了八匹大马，两位带路的老乡和民兵。我们二话没说，离开战友，再次向西挺进，进入了人烟更为稀少的大金河。这里的风光更为旖旎，经历也更为神奇佳妙。我们几乎忘了岁月。当完成任务，回到麻哈渡时，已进入六月大汛期了。

我们在山坳里搭设帐篷时，就已听到雅砻江的轰轰怒吼声。架好帐篷，急不可待地奔向江边。啊呀，当时宁静的麻哈渡哪里去了？这里不仅到处响着爆破声、钻机声和马达声，到处飘扬着红旗，更令人触目惊心的是雅砻江确实已变成了一条"野龙"。只见无穷无尽的滔滔浊浪仿佛是从天上倾泻下来，奔腾咆哮，汹涌澎湃。在高达七八米的跌水处，更是千股急流、万堆雪浪，发出震天撼地的声音。水位已涨到停渡的临界点。这当儿，已有数百人的队伍开进西岸，没想到洪水涨得这么急，指挥部正在全力组织人力抢运粮食过江。新毕业的大学生都上了前线。几位水性好、身体棒的在船上押运。他们都穿着背心短裤，绑上救生包，随时准备做出牺牲。这半天，我呆呆地站在江边，看着人和大自然的拼死搏斗，只觉得惊心动魄，口噤难言。

我们在西岸又耽搁了两天。到了第四天，江水又上涨了。船工们拒绝开渡。我们当然不能用手枪逼他们开船，只好情商。幸亏他们都是解放后翻身的奴隶，对党有朴素的感情，又看到我们这批"上海贵客"都愿意以身试险，最后终于答应了。

上船前，我又看了一眼渡船，还是那条破船。我的眉头又打上了结。我没有脱掉衣服鞋袜，更拒绝绑上救生包。我深知翻船对于我这个不识水性的人意味着什么。我横下一条心上了船，半蹲半坐在舱内，负责舀漏水。船上有三位彪形大汉划桨，船尾则是一位上点年纪的艄公。站在船头的那位"先锋"，手执一根长竹篙，用篙头上的铁钩钩住从岸壁上凿出的小孔，吃力地把船逆水上拖，一直拖到峭壁尽头，然后与其他船工打了个招呼，猛地抽出竹篙，顺势向岩壁一抵，这船一掉头，就立刻被江流推向下游。与此同时，三位船工齐声吼叫，奋力划桨。一时间江水咆哮声和船工的吼叫声混在一起，显得雄浑而豪壮。我还不曾清醒过来，小船已卷入烟云迷漫的怒浪堆中，顿时船体随波逐浪，上下颠簸，大"雨"倾盆。接近江心时，船已被冲到离急滩不远处，上游又有一股巨浪劈头打来，形势岌岌可危。此时，我仿佛觉得自己的心已停止跳动。老艄公哑着喉咙狂呼加油，那三位彪形大汉已显得声嘶力竭，求生的本能使他们迸发出最后一股精力，将船冲近左岸。"先锋"手中的长篙恰巧钩上岸边岩石最后的一个小孔。

我们终于强渡了雅砻江。上岸后，不仅船工们精疲力竭，我也好像散了架，面色惨白，满脸淌水，也分不清是河水、汗水，还是泪水。站在岸上看我们渡江的人都为我们捏了把冷汗。

事后回想，此情此景很富有诗意。遗憾的是，素来诗兴很浓的我，在那个时候可是连半点诗意都没有了。只是在惊魂稍定之后，才胡凑了一首，以资回味。诗曰：

雅砻江水自天翻，万马奔腾气撼山。

灵鹫难飞麻哈渡，破船敢闯鬼门关。

怒号舟子声将绝，屏息行人胆尽寒。

任尔狂涛浪千尺，行看豪杰缚龙还。

这最后一联颇有些英雄气概，当然也有点吹牛的味道。事实上，船到江心时，我已瘫在舱内，像条狗熊，可没有什么英雄气概。但是，一年之后，在麻哈渡上确实出现了一座铁索大桥，永远结束了"走遍天涯路，难过麻哈渡"的历史。强渡雅砻江的搏斗再也不会重演了。三年后，我们又在遍地武斗声中让雅砻江畔的第一颗水电明珠——装机 37500 千瓦的磨房沟水电站发了电，照亮了这千古荒凉寂寞的原始彝区。遗憾的是，十年浩劫把我们当年的主要志愿"打通锦屏山，修建大电站"化成了泡影。这个理想将要由年轻一代的英雄来实现了。

附志：在装机 330 万千瓦的二滩水电站开工后，又获悉水利电力部水利水电规划设计院将再次查勘和研究锦屏水电站。这撩起我无限的情思，抑制不住心头的激动。因为我在锦屏山和雅砻江上消磨过多少岁月啊！因此，掇拾往事旧梦，写几篇短文，为《中国水利》补空，也为年轻一代的水电健儿壮行。

大金河畔的诗篇

——锦屏梦影录之二❶

1965 年 5 月 20 日，我与另外三位同志组成一个小分队，和查勘大队告别，继续沿大金河挺进，深入到更原始的山区，踏勘河湾上游有无修建调节水库的坝址。

从军用图上看，这里是密密麻麻的大山和峻岭，大金河像一条细线在丛山中围绕。真个是"千山鸟飞绝，万径人踪灭"的处女地，几乎没有村镇。偶尔有些三家村、四家店，住的全都是彝、藏和不知名的少数民族，过着桃花源式的生活。为了进山，我们也努力学了一些他们的风俗习惯。不过，事实证明，我们听来的种种奇风异俗，大半都是虚传。你如真的去游历一番，就会发现他们不但不是狰狞可怖的野人，还是十分朴实善良的同胞。尤其是那些孩子们，简直是可爱极了。当我握笔写这篇回忆时，尽管时光已飞逝 20 多年，他们的音容笑貌还深深留在脑中。在我的"锦屏诗草"中留下不少他们的影子。顺便拈出几件小事来写写吧。

安安和他的姐姐

5 月 22 日，我们从"里铺"出发，过"白腊沟"，到"茶地沟"住宿，准备查勘大匡坝段。

军用图上茶地沟似乎是个不小的村子，画着许多黑点。走到后才发现只有一户人家，只好在野外扎营过夜。

一路上又是淋雨又是晒太阳，扎好帐篷后全身臭汗。听老乡说山腰里有泉水，赶紧提了水桶去洗澡。有个光屁股的小孩正在那里搓着他那件唯一的小褂子。我知道彝族的一些忌讳：头顶上的一绺头发叫天菩萨，神圣不可侵犯，一辈子洗三次澡（出生时一次、结婚一次、安葬前一次），最讨厌使用肥皂。因此，不敢怠慢，征得那孩子同意后才敢用肥皂洗身。

那孩子转动着一对机灵的大眼珠不住打量着我，还主动帮我提水。我和他有一搭没一搭地聊着：

---

❶ 曾发表于《中国水利》1988 年 7 期。

"你叫什么名字？"

"安安。"

"安安？真好听。你在这里做什么？"

"管羊子嘛，"他用手一指。果然远处山坡上有几点白影。"啊哟，羊子又跑远了。"他顺手捡起一粒石子飞了出去。简直比"江湖奇侠传"里的剑仙还灵，石子准确地落在小羊旁边。小羊知道犯了规，乖乖地回转身来啃草。我不禁立刻对安安肃然起敬。

"安安，你到过什么地方？"

"远呢"，他用手指着四周山头，得意地告诉我他到过摩刹山、野腊沟……

"安安，这是什么？"我故意拿出香皂考考他。他爽快地说：

"香皂！"安安的博学多闻使我大为叹服。

"安安，你为什么不洗澡呢？不洗澡，洗褂子干什么。你要洗澡吗？"我开始引诱他了。

安安向四周观察了一番，点点头，就走近我。我倒有些心虚了，怕违反政策，低声问他："你爸爸肯吗？"

"不要紧的，你快给我洗嘛。"

我决心以身试法了。看他全身污泥，捉那块上海力士香皂不着，我给他全身搓遍，再用丝瓜筋使劲擦洗，甚至触犯了天菩萨。冲过水揩干后，索性再给他拍上点香粉。呵，好一个香喷喷玉雪可爱的孩子。

"安安，舒服吗？"

"好安逸啰。明天你再给我洗，好吗？"

我愉快地答应了。安安披上刚晾干的小褂子走了。我一面目送他，一面遐想：别看这个住在桃花源里一字不识的孩子，等我们修起锦屏大电站后，他也许是第一代彝族运行人员呢。想到这里，不禁给安安写下一首小诗：

> 明眸柔发见天真　越野攀山倍有神
> 不识仙桃源外事　明朝都是接班人

第二天，我们查勘坝址回来，我又提桶上山腰。安安早已在那儿"引领以望"了。我脱了衣服、拿出香皂，正要和他共享洗澡之乐，他忽然一招手，我才发现树底下还蹲着个欲尝异味的孩子，只听安安叫道：

"姐，快来，就是他给我洗的。他有香皂呢！"

一个十五六岁的姑娘出现在我面前，毫不犹豫地脱光衣服。可怜自幼饱受"男女授受不亲"和"非礼勿视，非礼勿行"的我，哪里想到有这么一招，不由得惊叫一声，赶紧套上衣服。安安和他姐姐还认为我被蛇咬了，光着屁股寻蛇打。我不敢恋战，把大半块力士香皂丢给了他们，弃甲曳兵而走。本来我想在下午好好地吟一首诗，记叙与彝族小弟同浴之乐，这一来诗兴也就吓跑，当然也没有写出"深山遇美"的艳诗，使我的锦屏诗草中缺少了重要的一章。

深 山 童 歌

24日，我们赶路去大堡子。这一天路特别长，在夕阳影中才望见大堡子的影子。我们正在路边休息，四个背着书包的藏族孩子跳跳蹦蹦而来，看见我们举手行礼。交谈中知道他们都取了汉名，三个男孩子叫康边马、杨列马、王林狗，一个女孩叫徐次丽。这里给孩子取名倒很现实，离不开生活中的重要伙伴狗和马，只有女孩子还脱不了丽不丽的那一套。

我问他们上哪儿去，他们说是放学回家。原来他们都在大堡子小学念书。我一问他们的住址，不由吃了一惊，这地方就是我们午后休息过的小村。当我知道他们为了念几页书每天都要来回爬几十里山路，又看到他们身上披的脏毛毡和遍是伤疤赤裸的腿后，更是感动。这种情景是京、沪一带锦衣玉食的小学生能梦想得到的吗？我问他们山上有狼吗？他们说有，但不多。我担心地问：

"你们在山上遇见狼，怎么办呢？"

四个孩子你看我我看你，好像遇到什么算术难题，答不上来。最后康边马说：

"那我们就'斩紧'走（赶快走）嘛。"

我摸出牛肉干、花生米和几块上海糖请客。他们吃得津津有味，并说，今天老师已告诉学生，有"北京人"进山来了，他们要来修汽车路，汽车一通，幸福就来，所以他们听到我们的马铃声就知道准是给他们送幸福来的北京人——怪不得对我们这么亲密。我请他们唱个民族歌听听。他们扭捏了一阵，又低头商议半晌，就认真地排起队唱着，清脆的童音在山岭中回荡：

"学习雷锋，好榜样，热爱人民热爱党……"

学雷锋的歌，我不知听了多少遍了，但在这离乡万里的深山中听藏童们唱这歌，有一种异乎寻常的感受和激动。可惜太阳快下山了，必须让他们"斩紧走"了，只好依依道别。望着他们远去的身影，我又吟了一阕：

> 天真最是小藏童　围坐谈心话半通
> 青草坪头歌一曲　深山重听学雷锋

不 公 正 的 交 易

5月25日，我们在暮色苍茫中来到又一个与世隔绝的荒村——墙墙村，这里住的是"布朗族"。我们这支六人八马的队伍进村，肯定是该村近几年来的头号新闻。大人孩子都出来看热闹，把我们围住。胆小的孩子躲在大人后面，从人缝中用眼偷窥，胆大的挤到我们身边，甚至动手摸摸马屁股。这情景使我想起了小时念过的桃花源记。

孩子们看到这批远方来客没有什么可怕的地方，开始不老实起来。特别是几个女孩子简直顽皮不堪。先是强讨香烟吃，拿到手又不吸，仔细珍藏起来。又玩弄我的手表、电筒，大做调查研究。一个遍身华服、比我高出半个头的大姑娘要去我的手电，把玩不已，按了又按，照了又照。我心中一惊，莫非她迷上这玩意儿了。果然，她干脆向我开口，要我把这珍宝相赠。手电本也不算什么，只是查勘途中是不可缺少的东西，因此我答应从上游回来重过此村时一定相赠。姑娘显然不信我的话。我又解释，这手电不是用之不竭的。她拿去，过几天就成废品，因为在这世外桃源中上哪儿去买二号电池呢。我愈是解释，姑娘愈是犯疑，紧紧捏住宝物不放。

我犯了难。听人说少数民族很朴实认真。当他用刀尖挑着一块烤羊肉请你享受时，哪怕肉上鲜血淋漓或沾有羊粪，你还是咽下为妙。不然，别人以为你看不起他，也许顺势一刀捅了过来。我偷眼看去，那姑娘身上还真挂着精致的匕首，更教人心惊胆战。

我正无计可施，姑娘忽然把手电还我，同时双手摘下她头上戴的那顶帽子。帽子虽有些脏，但绣工精美，尤其满缀着一块块的银元，有鹰洋、龙洋、袁大头、孙小头、帆船洋和四川通宝等，简直可开银元博览会。另外还缀满玻璃珠和珍珠（？）。显然这是姑娘最珍贵的宝物，也许是她将来的嫁妆。她下了狠心要用此宝与我交换手电。

真是上算的交易！姑且不论这顶帽子的文物价值，拆下银元卖，也可以换上一百只手电了。看样子我再坚持一下，姑娘还会卸下耳上的大银环和身上的绣袍来换这个发光的怪物。我当然不能哄骗这位可爱的大姑娘。我在无奈之际，忽地福至心灵，将电筒的保险钮偷偷推上，又假装失手将手电落在地上。捡起来后再也按不亮了。我哭丧着脸，装出万分痛心的样子：

"啊哟，坏了！电筒跌死了，再也救不活了。"

姑娘还不相信，又把手电拿去按上几十次，发现确实已经死了后，才悻悻地还给我，同时仍戴上她的凤冠。我暗自钦佩自己的足智多谋、解此大难，同时下决心在回来路上，一定要把这电筒连同带来的所有电池送给这位姑娘，学一学当年的吴季子赠剑。可惜回途中马帮带我们走了另一条道，我始终未能把宝贝赠给那位如此迷恋着它的姑娘。这真是平生憾事。

我记得小时候在一本什么人的诗集中，读过一首小诗，正好描述这位姑娘死盯着我这个天外来客的情景，那诗是：

> 遍身绣服与华裾　仿古衣冠画不如
> 我自看她她看我　此情仿佛武陵渔

不下龙潭非好汉

——锦屏梦影录之三❶

1965 年 5 月 28 日，我们这支大金河查勘小分队来到毕基村。从地形图和前人的记述上知道，这里有一个较好的高坝坝址——石泷峡，但似乎没有人真正进入峡谷勘查过，连一张草绘的断面图也没有。

我们在中午光景到达村里，找到了村干部，说明来意，并要求找个向导领路。几分钟后，在我们面前就出现了一位白袍小将——头缠白布、身穿白衣白裤、名叫杨少青的一个牧羊少年。听他的名字，我还认为他是个汉人，其实是蒙古族。真想象不出一代天骄成吉思汗的子孙怎么会在这万山深处安居落户的？村干部向他交代了几句，少青低头听着，偷偷打量了我们几眼，纯朴的小脸上露出好奇的神色。

毕基村位于石泷峡谷左岸的顶部。我们轻装简从，在少青的带领下走向这神秘之谷。下午一点光景已走到峡谷边，开始往下降落。这峡谷山势雄伟，基岩坚硬，千万年来雅砻江以它神奇的力量和无比的耐心，在这里下切了近一千米，形成一个陡谷。尽管大江已在脚下，仿佛可以听到它的轰轰吼声，但整个山谷完全笼罩在烟云迷漫之中，不见庐山真容。

少青手执一枝树枝，嘴里吹着口哨，光着脚丫，蹦蹦跳跳地前进，高山陡坡对他似乎毫不构成问题。看着他那天真活泼和矫捷的身影，我搜索枯肠好半天，才想出可用"地行仙"三个字来形容他。当然我们四个人没有他的能耐，经常要四肢落地爬行着，这模样无疑是极为不雅和可笑的。下降了二百米左右，山势越来越陡，路也愈来愈难走了。这所谓路，仅仅是由一些踏扁了的小草和凿在石头上的痕迹所组成的似有似无的影子。不久，我们已到了"难以为继"的境地，少青只好不断放缓脚步，偶尔还来援手一下。小分队中的主将——地质队的王队长大病新愈，蒋主任又正在闹肚子。我们站在陡坡上用望远镜找了半天，才找到一小块稍为平缓的地方可供他安全地去"方便"一下。否则，因大便而坠崖牺牲，虽然也是烈士，说起来总不免有所逊色。

王、蒋两位显然已力不从心了。我和另一位周工又向下爬了一段，逢到一道光滑石壁，周工爬了几步，进退不得。我们左右为难，就向少青打听下面的情况。少青认真地说：

---

❶ 曾发表于《中国水利》1989 第 3 期。

"下面要'玄'得多呢，而且还要爬个'大碍子'。"

我们知道"玄"是陡的意思，而"碍子"指的是悬崖峭壁。听他这么一说，年近五旬的周工程师显然也难下到底。只有我有些不死心，总不能入了宝山空手而回嘛。我费了不少口舌，苦劝周工程师也回去在上面等候，由我随着少青下去试试。

我卸掉行装，只背了个测高仪和一水壶的水就和少青下崖，速度果然快了不少。少青一面爬，一面赞许地说："你还不错，刚才我真担心，怕天黑也下不到江边。"其实，"还不错"的我，此时正在施展全身解数，紧紧跟上他，哪有心力答话，只能嗯嗯哼哼地应付。

"你们爬下去干啥？江底有宝吗？"他又提出一个问题。我不能不回答了，只好喘着气说：

"宝是没有，我们想在这里修个水电站。"

"什么叫水电站？"

这可难住人了，要对这个牧羊孩子讲清"什么是水电站"，犹如牵骆驼过针孔。我只好含糊地说："一下子说不清，下去后慢慢讲给你听。"

说着说着，我们来到了一个大悬崖顶部。这悬崖由砂岩组成，有十多米高，又光又陡，寸草不生。少青在崖顶坐下对我说：

"在这里休息一下再爬下去？"

"从这里下去？路在哪里？"

"那不是？"

我顺着少青的手指看去，怎么也看不见有路。后来才发现岩壁上有些隐隐约约凿过的痕迹。我惊恐地叫道："老天爷，这怎么下去啊。"

少青天真地笑了起来："你别怕，跟着我就行。人要贴着碍子。先用手抓稳上面的石头，把身子挂下去，等脚趾踏住下面的石头疙瘩后，再松开手抓下面的。"他一面说一面示范。我心惊胆战地试了一下，老是不放心地向悬崖下望去，顿觉目眩头昏。少青见状，又进行辅导：

"不要看底下的大江，只看脚下的那一步，就不怕了。来，我先下，你跟我来。"

事情到了这一步，也只好横下心干了。我遵照少青的指点，贴着峭壁往下落。好几次两只脚不知踏在哪里好，少青就在下面用手把我的脚搬来挪去，还咕噜地说："这么大的皮鞋，多碍事！"

最后，我居然奇迹般地下了碍子。这里到江边还有三百来米，我已爬不动了，勉强下到最后百来米处，见是碎石和泥巴边坡，就干脆学那《三国志》中邓艾偷渡阴平的伎俩，扎紧劳动衣，从坡上滑了下去。由于低估了"重力加速度"的威力，愈滑愈快，刹不住车。幸亏早已下去的少青赶忙伸手抱住我，两人一同滚到江边。少青着恼了：

"哪有你这种爬山的！差一点滚进大江，我就要坐大牢了！"

我乐呵呵地蹲在江边，把头和手都浸到水里，痛快地洗了个脸，又畅饮了江水。看了下手表，是 3 点 30 分整。然后测量高程、绘制草图，我们整整爬下了 800 米！少青目不转睛地死盯住我看，提防我偷走他们的宝贝。我做完测绘后，才与他并肩躺在河滩上，欣赏这神秘谷的美景。我告诉他，我们将在洼里或石泷修建大坝和电厂，到那时候，他们的生活就将幸福无边了。他似懂非懂，但听得入神。他也详细告诉我他们家的情况，包括全家一共有两条被子这类"核心机密"。从谈话中我知道他们过的是什么生活啊！少青出世以来就没有穿过一双袜子，也没有吃过一粒糖。我有一种负疚的心情，更觉得应在川康边境干一辈子，不仅是为了修水电站，而且是为了向兄弟民族还债。谈得正欢，少青忽然失惊道：

"不早了，该往回走了。"

往上走时，费力得多，而且愈爬愈难，千辛万苦，来到一个陡坡下。少青停下脚步，仔细向四周打量一番，皱起眉头说：

"我们走错路了，怎么办呢？"他向上探望很久，回头对我说："我是可以从这里上去的，就不知你行吗？"

我这时精力将尽，不愿再爬回去重新开始，咬咬牙应道：

"你上得去，我也能。"

于是两个人在乱石和荆棘堆中艰难地攀升。有时完全靠抓住些草根挂住身子。"草在人在，草断人亡"，所以哪怕抓住刺柴，痛彻心扉，也决不能松手。当我又爬到那个大碍子底下时已不成人样了。接着就要攀登这道天险。按理说，上山容易下山难，可是我已筋疲力尽，更由于心中先怯了阵，攀上峭壁后，往下一看就心胆俱裂，再也站不稳脚步，试了几次都通不过。少青让我把背包、水壶都卸下，再脱掉外衣和鞋袜——统统挂在他身上，然后领我爬登。我咬紧牙，用手抓住石头棱角或疙瘩，把脚伸到上面凿出的台阶或石隙中，踩稳后再吊上身去。

爬到半高，我一定是抓错了疙瘩，无论怎么努力，右脚总够不上凿好的台阶，也退不回原来的地方。人就挂在悬崖上动弹不得。往下看去是一落千丈的滚滚江流，向上看是望不见边的巍巍峭壁。这时我真正感到死神的阴影正在向我靠近，胃中泛起一阵苦水，顿时两眼发黑，金星乱冒，心旌摇摇，眼看不行了。我竭力镇定自己，死死贴住悬崖不放，同时向少青求援。

可怜的少青一定也已六神无主了。他叫我紧紧抓住石头疙瘩万万不可松手，自己又爬了下来把身子贴近我。一双赤裸的小脚蹬在我头边。我这时才发现这双脚是这样的灵活而有力。他的脚趾好像能够张开，可以像壁虎的吸盘一样牢牢贴附在石壁上。少青让我拉住他的脚，把身体挪到正确的位置上。我担心把年幼的他也拖下江去，同归于尽，迟疑不敢。少青急得叫了起来。我才硬着心抓住他，跨出了这决定性的一步，最后爬到崖顶。当少青用手把我半拖半抱架到平台上时，我已好像死人一样了。

心神稍定以后，我看到少青的小脚又红又肿，不禁握住他的手痛惜地说：

"少青，脚伤了没有？今天要不是你，我两条命也没有了。真不知怎么感激你才好！"

少青红着脸，喏嗫了一阵，悄悄地贴着我的耳朵：

"起初我当你们是坏人，到这里来盗宝。现在我知道你们真是毛主席派来的亲人，从几千里外到这里来帮我们过好日子。你们今天走后什么时候再来呀？"

我充满深情地向他保证：

"一定会再来的。这里离洼里不远。少青，你等着，过一两年，你听到洼里峡谷里放炮了，就是大电站开工了。那时你来找我，我介绍你去当工人，不要再看羊子了。"

"到那时恐怕你不认我了。"他嘟起小嘴，样子怪逗人。我在背包中摸出一把从上海城隍庙里买来的"六用钢刀"递给他：

"怎么会呢，我化成灰也忘记不了你。这把刀送给你做个纪念。你就带上这把刀来找我。"接着我又找出一张五元的钞票："这钱也给你，你到合作社里买些点心吃，冬天买双袜子穿。"

少青接过那把六开刀，脸上绽满笑容，激动和高兴万分，把刀仔细地穿在裤带上，但对那张钞票却畏惧地不敢拿。我把钱塞在他手里，他像捏着一条蛇似的，喏嗫问道：

"这钞票要缴给'上头'吗？"

我听了很感慨，抚摸着他的头说：

"不要的。你的劳务费我们早已缴给村里了，这钱是我送给你的，是你自己的，懂吗？如果有人问你钱是从哪里来的，你只要说是中央水电部的人送你的，记住了吗？"

少青好不容易理解了，把钞票叠好，塞在裤腰的折缝里。于是我们再向上攀升。最后听到顶上有窸窣的声音和呼喊声。原来是三位战友久等我们不归，担心出了事故，正在不顾一切地爬下来救助。我也描摹不出平安会师后的喜悦心情。我们共同回到山顶，向毕基村告别。我们的马帮已在另一个山头上为我们架好帐篷以供宿夜。少青在临别时，紧紧握住我的手，一双眼睛又盯住我。我理会他的意思，贴耳说道：

"好弟弟，放心，我们会再来的，你等着吧。"

于是在暮色苍茫之中，我恋恋不舍地离开了这个救命恩人和那神秘之谷，走向下一站。

当天晚上，我在帐篷中写过一首诗记述这件终生难忘的探险经历：

烟岚万叠锁鸿蒙，深闭仙源路未通。

不下龙潭非好汉，直探虎穴见英雄。

牺牲志要危中炼，革命心须苦后红。

识得人生真意义，粉身碎骨亦从容。

我还涂过一首诗，是记我的小友少青的。

十五青春正少年，爬山胜似地行仙。

天真吐属浑无忌，纯朴心肠最惹怜。

向我细谈新岁月，与君同赏好山川。

赠刀留订他年约，重聚汉蒙兄弟缘。

不幸的是，我别后再也没有重去毕基村，做了一个食言而肥的人。因为在一年后响起了"炮打司令部"的炮声，而不是打通石泷峡的筑路炮声。两年后呢，本来这是我预期锦屏电站大开工的时候，也是要找少青来做工的时候，我却蹲在牛棚中写着破坏三线建设罪行的交代。我常常执着一支笔，抬头呆呆望天，经过百般折磨凌辱，我对个人荣辱得失已经麻木无知了，但想到少青可能还在万里以外年复一年地等候着"天外来客"的重去，心头总不免泛起难以形容的辛酸和怅惘。亲爱的少青，如果你能听到我的声音，我要告诉你，我并不是食言的人，而锦屏水电站迟早必将出现在雅砻江上。

锦山雅水悼英雄

——20世纪60年代开发锦屏工作的回忆

神 秘 的 大 江

在中国千百条江河中，最使我怀念不忘的就是那条雅砻江（鸦砻江）了。

1965年以前，我是从地图上了解这条江的。我有个读地图的嗜好，曾经收集过不少新旧图册，空下来时就披览一番。从中可以增添地理知识，了解祖国山川，知道沧桑变迁，还可以想象异方殊域的风光民俗，虽不能至而心向往之，颇协古人"卧游"遗风。从地图上，我知道这条大江发源于万河之源的青海巴颜喀喇山南麓，奔流三千里，注入金沙江（长江），是长江最西也是最大的支流。她的位置在四川省的极西部——在早年，她还不属于四川，而是在另一个行省西康境内呢，所以流经的都是雪山冰谷，荒无人烟，仅有少量兄弟民族散居在她辽阔的流域中。通常，一条大支流在汇入干流处总有个较大的城市出现，如嘉陵江入长江处的重庆、乌江入长江处的涪陵、沱江的泸州、岷江的宜宾等，独有雅砻江的汇流处是个不见经传的小荒村倮锣（现在的攀枝花市是在20世纪60年代搞三线建设才形成的），就可以知道她流经的地区是如何遥远与荒凉了。

我也从文献中知道，她的流域内也有许多宝藏。全河水急滩恶，蕴藏的水电资源达2700万千瓦，上中游有无尽的原始森林、珍禽异兽。洼里则是著名的砂金产地。资料中说，从前清到民国，这里曾聚集过上万淘金者，包括洋鬼子。后来我身历其境，进入洼里，首先看到的是山上凿着的四个大字"点石成金"！据说世界上最大的一块自然马蹄金就出现在洼里。无怪想发财的人都像苍蝇一样盯着不放了。可怜的淘金工实际上是为人作嫁的奴隶，他们赤身裸体开掘着矿苗筛选着黄金，为洋东家和工头创造财富，赚到的一点血汗钱也被遍地开设的赌窟和妓院吸干，最后都落得一张芦席包尸的下场。这幕长剧一直上演到矿苗被掠夺殆尽才收场，留下荒凉的破村和动人的传说。雅砻江确实有金，她的另一个名字就叫大金河，支流就叫小金河呀，每当夕阳西下，你策马沿着大小金河行进时，可以看到两岸沙滩上一片金光，足以令人神迷。可惜这些黄金是可望而不可得的。千百万年以来，大自然已把黄金碾成极薄极细的碎屑——甚至能浮在水面，镶嵌在沙砾之中，再贪婪的人也只能望洋兴叹，了解这些情况后，你会感到雅砻江离我们是太遥远了。

而最使我着迷的还是她奇特的流向。雅砻江从巴颜喀喇山出来，气势磅礴地向南奔泻千里，到达洼里附近，不知受到什么神奇力量的阻挡，突然改向拐弯后向北流去，流了百多里后又突然转了 180° 的急弯重新南下，直到奔入金沙江。这从南转北又从北转南的两大转折，便形成两个奇妙的河湾，特别是后面那个大河湾，中间夹着一座高耸入云的锦屏山，河湾最窄处仅十七八公里，两边落差可达三百数十米，只要打通锦屏山，将上游的水引到下游发电，就可得到几百万千瓦的电力，大自然的手笔是何等奇妙呀。

本来，这些都存在于我的想象中而已。不意 1964 年后，命运真把我和雅砻江牵在一起。这事还得从大形势说起。20 世纪 60 年代初，中国人民的领袖毛主席断定苏联已演变成社会帝国主义，成为最危险的敌人，毅然与之决裂，而且要与之进行 10000 年至少是 8000 年的大辩论。这样做是否策略姑且待历史学家去研究，但解放后不久的中国敢于以美苏两大霸为对手进行抗斗，毛主席气魄之大真是千古一人了，足以使全体中国人扬眉吐气，至少当时我是感到十分自傲。当然，相应的形势就很严峻，中国处于被围攻的局面，东方，美国从南朝鲜、日本、台湾到越南，构成一道遏制和进攻中国的包围圈。北方，苏联沿东北、中蒙边境到新疆，陈兵百万。尤其在蒙古境内的苏军，离北京仅数百公里。真要爆发战争，东北、华北、东南都马上成为前线，只有西南才是后方。这局面使毛主席寝食不安，做出备战和建设大三线的战略决策。看来毛主席对此是"只争朝夕"，不断传来他的声音。他时而指示："成昆线要快修！"时而宣称他要骑毛驴上西昌。时而又说三线建设缺资金，把他的稿费拿去。毛主席的话激动了千行百业，都要为三线建设做贡献。交通和电力更是两大先行官。电力部领导就考虑开发雅砻江的水力资源，而锦屏电站就被提上议事日程。

按原来分工，雅砻江是成都勘测设计院的势力范围，锦屏这个点子也是他们选的。但成都院任务太重，领导有意把建设锦屏的重任交给上海院负责。消息传来，全院骚动。有的人怕一去西疆终身难返，更多的人是热血沸腾请缨报国。我就是其中之一，后来甚至不断梦见此身已在雅砻江了。最后，任务落实，首批人员进川。不久就急需派大批人员前往。一个电报就把在新安江畔的我调往锦屏，限期到达。那时全院许多人都争先恐后报名，有位施工组的同志未获批准，竟痛不欲生。比如今要想出国的年轻人的劲头还大。我回想到这些情景，胸头总有些发热。

我深知此行任务艰辛，但下了决心"不斩鸦江誓不还"，十年内不作归计。当然，告别江南故乡总有些难受。启程前我曾在夜色苍茫中来到新安江巍巍大坝下再作一瞥。到杭州后还在湖滨路上徘徊，并吟了一首小诗：

欲别江南未忍辞　街头巷尾立迟迟
思亲泪与离乡味　凝作临歧一阕诗

进 入 了 陌 生 的 世 界

来锦屏之前，我也估计到要开发大河湾水力，定会遇到困难。但来了以后，才体会到这难度远远超出预计，而首先遇到的难关还是交通和生活上的问题，我们仿佛进入了一个陌生和原始的社会。

当时火车只通到成都。从成都出发，要坐上三天长途汽车，翻越有名的泥巴山，来到安宁河畔的冕宁——这小城以长征中刘伯承将军与小叶契丹歃血为盟而著名。由此往西，就只能依靠人的两足或马的四腿了。常人需要花两天时间，爬过牦牛山，才能到达雅砻江边的里庄，这是"锦屏水电工程指挥部"的大本营所在地。从里庄循江往南沿着"马道"走八九公里，才到达大水沟、许家坪、周家坪这一带拟布置厂房的位置，而坝址还在锦屏山的西侧——人称西半球的洼里一带呢。要去坝址，如果沿大河湾逆流而上，不仅长达150公里，而且许多地段都无法通行。只能翻越锦屏山过去。这厂坝之间虽仅隔了20公里，翻山过去要爬过四十四弯、八十八拐，再好的身手也要两天时间。时间长点倒也罢了，主要是这马道绝非城市中的马路，那是一条穿越于滑坡、悬崖、高峰间的羊肠曲径，狭窄处放不下两只脚。初时我非常怀疑，这样的路连人脚都放不下，怎能通过骡马？后来才知，那牲畜虽体大腿多，比人要灵巧稳定得多。饶是如此，在悬崖下还不时可见失足坠毙的骡马遗骸。陆道如此，水道更不可通。在洪水期间，休说逆流上溯，就是要横渡大江，也是一场生死搏斗。

锦山深区还是天然动植物园。除了驯良的麝獐之外，常有狼狐和野猪毒蛇出没。尤其在大雪封山后，野兽会白天出来觅食。有一次我有急事要在雪夜由"西半球"赶回大本营，全仗一位四川小民工带引。他似乎有"特异功能"，能从雪上的脚印分辨是熊是猪，能从地上的粪便断定那野兽已过去多久，能从洞口的擦痕知道洞内有无野兽，及时掩蔽躲藏。在他面前我完全是个弱智或白痴，我对他真钦佩得五体投地。

就是在树下行走也不得安宁。只要有人走过，树上的旱蚂蟥就立刻耸起落下，钻入你的皮肤。它们原来像针一样的躯体在吸饱血后会涨到手指般粗细，还不容易拔出来，教人又憎恨又恶心，所以行路前必须扎紧领、袖和脚管。

这里又是强烈地震和麻风病流行区，地震倒也罢了，一个人不见得如此倒霉遇上，那麻风病就令人生畏。深山里就有隔离的麻风村。据说当年有一对干部来此工作，不慎患上此症。两人一计议，干脆结了婚进麻风村，从此没有下山，把余生献给医疗事业了。彝族经常提了母鸡来兜卖，据说是麻风村里喂养的，谁都不敢买。我虽知此说不确，而且麻风病无论如何不会通过鸡来传播，但总觉可怕，虽馋得出火，也不敢问津。

还有个土匪问题。虽已解放十余年，仍有些顽匪负隅。他们利用旧社会中的民族隔阂和宗教信仰，混在群众中，不时作恶，为首的名叫卢布马呷，能双手开枪，尚未擒获。所以我们大队人马行动时，尚需武装民工实弹保护。但总不见得每个人后都跟个保镖啊。

这里本来人烟稀少，兄弟民族又少种菜习惯，大队人马进驻后，供应就成大问题，常常依靠地方政府支援的雪藏已久的硬腊肉充饥。至于房屋和桌椅床台一应家具当然更无踪影。总而言之，你好像到了个一无所有的原始社会，必须学会在新的世界中生活。少数同志有些犹豫了，特别了解到开发锦屏将是个长期任务后更支持不下去。有位小同志得了思乡病。在电影上看到江南风光时竟引发了癔症。还流传着一首顺口溜：一怕麻风二怕狼，三怕横渡雅砻江，四怕洼里路茫茫，五怕坏人放冷枪，六怕劳动七怕伤，八怕地震倒了房，九怕生病见阎王，十怕难回江南好故乡。也不能过分指责这些同志，两边的差别就是那么巨大。

但绝大多数同志不仅坚持下来，而且创造许多奇迹，形成了一种坚忍不拔的"锦屏精神"。他们架桥开路，搭建工棚，制造桌椅床凳，甚至做了一只木质水轮机，修成 20千瓦的小水电站。他们依靠肩抬马驮，把几百吨重的勘探器材、粮食、图书仪表运进了深山。上高峰、下深渊，观天测水，勘测地形地质，开展设计科研，硬是在"原始社会"中活了下来，扎根发展。人的适应性和创造力是何等伟大呀。我在目睹这一切变化后，把那道顺口溜改成了一首十爱谣：

一爱领袖二爱党，三爱雅砻江百尺浪，四爱洼里好风光，五爱彝胞情谊长。六爱学习七爱闯，八爱劳动炼成钢，九爱战友来四方，十爱万里江山好战场。

艰巨的任务和不幸的挫折

生活和环境条件还比较容易改变和适应，但大自然赋予锦屏山的复杂地形地质条件要加以认识都不容易，不要说改造它们了。这座锦屏山好像是被雅砻江夹紧后推升而起似的，主峰高达 4309 米。山的顶部常年积雪，人兽罕至。其下重峦叠嶂，云封雾锁，古树长藤，幽泉曲涧，又是气象万千。光那些地名就足以引人遐思，或令人毛骨悚然，像什么干海子、手爬梁子、摩萨沟、杀人沟、寡妇沟等。有一位年轻勘探人员进山后，总觉得这里的风景他似曾相识，可他是首次入川啊，最后才恍然大悟，原来那时大家都看过一部电影：《孙悟空三打白骨精》，影片中特技人员为表现西天取经路上奇山怪水摄下的镜头，活脱脱就是锦屏山的缩影。这是多么奇妙的巧合。

但地质上的复杂性更引人注意。据前人记述，这里有一条规模空前的锦屏大断裂，将整座锦屏山纵剖为二，影响巨大。而经我们反复查探，并未发现这幽灵似的大断层，多半是前人的推测。更现实的问题还是喀斯特。锦屏山由碳酸盐类岩石组成，是岩溶发育地区，到处可见泉眼，山内定是玲珑剔透。半山中喷出的磨房沟泉，在我心目中堪称天下第一泉了。那泉眼直径 1 米以上，澄清的泉水喷涌而出，终年不歇，最大流量达 20～30 立方米/秒，直下近 800 米泻入雅砻江。利用它足够建成两座数万千瓦的中型电站，可供施工用电之需。奇妙的是，根据当时资料，泉眼以上全部集流面积内的降水量即使全化为泉水，也没有泄出的多。可见在山内不仅有巨大的地下水库，还有不知从什么地方来的压力补给源呢。这真是个不解之谜。岩溶和复杂的地下水问题，是开发锦屏所遇到的难题之一。

要开发大河湾，就必须打通锦屏山，就是在锦屏山底打几条 20 公里左右长的隧洞将"西半球"的江水引到东侧来发电。洞子长并不是问题本质，难在它从锦屏山底通过，没有条件打支洞，只能依靠两端掘进。隧洞顶上的山体最厚处超过 2000 米，可想而知承受着多么大的地应力。因此掘进过程中预计将遇到强烈的岩爆、高温、毒气以及大断裂和地下水问题。我们开展的工作，主要也是为了查清和克服这些疑难而进行的。这些困难其实也不是不可逾越，只是有一点很肯定，要缚住这条苍龙需要做长期艰苦细致的工作，查明有关问题，做好一切准备才可动手，不是光凭干劲可以一蹴而就，三四年内见效的。上级在弄清这些情况后，也确定先开发磨房沟水电站，供电西昌和作为今后施工电源，对锦屏的工作则做深入的规划和勘测设计科研，条件成熟后再战而胜之。

部署虽有调整，雄心未变，如能坚持，锦屏电站也早该投产了。真正打乱步伐的还是"文革"。浩劫一来，工地马上出现势不两立的两派，进行剧烈武斗。工地上有钢材、机械和工程师，还制造出土坦克和迫击炮，加上少数民族和军队的参与，使工地成为血战场，"阵地"数易其主，人员伤亡惨重。杀红了眼的造反派甚至残杀俘虏，弃尸江中。只有运道好的才能葬在山坡上一排排的"烈士坟"中。从上海来的人则宣称搞锦屏是走资派破坏三线建设的大阴谋，杀回上海闹革命去。加上第二年雅砻江上大塌山，堵了河道，自然坝崩溃后，特大洪水倾巢而下，直扑工地，上海客乘机连夜撤退，第一代人开发锦屏的梦幻终告破灭。直到 1970 年才有我们几个人重返工地，建成了磨房沟水电站，为这阶段工作画上一个句号。

梦醒了，人走了，只有真正为开发锦屏献身的烈士，仍然长眠在山上。我们就要说一说他们的事迹。

一失足成千古恨

初到锦屏山区，最容易发生的伤亡事故就是失足坠崖了。这里到处是悬崖峭壁，而"路"又不成其为路，甚至根本没有什么路，要自己去踏出来。另外一方面，风光又是如此绮丽美好，使人不禁要游目骋怀，这就更容易发生事故了。首批查勘人员进点时，从指挥部的大本营出发，沿江向南往大水沟厂房位置一带查勘。行进途中，有一位护士迷恋于层出不穷的重岚叠翠和银练般的小瀑布美景之中，左顾右盼，应接不暇，猛一失足，就直滚下崖。众人惊呼乱叫，无济于事，眼送他落入崖底失踪。计议无策，只得恳求引路民工挂上绳索下崖搜索。传来消息，不仅人已死亡，连遗体也无法背回。万分无奈，只能再委托藏胞在崖底挖个坑，草草就地掩埋完事。这可能是堕崖牺牲的第一人。自此以后，我们从血的经验教训中总结出一条规律：行进时切莫一心二用。要赶路，眼睛只能停留在脚下三尺范围内。要欣赏风景，就必须停下步来，甚或坐下休息，看一个够。但这条规律说说简单，要真正做到很不容易。像我总喜欢在走路时瞟上几眼。幸喜菩萨保佑，祖宗有灵，未曾殒身。

最使人悲痛的是测量队金树培同志的牺牲。金树培是一位有经验的司测人员，也是测量队中的骨干和模范。这一天他带领几位合同工在磨房沟一级电厂的后坡——被称为马脖子山的地区施测。雨后路滑，险象丛生。他奋身当前披荆斩棘地前进，一路还不断教合同工测量技术并招呼他们注意安全，防止失足。正在言传身教之中，突然踏了一个空，未及呼喊，人就像石块般地落了下去。人们惊慌地看着他骨碌碌地下滚，还被突出的石梁拦截反弹上空中又复滚下，最后声形两没消失得无影无踪。这山坡上竟无树木可以攀援救命。待至大家攀下崖去，寻到躯体，他早已惨烈牺牲。最悲惨的是血肉之躯难以抵挡与钢锉般的岩石的高速冲撞擦磨，胸前不仅衣衫已化碎片，而且皮开肉绽，肋骨尽断，内脏已无，不忍卒睹。金树培同志的献身，震悼了锦屏指挥部的全体职工。不仅因为他死得惨烈，更因为他是一名好党员、好战士，平时处处以身作则，遇难而上，总是把方便荣誉留给别人，把困难艰苦揽在自己身上。我们在里庄开了一个隆重的悼念会，会上指挥长钦乙俊书记泪眼模糊，最后终至放声大恸。与会同志都含泪低头向遗体告别。里庄附近有一座小小的烈士陵园，这里埋葬着当年解放金矿县（那时有一个金矿县的设置，县治就在洼里）时与康巴匪帮战斗死难的一些战士，经征得地方政府同意，这位来自江南的烈士遗骸也葬入陵园，让为解放金矿和为建设锦屏而献身的烈士们能长眠在一起。在我的锦屏诗草中留有一首哭他的律诗曰：

> 慷慨捐躯岂等闲　英名千古照人寰
> 献身革命坚如铁　殉职牺牲重比山
> 以苦为荣何惧苦　知难而进更无难
> 灵前好把雄心立　不斩鸦江誓不还

烈士的坟墓做得朴素庄重，如其人品。还立了块小碑刻上他的事迹。初时，还不断有人前来凭吊，也是我们进行传统教育活动的地方。不久，十年浩劫降临，工地武斗烽火正炽，锦屏电站也停顿下马，就没有人想到他了，坟墓也就日益荒芜。70 年代初，我从牛棚中放出，发往锦屏效力，曾特地去陵园探望，为他拔去些野草，清扫点脏土，献上几朵野花。现在，又是 20 多年过去了，陵园想来是更加荒凉了。但听说金树培的孩子已经成长，继承父志，又成为一名出色的测量人员，参加了 80 年代底开展的第二轮锦屏之战。烈士英魂泉下有知，当可含笑瞑目了。

先后数十年，也说不清有多少同志伤亡于悬崖之下。出师未捷身先死，是英雄们的终身憾事。这种事故发生于俄顷之间，正用得着旧小说中"一失足成千古恨，再回头已百年身"这两句话。只有一位地质师是例外。他在山上砍柴时失足下坠，半途被一株树拦阻，没有殒身，但腰椎已粉碎性骨折，依靠云南白药的神奇疗效，竟得康复。而且在医院治疗休养时，还和一位小护士缔结良缘，至今已面团团作阿家翁了。悬崖可成为红娘，堪称千古佳话，如果写传奇，可以称为《悬崖记》了。

波涛滚滚葬英魂

除了失足坠崖外，沉船落水是另一类严重伤亡事故。雅砻江这条江，其实应正名为野龙江，凡人落入江中——尤其在汛期里，生还的可能性是微乎其微。原因呢，一是江水寒冷彻骨，浸泡不久就会令人手脚麻木痉挛。更致命的是江底岸畔怪石嶙峋，在急流险滩中波涛翻滚，吼声如雷。哪怕是"浪里白条"落入了这个陷阱中，怕也难逃劫难，所以葬身于江底的英魂也不少。

最大的一次事故是洼里水文站的沉舟了。我们进点后，就在洼里坝址区建了一个简易水文站，施测各种基本数据，特别是洪水流量。雅砻江在汛期水急浪高，难以停船，所以我们跨江架了一条缆索，在缆索上挂一个滑轮，下拖一根钢丝绳，拉住测量船，依靠钢丝绳的拉力，水流的下拽力和船上舵的作用，就可以使测船停在江心所需位置进行量测。我们每次去坝址工作，总要在水文站里休息，受到他们的热情接待，陪同观测介绍。我看到他们住在简陋的工棚中，吃着粗粝的食物，长年累月和洪水打交道，心中既佩服又不忍，有时也问道："苦不苦啊？想不想家？"他们都笑了起来，回答说："不苦！""想家的，等你们把锦屏电站设计建成，再回家报喜去！"

也怪疏于检查，这艘测量船投入运用后反复承受波涛冲击，钢丝绳和船的连接部位逐渐松动了，却未被发现。这一天，水文站三位同志又下船测流，谁知船到江心，在风浪的摇晃冲击下，连接部位突然断裂，钢丝绳离船弹出，失去钢丝绳的拉力后，船只顿如无根落叶，飘入汹涌江流之中。人们还来不及清醒过来，急流就把他们送入了滔滔白浪。

被惊呼和求援声喊来的站内同志，赶到江边时，测量船已下飘很远。大家沿着江畔追赶着，呼喊着，挥舞着竹竿或绳索，但没有任何手段可以援救处于死亡威胁中的战友。船只快进入著名的"矮子沟"大滩了，这里落差数丈，船一掉入其内是有去无还。水性好一点的同志看到无望，绑好救生衣弃船跳江，但也逃脱不了被急流卷进恶滩的命运，其余的人只好紧抱船舷，听任命运摆布了。测量船一掉入急滩，几个翻覆，马上失去踪影。等重新浮出水面，已在下游，船毁人无了。岸上的人目睹这一悲剧，都面如土色，欲哭无泪。总算借救生衣之力，事后还在下游捞起三具遗体，埋葬在江畔的新坟中。我的锦屏日记中留下了他们的名字：刘华玉、冯正权和黄肇林。

当我再去水文站时，已经物在人亡了。回想到不久之前还和他们欢聚一室的情景，不禁心如刀割。我冒雨来到他们的坟前，坟是新堆的土坟，有几个枯萎的花圈还留在上面，不断地滴着雨水，似乎代人在掉泪。我伫立这里很久，才怅惘地回来，吟了首诗悼念他们：

> 抚坟痛泪落潸潸　雨洗花环湿未干
> 浩气直吞雅砻水　忠魂永息锦屏山
> 青春一掷谈何易　荒舍长留亦大难
> 有我继来同志在　踏君血迹不回还

这三位战友总算还有一口薄棺三尺黄土埋身。洼里基地的指导员伍本波烈士连这一点也做不到。他没有留下一点"物质"给后人，只留给我们一种难得的献身精神。他牺牲得更为壮烈可敬，确实是一位为救他人放弃自己生还机会的英雄。

伍本波是湖南石门县农民的子弟。刚满 20 岁就参加中国人民志愿军赴朝参战。在十多年的革命军队戎马生涯中，表现突出，多次受奖。1964 年退役时，已被授予上尉军衔。他复员后选择了水电建设战线，并即来到锦屏山区，在洼里勘测基地担任政治指导员和团支部书记职务。这时他刚 33 岁，新婚不久，风华正茂。

当时基地上物资奇缺，连做炊事用的柴火都没有。1965 年夏季一个星期日，忙累了一周的人们都在安静地休息，闲不住的他打算驾船到江对岸再为基地砍一些柴火，运回一些土砖。在这简陋的渡口处，由于受到下游急滩的控制，水面似较平静。他约了几个民工下船时，一个小合同工也跳跳蹦蹦地上了船。不幸小船驶到江心忽值风浪大作。船上的人使尽解数也控制不了航向。小船被吹偏方向掉转了头，沿着急流直向下游泻去，眼见就要覆舟遇险。在这生死关头，伍本波把船上的救生衣给了民工，让他们有一点生还的希望，只有他一人面对并走向必然的死亡。一个人在这种情况下做出的选择，表现出何等高尚的品质，不愧是一位真正的政治指导员！小舟终于卷入了矮子沟这个深渊中，翻腾的恶浪吞噬了他们。穿上救生衣的小民工奇迹般地获救了，而他则永远留在滔滔的雅砻波涛之中。

伍本波同志牺牲后，我们不得不强忍悲痛电告江南基地和他的家属。他那年迈的父亲、新婚的妻子赶到了工地，面对巍峨的锦屏山、奔腾的雅砻江痛洒悲泪，咽下了难以承受的创痛和无尽的心灵折磨。这些诚朴可敬的家属，没有怨言，没有牢骚，更没有向组织提出什么要求。真不愧是烈士家属、英雄伴侣。他们只诚恳地希望锦屏水电站能早日建成，实现烈士的心愿！

伍本波，这位中国人民的儿子，水电战线的英雄，生没有留下惊天动地的业绩，死没有留下一抔黄土和三尺桐棺，简陋的衣冠冢想也早已湮灭。然而历史不会忘记他，人民不会忘记他，中国的水电建设史中应该记下他平凡而伟大的一生。在他牺牲后三日，我才赶到现场，沿江悼祭，并哭以诗曰：

> 矮子滩头烟雾溟　临江挥泪哭英灵
> 满怀热血离乡里　一颗丹心照锦屏
> 高举红旗形不灭　未酬壮志目难瞑
> 英雄烈绩千秋式　蜀水长流山永青

同舟牺牲的还有合同工汪厚明、江志华、张家顺三人。

后 死 者 的 遗 憾

为了开发锦屏山区的水电宝藏，国家已投入了不少的物力、财力和人力，锦山雅水还吞噬了我们许多兄弟的生命。然而30多年过去了，雅砻江水还是绕着锦屏山咆哮奔流，并没有转化成无尽的电力。这使我们难以告慰英灵们于泉下，是我们后死者的最大遗憾。

从1965年到1972年，在毛主席建设三线的号召下，水电部把开发锦屏水力资源作为重点项目，组织了上海院600多名水电健儿奔赴现场，开展大规模的勘测、设计和科研工作。经过两年多的努力，克服了难以想象的困难，完成了大量的水文调查、地形测量、地质查勘和规划设计工作，还开展了全面的科研，比选了坝址洞线和厂房，完成了选坝和初步设计第一阶段的工作。不幸被十年浩劫打乱和终止。但我们仍然开通了道路，取得了原始资料，完成了相应的规划设计，还建成了雅砻江上第一座水电站磨房沟电站，为以后的工作奠定基础。

20多年后，从1988年开始，水电部又组织起第二次向锦屏进军的战斗。这次由成勘院和华东院（原上海院）共同负责，再次对锦屏的开发进行可行性研究，并决策在锦屏山下打一条长达5公里的长探洞，以求回答究竟能否打穿锦屏山的疑问。这条探洞在接近目标时遇到洞内突水而停止、封堵，工作又一次停顿下来。其实，在上次工作的基础上，这次工作的深入细致已经为打通锦屏山的可能性给出了明确结论。原来预计将遇到的高温、毒气、岩爆、大断裂等问题并不存在或并不严重，唯一要解决的是地下水问题。而解决这个问题无非要引走数个流量和可能影响两座已建的不大的水电站而已。技术上没有什么不可逾越的障碍，只是现在已进入新的时期，水电开发要面对市场、筹资、还贷和组织、管理、经营一系列新的问题。

因此，问题非常清楚，锦屏水电资源要待国家和有关方面根据形势再次做出决策和依靠第三代人的努力才能实现了。这一天肯定会来到。遗憾的是时不我待，老一辈的锦屏人不断凋零，在世的能否在有生之年看到锦屏工程的建成或开工而在先烈们的墓前奠上一杯酒也很难说。这才是后死者真正的永久遗憾。

但是，希望在人间！雅砻江和锦屏山已发生了巨大变化。取代锦屏首先开工的装机330万千瓦的二滩水电站已经建成。一座240米高的双曲拱坝已经锁住了雅砻江口。二滩水电开发有限责任公司已经建立，负责雅砻江的流域开发工作。在相邻的红水河天生桥工程上，三条10公里以上的隧洞已经打通和发电。在这种形势下，我们有把握肯定中国的水电大军将在21世纪初最终征服锦屏山。届时，高坝大库的锦屏一级电站和长洞引水的二级电站都要建成，总容量达600万千瓦的锦屏枢纽必将巍立于大河湾上，千秋万代为人民输送电力。那时候，长卧在锦屏山上的英魂可以永久地含笑瞑目了。

这毛诗不是那毛诗

——"文革"春秋之一❶

我和"文革"

1965 年春，中国已克服了大跃进带来的困难，开始回苏。各条战线重新出现了欣欣向荣、蒸蒸日上的局面。建设大三线的号召，更使我心血沸腾。我懂事以来的唯一心愿，就是要建设中华，为祖国争气啊。我决心到水电资源最丰富的大西南去贡献绵薄，而且立志十年内不作归计。到了锦屏山、雅砻江和大渡河后，祖国的大好山河，特别是西南令人惊叹的水力资源使我着了迷，思亲泪和离乡味都抛在脑后了，我确实已把全部心力投入改天换地的战斗中去。我曾经攀悬崖、越深谷；我曾在大风雪之夜翻越锦屏山；我曾长夜不眠，在油灯下为青年同志准备业务讲稿；我曾为乌江渡的开发献谋出策。我奉令离开锦屏指挥部调往大渡河边的龚嘴工地后，更和成都院的青年同志结成了深厚的友谊，为这座西南最大的水电站建设而并肩战斗。谁知就在这时，一场浩劫正在悄悄逼近。最初的征兆就是那篇《评新编历史剧〈海瑞罢官〉》。

老实说，那时在龚嘴工地上，大家都在为征服大渡河而绞尽脑汁，拼命搏斗，谁去关心报屁股上的海瑞。倒是我，凭多年经验，嗅出了这篇文章中的不寻常气息。结合当时异乎寻常的宣传学《毛选》，我模糊地认识到，1960 年以来，思想战线上是放松了，现在经济难关已过，可能要来场运动，清理清理思想。我仿佛已听到天边的隐雷，我估计也许会达到批《武训传》或批《红楼梦》的程度。我还写信给上海的知心朋友，请他们撕掉我留给他们的诗稿和信笺，因为其中不乏灰色消极的东西，和当前纯而又纯的要求是不相容的——这一点后来成为我的反革命嗅觉特别敏感的铁证。但不论我的嗅觉如何灵，也断未料到这场运动竟会发展成浩劫十年、祸延三代。

进入 1966 年五六月份，"文革"的号角已全面吹响，而且运动转入内部。在我的娘家——上海设计院，一夜间贴出几千张大字报，我成为第一个被揪出的反动学术权威，上海院强烈要求把我揪回去批斗审查。这时我还蹲在成都的科研所里专心研究龚嘴的技

---

❶ 曾发表于《松辽文范》1988 年第 3 期，收入本书中加写了一页。

术问题呢。水总的工作组长崔副局长只好把我这个得力助手和骨干遣送回籍。我怎么舍得下手头的工作和身边的同志？！看我恋恋不舍、眼泪汪汪的样子，崔局长黯然神伤地说：

"回去吧！反正每个人都得接受这场考验。"

我回沪后，发现自己变成一尊瘟神，谁见了我都远而避之。我去集中贴大字报的礼堂里巡视一周，才知道我已从先进工作者、学习《毛选》积极分子一下子变为反动学术权威、穷凶极恶的三反分子、社会主义最危险的阶级敌人。大字报中揭发我的罪行之多之重，真称得上罄竹难书和罪恶滔天，远胜当年右派十倍。正常的人看了也会吓成精神失常或心肌梗塞。我可是个精神脆弱、多愁善感的人，又是怎么度过来的呢？我的"因应之道"将"专文论述"至于我所以未变精神病，说也简单，那是"虱多不痒，债多不愁"这条定律起了作用。

一个人身上有两三只白虱，定会感到奇痒难忍，但如身上有一万只，那他肯定已麻木无知，不会有什么痒感的。月工资 100 元的人，如果欠上两千元债，真会逼得他寝食不安，但如欠上一亿元，我保证他不会失眠——反正是要钱没有，要命一条么。同理，一个人如果犯了刀伤十命的重案，其中还杀死了个皇太子，肯定要凌迟处决，他在牢中的心情一定比"秋后绞决"的人坦荡得多。因此，别看我是个运动一开始就揪出来、铁案如山的老牛鬼，其实心情比那些在以后一步步深挖出来的新牛鬼要安逸得多呢。虱多不痒，古人岂欺我哉。

就这样我被剥夺了一切做人权利，打入牛棚，千批百斗，长达四年。奇妙的是，始终不给结案，从 1970 年起，还不断出现些解冻迹象：挨批时可以坐在条凳上，允许和革命群众一同去劳动，甚至奉命回到设计组去继续接受审查。从锦屏传来的电报可能加快了我向半人半鬼身份过渡的速度。原来经四年武斗后，磨房沟水电站要复工，要求设计院速派人去。那时，运动已进入"斗、批、改"的阶段，眼看设计院要撤销，大家为自己的出路而焦虑，谁愿再去万里穷荒，弄得不好一辈子流落在雅砻江畔呢。这就想到棚中的我还可以废物利用一番，于是提早解放，发往边疆、戴罪效力。

当我重新坐在锦屏山上后，我长久地亲吻这块我认为永难再到的土地。我终于又有了为水电事业献身的机会。我又把一切心力扑在磨房沟水电站上。尽管它小了一些，可是毕竟是一座水电站，我的命根子。仅用了一年时间，我们就救活了一座千孔百疮、眼看就要半途而废的工程，让雅砻江上第一座中型水电站发了电。接着我又在西昌地区游荡，研究一些小工程：盐源、龙塘、大桥……的建设可能性。不久，我更走到云南的绿水河、贵州的乌江渡、浙江的瓯江和飞云江，参与一些会议、决策和查勘工作。1973 年，水电部对外司悄悄地把我"借"到北京，让我参加援外工作。主管国内建设的基建司也经常不明不白地把我借去用用，让我参加了几个大水电站的审查工作。1975 年 10 月，首次派我出国，这间接说明我一定取得人籍了，不能设想派个鬼出国的。1978 年 3 月，水电部正式调我到新成立的规划设计院工作。1979 年才做出最终复审意见，恢复了名誉，全过程达 13 年，比八年抗战还多五年，可真长啊。

话扯远了，还是回到我在牛棚中接受批斗的事。上海院的牛鬼蛇神也真多，批斗会是"小会天天有，大会三六九"。不过别人挨斗，似乎性质比较简单明了，走资派就是走资派，伪保长就是伪保长，现行反革命就是现行反革命。而对我的某些批判，却有点深奥复杂，牵涉到什么结构力学、金属材料或中国古典文学，真堪称独树一帜。譬如说，我曾说过："在内水压力下坝内钢管和混凝土联合受力"，经考证，这是影射农村合作化和人民公社是在压力下形成的；我还说过，"近来在结构设计上曲梁有取代直梁之趋势"，经分析这是暗指卑躬屈膝的修正主义分子将取代坚挺不拔的马列主义者。我还把"沸腾钢"比为出身不好的人，"镇静钢"比为根正苗红的人，这里面的文章更值得深究。至于要挖掘我大量黑诗词中的恶毒攻击，就更要下点工夫了。所以对我的批判不仅任重道远，而且比批什么伪保长之流更引起人们的兴趣。谁也没有想到设计院里暗藏着一个比邓拓还阴险的人，能够用猜灯谜的方式来攻击社会主义，这真是不批不知道，一批吓一跳，世界真奇妙也。

不可能把所有的批判和我的反扑过程都记下来，那会比懒婆娘的裹脚布长多了。不妨尝鼎一脔、举一反三吧，我就想起当年那件好生使我头痛的"毛诗公案"，而要记述这件公案，还得从"文字狱"说起。

从 文 字 狱 说 起

中国之有文字狱，不知起自何朝哪代，疏于考证，至少北宋时的苏东坡就深受其罪了，但看起来到明清两代而大盛。尤其是明朝的开国皇帝朱元璋和清初的所谓康雍乾盛世，文字狱的奇和惨，真可叹为观止。前者是为了皇帝老子出身低贱，当过小和尚——我还怀疑他当过小偷，生怕臣民揭他的老底。后者则因是异族入主关内，畏惧、提防汉人背地里做手脚。所以这些皇上的手段固然狠毒，用心也实在良苦。活在这种盛世里，不要说真想造反，就是偶尔写些风花雪月之词，甚或想拍拍皇帝老子的马屁，也会招致祸从天降，九族诛灭。"千穿万穿，马屁不穿"这句名言，在这里不一定适用。

最妙的恐怕就是明太祖洪武爷时期，杭州府学教授徐一夔所作的贺表中，写了一句"天生圣人，为民作则"的颂词，如用现代话来说，就是"天生的伟大领袖，为老百姓做出杰出的典范"。马屁不为不妙，但是徐教授没有摸清皇帝的忌讳，万万没想到洪武爷精通谐音拆字之术，把它解释成"天生僧人，为民做贼"，把皇上当年做和尚和小偷的历史和盘端出，自然是龙颜大怒，结果是坐大不敬罪腰斩了。这也只能怨自己调查研究不深，马屁拍在马脚上，能怪谁来？从文献上看，各地臣民上表写诗中，由于出现了"殊"（歹朱）、"则"（贼）、"生"（僧）、"坤"（髡）、"道"（盗）……字样而伏诛者，不知凡几。吓得礼部大员六神无主，不知所从，只好恭请皇上降下一张"忌讳字总表"，以便统一恪遵了。

到了皇清盛世，满洲贵族的江山初定，总怕汉人作乱，特别怕士人（老九）兴风作浪，不免要借题发挥，从鸡蛋里挑骨头，杀一批人来树立权威。于是大批九爷不断倒霉。那些"哭庙""明史""字贯"的案子姑且不说，一些风雅之士为了几句诗掉脑袋的着实不少。什么"清风不识字，何事乱翻书"啦，什么"夺朱非正色、异种亦称王"啦，什么"一把心肠论浊清"啦，俯拾即是。那位雍正皇帝还继承了"拆字术"，把维止二字理解为雍正去头，又杀掉一位大臣。尽管雍字去头也不是维字，可是和皇帝老子有什么理好讲，少不得是"皇上圣明兮臣罪当诛"。这些奇狱惨祸，在《心史》《东华录》《国学旧闻》中都斑斑可考，当年我是最喜欢读这种野史的，可是自己也会身罹此祸，则不曾料及。

推翻满清皇朝后，这些历史上的文字狱本来是应该"俱往矣"的了，可是解放前竟有人会由于写了"闲话皇帝"或"打倒日本帝国主义"而下狱，更难以置信的是在解放近20年后的新中国也掀起了文字狱。据说，首先是有人发明了可以利用写小说反党，出现了"刘志丹"这一类稿件，然后又有人洞察了这一发明，于是"海瑞上书""海瑞罢官""海瑞骂皇帝""燕山夜话""三家村札记"……一大批黑货都被揭发出来，点燃了十年浩劫之火。我们是向来以样板治天下的，一声令下，全国挖掘黑话、黑文，到处抓邓拓、吴晗的代理人，平素喜欢讲讲故事、写写歪诗的我，在设计院中是难得的黑样板，自然难逃此劫了。所以仰观天下大势，俯察设计院之情，我之受罪实在也是顺理成章，没啥可说。

含沙射影与赤膊上阵

批斗中最交代不清楚的，是我写的那些旧体诗。我从十一岁起就喜欢东涂西抹地写这些东西。说我是自命风雅或无病呻吟，诚然有之；说这里面有多少政治阴谋，那真是冤哉枉也了；何况，在我的诗稿中也尽有歌颂新社会之作。可是，批斗者把这些一概视为伪装或打着红旗反红旗，不置一顾，专门追索那些有反革命嫌疑的诗，这就教人为难了。不幸诗歌这种体裁，不仅不是数学论文，也不同于报纸社论，而且限于篇幅，一般都写得含蓄、隐晦和多解的，许多地方原也可以仁者见仁、智者见智。在"含沙射影"的大帽子下，再采用些明太祖或乾隆皇帝的做法，恐怕从唐诗宋词中也能找到反革命活动。譬如说，那位风流词人柳永的"雨霖铃"词中，有一句脍炙人口的好语："今宵酒醒何处？杨柳岸、晓风残月"。我每当读词至此，总不禁击案赞叹，眼前仿佛浮现出一幅销魂断肠的镜头：一位风流多情而又潦倒落魄的词人，和他所欢——一位出身名门、不幸坠落风尘的名妓，在祖帐中依依惜别、珠泪如雨。怎奈兰桨无情，一叶扁舟终于载了词人远去，消失在云水苍茫中。词人带着万分悲怆的心情，昏昏入睡。一觉醒来，已不知到了天涯何处。披襟出视，但见一带杨柳堤岸，沉睡在晓风残月之中，这是何等摄人心魂的境界呀。可是对柳先生怀有成见的人，却说这是船老大多灌了黄汤，得了急性肠炎，天不亮就急急靠岸要拉大便去了。雅俗之判，一至于此！而在"文化大革命"中，当然可以理解是空降特务预定在某日黎明、何处岸边秘密接头的暗号了。幸喜柳永员外郎仙逝已久，否则定然打入牛棚，责令交代反革命活动的。

现在回到我的罪孽上来。按照上述原则追查，在我的那些歪诗中，确实可以查出一大批疑点来。譬如说，1965 年我支内西行，途经西安，畅游了故都。到大雁塔时，已是日落黄昏了，景色特别迷人。我对这座汉唐长安大都，仰慕已久，在文献典籍之中读到过多少有关它的兴衰史实。站在大雁塔边，不禁怀古幽情油然而生，口占一绝曰：

> 雁塔题名事已空　乐游原上晚霞红
> 唐宫汉阙知何处　都在斜阳落照中

我梦想不到有人发现雁塔题名是影射全国评选学习《毛选》积极分子，唐宫汉阙指的是新中国成立后的十大建筑，这首诗是"被推翻的反动阶级分子怀着对社会主义的刻骨仇恨，借古讽今含沙射影，咒骂社会主义事业将在残阳落照中消失，化成一片废墟"。我想明太祖如果遇见这位考据大师，一定会自叹不如，并出重金礼聘他作为高级参谋的。

又如 1964 年我的母亲在重病折磨之下逝世，我万分悲恸，遵她遗愿，归葬于故乡。回到新安江工地后，曾写过几首诗志痛，其中有一首云：

> 葬母归来泪迹深，愁山恨谷怕登临。
> 新安江里滔滔水，难洗孤哀痛楚心。

这本来也是子女在丧失父母后的哀吟，人情之常也。不幸经过"考证"，说我母亲是个没有戴帽的地主分子，我本身也是个漏网地主，或至少是个地主阶级的孝子贤孙。因此，这首诗也成为地主阶级猖狂反扑的罪证。在批斗会上，战斗员激昂地叫道：

"革命群众请看：这新安江水库中 178 亿立方米的水竟然洗不掉一个地主分子对他失去的天堂和对社会主义制度的痛苦、仇恨心理，这不是活生生的阶级斗争吗？"

于是，照例响起了怒吼声和口号声，场面着实动人。接着要我交代这"愁山恨谷"中的恨字，恨的是谁？开始时我着实顽抗一阵，最后腰实在痛得像快折断了，只好马马虎虎承认恨的是新社会，并且写下书面交代，签字画押。

不过说真话，对这类诗我也不太怕。我曾把这些罪证和给"胡风反革命集团"定罪的罪证分析对比，觉得两者有原则区别。最多也只能定我一个"含沙射影罪"吧，似乎还定不了"大不敬罪"或"悖逆罪"。至于这含沙射影罪究竟应如何处理,查遍古今中外法典都无明文记载,时间已过去数百年,想来还不至于像明太祖那样惩处。

不幸的是,在造反派彻查所抄获的我的诗稿和知情人的揭发下,终于查出了我赤膊上阵的一首黑诗,这就是"毛诗"一案。

关于"毛诗"定义的斗争

1967 年,造反派初坐天下,一面忙于打内战,一面要扑灭牛鬼蛇神的翻案妖风。所有在 1967 年初杀出牛棚的"棚友"们,一个接一个地重新被揪了出来,批斗之后又打进十八层地狱。在牛鬼中我是比较老实的,因为我默察大势,觉得自己这号人没有多少指望,不如在棚中静以待变为妥。但是在翻案风中我也写过一封申诉信,否认了那些莫明其妙的罪名,澄清一些事实。这当然也是翻案活动,我很担心要清算我。果然,在劫难逃,清算我的翻案罪行的一天终于来了。

在专门批斗我的大会上,造反派在痛斥了我的滔天罪行和妄图翻案的阴谋活动后,宣布:"此人极不老实,至今拒不认罪,自认为没有确切证据,今天就还他一个反党铁证。大家听,这是他写的赤膊上阵的反党黑诗!"

于是,他们朗诵了我写的一首七绝,题目是赠某某弟,前面三句是:

"花开四载未嫌迟,况是含苞欲放时,多少华章尽堪读……"念到这里就停了下来,厉声喝问:"下面这句是什么,你自己说!"

我一听,顿时傻了眼。在猛追紧逼之下,我只好承认这诗是我写的,下面一句是"劝君暂勿诵毛诗"。于是麦克风中又传来叫声:"革命同志们,请看看这个疯狂的反革命分子,赤膊上阵地反对我们心中的红太阳,他竟敢明白无误地要大家不要读毛主席的诗词!实在是罪该万死!是可忍孰不可忍!"这时群众中有些骚动,有的惊讶,有的愤怒,有的好奇,有的交头接耳。都注视着我怎么答辩。我仍然不认罪。在人声静一点后,我辩解说:

"这诗是我写的,那时我在龚嘴工作组,我很记挂在锦屏的一位年轻同志,就写了这首诗给他。诗的意思,无非是规劝他暂时不要谈恋爱找对象,要争取考大学完成学业而已……

'毛诗',不是指毛主席的诗,是诗经的意思。秦始皇烧书,诗经失传,到了汉朝,是由儒生们凭记忆追述流传下来的,所以才出现齐诗、韩诗、鲁诗、毛诗;毛诗是毛亨所传,后来三家均废,独存毛诗了。

毛诗开卷就是国风,国风一直作为'好色'的代称,暂勿读毛诗就是暂时别'好色'罢了。"

我的辩解被认为是极不老实和荒诞不经之语,从而招来了更厉害的批斗。批斗的关键问题，一是要我说清"多少华章尽堪读"中的华章指的什么；二是要我承认毛诗就是毛泽东诗。关于华章问题，我含含糊糊地承认系指那些数理化书本，是修正主义货色。但对于毛诗问题，我抵死不承认。这倒不仅怕定罪，而是我感到把"关关雎鸠"的诗经和"数风流人物还看今朝"的毛泽东诗词扯在一起，离题太远了。孔子曰：名不正则言不顺，岂可不争。

批斗者见我不承认，便要我说出这位毛公的姓氏籍贯、祖宗三代、本人出身、政治背景……这些我当然说不上来，看来人们都相信我是在狡辩赖罪了。

因此，这次盛大的批斗会以革命群众的大获全胜和我的负隅顽抗而告结束。

我也找到辩护铁证

批斗会后，由于我在关键问题即"毛诗"的定义问题上坚不认罪，造反派不肯善罢甘休，组织专题组彻查，我面临着无休止的审问、批斗、追查和交代。我本来认为这个毛诗的定义问题是很好解决的，只要查一查《辞源》，或问一问大学里的中文老师，或找一本旧版的毛诗笺注不就行了嘛。不幸的是，当时正值大扫"四旧"之后，不仅线装书早已送入造纸厂，就连解放前后出版的浩如烟海的文史书籍也一概作为毒草或毒草嫌疑而火化或封存了，《辞源》这一类工具书也早已封入黑狱。作为牛鬼蛇神的我哪里还能找到。至于说中文系的教授们，也无一幸免地成了棚中囚，谁还愿意为我作证。还有一件伤透脑筋的事，则是有些同志的文史知识实在少得可怜，属于"杨贵妃是吴三桂的小老婆"一类水平，要使他们相信"毛诗不是毛泽东诗而是毛公所传之诗"比牵骆驼过针孔还难。无数次的追问使我实在也烦腻了。这一天又是穷追不已，但我发现专案组中似乎多了位戴眼镜的电气工程师，不由心中一动，猜想也许由于我的坚决否认，造反派已开始考虑毛诗是否别有定义了。这次追问的重点是"毛诗"如何等于"好色"的专题。要证明这个论题，难度就更大了，因为《辞源》上肯定不会有这种记述。我被诘问得哑口无言，偷看手表离下班还有不少时间，心里盘算着如何打发这难挨的两小时。当下眉头一皱，计上心来，索性海阔天空乱扯一阵。幸亏我小时饱览各种小说传奇，不难找个辩护人出来。我思索一阵，哭丧着脸说：

"毛诗嘛指的是诗经，是国风，诵毛诗嘛就指好色，我交代过多少次了。你们要我交出真凭实据。凭据也有，可以找一部书来证明，不过我手里没有这部书。"

"什么书，你交代！"查问者大感兴趣。于是我乘机再大放其毒：

"我小时看过许多笔记小说，清朝的人是很喜欢写笔记小说的，像《聊斋志异》就是嘛。我记得有一部笔记小说叫做《夜谭随录》，好像是一位县太爷写的，作者名字记不得了，书里尽是些荒诞不经的故事，大都是讲狐说鬼的，文笔倒还不错。这部书，我想在复旦大学中文系或上海图书馆里可以找到。"

"混蛋,这和毛诗有什么关系?"

"嗳,里面有证据嘛。这书中有一篇小说,讲的是一位公子,他结识了一位狐友,就是狐狸精朋友,当然都化成人样子喽。还见到了这个狐友的'爱人',就是狐友的老婆,雌狐狸嘛,可真漂亮极了。公子动了邪念,爱慕得神魂颠倒,一心想把她勾引到手。"

讲到这里,我偷眼看看他们,发现听的人都聚精会神、津津有味。也难怪,长期以来,没有工作,整天批判斗争,革命群众也感乏味了,听听牛鬼蛇神讲故事还是别有风味的。因此我又继续开讲:

"后来公子终于设法把美丽的狐夫人灌醉,闯进闺房去,正要下手玩弄她,但突然良知发现,感到这样做是不道德的,朋友妻不可戏!他按捺了欲火,悬崖勒马地回了头,悄悄溜回自己房中去了。"

"第二天,公子见到那位狐友,狐友笑嘻嘻地问他,'你近来在读毛诗吗?'"

"'读毛诗?为什么?'公子大惑不解。"

"狐友哈哈一笑说:'你不读毛诗,怎么昨晚会好色而不淫的呢'。公子这才知道自己的一举一动都在狐友的洞察之中。不禁满面通红,无地自容。狐友安慰他说:'人谁无过,改了就好嘛。老实说,那天你如果不悬崖勒马的话,哼哼,雪亮的霜刀早已等着你啦……'"

"这篇故事不是确确凿凿可以证明两条么,一是毛诗不是毛泽东诗,因为清朝时候没有出版过毛泽东诗集;第二,诵毛诗就是指好色而不淫,你们说对不对?"

几个人听得津津有味,点头摆腰。忽然有一位政治嗅觉高的有所察觉,喝道:

"你这混蛋,是想戏弄我们,还在放毒吗?"

我诚惶诚恐地说:"那我不敢,这里句句是真。如果你们找到《夜谭随录》,里面没有这故事,或者故事不是这么写的,那我是在欺骗你们。如果确实有,就证明我不是撒谎,请革命群众谅解。"

于是他们责令我交一篇书面材料,我当然满口答应,晚上一挥而就,端端正正写好,前面写上最高指示,后面签字画押呈送上去。我很怀疑专案组是否真去找过这部小说,但后来就不太追查这件事了。有一次会上,那位电气工程师还开导我说:

"即使你讲的都是真情,年轻的同志能理解吗?他会怎么想法?"

这一点,我是诚恳地接受了,并痛切检查自己不应自命风雅,写这种诗。我承认年轻人是不能理解这种曲折深奥的典故的,会错认为我是劝他暂时不要读毛主席诗了,从客观效果上检查,我是有罪的,我愿意低头认罪并向那位青年谢罪。这样,在这场战斗中,我总算取得了一小份战果,就是我在主观上并没有劝人去不读毛主席诗词。

但是,群众中有多少人相信我的辩解还是个谜。若干年后,我在乌江渡工地上遇到我的同乡和老友,上海设计院的毛竹炯地质师(他不幸过早地去世了),闲谈中偶尔提到

这件公案，他拍拍我的肩膀说：

"你老兄也真够大胆，白纸黑字地写出劝君切勿读毛诗。我们都替你捏一把汗，觉得这是铁证如山啊。你后来是怎么逃过关的？"

我把辩护过程告诉了他，他赞许道：

"幸亏你闲书看得多，能想出这么个绝招来死里逃生。院里还有个人在台板上写了'打倒毛修正主义'，被当作现行反革命抓了进去，后来他咬定说毛是指毛雷尔，公安局也不想深究，后来终于放了他。你们总算都找到了一个借口，自圆其说，死里逃生，不简单啊。"

"你这么说，是认为我写诗真的要别人莫读毛主席诗词吗？"

"还能有别的解释吗？"

我长叹一声，颇感世界之大，知音难得，同时也更感到专案组的那些人的可敬可爱了。从中，我也悟出了一条做人处世之道，那就是在任何地方别卖弄你腹中的那点点学问。

竹炯见我无话，认为我已服输，我最后只能学着《红楼梦》里史湘云姑娘行酒令的调子，用手指着他的鼻子说：

"竹炯！这毛诗不是那毛诗，诗中没有反动词！"

"三友分子" 历险记

——"文革"春秋之二

　　随着"文化大革命"的深入开展,对各类阶级敌人——统称为牛鬼蛇神——的专政也愈来愈严厉了。除了肉体上的禁锢、苦役或拷打之外,尤其着重于精神上的折磨,据说这样才能狠触灵魂,有利于改造云云。许多做法大约发源于"西指"——北京市红卫兵西城区指挥部,而传到各地后颇有改进拔高。尤其我所在的设计院是知识分子成堆的所在,说实话,知识分子整知识分子的办法和手段更为新奇,是工人农民难望其项背的,我不幸落在这个陷阱里,又是全院最早被揪出的老牌牛鬼蛇神,受的罪当然就更多一些了。

　　"你有政策,我有对策"。尽管已丧失一切做人的权利,我对于这些触灵魂的惩罚仍不断地挖空心思进行顽抗。譬如说,当造反派责令我恭缮一份认罪书张贴在大门口示众时,我心中暗暗叫苦,因为老九的劣根性之一就是怕失面子。尽管我在设计院里可以叩头乞恩,要在家门口贴上白榜,承认自己男盗女娼,实在有点"那个"。但是造反派的圣旨又是不可违抗的,否则会招来更大的耻辱。在冥思苦索以后,我忽然心生一计,就起草了一份洋洋洒洒的千言认罪书,再用蝇头小楷抄好,趁夜半无人掇张矮凳将它高高贴起。我敢打赌,不用望远镜是决看不清上面写的什么,而且我也深知一般人的心理,最喜欢看那些贴在街头划上大红叉的枪毙流氓犯的法院公告,牛鬼蛇神的认罪书远没有这种吸引力,更何况是学究式的长篇大论蝇头小楷呢。这样做,既表示自己认罪态度端正,又不会真的招人围观,真可谓计之善者也。果然,认罪书贴出后,绝少有人光顾。当然,偶尔有个把顶真的人,踮起脚眯着眼吃力地细读全文。对这种不识趣之徒,我实是恼火之极,巴不得他突然发生脑贫血才好。

　　但是,好事多磨,不久造反派巡视各牛鬼蛇神的住窝时,发现了这个情况,马上责令我重新抄过,必须字大满寸,并贴在醒目之处。这下我更犯了难。然而,我又福至心灵地想起《三国演义》中孔明能利用东风破敌,我也可以依赖气象预报而遮丑。于是故意拖延几天,看到报纸上预报将有台风雨袭来时,及时贴在最招风雨的地方。果然,那张大字版认罪书只贴上一两天,就被大雨洗刷掉,只留下一些纸角,再也无害了。

　　不幸的是,这一招又被"牛司令"识破。他就想出一个"长治久安"的妙计,命令每个牛鬼蛇神重新写好认罪书，而且自备玻璃镜框一只，装妥封好。每日黎明挂在大门口，晚上收回，以供长期展出。这样一来，我再也想不出逃脱之计，就干脆用蘑菇战术对付。先是说没有钱买大镜框，后来又说早已遵命挂出，但一转眼就被撕大字报卖旧纸的人偷走了，因为镜框远比废纸值钱。我还认真建议，为了确保展出，请"牛司令"派员保护，这一来司令也无可奈何。眼看其他的"棚友"还真的每天将镜框挂出收进的，不禁暗暗笑他们的老实。

然后又出现了新花样。据说北京又发明了对阶级敌人加强专政的新招：在每个牛鬼身上挂上白布条或套上白袖章，写明该鬼身份。这样做，一眼看去就红白相映，人鬼分明，阶级阵线清而又清，天下显然可以太平万世了。此风传到上海后，我们又该倒霉了。

话说这一天，众牛鬼奉命集中，大台子上放着一大叠白布、白纸，还有大楷毛笔和墨汁。专政队长板着面孔下达命令：每个牛鬼领布一方，写上自己的身份，用大头针别在袖子上，然后依次上台亮相、报名认罪、接受批斗，以便彻底划清阶级队伍。我暗自琢磨，看来此劫难逃，现在的关键问题是要在我那一大堆帽子中找一个最优方案。自从"文革"以来，我的帽子可谓多矣，有的是专业性的，有的是综合性的，有的则形象化，究竟自选哪一项为好呢？我盘算一下，刚揪出来时是"反动学术权威"和"地主阶级的孝子贤孙"，后来逐步深化为"漏网大右派"、"反党、反社会主义、反毛泽东思想分子"（简称"三反"分子）、"漏网地主分子"、"国民党残渣余孽"以及"外围特务分子"等。我正拿不定主意，却已轮到我去写了。我只好恭恭敬敬地请示专政队：

"请问我应该写什么身份好？"

"混蛋！你是个什么东西，自己还不清楚，还要问别人？"

"不是这个意思，因为我的罪孽多，不知写哪一条好，所以请示嘛。"

"自己考虑！警告你，不准避重就轻，妄想蒙混过关，革命群众的眼睛是雪亮的。你敢偷巧，后果自己负责。"

我没有时间犹豫了，就拿起笔来写下"三反分子"四个字。因为我想我主要的罪行还是这三个"反"嘛，再说这四个字笔画最少，好写。在白布上写墨水字是很吃力的，我看一个老牛鬼吃力地在描那"国民党残渣余孽"七个字时很花了些工夫，就偷点巧了。牛司令在旁边瞟了一眼，没有发话。

于是众牛鬼依次登台，报名亮相，低头弯腰，接受批斗。我偷眼一看，哎哟，济济一堂，舞台上都站不下了，上起党委书记，下至烧水师傅，真是洋洋大观，鬼才如林。当年做梦也想象不到设计院里会隐藏着这么多的反革命，要不是这场及时的"文化大革命"，中国的前途岂不早已断送了。由于鬼太多，小个子的我躲在党委书记和双料特务之间，毫不起眼，安然自适。这时我才体会到有时一个人能"滥竽充数"也是一种福气。

集体批斗以后，牛鬼们还得去劳动改造，牛司令分配给我的任务是和另一位棚友推一车物品送到货运车站办理零担托运。我听了后着实为难，迟迟疑疑不肯出发，并向牛司令求情：

"去车站托运公物，是件重要革命任务，我们套上袖章，恐怕革命群众不接待，再说路上也易出事。是不是先脱下来，办好托运后再戴上？"

牛司令一听立刻豹眼圆睁，把台子一拍：

"你老实一点！你是什么东西，还想隐瞒？你们两个互相监督，谁敢在外面脱下袖章，就回来报告。"

我心中暗暗叫苦，看来哀求是无效的了，只好亮着身份与棚友拖着劳动车出发。这车少说也有千把斤重，两条牛前拉后推地往前赶路。拖到河南路桥头，几个学雷锋的孩子马上围了上来，拉的拉，推的推，帮助我们上桥。我正要感谢这群小雷锋，忽然一个眼睛尖的发现了我们的身份，马上大叫起来：

"啊呀，他们是牛鬼蛇神，我们上当了。×那娘，打啊，打坏人！"孩子们马上都放开车子，捏上拳头打人。我们一看不妙，只好使出吃奶力气把车子拖上桥顶，然后下坡飞奔，落荒而走，也顾不得是否会闯祸。跟跟跄跄，也不知冲出多远，正在放缓脚步重新控制这车的速度时，冷不防一个小男孩从里弄里猛窜出来。我虽拼命煞车并且设法避开他，还是把他撞翻在地。小男孩顿时尖声哭了起来。一群人马上围了过来，小孩的妈妈和哥哥也闻讯赶来。我这时心慌意乱，一面替他按摩，一面满口道歉。只见小孩的阿哥满脸杀气，一把揪住我：

"好啊，你这个牛鬼蛇神，胆敢对革命小将下毒手，阶级斗争新动向！哪一个单位的？"他还招呼别人："来呀，把这两个家伙拖到专政队去。"

我努力说明情况，反复解释决非对革命小将下毒手，而是由于小将的初始速度太快了些，而牛顿的惯性定律又不以人们的意志为转移。他哪里肯听，揪住我就走。正在闹得不可开交的时候，那位革命小将忽然发了言：

"妈，哥，是我自己不好，不是他们来撞我的。他为了躲开我差一点还撞到电车上去了，放了他们吧。"

啊，多么可爱的孩子，多么天真诚实的心，我真想跪在他面前磕上几个响头。我万分感激地从衣袋里摸出仅有的几张角票，塞在他的小手中说：

"好弟弟，你真是毛主席的好孩子，实事求是。我也不好，车子拉快了些，我们急着要上车站啦，对不起撞痛了你，几毛钱给你买糖吃吧。"

孩子的妈妈见自己儿子这么说，也就下帆收篷，她当然拒绝接受坏人的钱，只是训斥了我们拉车不该太快。我们连声应诺，并添上无数好话，才敢再拉车启程，一场大祸总算平安度过。

经过这一番折腾，两人都汗下如雨，精疲力竭。看看时间还早，商定把车子拉进一条僻静的小弄堂里去休息一下，喘口气再走。不想刚拐入弄堂，就看见有几个红小兵在练"忠字舞"，要想退出来也来不及了。只好硬着头皮把车子拖到墙下，我就坐在台阶上，眼观鼻鼻观心地等待盘查。果然，有一个红小兵走了过来：

"你们是什么人？干什么的，车子里是什么？"

我满脸赔笑，说明是去东站运货的，避而不提家庭成分和现在身份。但他看到我袖上的白布，马上警惕起来：

"你们是牛鬼蛇神吧？这布上是什么字？"他硬拉住我的胳膊，一个字一个字地念着："三——友——分——子，你是三友分子？"

看来这位红小兵的阶级斗争课学得不怎么好，连人人知道的三反分子也会念错，但我正好借此遮丑，就默默地点头承认。

"什么叫三友分子？"他追问。

这下子我又为难了，我吞吞吐吐地说"三友分子嘛，就是那个三友嘛……岁寒三友嘛……"我正在支吾，忽然一位妇女——想必是孩子妈吧，提了一只瓶开门出来叫道：

"小弟，你又死到哪里去了？买酱油去！"

"妈妈，这里有个三友分子。什么叫三友分子，是坏人吗？"

"三友分子？不知道。大概是三友实业社的老板吧。走，快去买一斤酱油，二角四的。"

"孩子妈"一定是位上海本地产的女子了，知道有这么一家"三友实业社"，而且把我封为资本家。我心中正不胜荣幸时，这位大嫂已走了过来，她看了一下埋头坐在台阶上的我，就失惊道：

"啊呀，这是三反分子，是大右派。滚滚滚，你们坐在这里干什么！小弟，走。"她一把将孩子拉了过去，好像我们都是瘟神似的。画皮被剥下了，我们再也不敢多停留，于是急忙套上车子就走，以免自取其辱。

就这样，我们这两只过街老鼠闯过不少关卡，最后终于来到东站货运场。站里到处是大红标语和戴红袖章的人，高音喇叭震得人晕头转向。我们是第一次来，摸不着头绪。我夹紧了胳膊到处赔笑询问，受了多次白眼和斥骂，总算有位革命群众把手一指：

"送货色到那边去！"

我们遵命将车子拖到东头，果然看到有一个上岁数的人在办收货手续。偌大货场只他一个人忙上忙下。我走近前去，用世界上最恭敬和谦和的声调试探：

"老师傅！我们是设计院来的，来办零担托运。单子已开好了，请问是在这里收货吗？"

老师傅回过头来看了我们一眼，满面生春，"是啊，你们辛苦了，请稍等一下，我马上来办。那边有凳子，请坐。抽烟？"他边说边掏出两支"勇士牌"香烟来。

　　我被这份客气吓坏了，生怕他一时警惕性不高，没有发觉我的身份，别在以后察觉真相后恼羞成怒揍我一顿，就有意识地将胳膊朝他伸了一下，一面忙不迭地谦让：

　　"不敢当，不敢当。我不抽烟，我们是，我们是牛……是来办托运的。"

　　"知道，知道。请坐一下，马上好。"他仍然没有察觉，转过身去又忙开了。我忽然发现我那位棚友居然大模大样安坐在条凳上，跷起了二郎腿，自得其乐地抽着那支勇士牌香烟。在这种场合下竟然如此放肆，未免太无自知之明。我向他瞪了一眼，正想发话，他却拉我坐下，悄悄地和我说：

　　"用不到和他客气。"

　　"为什么？"

　　"他是反革命分子。我们右派，比他还高两个档次呢。"

　　"什么？你怎么知道的？"

　　"嗳呀，你这个人也真是，你没有看见他胸前挂的条子吗？你的眼镜得换一换了。"

　　我不信，有意走上前去，在他回过头来时，果然发现他胸前挂着一条白布条子，上面赫然写着"历史反革命分子"。我这才恍然大悟，同时就觉得自己的腰杆突然硬了不少，也不必用屁股尖坐在板凳的边角上了。

　　谢谢这位历史反革命的出现，使我们这两个三反分子顺利地办好了一切手续，而且心情舒畅、态度幽雅。直到我们套上劳动车，和那位反革命告别重新进入滚滚人流中后，才又一次低下头来，鬼头鬼脑地拉着空车回到牛司令那边去交差。

活学活用的活命哲学

——"文革"春秋之三

慰问吊唁见真情

在十年浩劫中，说我已经"呜呼哀哉"的信息前后流传过几次。最初传我是跳楼自杀，后来又说是吊死在厕所里，最后一次说我是心肌梗死。这时我已获得半人半鬼身份，借调在北京效力赎罪。由于说得有根有据，不少亲友信以为真，有两位好友还专门到上海舍下慰问。进得门来只见我那两个不成器的小犬正在嘻嘻哈哈玩耍作乐，不禁摇头叹息。凑巧这天我爱人在她厂里与人争吵，下班回家满面郁郁，朋友们又感到毕竟是老伴情深，就殷勤劝慰。说到头，才发现是场大误会。我在北京也看到过慰问电或唁电，真教人啼笑皆非。但从中也可获见这些同志对我之关心。古人云，一死一生乃见交情。我当然是十分感激他们的。

朋友们认为我经受不起折磨走上了"自绝于人民"的道路是有道理的。因为很多同志都知道我既刚愎自用、死要面子，又精神脆弱、书生气十足，怎么经受得了长期的身心折磨呢。连有光荣革命历史的院长、社会经验丰富的副总、出身贫农的电工匠、罪孽不到我十分之一的组长、技术员……都八仙过海似地采取了服毒、跳楼、坠塔、投海、上吊等各种手段自求解脱了，则我也走上此道实乃势所必然，活下来倒是出人意外。所以后来我在昆明遇到一位朋友，他确认我是个活人并非阴魂出现后，一面惊喜，一面问我："这些年头你是怎么熬过来的呀？"

我苦笑一下，回答说"一言难尽"，就把话题转了。这不是我想隐瞒自己的丑态，而真是一言难尽。要知道，为了活下来，我是颇费一番心机的，所谓"精心设计、精心施工"，既有宏观规划，又有随机应变之道，岂是三言两语能尽。现在不妨借此短文，说说当年的活命哲学和求生伎俩，既答复了那位好友，也可供有心君子之参考采录焉。

以活为纲　纲举目张

在近几十年的中国历史上，出现过好些"以某某为纲"的提法，什么以粮为纲、以钢为纲、以阶级斗争为纲，一直到三项指示为纲等。而且据权威方面指示，阶级斗争为纲是唯一正确的，其他提法非谬即伪。在这个正确的纲的指引下，中国历史发展走了段大弯路。可见纲之为物是何等重要了。

恕我狗胆包天，从"文革"一开始，我也为自己制定了一个纲哩。很简单，以活（命）为纲。理由也很简单。第一，我自问无应死之罪，那就要活下去。第二，我活着虽然要吃掉些宝贵的粮食，但也可以做些事，收支相抵，似略有余，中国社会上多我一个人吃饭并不亏本。第三，我有妻儿，我爱他们，他们也爱我，我不能为了自求解脱而给他们带来不可想象的苦难。另外，我头脑深处还有些活思想。原来我对"文革"虽从一开始就"很不理解"，后来更认定已"走火入魔"，但我深信毛主席确是担心中国的社会主义事业已处于危险阶段，思有以拯救才出此一策，并不是真要置老干部与知识分子于死地，日后终有出路。我们传统的做法是矫枉过正，通俗点讲，"运动过点头，事后再补救"在"过头"阶段不可太认真，我很想看看最后结论。我这点希冀虽然一再幻灭，但总不死心。有希望就不愿去死，而是要活。主意既定，方向自明，我当然不会去上吊或跳楼的，因为这有悖于我的大政方针。

话虽如此，要具体执行这条纲，还要解决些思想问题，补充一些"约束条件"。最大的思想问题就是这个"以活为纲"是否有违于"士可杀不可辱"的古训？"骂贼而死"不是比"忍辱偷生"更可取吗？问题就出在"文化大革命"这个特定条件。站在我面前斗我、打我的并不是日本鬼子而是过去的同志，他们并不逼我卖身投降而是要我承认对社会主义造成了危害，而且这一切又是根据党中央和毛主席的指示办的。尽管我对那些造反派很看不惯，但总不能说他们是"贼"，还模模糊糊总觉得有一天台上台下的人又会坐在一起画设计图。"骂贼而死"固然光荣，为误会而送命就不上算了。由于存在这个大前提，我才能够接受以活为纲的方针，能够忍受各种污蔑和凌辱。

但是怎么求活呢？是反戈一击还是立功赎罪？在这里我给自己的活命哲学规定了两个前提：第一，不陷害他人；第二，不说谎话。这好像是数学规划中的约束条件。因此，我的根本方针说得完整些应该是："在不陷害他人和不说谎话的条件下，使活下去的几率达到最大"。我后来的言行就遵循这个模式。所以人们一再动员我写大字报揭发别人立功赎罪，我在整个"文革"期间硬是一张不写，也算创个纪录。人们还一再逼我写检举材料，在无法回避时就写些尽人所知或无关痛痒的事情搪塞。有一次，某位外调人员非逼我证实某人参加某组织不可，我就洋洋洒洒写了十多页材料，塞满人所尽知的历史和伟大的空话。最后的结语是："根据当时形势情况分析，不能排除某人参加之可能，革命群众对之怀疑是理所当然的。但我也想不起任何证据，可以证实。根据毛主席实事求是的教导，我相信只要把调查工作继续深入做下去，事情必有水落石出之一天也"。气得那位外调者七窍生烟，大骂我是老狐狸。但他反正无法要我写出其他的话，只好悻悻而去。

天王圣明　臣罪当诛

规定总纲和约束条件后，还要有些具体路线。最重要的是天王圣明和唾面自干两条。

中国自古以来就是天王圣明、臣罪当诛的。既然根据钦定理论我是有罪的，那就痛快一些，自认是弥天重犯、万无可逭，不就得了。这样承认一下，既不牵连别人，也无绝对标准。任何国家的法律，总是根据具体事实判罪，从来不根据罪行前面的形容词量刑的，所以我在这些形容词上从不吝啬。有些人斤斤计较于其罪行是滔天还是仅仅盖地，我看大可不必。

根据认罪原则，我也不知上缴过多少份检讨、认罪、交代和悔过书，叠在一起，至少也有半米高。其中高级形容词也不知用了凡几。所以尽管检讨书中实质内容无几，但由于既写得又臭又长，又有大量"滔天"字样，经常获得"认罪态度较好"的评语，对减少我的皮肉之苦大有裨益。我爱人偶尔拜读过我的一份交代，顿觉天昏地暗，手颤脚麻。她战栗地问我："你怎能这样承认？将来哪还有出头之日？"我不禁笑她妇人之见。用空洞的滔天罪行，换取现实的片刻安宁，绝对是上算的交易。

有人惊佩我何以能下笔成章，写出那么多的大块文章出来。其实，"文革"开始后不久，人们就忙于夺权内战，除非有精神病，谁会去认真读牛鬼蛇神的挖根清源书？所以大可把以前写过的材料，改头换面、排列组合，再从近日报刊上撷取些时鲜内容浇在上面，不就是一篇优质检讨书吗。何况熟能生巧，写到后来，一提笔管，那些最高指示、认罪知罪、分析批判、挖根改造的八股就会汩汩而来。当然，要用空话凑成百来篇大作，也得有些本事，这还得感谢我爸爸当年逼我写古文的那段经历。我看到有些文化水平较低的棚友，吃力地写交代书那份受罪样子，真是同情，恨不得在牛棚里摆个拆字摊，挂起"代写各式交代检讨，立等可取"的招牌，我想生意是不会少的。

我那半米多高的交代、检讨书都在武斗中散失了，最后发还给我的仅寥寥数本，这是件憾事。否则后人为我编全集时，不费吹灰之力可以印成一厚卷，可以作为"检讨辞典"翻用，有益于世是无可置疑的。

现在再说说这"唾面自干"的原则。在浩劫中最受不了的就是无休止和别出心裁的人格侮辱和肉体殴打。我不忍再描写或回想自己怎么跪在台上，被人一拳打断眼镜架血流满面，或深夜被拖到大楼里拷打的情况。问题是：怎么处理？还得向古人学习。昔寒山问拾得曰：世人谤我、欺我、辱我、笑我、轻我、贱我、恶我、陷我如何处置乎？拾得的回答是：只得忍他、让他、由他、避他、耐他、敬他、不要理他、再待几年你且看他。我很怀疑拾得大师是否蹲过牛棚？反正他这几句真言总结得太全面深刻了。我就一直在背诵这"忍让由避耐敬不理"的八字真言，而且身体力行。有些人其实问题不大，就因为过不了"忍"这一关做出些事来，弄假成真，变成刑事犯。当然，人是有血气的，有时真会使你忍无可忍，"怒从心头起，恶向胆边生"，我有一次就几乎要在屋顶上把一个作恶多端的家伙推下去，"为牛除害，与汝偕亡"。但还是强忍下来，赶紧念动八字真言，降火退魔。如果那一天真做出事来，我当然要身被极刑，连平反昭雪的资格都没有了，又怎能坐在这里摇笔头做打油文章呢。

人 贵 有 自 知 之 明

"文化大革命"和以前几次运动不同点之一，是在初期揭发出大量牛鬼蛇神后，又来了个批判资反路线的插曲。于是在1967年初，大批牛鬼蛇神乘机杀出牛棚，造走资派的反，有的还组织队伍，立起山头，想分享天下。霎时间，人鬼混杂，山头林立，叫人眼花缭乱，莫知所从。

在这场大翻案风中，初期被揪出的牛鬼们几乎个个都造了反，名登平反红榜，只有我和一些定了性的五类分子还是在老老实实劳改。难道我不想平反吗？当然不是，我同样是"做梦也想翻天"的。但是我有点自知之明。仰观天文，俯察地理，审时度势，我得到这样一条结论：在这个"阶级斗争为纲"的总方针下，像我这种出身的老九，在思想意识上断然将划在敌对的那一边。只要总纲不变，这个事实也不会变。因此我的出路只能是在工农兵监督下贡献一技之长。要想挤上台去分一杯羹，那是十足的幻想，我才不存此想呢。

所以，在棚友们纷纷杀出牛棚平反，有的人并且成立了"联络站""战斗队"等，大有逐鹿中原之意时，我不仅没有参加，而且大为他们的下场担忧。有的棚友平反后，孜孜研读"十六条"，并劝我也钻研吃透，自己解放自己，我也听不进去。十六条不可不读，但也不可深究，更不可迷信。任何条条最后都要服从总纲的，连宪法都不算数，十六条又算老几。由于自己有这么个总的估价，所以在平反的大高潮中，我照样烧锅炉劳动，除了写了张申诉书外，没有搞更多的活动。

事情的发展果然不出我的预料。"正统"的造反派夺了权并结合了几个老干部后，就搞什么"清理阶级队伍"。尽管两大派在进行你死我活的斗争，那些造反出来的牛鬼蛇神却是他们共同的敌人。他们一个一个地统统被揪了回去，被声讨翻案罪行而且受了加倍的折磨。哪怕你把十六条背得滚瓜烂熟，又顶个屁用。相比之下，我受的折磨就少多了。所以人贵有自知之明这句最高指示可真是正确啊。

从假离婚到做泥水匠

经过一段时间的实践，我深信"以活为纲"的指导方针是完全正确的，而我的修养工夫也能胜利地执行这条总纲，看来不至于在运动中横死了。接下来就应争取个最好的归宿了，而关键的一点是在最后定案时给我戴顶什么帽子。

根据历史经验，最后的戴帽问题取决于敌我百分比和自己认罪的程度。前者完全要由上意睿断，后者则可以努力争取。所以我一直在构思如何写出几篇史无前例的深刻检查来，以取得最佳效果。我分析了以往的运动资料，认为分析批判以后就应该转入认罪定案阶段，所以从 1966 年底就开始准备写总检查了，但"文革"确实不比往常，一波未平一波又起，而且随着运动的深入，我的罪孽越来越严重，日子也愈来愈不好过，出我原先意料，看起来是凶多吉少。运动搞得那么大，揪出的人这么多，为了面子也不能草草收兵，戴帽比例的行情看来是要涨。作为工程师，我不得不按最坏的情况——戴上右派帽子并发往宁古塔充军——来做设计了。落到这个下场，我自身已不必加以考虑，问题是怎么解救我那不幸的家属。我捉摸着戴帽的几率，考察了那些老右派家属的情况，还研究了姜维和李秀成的假投降计，最后想出一条万全之策：假离婚。不过要实施此计，非得到老婆儿女的配合不可。

这一天被斗挨打回家，妻儿相对垂泪，我觉得这是个大好机会，因此冷静地说：

"别哭了，这次运动我是凶多吉少，起码要戴上右派帽子，打入十八层地狱。我倒无所谓，就是苦了你们……"

"不会吧，"爱人抽泣着说："你做了那么多贡献，难道一点照顾都没有吗？"

"唉，不要存幻想了。贡献还能比彭德怀大？今天他们说，不但要把我打倒在地，还要踏上一只脚，教我永远不得翻身，还警告我不要再梦想平反了。在劫难逃，我这个头号牛鬼蛇神不戴帽，'文化大革命'岂不白搞了？"

于是一片抽泣声。我看看火候已到，试探说：

"光哭也不行，总不能等死。如果你们真变成五类分子家属，这一辈子都完啦。特别是孩子们有什么罪，为我背一辈子黑锅？要救他们。"

"怎么救呢？向毛主席写个报告哀求吧？"

我听爱人说出这样幼稚的话，不禁皱起眉头。"那还了得！我倒有个主意，我看，我们不如暂时分手，孩子跟你，你出身好，这样就救了他们……"

爱人不等我说完，登时杏眼圆睁，柳眉倒竖，"什么，你要离婚？"

"声音轻些，"我慌忙喝止她，附耳说道："我们这是假戏真唱嘛。法律上离了，实质上不变。我们还可以私下写个文件嘛。将来我如摘了帽子，再复合嘛。这是为了孩子啊。告诉你，要唱好这出戏还不简单呢，我们得慢慢地争吵起来，你埋怨我，我斥骂你，愈吵愈厉害，一直到左邻右舍都觉得我们实在过不下去了才能……"

我正说得起劲，忽然爱人把桌子一拍：

"别说了，我不干。"口气斩钉截铁。

"那么如果我定为漏网地主呢？"

"我当地主婆。"

"我定为右派、反革命呢？"

"我当右派家属、特务老婆。"

"我们当右派子女。"大孩子也跟进，一副慷慨赴义的样子。

"你们要受一辈子苦呢，被人笑，被人骂，永远抬不起头来。"

"不怨你！你没偷、没抢、没贪污、没腐化，有什么见不得人。右派？右派有什么了不起，人家说有本领的人才会打成右派。"

爱人如此顽固不化，我的计划大乱。只好按照我当右派、她们当黑五类家属的模式来安排后事了。她们也没有食言，不论为我受了多少委屈，没有发一句怨言。当我们的经济情况陷入困境、我只能每天带上一罐泡饭上牛棚劳动时，她们还悄悄地在泡饭底下埋上一只荷包蛋。这种至情骨肉之爱，是支持我苦熬到底的一大动力。

这时社会上更乱了，大学是停办了，设计师也都去接受再教育了。我估计这个知识分子成堆的设计院未必还能存在，像我这类货色更难重操旧业，要紧的是急需学一门手艺，将来好混口饭吃。于是我利用牛棚劳改机会，抓紧学些真本领，什么踩三轮车呀，做泥水匠呀，我都特别卖力，连牛司令都认为我劳改态度良好。后来我不仅能踩三轮车送货上江湾，而且能用泥刀铁板粉一个天花板顶棚，光洁平整，得到泥水师傅的高度评价。当我每晚像泥乌龟一样地回到家中时，妻儿们见了不免一阵伤心，反要我劝慰她们。其实，这时我正为终生当泥水匠做准备，自食其力，自得其乐，心中并没有太多的苦痛，比妻儿们还更想得开一点。

唯物论的精神胜利法

精神胜利法是从鲁迅先生笔下的阿Q哥那儿学来的。阿Q哥在被人殴打时，心中想这是儿子打老子，世道大变啦，便觉得痛楚大减。他见到别人飞黄腾达，自己穷途潦倒，又会想，你神气什么，我祖先比你阔多啦，更觉得遍体舒泰。这种精神胜利法常为世人不齿，其实，拿过来稍加改造，大可为我所用，特别是帮我渡过了好些批斗的关。

譬如说，在许多场合下，批斗之前往往要你自报身份："你是什么东西？"有些棚友坚决不承认自己是"牛"，一定要跻身于"革命群众"之列。精神固嘉，但不免换来一顿臭骂或好打。而我则干脆利索满口承认，甚至别人尚未开口我就声明"我是牛"这不是我丧失原则，盖牛之一字其义甚多，既有黄牛、水牛、犀牛、牦牛之分，又有牛鬼蛇神和孺子牛之别。劳动人民在抬重物时加一根横木以分散力量者亦曰牛。我说"我是牛"乃"我是孺子牛"之简称耳。我还吟过诗曰：笑人逐鹿亡其鹿，呼我为牛应曰牛。有此精神胜利法，既不得罪革命群众，又不丧失原则，真可谓计之善者矣。

又譬如台上那一位口沫横飞痛斥我如何反党反社会主义时，我偷眼一瞟，不禁哑然失笑。原来此君当初在调动工作时，怕苦嫌累，曾苦求我帮忙设法。我想自己的觉悟水平虽低，比他却高出一筹。想到这里不觉腰杆硬了不少，只觉得台上是在演一出滑稽剧，

而不是在批斗我。

同样地，另一次会上有一位仁兄大义凛然地痛斥我如何为名为利著书立说，毒害青年。我咽下一口口水，暗暗说道："别再装腔作势了，莫忘了当年为了要我介绍发表你的文章登门请求的可怜模样了。"这么一想，就感到彼此彼此，那些慷慨激昂的发言似乎都打在他身上了。最后要我认罪表态时，我也痛快地说了一大通，因为我觉得这是我代替台上那位说的，我只占一小半而已。

还有人揭发我在困难时期诬蔑党的开放高价食品政策，说是"饮鸠止渴"❶。我暂且不理会有否此事，却在鄙薄他的不学无术。也算是个大学生了，会讲出什么饮鸠止渴的话来。我很想问问他，这一只只的斑鸠儿怎么个饮法，岂不哽在喉咙中耶？想到这里台上那位英雄的光辉形象顿时逊色，变成错别字连篇的小学生了。

再有一次就是批判所谓"一根扁担上飞机"的事件了。这件事说也简单。我在锦屏山区工作时，经常要背些行李跋山涉水，因此我就在上海买了根小扁担带来应用，偏巧又是乘飞机来川，这就发生了扁担上飞机的典故。政治部认为这是个说明知识分子改造的好典型，到处宣传，当年我也被反复采访（要拔高思想境界也）所苦，想不到一年多后又变成一个欺世盗名的阴谋。但当我发现在台上正气凛然、揭发批判我的人就是当年出主意选典型的人，不禁要笑出声来。我想，这种种把戏都是你自编自演，我不过是个道具罢了，与我何涉？这么一想怨气顿消，不像自己在被批斗，倒像是在看一个小丑在表演一出蹩脚戏了。

这种例子甚多，不能一一举述。老实说，当我看到一些英雄们狂呼怒吼的形态时，往往会想起他们以往见不得人的言行，猜测他们此时此刻所想所欲，估计他们今后的结局收场，我心中实在有些怜悯他们。当你看见一只屎壳郎在粪堆中顾盼自雄、忙忙碌碌的动作时，就会有这种感觉。当然，这只能在心里想想，万万不可流露。

有的同志可能认为向阿Q乞宝，不足为训。其实，我的精神胜利法与阿Q的原法有本质上的区别。因为阿Q的精神胜利法是建筑在空想中的。明明是小D打他，却想象成儿子打他。明明他祖先也是穷光蛋，又幻想成"比你阔多啦"。此所以不足为训也。而我的精神胜利法则是"以事实为根据，以真理为准绳"，那些英雄们就是干过这些勾当嘛，拿来"精神"一番有何不可呢。所以我说阿Q哥采取的是唯心的精神胜利法，而我用的则是唯物精神胜利法，或可称为马列精神胜利法，这是两者的根本区别。

你打你的　我干我的

在漫长的浩劫岁月里，怎么挨过一场又一场的批斗、交代，怎么消磨似乎是多余的

---

❶ 原成语应为"饮鸩止渴"——编者注。

光阴，实在是个问题。根据我的经验，采取"你打你的，我干我的"战略，倒也使得。

在运动开始的那个年头，"法网"还不严。福州路上的旧书店还照常营业，我得空便钻到那边去。虽然古书已绝迹，成堆的技术书和影印书仍大可浏览。花块把钱买回一本求之已久的绝版书或未曾见过的妙笈，偷偷阅读，大可遣忧解愁。跑旧书店淘书的事一直干到书店彻底清封，只卖红宝书为止。

我还继续研究、搜集弹性问题的理论解，探索应力函数的构造与特征，我早有志在这方面做些工作，但文山会海和人事上的窝里斗，使我从来不能真正静下心来读点书。成为牛鬼蛇神后倒卸除了我这方面的包袱，批斗之余只要没有人在侧，我就偷偷读书或思考一些问题，甚至还写些心得。有时站在台上低头挨斗时——特别是奉命"陪斗"时，我常常在苦思一个问题之解。偶有所得，不觉欣然忘斗，无意中还挺直了腰。虽然常导致一声断喝甚或一记耳光，我也不在意。就这样，在台上你批我"知识越多越反动"，在台下我却在进行"越反动越多求知识"。这就是"你打你的，我干我的"战略的具体实施。

根据批判揭发，我是刘少奇的社会基础，是奉行黑修养的样板。说实话，我过去对"黑修养"还没有认真研读过，不知道怎么糊里糊涂变成了基础与样板。于是我翻箱倒箧寻出一本《修养》，利用烧锅炉的机会在炉边读了起来。这次倒是读得挺认真的了，还在上面批批点点，名为批判，实为补课。读到"与人为善"一段时，忽然想起《雷锋日记》中似乎也有类似的提法做法，不成雷锋也变成基础和样板了。找出雷锋日记来看，果然不错，正在大惑不解，新版的雷锋日记问世了，有关的几天日记却变了个样。于是我才恍然，原来人死了几年后仍能从骨灰堆中爬起来改写日记的，着实长了见识。

但后来在精神领域中的专政愈来愈严厉，上面这些做法行不通了或风险太大，我又改操它业。这时社会上流行很多智慧问题，孩子们常常向他们的牛鬼爸爸求教：

"爸爸，一个孩子拿了 8 角 8 分钱去买 1 斤菜油。他将 8 分钱买雪糕吃了，但仍买回 1 斤油来。他是怎么办的？"

"爸爸，一个六位数，用 2、3、4、5、6 去乘，仍旧是由原来 6 个数字组成的六位数，只是顺序动了一下。这个六位数是什么？"

"爸爸，4 个黑棋和 4 个白棋排成一行。每次移动相邻的 2 个棋子，移 4 次，怎样才能移成黑白相间？"

"爸爸，一个 1 米见方的箱子最多能装多少颗直径 1 厘米的弹子？"

我兴趣盎然地帮他们解了出来，有时还发扬光大一番。譬如那个移棋子的问题，我就发展了一个标准解法，只要经过 n 次移动，一定可将 n 对棋子从黑白分明移成黑白相间。但有一次一个题目倒难住了我：

"爸爸，有 3 个玻璃瓶，一个容量可装 10 斤水，另两个可装 3 斤。在 10 斤瓶中装有 10 斤水，让你倒 3 次水，怎么样能分出 5 斤水来？"

开始时我认为这种题目不值一思，但试了几次未成功，孩子们就哄堂："爸爸做不出！"我就把课题带到劳改所去想，蹲着用一枝树枝在地上画了三个瓶研究。第二天正是批斗大会，几位棚友愁眉苦脸在考虑怎么交代，一位仁兄注意到我的怪异行动。我就把这问题告诉他，问他可知其解。他睁大了眼睛看我："明天你是重点批斗对象，怎么还在搞这种东西，你……"

在他看来，我一定和历史上的陈后主一样"全无心肝"了。我不便告诉他我是在活学活用"你打你的，我干我的"战略，只好也考虑明天的批斗问题。在下午，我倒是证明出就这么倒来倒去，用这 3 个瓶子是分不出 5 斤水来的，但孩子们的问题都是有解的呀！

这个疑问在第二天批斗会上倒解决了，因为我的头被按得如此之低，几乎可以从两腿间看见后面的东西。我突然得到触发，按常规方法，用这 3 只瓶是分不出 5 斤水来的，但把瓶颠倒过来就行了呀，正像在正常情况下我是不会变成反革命的，但在颠倒的世界里就变成反革命了呀。这么一想，问题得解，心花怒放，台下一阵阵的口号声听上去好像是在庆贺我取得胜利一样。

苦中作乐 牛棚述异

俗语说：笑一笑，十年少；愁一愁，白了头。在浩劫期间，身心都受长期折磨，不自寻些乐趣是活不下去的。我参透这个道理后，在批斗余暇，常常权且把凡百忧痛都抛开，见缝插针地寻些笑料，取乐一场。根据孟夫子"与众乐乐"的精神，最好找位棚友共同开心，效果更好。这里的关键是要放出眼力，找准对象。如果择交不慎，和一个吃里扒外分子共乐，那第二天就得大哭一场了。

1968 年，我常和一位老会计在一起劳改，他的罪名是"国民党残渣余孽"。我稍经考察，确信他是个可以信得过的鬼。此公又是我的同乡，一副绍兴师爷模样，肚子里还有不少典故，因此，两人一见如故，只要牛司令不在，便大讲故事轶闻以为笑乐。我们在牛棚中继续放毒，也算得上胆大包天，好在毒不外流，不至殃及革命群众或可罪减一等。

这一天，扫好厕所，做好煤渣砖，两人坐在屋顶上喘息。我看四周无人，便开始活动："老陈，讲个故事吧。"

老鬼这天兴致不恶，也不推辞，清清喉咙便说将起来：

"从前有一家山村小酒店，店主向来以在白酒中兑水取利。这一天，有客前来买酒，店主不知学徒昨晚有没有兑上水，便用隐语问学徒：'昨夜横塘雨若何？'学徒会意，也用切口回答说'北方壬癸已调和。'主人甚喜。不想那买主是个行家，听出其中道理，愤然携银而走，说道'有钱不买金生丽'，欲往前村去买。

店主见状，忙忙将客人拉住，附耳说道：'前面青山绿更多'。"

我听了开怀畅笑。这最后两句诗用的是歇后语，"金生丽水"出自千字文，"青山绿水"则是口头熟语。

接着老陈也让我说上一个。我想了一阵子，将大腿一拍，也滔滔开讲：

"话说大宋神宗皇帝年间，苏东坡谪到黄州做官。当地有个目不识丁的土财主，却养了个聪明伶俐的女儿。这小姐琴棋书画无一不精，爱上了个穷书生。两人正在闺房幽会，被财主抓获了。财主暴跳如雷，将穷书生五花大绑，送到大堂，要东坡严办诱奸室女的重罪。东坡见那书生一表人才，而且辩称此事系小姐主动见爱，迟疑难决，又不便面询小姐，暂且将他收押。

财主闻说大怒，登堂催逼。东坡支吾一阵，探询小姐平素做什么事。财主说，我那女儿幽娴贞静，足不下楼，只以吟诗绘画为事。东坡闻言顿触心机，就对财主说：久闻令爱才高八斗，学生有画一幅，欲请小姐斧正。财主听到苏东坡才子都要请自己女儿正画，面上有光，一口应允。东坡就退到书房，铺笺染毫，画上一堵短墙，墙内鲜花盛放，一只燕子绕花飞旋，然后在上题了一首诗。那诗是：'邻家新燕过墙来，贴水穿花去复回。是燕寻花花引燕？诗人搔首费徘徊'。画妥后就由财主携去。过了一日，小姐将画送回。东坡急忙邀请师爷们共同探究。谁知那画一无改动，小姐仅将诗中的贴字抹去，改为'掠'字。东坡甚讶，与众人探索其意。

一个师爷说：燕子飞得快，掠水比贴水更妥，小姐果是才情不凡。东坡皱眉道，我又不是真的要她改诗。难道这个冰雪聪明的小姐会不解我意？

一个师爷说：掠者强力夺取也，这小姐定是遭受强暴了。东坡思之，总觉不妥。

众人议论竟日，终究不得其解。东坡不甘心，晚上仍邀集众人，焚膏拈须，反复沉吟。直到更阑漏尽，才灵机触发，不禁重拍书案，失声喊道：'老夫解之矣！这姑娘真乃绝顶聪明！'众人惊问所以，东坡笑吟吟地说道：'这哑谜老夫已解，诸君细察这掠字，非半推半就耶。姑娘分明是说，这姻缘是她首肯的，非用强也'。众人闻说，一致叹服。东坡大喜，即日释放书生，并亲自执柯，成其好事。财主见太守为媒，也只好认账。老陈，我这段轶事，比你那绿水青山如何？"

老陈听得眉飞色舞，叹赞不尽，而且信以为真，认为苏东坡真判过这件风流公案了。其实这完全是利用一个灯谜瞎编出来的，经不起考证。苏东坡谪黄州是当团练副使，哪里会去审风流案呢。那首小诗也出于我的杜撰，东坡怎能写出那样浅薄不堪的东西来呢。但我们就这样打发棚中岁月。以后两人见面，一个就说"青山绿水"，一个就答以"半推半就"，彼此哈哈大笑，万忧皆解。几年来我在牛棚中听到和说过的轶事异闻还真不少，如果全记下来大可以出一部"牛棚志异"，和《聊斋志异》媲美了。依靠这些，我常能在忧伤悲苦的夹缝里破颜一笑，颇收舒怀养神、延年益寿之效，可惜那些自寻短见的院长、总工、组长、电工……不能领略此中三昧，乃至"自绝于人民"也。

长歌当哭　畅吐哀衷

话虽如此，这种"破颜一笑"毕竟只像黑夜中的闪电，一现即逝。笑过后仍然是漫漫寒夜，不见尽头。如再遇上生离死别之惨，日子更难挨过。我的经验是：在无可排解之时，就必须找个清静所在，放声痛哭，把眼泪流尽；没有痛哭的环境，那就另找些办法把万斛忧伤都吐泻出来，这是能活下去的重要措施。

在十年浩劫期间，真正使我痛不欲生的事是我最小偏怜的爱女的夭殇。这个女孩子长得特别聪明可爱，又是特别的不幸。她出生于"三年自然灾害"时期，寄养外家，先天不足，后天失调，搞得骨瘦如柴，奄奄一息。接回家来，两次濒危，抢救过来。"文化大革命"中抄家批斗，把她吓得胆破魄惊，从此染病。那时节我已被整得求生不能、求死不得，哪里还有心绪理她，反而经常在她身上发泄怒气，非骂即打。我每次回想至此，总是涕泪滂沱。我多么幻想她能复活三天，让我把她抱在怀里，忏悔我的粗暴呵，这才是我真正的罪行。

拖到 1968 年 5 月，孩子动不动发高烧，面色苍白，上下肢出现淤血块，该死的我仍然木然不觉。直到 6 月 10 日晚，她悄悄坐在角落里，在灯光的斜照下，她的面色青得可怖，我爱人惊呼说，这孩子一定有病了，连夜抱到医院，第二天就诊断为白血病——不治之症。医师还好心劝慰我们：反正孩子还小，你们就给她弄点吃的玩的，不必治疗了，免得到头来"人财两空"。我们当然不能接受这番忠告——我相信世界上任何一位父母都接受不了。但是我这时只能按人口领取每月 15 元的生活费，一些存款也被查抄、上缴了，哪里去弄钱呢？幸亏我爱人还藏着个活期存折和几张定期存单，我当晚就去储蓄所提款，不幸又被人看见密告。造反派立刻把我揪去，任凭我苦苦哀求，反复说明这是为了救女儿的命。然而一切无效，除了一顿痛打外，他们查抄了所有的钱。在这一天我才真正认识到迷失本性的人有多么残忍恶毒，过去我是梦想不到一个人会丧尽天良到这种地步的。

但是我仍作着绝望的挣扎。我们向一切还承认我是人的亲友去借钱，我们全家心甘情愿地再次压缩生活费挤出钱来，我们把一些值钱的东西统统送进了寄售店，甚至过去视为命根的万卷藏书也以每斤一角的代价成捆地送进回收站，我们要为救活小女儿而付出一切。牛棚中的难友们知道这个噩耗后还私下给我不少劝慰，有的甚至愿意偷偷去医院献血。我觉得他们尽管戴着地主、右派、反革命的帽子，他们的心地实在比那些造反派高尚万倍。

我们和死神拼搏到 1969 年 8 月 17 日，这个可怜的孩子终于在受尽折磨后死在我的怀中。临死前她睁开眼睛哭着问我："爸爸，我为什么会生这样的病呀？"我望着她那憔悴的面容、遍体血斑和针孔的肢体，听着她和死神挣扎的哀号，只觉得自己的心在被剐、被剐、被油煎、被盐渍，难以熬忍的苦痛！最使我痛苦的是不仅在她生病期间，我不能自由地去探望陪伴，就是她死后我也只得到一天假期去火化遗体。接下去又是看不到尽头的批判、审查、交代、斗争。其实，我已经麻木不仁了。我只痛悼我的亡女。环境不仅不容许我替她做个小坟，甚至也不可能放声痛号一场。我只能默默地流泪和发狂似地写我的哭女诗。深更半夜我常常一个人呆坐在小窗前，回想着前尘往事，幻想她能再从黑暗中走出来，至少在梦中让我们再见一面，我边哭边写着：

> 深夜孤灯坐小楼，八年幻梦眼前浮。
> 算来欢笑无多日，赚我伤心到白头！
>
> 不见娇儿入梦来，深宵无寐倚窗台。
> 风吹帘影参差动，疑是殇魂夜半回。
>
> 小阳台上画栏边，歌似春莺舞似仙。
> 此景至今常入梦，哪堪醒后泪如泉。
>
> 不尽伤心了不愁，肝摧肠裂度春秋。
> 待将儿女债缘了，归卧深山土一邱。
>
> 思见亡儿渴念深，纵然是梦也甘心。
> 何时重起黄粱炊，却恨仙翁无处寻！
>
> 昨宵仿佛梦儿容，一唱金鸡事又空。
> 拭泪聊寻儿立处，翻添新恨万千重！
> ……

偶然看到她的遗影、遗物，我又悲不自禁：

> 留此周年影一张，孤灯相对泪沾裳。
> 何缘而聚何由散？万恨摧心叩彼苍！
>
> 画在人非事可伤，几番展卷碎肝肠。
> 颦眉似向双亲语，莫忘相依梦一场。
>
> 旧日箱笼不忍开，残衾遗服尽添哀。
> 棉衣宛是人模样，聊作儿身抱一回。
>
> 琼树长摧玉永埋，床前遗此小红鞋。

忍心弃向荒郊去，只为无方遣痛怀！

……

在那大雨滂沱的黑夜中，我又吟道：

寒灯夜雨泪千行，别后音容渐渺茫。
辽海鹤归人寂寞，秦楼凤去事凄凉。
尘寰重聚因缘尽，泉下相逢岁月长。
为问亡灵知也未？阿爷魂断夜窗旁。

淅沥秋窗雨打更，凄凉来日奈何生？
眼前似现惊鸿影，耳畔犹存雏燕声。
安得逃尘求解脱，岂真折福为聪明。
纵教决尽西江水，难洗思儿不了情。

……

在深秋闻雁，夜阑梦回，看到邻人儿女，听到孩子的欢笑，我都会触发悲思：

枯眸望断碧天云，凄绝孤鸿永失群。
画案尚留新笔砚，破箱深锁旧衣裙。
娉婷形貌千秋灭，冰雪聪明一炬焚。
安得西湖三尺土，杜鹃开遍女儿坟。

落叶飘零哭女天，悲怀万种笔难传。
聪明若彼原非福，恩爱如斯定有缘。
遗影宛然春似梦，殇魂杳渺夜如年。
我心痛绝痴迷甚，清泪滔滔湿素笺。

朝暮犹将名错呼，陡然醒觉泪模糊。
涌来眼底千般影，剜却心头一颗珠。
难致神仙返魂药，怕看亲友合家图。
凄凉欲问泉台下，还有天伦恩爱无？

哭儿真个哭无停，自小珍珠掌上擎。
怯见生人装腼腆，惯寻邻里斗聪明。
花输解语莺输巧，云比风姿玉比清。
总是凤缘何可说，剩将涕泪伴余生。

细舞清歌曲尽谐，玉盘珠落话喃喃。

十分羞怯娇偎母，无限聪明远胜男。

梨栗满床忙不止，甜香一枕睡方酣。

竟如幻泡因风灭，涕泗横流恨永衔。

生小相随形影依，剧怜临逝尚牵衣。

回头总觉人犹在，举目方惊事已非。

百结愁肠和泪断，千秋痛思逐云飞。

愿儿迟我数年后，共驾骖鸾返翠微！

……

这些日子，我也记不清写过多少哭儿诗了。开始还不敢留稿，哭着，写着，烧掉，再写。后来也不怕了，"难道天公永钳恨口，不许长吁一两声"么？我都抄在一个本子上，还详记了她的生平和从得病到去世的细节，包括所有用过的药方和单据，题名曰"秋魂集"。可惜这个本子也被家属们烧掉了。在我奉命去四川戴罪效力后，我又到龙华火葬场看了她的骨灰盒，在这里我可以放声痛哭一场。我就这样用流不尽的痛泪，写不完的诗句，倾吐我对爱女的怀念和悔恨，寄托我无限的哀思，稍解我刻骨镂心的悲伤。眼泪和诗歌使我没有变成一个精神病人。

从恢复工作到落入黑店

解　　冻

1970 年上半年，"文化大革命"进入第五个年头，全国山河已经"一片红"，但局势依然混乱不堪。发动"文革"的毛主席，试图驾驭已经失控的局面，措施之一是尽量解放一些干部和老九。应该指出，"文革"的打击面固然是史无前例的广，但对揪出来的人的定性也是史无前例的慎重。像我这样一个小人物，也设立专案，外调内查，不计其数。批判虽从严，真要定案，没有过硬的根据都不算数。这样一来，我的罪孽就减掉不少，慢慢地从鬼变成"半人半鬼"，最后恢复为人。只是这个过程相当缓慢，你得有耐心，慢慢地体会其变化。1 月 9 日，批斗我时允许我坐一条板凳。2 月 4 日，批斗后责令我"回组继续接受审查"，这可是质的变化，我基本上跨出了牛棚。接着又允许我抄大字报、共同劳动甚至参加义务献血，并开始交一点业务工作给我做——我当然全力以赴喽，每个数字都算到小数八位。3 月 13 日，我领到工资时，不禁眼目一亮，已经照额全发啦。这天一下班，我就买上一块钱白鸡回家，共庆超脱。最后宣布我是回四川抓革命促生产小组中的一员，当然是最后一名。但对我的审查结论，还是在我去四川后才宣布的，我也没有听到，据说大意是"……有不少反动言论，属政治错误，应予严肃批判……作为人民内部矛盾处理。"这个结论有些不够严密，我究竟是属人民内部矛盾呢，还是本系敌我矛盾而从宽发落、按人民内部矛盾处理呢？总之，名为解放，在结论中挂上一条尾巴，以示批得不冤，斗得有理。当时对很多人的结论都采取这个模式。这和复查结论有很大差距。复查结论我倒是记了下来，其文曰："经复查，原结论指的反动言论系其在解放初期对错误思想所作的自我批评和整风学习总结中对新安江工程质量问题及对某些政策问题的看法所作的自我批评。我们认为这些均不能视作反动言论，是错误结论。'文革'中所加的一切诬陷失实之词均应予推倒，消除影响，恢复名誉。"这样就还了我历史真面目，共产党真不愧是个光明磊落的党。不过这是在五年以后的事。

1970 年 6 月 22 日，上海院革命群众在北站欢送重返三线的战士。我悄悄站在另一角落和家人道别。妻子和儿女们不免又涕泗滂沱一番。这泪水中既有离别之泪，也有欣慰之泪，还有一点忧伤之泪。那时的四川还很不太平，"天下未乱蜀先乱，天下已治蜀未治"，那是一点不假。四川的武斗本来就名闻全国，而处于西陲雅砻江上小小磨房沟工程处的武斗又是艳压群芳，名震全川。磨房沟的造反派不仅拥有迫击炮和土坦克，还有打开西昌城的赫赫战绩。在工地，两派已杀红了眼，山坡上一排排的烈土坟就是战果。上级派出军管会已换了六届之多，都被缴械"欢送"下山。把我这种人鬼未明的角色送到那儿去，真不知是凶是吉呢。我自己也无多少把握，只好走一站，算一段了。

但实际上去磨房沟后，倒真是解放了我。不仅因为在那里天高皇帝远，又隔着一个单位，无人关心我的身份；也不仅因为我可以重振精神，把全部心力扑放在工程上；还由于磨房沟的第七届军管会主任是位欣赏老九的丘八。这位主任姓王，是西昌军分区的副司令员，他喜欢搞工程，又知道磨房沟庙小神大，是动乱之源，自愿屈尊前来坐镇，他果然控制了局势，恢复了工程的施工，也就是他几次急电上海催设计院立刻派人来川的。

我重到磨房沟后，感到在司令员的统治下，工地有一股新奇的风气。譬如说，上现场开会研究问题，我自然而然地摸出小红书来等待主持者宣布学习哪一段最高指示作为指导思想。想不到他望望我说："收起语录本，我们这里不来这一套"，这使我吃惊非浅。又譬如说，我们和施工同志及工人争得面红耳赤，各不相让，最后只好请司令员裁决了。他听了半天后发话道："听来听去，无非要我决定，是听工人的还是听工程师的话。我看这种事，就应听工程师的。"这也使我"如听仙乐耳暂明""别有一番滋味在心头"。

司令员在了解我的身世经历后还特别关心我，招呼部下给我些特殊礼遇。司令员也没有架子，常驾临设代组打打扑克，喝喝土酒，摆摆龙门阵，亲如一家。士为知己者死，几个老九都感恩知报，全力以赴。磨房沟水电站工程规模虽不大（3.75 万千瓦），可是有全国水头最高的明钢管和球形岔管，地形地质条件也很复杂，经过四年破坏，满目疮痍，已到了散伙的地步。在司令员的坐镇下，老九和工人们努力奋战，居然在一年多的时间里就起死回生，装机发电，电流飞越牦牛山，直送西昌城，这倒真是个奇迹。

荒 山 生 涯 拾 趣

如果不去看那些武斗遗迹，磨房沟真是个世外桃源。麻哈渡畔奇峰矗立，铁索横空；进入山来，到处是悬崖峭壁、奇花异草（有的崖顶上还长着千年灵芝呢），一道清泉，从一个神穴中喷出，直坠八百米，泻入雅砻江。在天然仙景中，又点缀上一些人工建筑：娇小玲珑的坝，两条长引水洞，洞后接以一泓清池，池畔立着一座小平台。平台下接有几百米长的压力钢管沿陡坡而下，将水引入出麓的厂房发电。我记得康熙和乾隆皇帝最爱为胜景题名，但未必见过这里的妙景，因此我在工余就寻幽探胜，见到佳景就坐赏忘返。我还"手定"磨房沟胜景之名，曰：

铁索凌空　麻哈夜月　雅砻秋涛　厂房晨曦　松坪夜市　太岳插云　前池挹翠 悬崖卧龙　翠岗长渠　碧潭澄影　神穴灵泉

取好名后，怡然自得。但数了一下，是十一景。从来风景区的名胜总是成双的，什么钱塘八景、西湖十景等，十一景似乎不妥，但我一时找不到其他景点。一天黄昏，我从工地回来，遥见设代组的小草房顶，青烟一缕，正在晚炊，顿触灵机，加上一景曰"设代晚烟"，凑成全璧。当然，和其他十一景相比，这座茅屋早已倾圮，再也观赏不到此景了。但"雷峰夕照"不也早已消失，然而仍流传于世、脍炙人口么？！至少这一景在我心头是消逝不了的。

我在磨房沟又蹲上两年多，最大的收获是重新拿起计算尺和三角板，做最基本的计算、制图和描图工作。正像将军当兵一样，重操一下旧业，是十分有益的，尤其是能发现自己的浅薄和不足，得益匪浅。譬如司令员要我们设计一幢小展览楼，我虽然画了图而且施了工，那外形的笨拙难看，恐怕也称得上一绝。要为电厂盖座厕所，更令我犯难，只好偷偷去请教工地上一位搞过建筑的人。他洋洋得意，跷起二郎腿，讲起大道理来：

"别瞧不起厕所，这里头学问多呢，要懂得天时、地利、人和……"他见我满脸不信，便伸出手指说教："就说天时吧，厕所里满是臭气，要靠自然通风消散，你不识天时，这厕所还进得去？再说地利，这里到处是山，不选好位置，因势利导，下水道从哪里出去？"

"那么与'人和'，有什么关系？"我不服。

"人和么，这个，这个……你想想，厕所虽不登大雅之堂，然而关系风化非浅。多少作奸犯科之事，常发生在厕所之中。人和岂可不管？！"

他说了半天，我一无所获，干脆跑到天天必去的所在，进行实地调查，细细考察它的布置、构造、通风直到每一细节，还拿个钢卷尺量来量去。附近来淘粪的农民，对我深具戒心，先是怕我偷粪，后来一定认为我是精神病。考察过男厕，本应再考察女厕，但是这真要引起风化问题，只好从略，仿照男厕处理，只在每个坑位上加配小门一扇，进口处加筑围墙一道，以示区别，兼顾"人和"。

山沟里，消息闭塞，报纸都是半个月前的，唯一的可靠信息来源，只有空中的广播。所幸设代组虽仅七八条好汉，倒也人才济济。有的是政论专家，报纸上刊载的领导排序的任何细微变化，绝对逃不过他的眼睛，而且可以得出种种预报。还有位同志家在北京，小道消息特多，提供大量信息以供研讨。"九·一三"事件后，大多数人还蒙在鼓里，他可"春江水暖鸭先知"了，经常说点不三不四的话来启发我。我当然嗤之以鼻并警告他不要惹祸，直到正式传达后才把我吓倒在地，也就省悟到"文革"中出现的种种不可想象的事，其源或出于是。饱读史籍的我都如此吃惊，更无怪工人了。当时采取快刀斩乱麻的做法，当天传达，当天座谈，人人都要发言，会场上充满声讨林陈反党集团的声音。

在某个施工队里，一位老工人听传达时，吧嗒吧嗒抽他的烟，座谈会上一语不发。人们问他到底是什么想法，他迟疑了半天开口说：

"我想陈伯达这个黑秀才真厉害，把敬爱的林副统帅也拖下了水。"

全堂哗然。请不要说这位老工人觉悟低，牛顿惯性定律还在起作用嘛。再说，他至少已知道那位永远健康的副统帅出了点什么事了。

蛰居在磨房沟的岁月里，也有些伤脑筋的问题，主要是没有吃的，这里本来是无人之区，彝族人也很少种菜植瓜，副食品之缺可想而知。偶有老乡下山来，我们也只能换到一些土豆、黄豆和一种叫做"佛儿瓜"的东西。那瓜的滋味姑且不谈，其外形就令我不悦。遍体疙瘩，好像是从人体中开刀取出的癌肿，所以我叫它做"癌瓜"，真不想进口。逢年过节，分给我们一些猪肉，就是件大事。人人上场参战。我是个百无一用的书生，只能做些辅助工作，主要是清洗和拔毛。不幸这里的猪身特脏，猪皮特厚，猪毛特密特黑，哪里拔得光。我最后常常动用剃胡刀和蓝吉利刀片，一道又一道给猪皮加工、整容。虽然可把毛刮尽，但皮上残留密密麻麻小黑点，我也只能光管外科不管内科了。我是最讨厌猪皮和猪毛的，所以尽管"嘴巴里淡出鸟来"，也吃不下几块带皮的猪肉。

说起猪皮，不免想起咸猪皮熬黄豆的典故。原来我们入川时，带来几盘咸猪肉，这是补充营养的重要支柱。我在加工时，由于货源充足，便把讨厌的猪皮割下扔了。到了水尽山穷的地步，人们忽然想起了它，于是大家动手，搜寻这块失踪的皮，居然在蛛网密封的床角下找到，洗切干净，熬黄豆汤，果然滋味不凡。组长张克强工程师想出个长治久安之计，宣布只准吃豆喝汤，不准动皮，这样可以第二次再熬。有些不识趣之徒把筷子伸向猪皮时，常常被他一声断喝，吓退回去。所以，黄豆不断更新，猪皮依然如故，只是滋味越来越差，外形越来越丑——我看到它时，常常会联想起死了多天浮在水面的浮尸，心头频频作呕。这皮何时才进入人们腹中，我也记不清楚，因为服膺"割不正不食"古训的我，是严拒进口这样难看的咸猪皮的。

我们也曾自己动手，在门口种过些菠菜。怎奈老九玩笔头还行，种菠菜可大大不行。眼看别人的菠菜又肥又绿，摇曳作姿，我们的菜则永远长不大，细小得要用理发推子才能收割。记得在1972年某天，又揭不开锅了。克强突然在我肩头一拍："出去！"原来他发现工程处×工程师家门口的菠菜特别肥美，约我共去"不告而取"一点，以济燃眉之急。我知道读书人偷书是不算贼的，但未考证出偷菜是否也算风雅之举，未免犹豫。张组长说："怕什么，你在上面放风，归我动手。有人来咳嗽一声。"

于是我站在路边，探头伸脑注视来往之客。不久，抛上来许多诱人的大菠菜。我胆战心惊地抱在怀中，一个劲儿催克强赶紧安全转移。他正偷得得心应手，哪里舍得。忽然从房子里传出×工的声音"谁在外边呀？"原来他正在家里哩。我也顾不得江湖义气，拔腿就跑，克强也紧急撤离。又听得×工大声叫道："不要跑了，我已经看清楚了。"我们逃回家后，听见那人还在叫喊"上海来的人还会偷菜哪！"我无计可施，张组长却面不改色，拿了一把从上海带来的"猫头巧克力"和葱油饼干，跑出去了。不久，叫喊声就戛然而止，换成嘻嘻哈哈的笑声。

晚上我们吃上了炒菠菜，那滋味当然是没法形容的。

打出山沟 恢复活动

重到磨房沟后，只花了一年多时间，设计工作就基本结束——包括那座符合天时、地利、人和要求的厕所。我是个闲不住的人，实在闷得发慌，虽从一位知心好友老邱处借来些当时难得见到的书本——如《古文观止》之类，一遍一遍地研读，但这毕竟不是办法。我常常呆呆地坐在麻哈渡畔，回想前尘往事，瞻望茫茫前途，不禁忧从中来，凄然泪下。我曾写过一首小诗曰：

> 七易星霜志未酬，雅江南去泪长流；
> 磨房销尽英雄气，遥望锦屏空白头。

朋友们看后，认为忒悲观了点，于是我又将末两句改为"磨房小试屠龙技，立马西南万里秋"。诗句虽是雄壮了，但在当时形势下，何日才能走上正道，大搞水电建设，而且能让我这号人物贡献力量，可真是"山在虚无缥缈间"。既然人们已经遗忘了我，我就在西昌做些力所能及的事吧，我这样自己对自己说。

我先是建议把磨房沟的水力资源全部利用起来，修建"一级水电站"。在我看来，这只是一举手之劳，设代组中的这几个虾兵蟹将，就足以承担全部设计任务。不意一天晚上，工程处的几位仁兄闯进我的住房，恶狠狠地说：

"你要干，你留下吧，我们可不再奉陪了。当年你们搞什么锦屏开发，把我们拖在这荒山沟里，六七个年头了，你还要害我们到哪一天？"

一番话，骂得我冷水浇头，嗒然若丧。

于是我结识了地区水电局的一些同志，自觉自愿地帮他们调查研究一些小工程。例如，能用来开垦盐源平原的龙塘水库，开发安宁河的骨干工程大桥枢纽，甚至还异想天开地想利用邛海之水发电。可惜由于各种原因，种种心血尽成虚话。我听说云南绿水河电站的钢管被压扁了，毛遂自荐地去参与研究。宝鸡有个搞核试验的部队，在地下工程设计中有些疑难，不知道通过什么渠道找到了我，我也欣然前往，并和那些丘八们打得火热。1972 年我还回到华东一次，参加了查勘瓯江和飞云江的活动。我知道长江上有个叫葛洲坝的工程已在开工，多次上书，希望能参加工作，哪怕是描图也好。我一天复一天地等待回音，可总是杳然。我想，北京大约已经遗忘了我，这辈子就算了吧。

但北京并没有忘记我。在 1972 年 12 月初，水电部给磨房沟发了个电报，要我去成都和乌江渡参加工作组活动。王司令员把电报交给我，批准我借款出差，又对我勉励一番后，我就回到房里，倒在床上痛哭起来。自从离开牛棚以后，我还没有一天这样的彻夜不眠过。"北京没有忘记我，我还有效力机会！"我几次从床上跳起来兴奋地喊叫。我先到成都，向李鹗鼎同志报到。我们在成都研究了龚嘴、南桠河、鱼嘴、映秀湾、龙溪等许多工程的问题，听了昆明院对金沙江和云南水力资源研究情况的汇报。我的眼前涌现了西南水力资源又要大规模建设的前景。我从成都院资料室里借来一叠叠的资料，如饥似渴地阅读着。我到各工地去调查研究，全身好像平添了无穷的精力。12 月 15 日我又转赴乌江渡工地。这是继龚嘴以后正在建设的西南又一座大水电站。由于在地质上、设计上和施工上出现一些问题，正在停工待查，满城风雨。有些同志甚至建议降低坝高、缩小规模，或下马放弃。张彬副部长正在这里研究决策。我闻知后只觉得全身热血沸腾，千辛万苦才开始建设的大水电站怎能被判死刑！我发誓要为它的生存权利作呼吁和斗争。好在请来的专家们大致和我有相同看法。经过长长的讨论研究，乌江渡水电站的施工终于拨正航向、加速前进了。我听了张部长作了最终结论后，才放下了悬着的心。

我还在工地上逗留了多日，宣传推广国际上问世不久的有限单元法和随机振动理论。这些在磨房沟电站上是用不上的。我在外而挨磨到 1973 年 1 月下旬才回去。一个多月的工作，大大激发了我要重新投身水电建设的热情和勇气。这一个月的收获对我来说是太大，太重要了。

不过，正当我心情激动地回磨房沟去时，却落入了"黑店"，遭受到巨大损失。这就是"西昌黑店"一案。不过，这些损失比之我在精神上的收获来讲，仍然是微不足道的。

西 昌 的 黑 店

说起黑店，人们总会想到《水浒传》里菜园子张青和他浑家在十字坡干的勾当：用蒙汗药把过往客商迷倒，劫夺随身财物，还把人拖到人肉作坊去卸成八大块细细剁割，做成人肉包子上市。不要说身陷其境，闭上眼睛想一想这个过程也会使人毛发悚然。

我之所以要写黑店，是由于流传过我在四川西昌落了黑店，有的同志甚至误认为我已被拖进人肉作坊了，很怀疑我是凭什么法力死里逃生的。其实，我在西昌旅店中诚然被盗过，而且损失不赀，但离做成人肉包子还有好大距离，不可不追叙经历，以正视听，同时也免得一一答复那些关心我的朋友。

事情发生在 1973 年 1 月，我结束乌江渡的工作回川时，在成都接到爱人汇来的钱和粮票，加上借支的差旅费，登时身拥巨款，腰粗气壮。我计划先回磨房沟工地料理一些事务后，返沪探亲，欢度春节。

从成都去磨房沟，都在西昌换车。这天黄昏，我乘成昆列车在西昌下车后，便提着个旅行包找一栖宿之所。一般我在西昌过夜都上地委或地革委招待所，但这须走一段路。

我在经过××旅社时，不存多少指望地向窗口问了一下有无空铺，想不到服务员满口答应说有。这样，我就不想多走路了，自思反正只有一夜，凑付过去算了。按章登记后服务员领我进房，里面有四个铺。她指着靠门的一个说，就是这个空铺，其余三个铺都有人了。

我坐在床上休息了一下。长途旅行使我感到口渴。抬眼看去，小茶几上放着热水瓶和擦得雪白的茶杯，就斟上一杯开水润喉。这水喝在嘴中有点涩味，我以为是水质不干净，也不在意。但过了一晌就感到疲倦欲睡。我经常外出，养成谨慎习惯，还特地将外衣先脱下叠好，压在枕头底下。然后再脱去衣裤，闭门上床休息。不久就昏昏入睡。这一觉睡得昏天黑地，醒来时已日上三竿了。

起床后兀自头昏眼花，挣扎了好一会才洗刷披挂停当。伸手向胸前小袋一按，装钞票和粮票的信封还在，就带上门信步上街，悠闲自得。直到走进点心店，摸出信封预备取钱买物果腹时才叫得一声苦。原来信封里装的几叠大团结已变成钞票大小的废纸了。赶紧再摸出装粮票的袋子一看，也是同样命运，全国粮票变成了废公共汽车票。我才知道遭了暗算，顿时三魂失二，六魄丧四，急忙赶回旅社，把床铺翻了个底朝天，哪有可爱的大团结和全国粮票的倩影！这显然是同房间旅客做的手脚。上服务台一问，这三人天不亮就走了，真是"黄鹤一去不复返，白云千载空悠悠"。

这就是我落黑店的全过程，那么简单平淡，毫无扣人心弦之处，比起十字坡要差好几个数量级咧，绝对够不上改编成电影或评书的资格。而且我也不敢担保那茶瓶中下有蒙汗药，尽管开水的滋味似乎有些不正。我更不敢肯定那另三位旅客是结帮同谋，设下圈套引我上钩的，虽然颇有这种可能。我更想象不出他或他们怎么知道我的命根子是藏在枕头下上衣内的小口袋里，对那只引人注目的旅行包倒不屑一顾，又怎么临时准备好这么多的裁剪整齐的废纸和公共汽车废票，来一个桃僵李代……总之，一切都不知道，全属于模糊数学范畴。

平淡无奇的落黑店的经历就这样写完了。如果要多写几句，不妨说说我在遭难后气上添气的过程。当下我懊丧欲绝，走投无路。想不到江湖上往来数十年，却在阴沟里翻船。真是"几十年老娘倒绷孩儿"！又恨这些贼子丝毫不讲江湖义气，囊括一空，不给我留下一些乘车买饭的"最低生活费用"，实乃绿林败类，天地不容。现在身无分文斤粮，如何是好。寻思良久，还是报案再说。当下问清派出所地址，却喜不远，当即飞奔而去。推门进院，只见一位穿戴整齐的民警，正在慢吞吞地细心打扫院子。

"同志！"我好像看到救星一样，叫上一声。接着我不免如怨如慕似泣似诉地把遭难经过向他汇报。我心情之焦灼，口气之谦和，语调之宛转，都臻上乘，我相信铁石心肠的人听了也会同情的。但他却一边听一边仍然从容不迫地扫着地，我不禁怀疑他究竟听进去了多少？

当我倾吐完毕，恭恭敬敬立在他面前听候指示时，他似乎无动于衷，仍然在细心扫那角落里的一些垃圾，似乎我的天大苦难的重要性远远不如那一点点垃圾。我等了半晌，忍耐不住，只好再用世界上最恭谦的语调请示：

"同志，你看这事……怎么办哪？"

他这才抬起了头，用扫帚向办公室窗口一指：

"那边有一个登记本，你登记一下。"

我如获圣旨，忙不迭地连声答应。走到窗边一看，果然挂着一本"盗窃登记本"。窗下还搁着张破桌子，想来是"便民措施"，方便登记者书写用的。我打开登记本一翻，不禁凉了半截。这登记本少说些也有 3.5 厘米厚，上面密密麻麻记着不知凡几的盗窃案，有简有繁，有大有小，但最后一栏"破案记载中"，似乎全系空白。但事已如此，我也无可奈何，只好翻到最后，把自己的遭窃过程也详细记上。为了梦想能破案，我写得特别道地，甚至自己装钱的旧信封是个什么样子的也写得一清二楚。我想凭这么详细的记述，用不到福尔摩斯出马，只要华生医师来照顾一下也定可破案了。

登记完毕，那位民警还在扫地——他是个爱国卫生模范无疑的了。我把登记本呈上，他却看也不看，只是冷冷地说：

"挂回去。"

我憋着气把登记本挂好，这时他已回到办公室了。但他泡上一杯茶，悠闲地看起《参考》来，我只好又忍气请示。他瞟了我一眼说：

"挂好了？挂好了你就走嘛，还立在这里干什么？"

我倒抽一口冷气，再次哀求：

"同志，我是外地出差来的，现在被盗一空，进退两难，派出所得抓紧破案啊。我提供条线索给你们，这事明显是同房的三个人干的，他们进店时都有登记，你们可以去旅社查一查他们的下落，还可以化验一下开水。"

不意这一下惹怒了他，他跳了起来：

"你倒说得方便！那我这个位置你来坐吧！谁知道你的钱是在哪里丢的？你说三个旅客是贼，有证据吗？如果真是盗贼，他们会用真姓实名登记吗？到哪里去抓？吃的灯草灰，放的轻巧屁！"

我的气不打一处来。这真叫不进来不过是一肚子气，进了来还添上另一肚子气。横竖横了，我拉下面孔学那街坊上的长舌妇所为，施出要赖手段。我一屁股在他对面坐下，怒声道：

"我是中央水电部出差来的，到你们这个鬼地方遭了劫，不但影响国家任务完成，连生活旅行都有困难了。你这派出所负责不负责？你叫什么名字？去把你们所长叫来，我反正走投无路，就坐在这里吃饭睡觉，等你破案。"

他见我发火撒赖，倒反软了下来。他诉说了一番目前西昌形势如何不正常，治安工作如何困难等，还表示对我的处境极为同情，可也爱莫能助。他沉吟了半晌，说：

"你是水电部出差来的？这里街上也有水电部，你先去找找他们。同一个部门嘛，总会帮忙。破案又不是一天两天的事，天知道他们已逃到哪里去了。"

我打量在这个派出所里也蘑菇不出什么结果来，同时怀疑水电部几时曾在西昌城开设起分号来，因此怀着一肚子闷气出来，到街上一找，又叫我啼笑皆非。原来那是一家修自来水、装电灯头的"水电服务部"。无论怎么拉关系，我这个修水电站的和他们之间是绝无亲戚之谊的。我也没有勇气和耐心二进派出所，好在我还有个知己之交邱永葆地质师住在西昌，只好前去投奔。他看到我的狼狈相和听了我的不幸遭遇后，着实劝慰了几句，并借了一些钱和粮票，打发我先去磨房沟工地安身。就这样，我垂头丧气地回到工地，也没法回到上海去叙天伦之乐和过个愉快的春节，只好在锦屏山里啃佛儿瓜过年了。痛定思痛，气上添气，孤身只影，这一年的过年滋味是可想而知的。

写到这里，文章似乎可以收场了，但也还有些"余波"可以说说。首先是我两手空空回到工地，当然不免以电、函向上海老家告急求援。不意平素很体贴关心我的老伴，这次一反常态，杳无回音。急得我像热锅上的蚂蚁坐卧不安，不知发生了什么变故。后来一位从上海出差来的友人悄悄告诉我：

"你夫人对你意见可大咧。她说你活了几十年，愈活愈糊涂，年纪都活到狗身上去了，连几张钞票和粮票都管不住。家里再也没有钱、粮寄给你了，让你自己解决，饿肚皮活该，以后也好小心一点。"

原来如此，我听了不免暗自叫苦，只好邀集一些知己哥儿们商讨对策。哥儿们倒都有江湖义气，一致答应回上海过年时为我去做说客。不知是哪位熟读《水浒传》的使者返沪到我寒舍访问，当我老伴气愤地痛斥我的糊涂、健忘和漫不经心种种罪行时，他冷冷地说：

"大嫂，你也别生气和痛心了，也别责怪他了。他这次是死里逃生，不幸中的大幸。你还不知道吧，他落了黑店，差一点做成了人肉包子啦。"

老伴这一惊非同小可，急忙询问详情。这位可爱的说客就把《水浒传》十字坡上的那一套，也许还参考了《儿女英雄传》里能仁寺的情节，海阔天空地说了起来。总算没有讲到我已被大卸八块，否则用什么仙丹来起死回生呢？一番话说得老伴脉搏加快、血压上升。第二天就打了电话电报，又写来长信宽慰。说什么钱乃身外之物，生不带来死不带去啦，什么留得青山在不怕没柴烧啦，钞票和粮票当然也就源源不断寄来。我当然十分感激那位说客的恩典，也钦佩他的口才和急智，不过这么一来，我不慎身陷黑店、险遭窬割的故事也就传出去了，而且发展为不同版本，愈说愈玄乎。

还有一件小事也可以提一下。若干年后，我和一些同志在出差途中，有人偶尔又提到我的"西昌蒙难"问题，并要我宣布第一手材料。我不免又重述一遍，大家听得津津有味，除了对我的不幸表示慰藉外，还兴致勃勃地研究贼人们的设计。独有一位小青年听了后，不胜羡慕地对我说：

"怎么你老是有幸碰上这种奇事。要是我也有机会碰到这种事该有多好，吹起经历来就有夸口的资料了。"

老天爷！我不幸遭到暗算，损失惨重，至今想到还不胜心疼，想不到竟有人为了增添平生阅历以便夸示于人而自愿去蒙难的，其赏鉴能力真在牝牡骊黄之外了。这真大出我的意外，同时感到自己还算有些收获而引以为慰。

顺便提一句，1972 年底的这次出差，象征着我开始脱离小山沟，走向大世界。两个多月后，水电部对外司把我从磨房沟"借"到北京，一借就是五年。在这段时间内我有机会参加了一些援外工程的技术工作，较著名的有援阿尔巴尼亚的菲尔泽水电站、援刚果的布昂札水电站、援喀麦隆的拉格都水电站等。这些水电站都作为两国人民间的友谊象征而顺利投产了。同时，水电部基建司也不断地将我"转借"过去，使我又有机会参加国内一些大水电站的技术工作，如乌江渡、白山、安康、凤滩、葛洲坝、东江等。"四人帮"垮台及党的十一届三中全会后，祖国的社会主义建设终于能在正确路线的指导下进行了。1978 年 3 月我被正式调到水电部规划设计院工作，接触和负责了更多的大水电站的规划、设计和建设工作，例如大渡河上的铜街子水电站、红水河上的岩滩水电站、黄河上的龙羊峡水电站、雅砻江上的二滩水电站以及举世瞩目的三峡水利枢纽。在历尽风波以后，我终于能心情舒畅地将全部心血灌注在我愿为之献身的水电事业上，我感到多么幸福和满足！我当然万分珍惜这个机会，我将像保护自己的眼珠一样保护这个安定团结的局面。对任何想破坏这个局面的人，我将毫不犹豫地和他搏斗到底。

在饥馑的岁月里

我 的 书 缘

这里所谓的饥馑是指精神粮食的短缺，对我来说，主要就是无书可读。这比在"三年困难时期"中无饭可吃更为难熬，而这一饥渴岁月竟持续了十年之久。

说到书，我似乎对之特别有缘，而且从童年就和她结上了缘。我幼时是个很笨的孩子，与今天那些小机灵鬼实有天渊之别。譬如说，厨房墙上挂着一只火腿，大人告诉我说：这是用猪腿做的，我就再也对不上号。因为我不懂火腿是倒挂着的，而且腌制后的猪爪也变了形。这种蠢事不胜枚举，所以有时爸爸气得拍案大骂我是"呆虫"。"虫"而且"呆"，其笨可知。但呆虫也有特长，那就是会读书。还在识不了几个字的时候，就会趴在地上看《儿童画报》。随着脑中所识字数的增加，就进而读《小朋友》《儿童世界》《中国儿童时报》一类书刊，然后向成本的厚书发动进攻。我读的第一本小说是"大达图书供应社"出版的"一折书"（定价一元、花一毛钱即可购到）《薛仁贵征东》。书中有很多字我都不识，如"朕"字、"陛下"的"陛"字、"龙颜大悦"的"悦"字……但从上下文可以正确猜出它的意义，并不妨碍我的阅读，读过后，那白袍小将救主的印象就深刻脑中。从此就像打开了水库闸门，一发不可收了。接着就读《薛丁山征西》《罗通扫北》《五虎平南》乃至三国、列国、说唐、英烈、公案小说，再进一步发展到侦探、社会、言情、西厢、红楼……

大哥上高小后，父亲找出一本《论语》，在礼拜天教他读"子曰，学而时习之"，我自告奋勇旁听。其实，一是好奇，想知道这四书五经究竟是什么玩意；二是妒忌，不愿大哥比我拥有更多知识。父亲当然很高兴。但上了"贼船"后才知这东西味如嚼蜡，可是后悔已来不及了。抗战起后，在逃难过程中，还读了孟子、诗经、古文，总算没有读周易。我自己则浸沉在唐诗宋词之中。

进入青少年时代，我的读书方向兵分两路。一路是为了读中学、考大学和谋职啖饭所需，读了大量数、理、化乃至工程结构之类的"济世书"，另一路是继续沉浸在经史子集、说部杂家之中。这样的兼收并蓄，脑子中的"库容"就日渐增加，好像一家微型图书馆。不断充实这座"图书馆"是我最大的乐趣。确实，我一生无所嗜好：不抽烟、不喝酒、不讲究衣着饮食，很少进戏院剧场，对体育是门外汉，脑子中又缺乏音乐细胞，唯一的嗜好就是读书了。我深信"开卷有益"之说，千方百计找各色各样的书来读。一卷在手，万虑皆空。读书：有时如晤故人良友，有时如对英雄美人，有时似畅游名山大川，有时似入梦乡仙境。沉醉其中真有万物皆备于我之乐，断非美酒佳肴声色犬马所能及。当然，也可能读到一本"恶书"，也如遇上俗夫恶汉，颇煞风景。那也无妨，将它塞之于床下厕角就是。它不像交上恶友，会纠缠不休的。

为了读书，不免要搜书购书。在 1966 年初，我的藏书已逾千卷。来源极杂：有从故家带来的线装古籍和儿时读过的旧书，有从大学里留下的课本、参考书和笔记，有从外文书店购来的"影印"科技书，更多的则是工作后历年从新旧书店中购来的。至于内容，可称五花八门不拘一格，"科技与文史齐飞，洋文共古籍一色"。藏书日丰，小小的书柜书架已不能容，不免向床底或橱顶延伸，这常成为我和妻子间闹纠纷的原因，因为那些地方是她塞旧衣破布的专用区。我母亲曾慨叹曰：这家里旧书和破布是两大奇观。我听后大不服气，破布岂能与我旧书并论，一俗一雅，相隔天渊也。

书虽多，绝无好书——指的是好版本或善本。因为我求书之目的是阅读而非研究版本。我觉得只要《红楼梦》后四十回能使我阅之怡然，管它是曹著高著。我同样对《红楼梦》的研究专著大感兴趣，也是因为它们能使人读之兴趣盎然。当然，另一原因是我也没有本钱、精力和水平去研究版本、收藏善本。我甚至对一套书是否残缺也不甚为意（类书例外）。因为我觉得天地间本无完物。青天还缺一块呢。我常以极低的价格抱一套缺一两本的丛书回来，并不影响阅读。如果无意中补齐缺本，更添意外之喜。

文化沙漠　饥馑岁月

就这样，书本成了我的终身良侣。即使政治运动不断，那时毕竟还没有深入到干涉个人嗜好的程度，尽管白天挨批受斗，回到家里，灯下枕上仍可以一读解愁，然后酣然入睡。依靠这书城梦境，白天里多大的压力和委屈，都可以得到缓解或消除。我估计千千万万右派朋友也都是靠这种慰藉而活下来的。殊不料，1966 年发生的那一场"文革运动"，一举冲垮了我聊以自躲的书城，而且把全国数十亿册图书都扫进焚书坑。这场"革命"端的不同凡响，称得上"触及灵魂"和"史无前例"——但愿是史无后例。

"文革"对图书的冲击是一浪接一浪而来。最初称为"破四旧"，于是一切古旧书都和苍蝇、臭虫一样成为革命对象。我家里怕惹祸，抢先把有四旧嫌疑的线装书都清理出来，连夜送到街头的废品回收站。这时我已被打入十八层地狱，处于神志昏迷、精神崩溃之境，对此毫无抗议能力，而且脑子似已麻木，有似一个人突然被子弹射中，一时竟无痛感。损失最惨的是祖父留下的一些记述太平天国轶事的手稿以及我从故居寻回的唯一一件文物——一本赵孟頫真迹的册页也卷在其中送去回炉了。后来追思，痛入肺腑。

然后深入清查毒草。由于邓拓以写《燕山夜话》攻击党，"三家村"又以杂家面目标榜自己，于是书店中和家里面大肆清洗。不幸我的藏书中就有不少"话"和"杂"，而且正是我最疼爱之宝，如《苕溪渔隐丛话》《随园诗话》《闺秀诗话》《粟香随笔》《松陵女子词钞》《经史百家杂钞》等。这次是自己上阵清洗，含着眼泪将昔日良伴装进麻袋，拖向回收站，那样子真有点"风萧萧兮易水寒，壮士一去兮不复还"的味道。

随着运动的深入，一些情况难以判明的可疑分子也以清除为好。例如那些文学史、批评史、通史，甚至辞源辞海，据说都含有毒素。在大抓苏修、美帝特务时，一些洋书最好也予以驱除为妥。就是共产党印的书也不可靠，刘少奇、四条汉子所写的书就是极毒的毒草，万不可沾。弄到后来，禁忌太多，干脆来个外包线，统统的消灭算了。1968年，我的小女儿患上绝症，看病住院输血都要钱，而存款被抄、工资被扣，只赖生活费度日。为了延长女儿的几天生命，一切能换钱的东西都进了旧货店。这万恶之源的书本自然应首当其冲——尽管一斤书仅换大洋一毛五，换不来几个钱。这次用不到造反派下手，像秋风扫落叶般地我把它们都送往刑场。

家里的祸根隐患消除干净了，马路上书店内也同样"面貌一新"。昔日满柜满架的书报期刊一扫而空，代之以一望无际的红海洋。《毛选》《毛选》，还是《毛选》。此外有几本聊作陪衬的马恩列斯著作。从此，我们只能依靠阅读《毛选》《语录》和"老三篇"打发日子。老三篇已能背诵如流。语录要提到哪条就能翻到哪条。对《毛选》，连每条注释都要反复钻研，学习它的微言大义。比国民党时代背诵总理遗嘱或封建王朝时代跪接圣旨要认真得多。

说到《毛选》，实在是部好书。且不论每篇文章在政治、军事、哲学上的含金量，就作者驾驭文字的技能，纵横捭阖的功力，嬉笑怒骂皆成文章，实堪倾倒。空下来读一两篇《毛选》文章，实也是一种享受。比啃读硬译过来的马恩原著有味得多。但即使是山珍海鲜，如每饭必上，哪一个人能忍受得了。我是最喜吃"东坡肉"的，然而如要我连吃十年，恐怕不必闻其味只要见其形就会作呕。这当儿，哪怕能咬一口菜根或舔一下乳腐也会飘飘欲仙的。读书的道理也一样呵。我真怀疑每天那么多一本正经捧读《毛选》还大写心得的人中有几个是真的？

总而言之，整整十年我们只有四本《毛选》可读、三场电影可看，八个样板戏可听，几首语录歌可唱，一个"忠字舞"可跳——牛鬼蛇神还不让跳。看戏、唱歌、跳舞与我无涉，但无书可读成为我最大的苦闷！我常常躺在床上望着空空的书架发怔，怀念那些已化劫灰的旧友，追想它们的模样和内容，吟咏还记得的绝妙好词，猜想这饥馑岁月、文化沙漠的日子会过多久，怀疑焚书坑儒的做法果能维持一个纯而又纯的社会。我的脑中自然而然地涌现出一首唐诗：

> 竹帛烟消帝业虚，关河空锁祖龙居。
> 坑灰未冷山东乱，刘项原来不读书。

寻找漏网之鱼

中文里有文网、法网、情网……之辞，用个"网"字，十分巧妙传神。"网"既形容其无所不在，能控制人，又意味着必有漏洞，哪怕在"文化大革命"期间，文网之密之酷，可叹观止，亿万册图书典籍均化劫灰，但既然是网，就定然有洞。只要是有心人，总能找到几条漏网之鱼。在"文革"初期，我遭到突如其来的万炮轰击，精神崩溃，那时只求逃生，无心旁骛。但时间一久，贼心又起，这就是俗话说的江山好改、本性难移也。在无书可读的情况下，我仍然想尽办法抓几条漏网之鱼来享受一番。

在大破四旧之时，那些科技书似尚不在清扫范畴之内。福州路上的"上海旧书店"虽然改名为"上海书店"且门可罗雀，但毕竟还在营业，角角落落里堆满中外科技书刊，其时我身边还有一些私房钱，因此，一有机会就钻入其中尽情翻淘。还真的淘来好些百求不得的经典著作，大喜过望。抱之回家，漏夜攻读。当然，为了掩人耳目，在书扉上要抄上一条语录或写上几句批判口号。

后来形势日恶，旧书店歇业，我也正式进入牛棚。此路不通，我就以批毒草挖根源为由，干脆认真读起毒草来了。还可通过毒草去读一些半毒品或与毒草有关的文献。例如，要批判四条汉子，就有理由读汉子们的著作和鲁迅的文章，研究研究当年他们之间究竟有什么恩怨。批黑修养，就可堂而皇之地拜读原文，以及"八大"中的文件。学雷锋，可以对照几种不同版本的《雷锋日记》，找出差异，从中推敲哪些是天真的小战士的原话，哪些又是政客们为了政治需要忽增忽删强加给雷锋的，兴味无穷。批叛徒哲学，我就设法看"李秀成自述"和瞿秋白绝命前所写的文章诗词。前者令我激动不已，因为我的曾祖父就是忠王幕僚，而后者又使我钦仰瞿秋白的才华，他那死前填的一阕浣溪沙真是字字含泪，深夜独处常低吟浅拍，一洒同情之泪。

另外我还学会了"沙里淘金"之法。这是从一些小青年那里学来的。听说许多年轻人对《列宁在1918》这类电影百看不厌，目的并不在接受革命教育，而是为了欣赏电影中出现的天鹅湖芭蕾舞镜头，虽然仅几分钟，但女演员的大腿肥臀足以令人销魂。这可大大启发了我。本来我对报刊上那些大批判文章极为反感，不愿寓目，后来就篇篇精读——读其中引用的反面教材也，反正你只要一本正经在学习，谁知道你是在批判毒草还是欣赏毒草。

还有那时期浩如烟海的小报、小刊，内容丰富无比，简直是免费的大菜，其中有大量过去难以看到和了解的轶事、遗文，足可大快朵颐。当然，其中不免鱼龙混杂、泥沙俱下，这就要下工夫研究考证了，而我对此道是极为拿手、乐此不疲的。

据说高鹗是在鼓郎担上购到《红楼梦》的残稿从而使这部奇书成为全璧。我有时也学高老先生所为，在草莽中物色知音。原来这时许多旧书刊被小摊贩卖走供包花生米、五香豆之类的小食品用（今日看来，极不卫生，但那时还未有塑料袋问世），我就时加注意，偶尔发现可供阅读的残书，就用更厚的书报替换下来，以供欣赏。有时把它撕成一张张的，每天用一张包上些萝卜干去劳动，这样在吃午饭时，就可以仔细欣赏这张包萝卜干的废纸了，我用这方法看过半本《飞燕外传》。

等到后来，我获得了半人半鬼身份，可以靦颜挤进革命群众队伍中参加学习，活动余地就更大一些。譬如评法批儒、批林批孔、评红楼、批水浒——我都可以用写大批判为理由，弄来一些《论语》《孟子》《韩非子》《水浒传》《红楼梦》之类的书来重温旧梦。呵呵！久违了我的好友孔老二、孟老三、朱熹老夫子，以及宋江大哥、黛玉妹妹——我真恨不得扑上前去和他们拥抱一番——只恨毛主席怎么不涉猎一下《西厢记》、评论一下《金瓶梅》？

在浩劫期间，多数知识分子及其藏书固然难逃此劫，但也有少数漏网的。我就可以从他们那里挖来一些书本过瘾。像我再去锦屏山时，挚友邱永葆地质师的一位邻居某先生就属此类。据永葆告，此公读书甚广，而且"极求甚解"，能从不同版本的马克思全集译文的差别上发现大文章。这样的"书踱头"不被戴上右派帽子者几希！然而不知何故，在浩劫期间倒触动不大，藏书似亦无恙。于是我死乞白赖要求永葆回西昌探亲时借几本好书来读读，以煞馋火。当然此公藏书以哲学为主，但也聊胜于无啊。特别是有一次永葆竟然借来两本《古文观止》，我真差一点要下跪拜谢大德了。这确使我大喜若狂，日夜披读，爱不释手。永葆见我喜欢得紧，示意我不妨推说丢失，留在身边，赔偿了事，我不禁怦然心动。但天人交战良久，终究没敢夺人之爱，《古文观止》在我枕边搁了一个多月，仍然原璧奉还了。

任凭你网密千万重，我定要找几尾漏网鱼儿来享用，而且愈是得来不容易，读起来就愈觉滋味无穷。这就是我在十年动乱期间的读书活动。

万人空巷买《陈书》

其实在浩劫期间无书可读而深感"嘴巴里淡出鸟来"的人又何止我一个。可以说，从青少年到老头，数以亿计的人谁不如此。只要看那些《少女的心》之类的手抄本流传之广、影响之大，就可窥见一斑了。

发现和占有一部好书，是人心所向。为此，人们真可以做到背信弃义的程度。所以书是万万不可出借的，除非你不做收回之想。我有两册《古典文学研究丛刊——红楼梦卷》的书，"文革"前所购。此书把凡是涉及红楼的文献、资料统统搜罗齐全，达六卷之多，确是好书，一直是我枕边良友。这两本书在"文革"初起就被造反派抄走作为毒草封存。当我回到革命群众队伍中后竟蒙发还，反而躲过一劫，实乃意外之喜。我对之更是视同拱璧了。其后被一位专治红学的赵总看到，死乞白赖要借去一阅，不料从此一别永无归期，我不知登门坐索过几次，但任凭你暴跳如雷，面斥其背信弃义，或是沉痛哀求，婉述我之不可无此君，此老毫不为动，一味以蘑菇战略应之。适值民航连续出事，他还用心叵测地劝我出差多乘飞机。司马昭之心路人皆知。这件"公案"直到四人帮垮台，中华书局重印该书后才得解决。在那段岁月里，人们为了获得一部好书的心情迫切到什么程度！

最使人忍俊不禁的则是"买陈书"的故事了。

这事发生在我二进锦屏山担任"磨房沟水电站"设计代表的日子里。我们的设计组里有位年轻的电气技术员小胡，娶了位川妹子小杨为偶。他们在经济上相当拮据，所以两个人都养鸡喂兔，勤俭持家，轻易不舍得多花一文钱。除此以外，两小口倒也夫唱妇随，和睦恩爱。

且说有一日我去他们家小坐，发现两个人都板脸瞪眼，似乎刚吵过架，不免问上一声，问清事变原因后不禁捧腹大笑。原来那天小胡出差成都，忽见街上书店门口排着长队，不由心中一动，要知道在浩劫期内诸物供应紧张，偶有新货面世，必会排成长队。因此当时处世之道是一见有队，赶紧排上，争取主动。小胡按此惯例迅速入伍，占好地盘后再向前面那人打听："请问，排队买的什么？"

"我也不太清楚，听说是买'陈书'"。那人含糊应上一句。

"陈书"是什么东西？估计是"旧书"了。在"文革"时期居然公开发卖旧书，这可是大新闻。小胡怀着好奇心不断接近柜台，只见售货员一面吆喝，一面发书："两块一毛，快一点，准备好钱，没有几套了！"小胡为形势所逼，只能乖乖送上大洋，换了两本书回来，及至打开一看，不禁倒抽一口冷气，原来并不是《少女的心》一类妙书，这《陈书》乃是二十四史中的一部，是记载南北朝时期南方陈朝历史的"正史"也，——就是出了个有名的陈后主的短命王朝，在"文革"时期，一切与"古""旧"沾点边的书概在斩尽杀绝之列，怎么会在长街上公开叫卖《陈书》的呢？据说是毛主席喜读二十四史，指示中华书局继续订正、标点和出版的。对他老人家的指示是"理解的要执行，不理解的也要执行"，造反派们可能认为发行二十四史或许和反帝反修有重大联系，所以先把校订好的《陈书》推出，出现在大街上排队买《陈书》的奇事。我们的小胡不明不白地也捞来一套。小胡后悔莫及，又无法退书，只好带着这一宝贝回山，估计要挨上一顿臭骂。果然，回到山里，小杨发现他竟花了白花花两块大洋买了两本毫无用处的书本回来，少不得大发雌威狠训一顿。倒是便宜了我，将这破烂货借了回来，着实消磨了一段时光。所以我在二十四史中对《陈书》是最熟悉的了。知道陈后主在面临国破家亡前夕，还在打前线总司令老婆的主意，吊她的膀子，也知道后主的皇后芳名沈婺华，姿容一般，不得后主之宠，却是个才女，陈亡后，随后主入隋，在隋宫中教读，隋亡后就不知所终——等等昔日不知的秘事。

寒 窗 雪 夜 抄 辞 源

当时，最不方便的是除了手头有一本《新华字典》外，没有任何工具书可用，过去片刻不离的辞源、辞海、子史精华、诗韵合璧以及词谱曲谱等全部散失，书店、图书室中也都绝迹。有时想查个典故的出处，真是一筹莫展。我真做梦也想弄到一部工具书——例如得到一部《辞源》。

说起《辞源》，我和她有些特殊的感情。我从 14 岁起就拥有这部辞书了。当然，那是很差的版本，是正续编分订的三卷小字本。后虽卖给学校，仍借在身边，朝夕相处，情同挚友。虽然一些学者认为此书乃书贾谋利仓促辑成，体例欠精，考证失疏，但毕竟为我释疑排难，功莫大焉。眼下百花凋零、生机灭绝，如能再拥有此书该多好啊——但这愿望似乎是无法实现的梦境。

1973 年春，北京的水电部对外司以不太正规的方式把我从四川"借调"到部里工作，并权且把我安顿在白广路招待所里。虽然四人一室嫌挤了一点，可是能在大楼里办公，也不必再为一日三顿烦心，对我来说已是出污泥而登青天了。尤其这里毕竟是堂堂国家部委机构，虽已军管，气派不凡。图书室中就有不少书刊，包括《考古》一类好书，令我惊羡不已。从此一有余暇我就一头钻进阅览室，狼吞虎咽，浏览个够，也顾不得暴食伤脾了。

更令我激动的，是在书柜中发现一厚本《辞源》，不禁眼前金光乱闪。但工具书是不外借的。好在制度不严，经我一再努力，管理员破例同意外借半月。我记忆犹新，那已是 1974 年初临近春节的时候了。

当我捧着这部砖头似的大书回到宿舍中时，也说不清心头是什么滋味，有些像与失散数十年的亲人意外重逢的心情吧。马上打开，先读"辞源说略""说明"。但读完这些后，面对 1700 多页的正文，十万条浩瀚的条目，我又惘然了。从何读起呢？胡乱翻阅还是有的放矢？半个月期限转瞬就届，这番相逢岂非又成虚话？这种书看来是不会再出版的了，心中盘算良久，猛然冒出个念头：把它摘抄下来。

决心既下，立刻实施，先去百货商店，买回几十册软皮抄本。同时精心编制一个计划：从图书室借来的书按例可续借一次，所以我有 30 天期限，每天可利用早晨、午休和晚上时间抄录，假日更可全部利用。更妙在春节将至，按例有长假可放，且招待所门可罗雀，宿舍中仅我一人，正是全力抄书良机。我写了封家信，托言援外任务如何光荣繁重，为了革命事业，春节就不能回家团聚了。为了安定后方，还不惜花私房钱买了些鱼干、大虾米和巧克力之类珍品，托返乡亲友带回以奉细君、孺子，稍补心中歉疚。然后就开始了长达一个多月的文抄公生涯。

事非经过不知难。抄《辞源》绝不像原来想的那么简单。兴头一过，就陷入进退维谷欲罢不能的困境中了。但我都以极大的毅力坚持下来，当时还有个物质上的困难：为了节省燃料和费用，招待所只在晚上临睡前和清晨起床时开放一下暖气，在白天是关闭的。北京的严冬其寒可知，一双手冻得像胡萝卜，抄不了几个字总得停下来呵手取暖，窗外大雪漫漫，室内一灯如豆，这苦况是不堪提了。但无论如何难堪，我抱定宗旨进行下去。支持我的力量除了好书难得的心情外，还有一股力量，即当我抄下一条过去不解（或不甚解）的辞条后，觉得头脑里又多了一点知识，就会感到欣慰。因之，这不是简单的眷录，而是个抄写、吸收、消化、享受的综合过程，乐在其中！

工作进行了半个多月，同房间的冯工提早返部。他发现我整日俯身窗前，不知我在搞什么玄虚。等弄清我在一本正经抄录《辞源》时，不由大吃一惊："啊呀，你在抄《辞源》？你想把《辞源》抄下来？"

在他眼里，我可能患上失心疯了，做着毫无意义、力不胜任、注定要失败的事。其实我不仅没有精神失常，而是做过精心设计的。我有足够的自知之明，明白即使穷十年之力也抄不完这千万字的巨著，在 10 万条辞目中，我只选抄了我感兴趣而且又不熟悉的典故类条目而已，精选下来的也不过两三千条罢了。对每一条目的释义也不必全录，只要画龙点睛地记下要义和出处就是。这里要用欧阳修修五代史的精炼笔法。例如"与狐谋皮"一条仅录下"周人欲为千金之裘与狐谋其皮言未卒狐相率逃【符子】"22 个字。这样，工作量就在"可行"范围之内了。

不过，这项工程我还是花了 40 多天才完工。对这部精华之作，经过冥思苦想，为她取了个名叫做《辞精》，并一直珍藏在办公室的保险柜内，秘未示人。1988 年，水电部撤销改组为水利部和能源部，我迁往府右街办公，但我仍在白广路原办公室中占有 12 平方米的领土权，存放着这只柜子和许多藏书。90 年代白广路危房大修，一些人觊觎保险柜，以无主之物处理，打开柜子，清除内涵，等我闻耗赶去，那部《潘氏辞精》和许多手稿都已消失。45 天的心血终化劫灰，回首当年所为，真是"其愚不可及也"。

野村深闺见《菁华》

这件事发生在 1972 年。

"文化大革命"从 1966 年搞到 1970 年后，进入"斗、批、改"的阶段。我所在的水电部上海勘测设计院内的两大派，经过多年的恶战血斗，已杀得眼红耳赤"汉贼不两立"了，无法再共处、联合，干脆主动提出散伙。此举也许深合北京军管会之意，于是作为水电总局赖以自傲的设计主力之一的上海院终于被撤销建制，分解为五块，下放到浙江、福建、江西、安徽、江苏五省，而且搬家迁户口，铲根刨底。我被分在浙江，成为第十二工程局所属的一个小设计单位的成员，但人仍在四川磨房沟工地搞设计工作。

1972 年，十二局设计院的头子不许我仍躲在四川苟安，逍遥法外，催我回浙江参加对瓯江和飞云江的查勘工作，说是要抓革命促生产了。瓯江和飞云江是浙南两条较大的河，独立出海，对其规划、查勘工作，我也接触过一段时间，像青田、紧水滩、珊溪都是很好的开发对象。要不是这场大革命，某些工程可能早已上马或完成了。现在事隔多年，情况大变，人员资料散失，各地武斗后残破不堪，加上国家经济困难，要重新收拾局面开始建设，还不知猴年马月之事。我觉这种查勘也只是走个形式罢了。

不过地方上可认真当件大事对待。也许多年只有破坏，没有建设，人们都迫切希望大治吧。所以一路上殷勤接待，村子里贴着大红标语："热烈欢迎中央水电部莅临我县考察"。我看了暗喊惭愧。我侪仅仅是一个工程局属下的小设计院，离"中央"还远呢。我还注意到有一张标语写了错字，大书"欢迎中央水电部泣临查勘"。对我来说，倒符合实际，因为我以戴罪之身重游旧地，眼眶中确实充满了泪珠。

"中央水电部"人马所到之处，都有从地委、县委到公社、大队的领导出面接待介绍，安排旅途食宿，极是隆重，这一日行程较长，路况又坏，赶不回县城或大镇住宿，就在附近村子里过夜，小村中没有宾馆酒家，当地政府临时动员老百姓腾出几间较好的住房来接待中央大员。我被安排在一幢宅子的楼上休息。吃过晚饭后，我一面在煤油灯下写查勘报告，一面打量这间陌生的房子。房间显得较大，典型的砖木结构，顶部没有天花板，直接可看见椽子和瓦片。房间里有一张大木床，叠着干净的被子，一只古式有抽斗的书桌，还有些几案椅凳之类家具，零乱地堆着些杂物。显然主人是在匆忙中被动员让出来的，来不及清理收拾。我写好报告后，在那堆杂物中发现一本作文簿，才惊诧自己的艳福不浅，原来这是一位姓应的小姐闺房，怪道还有些脂粉香呢。女孩子总比较讲究清洁，所以房间相当干净，大约上床后也不必担心臭虫的侵袭。

我在陌生地方过夜易患失眠毛病，所以躺下后正在斟酌是否要服下两片"安定"。但又怕睡过头影响次日行程。正自犹豫，眼光扫去，忽见墙角夹缝中似乎塞着一些旧书。不禁心头一动，猛然跃起，细加考察，果然在墙洞中塞有一些线装石印书。看来封存已有年头，也不像是小姐所为。估计是"文化大革命"初起时主人为避祸而把旧书填塞其中。我的好奇心油然而生，将它们挖出一看，原来是一部《刀笔菁华》和什么《洗冤录》之类的书。想不到荒村破宅之中竟藏有这种奇书。可见深山大泽确是卧虎藏龙之地，不可小看了也。

年轻读者也许不知道这《刀笔菁华》是什么东西。原来古代无纸，写信留简用的是竹木，以刀为笔，故称刀笔。后来衙门中掌握案牍之权的人就称为刀笔吏。汉朝那位开国宰相萧何就是刀笔吏出身。进而就把"讼师"称为刀笔了。所以《刀笔菁华》就是古代律师们所写状纸的精选本。至于洗冤录则是古代审理命案中开棺验尸的操作和判断准则，例如如何蒸骨验伤之类，与今日的法医检验和 DNA 测定类似，这里面有多少科学性实在值得怀疑。但当时可是决定嫌疑犯死活的天平。这等奇书竟出现于"文革"期内而且为我所得，岂可不读。

于是我不仅放弃服安眠药的念头，而且再也不打算睡觉了——明天的跋山涉水也置之脑后，在灯下孜孜攻读起来，几次读得阴风竦竦，毛骨悚然，但其味隽永，难以描摹。这一夜就不阖眼地过去了。第二天我揉着惺忪红肿的眼睛辞别闺房登程，还留恋地几次回头探望。村民们挤在村头相送，也不知居停主人和应小姐是否在内。同行的毛地质师见我神态倦怠，问我是否昨夜未睡好。我悄悄把所遇奇事相告，他立刻跳了起来：

"那部书呢？你带了没有？我要看看。"

"没有啊，不告而取不太好吧，我把它塞回老地方了。"

"啊呀，可惜，你这个书蹩头，为什么不拿来。这也是破四旧，谁也不会向你追索的。"

我想想也是，但也不能再回去"破四旧"了。直到现在，我还没有买到一部《刀笔菁华》呢。

后　记

梦魇般的"文化大革命"离开我们似乎已经很遥远了。当时一些情景在今天看来简直像天方夜谭难以置信。就说书市吧，大街上书店林立，百花怒放，万紫千红。只要有钱，古今中外的书哪一套不能买到。各领域中的新著像惊雷后的春笋，哪里能浏览得过来。何况还有因特网和电子书籍。那种无书可读、雪夜抄《辞源》以及向货郎担和墙角落里寻找遗珍的事再也不会重演了。

活到今天是幸福的，但在福中也有些迷惘，书虽然多，但价钱越来越贵，装潢愈来愈精，许多书已经不是被读的而变成被摆设的对象。同一内容的书几次三番改头换面地出版。一个人可以短期内编出成亿文字的类书，不是天才也是鬼才。盗版书、恶本书泛滥成灾。友人赠我一部《香艳丛书》，三大厚册，定价 600 多元，翻开一着，鱼鲁豕亥无页不在，更糟糕的是经过××教授审阅、校核过的标点，几乎没有几句是不断错的，教人难以卒读，这质量比我的《辞精》不知差上几万里，我们已很难放心地买一本书，当然也很难重享花几毛钱淘到一本赏心好书的滋味了。所以虽然自己的工资比当年涨了十倍，我已没有当年揣上几块钱挤上公共汽车去购书的心情了。

书啊，你究竟将走向何处？

杞国忧深深几许

阅世长怀杞国忧

中国人都知道"杞人忧天"的典故。说的是古时杞国有个人，老担心头上的青天会坠落下来，使自己无处安身，为此搞得寝食不安。这成语带有明显的贬义，用来讽刺某些人无根据地担忧一些根本不会发生的事。其实，往深处想，杞人固然可能是个相信"天地大劫""世界末日"等邪说的愚昧之徒，但也可能是个看到陨石自天而降、研究过天上的星球与地球碰撞问题的天文学家或哲学家。在没有考证清楚以前，还不宜简单予以否定。

我之所以为杞人辩护，因为自己是个不折不扣的"杞忧分子"。我一辈子都在不断地担忧。早在童年，就担忧中国会不会亡国？中华民族会不会灭族，或永远沦为异族的奴隶？这个担忧直到1945年8月日本投降才告终。接着又担忧中国的内战会不会无休止地进行下去，使国家和人民沦入万劫不复之境？结果是不到三年就迎来全国的解放。然后担忧抗美援朝会不会招致原子弹的光临？没想到三年后"联合国军"被迫在停战协定上签字。虽然我的担忧最后都被事实所否定，我总是"前忧才去，后忧又至"。这不是我具有范仲淹那样"进亦忧，退亦忧"和"先天下之忧而忧"的伟大胸襟与怀抱，而是所担心的事都与自己的命运密切相关。

新中国建立、抗美援朝战争结束后，按理应该是国泰民安、兴旺发达的好日子了。实际上，在一段时期内我也确实停止了杞忧，满腔热情地投入社会主义建设事业，心中充满了美好的想象与热烈的期待。但事与愿违，由于上面的急于求成，推行"左"的路线，政治运动一个接一个，发展到在"三面红旗"的指引下走进了死胡同。60年代初，经济降到谷底，老百姓成批饿死，城市里连卫生纸也要凭证供应。我的杞忧也就恢复而且日深。这时已是舆论一律、万马齐喑了。这种杞忧是不能出口的，就不免反映在我所写的一些诗词稿上。有的是隐晦的影射，有的竟是直言不讳，大是祸根。幸喜我的"反革命嗅觉"相当敏锐，在"文化大革命"的酝酿阶段，我就对诗稿作了清理，把一些"反动形迹"最显露的东西删了。否则，白纸黑字，铁证如山，要在浩劫中进行辩护和翻案就更困难。但总有疏漏之处。当造反派抄走我的所有日记和吟稿后，我实在日夜提心吊胆，生怕他们从中发现什么反党铁证。例如，有一首我写给潘圭绶同志的七律就没有删去，这诗云：

> 风雨仓滩喜共舟　天涯何幸识荆州
> 献言敢效贾生哭　阅世长怀杞国忧
> 参透炎凉冰在抱　饱尝辛苦雪盈头
> 新安湖上波千顷　莫叹平生志未酬

这首诗需要笺释一下。潘圭绶同志是位水电施工界的前辈，时任新安江工程局的总工程师。我和他在新安江工地有过数年并肩战斗的历史。尽管由于所处岗位不同，两人经常为一些技术问题争得面红耳赤，甚至恶语相向。但我这位同宗为人耿直，在对工程负责方面与我是完全一致的。因此我们很快成为忘年莫逆之交。尤其在我为维护工程质量而进行一些"曲线救国"式的斗争时，他可是我统一战线中的重要成员。我们曾联手在党委会上慷慨陈词，批评一些极左做法，你呼我应；也曾分别向局长上书，提出警告和建议；甚至各自向北京或苏联专家告状。这就是次联中所说的"献言敢效贾生哭"了。我们还常常在仓滩（水电城）街头漫步，餐厅小酌，密室谈心，对局势和当道评头品足，深感忧虑和发些牢骚，这就是"阅世长怀杞国忧"了。在新安江分袂后，我们相见机会不多，只听说他不甚得意，我就写了这首诗给他。如果像化学师一样对这诗做些定性、定量分析，其中反动成分可不少。要知道，贾生认为当时许多事情是值得"痛哭流涕长叹息"的，而杞人更是忧天之将坠，可见我们对新社会和大跃进形势的看法是何等反动荒谬了。其他那些"参透炎凉""饱尝辛苦""壮志未酬"之类的词句都不可深究，怎不令人惴惴不安呢。幸喜不久造反派就卷入你死我活的夺权斗争中，除了追查过我的"毛诗"一案外，没有时间和雅兴对这种诗稿进行深究，使我免受无休止的折磨，这实是天大的幸事。

不过，在大跃进和大饥荒年代中所引发的杞忧如和五六年后发生的"文化大革命"相比，那简直是小巫比大巫了。在十年浩劫期间，我的杞忧简直达到空前高度，而且也不免在我的一堆反诗中有所反映。在那黑云压城的年代里，我怎么敢写反诗又是怎么留记下来，这绝对是个人最深的隐私。现在时过境迁，不妨曝之于光天化日之下，与读者共赏之。

金母机关藏反诗

要说清问题还得从自我剖析开始，我是个出身破落书香门第、自幼饱受封建教育的人。如果说我脑袋中有许多没落阶级的思想，诸如光宗耀祖、为名为利、学而优则仕等，要批判我，我是心悦诚服地接受，我从来不认为自己有多高的精神境界。但我也有另一方面，即我有强烈的爱国心、事业心和愿意改造自己的上进心，正因为如此，我对共产党和社会主义事业是从心底里拥护爱戴的。我的种种杞忧，实质上是怕共产党领错了路办错了事，失掉民心最后断送社会主义事业而已。所以我的杞忧是随形势、政策的变化而升降的。只要形势好转、对知识分子的政策宽一些，我就会信心倍增、杞忧全消的。中国的知识分子和老百姓实际上是最容易满足和识大体的。

特别是 1961 年起，中央接受了大跃进失败的教训，纠正了一些"左"的做法，实施了"八字方针"。陈毅和周恩来同志还为知识分子脱帽加冕，经济形势也迅速好转，国势蒸蒸日上时，我的心情也非常开朗，感到前景光明，对自我改造的要求也是认真的。我抛妻别子，参与大三线建设；我历尽艰险，为开发水电贡献身心；我认真阅读《毛选》，对照自己，希望改掉痼疾做个高尚的人。这些都发自内心，没有投机取巧的成分。在那段时间内，我写的东西都较健康。比如下面这首"夜读志怀"的诗：

雄文四卷洗胸襟　深悔歧途误已深
知过能回亦豪杰　随波相诮岂知音
作诗愧少英雄气　报国誓除名利心
自负清高笑当日　工农丛里炼成金

还有一首"答内"的诗则说：

萍踪莫问几时还　巨任加肩岂等闲
壮士耻谈儿女事　英雄定破利名关
休嫌地窄难容膝　要使襟宽可纳山
志在边疆坚不易　愿将心血洒斑斑

都可以说明当日心情，由于我的表现较好，所以不断获得"先进工作者""青年学习模范"和"学《毛选》积极分子"一类荣誉。在年终评比中，我也得到好评。

但是我没想到有些人总是在意识形态上就把知识分子划到敌对阵营中去。我再努力，也只是被改造、利用和控制的对象。"文化大革命"要整垮的除了走资派和资本家外，就是知识阶层了。这一点实在出乎我的意料。所以从 1965 年起，天边隐隐响起闷雷时，我并不太为自己担心，我乐观地把自己列在革命阵营之中呢。我认为无非再经历一次更深刻的思想教育运动，而这对我是很需要的，好好洗一次澡。不料狂飙陡起，一夜之间我从学《毛选》的模范变成最危险的阶级敌人，心中的惊诧和痛苦实难形容。尽管如此，我还是相信罪在自身，相信毛主席发动"文革"是为了社会主义百年大计，是为了治病救人。因此我反复批判自己，承认错误，挖根追源，我的父母祖宗也在我笔下被一次次地挖坟鞭尸。

可是当运动一深入，各路英雄你方唱罢我登场地做了充分表演后，我的善良愿望和天真信仰就逐步动摇乃至走向彻底崩溃。我惊恐地发现，原来那些在台上最革命的英雄们——直到他们的副统帅和旗手竟都是好话说尽坏事做绝的恶鬼。他们的内心竟是如此的卑鄙和肮脏。他们所宣扬的高而又高纯之又纯的理想、境界，只是一种迷魂药，一种使你无从反对和反抗的枷锁，实质上是他们手中打人的皮鞭、杀人的屠刀，他们自己才从来不相信更不要说去做了。我终于发现整个中国成为一个假面国，人人戴假面具，说假话，办假事。中国现在最大的危险不是什么走资派篡权当道，而是共产党要把流血数十年牺牲几百万得来的江山拱手送给一批骗子、流氓、奸贼和屠夫。从此以后，我虽然还在不断写检查、写认罪书、挖根源，而且越写越长，越挖越深，但性质全变了。完全是为了苟安求生，再也不打算搞什么脱胎换骨的改造了。自从参破这一点后，我的精神状态实际上已陷入崩溃。我似乎已变成一具行尸走肉，整天违心地认罪、服罪，发誓要改造，要重新做人，内心深处是一片空虚和悲观。这悲观，不仅是担心自己的下场——像我这样的人全国何止千万，我相信自己的罪不比别人大，而且自己的检讨更不比别人差，我想得更多的是中国会不会倒退到某氏王朝或战国时代去？

苦闷之余，解愁仍靠老药方：吟诗作词，在其中可以畅写杞忧，嬉笑怒骂。但在那时，只要稍对无产阶级司令部流露出半点怀疑，或仅仅是打听了一下"旗手"的历史，就会立刻变成现行反革命。我何敢自蹈绝境。所以开始时，我只能在脑子中构思推敲，心底里吟咏感叹，然后自行忘却，不留一丝痕迹。后来，在偶然得到好句好诗时，四顾无人，也会偷偷写将出来，自赞自赏片刻，再行焚毁。再进一步，就想把他们留记下来，但用什么办法能防止别人发现惹祸呢？苦思良久，忽然想起以前读侦探小说，罪犯们常用密码通信，何不一试。找到出路信心大增，立刻进行具体设计。最简单的办法是打乱原文的顺序。例如，找一张有方格的稿纸，先在某一格中写下第一个字，然后空几格再写第二个字，以此类推，周而复始，直到填满全纸。问题全在如何规定前后字间的空格数。最初想到的是空一格或两格写一字，这虽方便，但容易被识破，最好是用一组自己能记住的随机数。福至心灵，我又想起自己能背诵圆周率到数十位（$\pi=3.14159265358979\cdots$），何妨就用它作暗码。就是说，在写下第一个字后，空三格写第二个字，再空一格写第三个字，再空四格写第四个字，这不就行了吗？算计已定，就找出一本钢笔习字帖和几张稿纸，以练习写仿宋字为掩护，写将起来。果然把字数多达三百的几首反诗填满一张稿纸，无人识得，心中甚喜。

但还是不放心，继续思索更保险的方法。一日，忽又想到数学中复变函数的映射法，利用一个映射函数（例如，取其倒函数为映射函数），就可以把一个图形映射成面目全非的另一个图形，甚至一个点可以变成"无限大域"。图形能变，文字为什么不能变。我规定了两个层次的变化规律：有些字有明显的反义字，就都映射为反义字，如北变南、红变黑、愁变乐、有变无等。其次，如果没有反义字，就查新华字典的检字表，将原字以该页中位置相反的字替换（某页中第一行第一个字代以最末行最末字，余类推）。例如"纷纷狐鼠入京关"这句诗，鼠、入、关三字改为猫、出、开。纷、狐、京三字可映射为媚（姻）备、兆，重叠的字可用二、又、夕等注明，那么，原句就变成"媚（姻）二备猫出兆开"了。这虽费点事，但我对"部首检字法"很熟悉，而映射过的诗确实保密性极强，就是请了美国中情局或苏联克格勃的专家也破译不出，只能认为我在苦练仿宋字，预备在"文革"后改任描图员以贡献一技之长了。就这样，在我的仿宋习字本中隐藏了不少反诗，今日可披露一二以供同好。

分 明 歧 途 已 亡 羊

自从我被打成牛鬼蛇神，关入牛棚后，罪名愈来愈重。我对自己前途渐渐不存多少幻想，也不觉得有多少冤屈。俗语说，不怕不识货，只怕货比货。那些为人民打江山立下赫赫战功的元勋们都沦为死囚，我这种天生有反骨的老九进牛棚又有什么好说的呢。如果我们之被打倒，真能消除社会主义的隐患，使红色江山永不变色，也算做出了"贡献"。只是，无论从哪个角度看，从副统帅、旗手到每个造反派的头头，都不像是坐江山的红色接班人。遍地武斗，生产全面停顿，科技大倒退，道德沦丧……眼前发生的一切实在太可怕了。我怀疑毛主席到底看到真相没有？又怀疑全国造反的人群中究竟有多少是真在闹革命的？难道 10 亿人都失了理智进了醉乡？神州大地到底要乱到什么程度？乱到什么时候？乱个什么下场啊？！所以我的反诗中充满了"感时""忧国"的内容，在当时自然是十分反动和危险的。

例如，我在一组"感时吟"中写道：

> 分明歧途已亡羊，沧海横流倒八荒。
> 南国优伶重露角，北邙狐鬼正登场。
> 更无袍泽周旋谊，独有天魔救世方。
> 为恐独醒聊共醉，化成蝴蝶学蒙庄。
>
> 蜩螗鼎沸遍干戈，举世昏昏梦里过。
> 筹国总看奇计左，立论难免罪言多。
> 麻姑沧海惊三变，屈子牢骚托九歌。
> 太息中原豪杰尽，苍生消息近如何。
>
> 迷离时局路三叉，举世横飞射影沙。

名士都为偃风草，元勋尽作背时花。
十分装点新人物，绝少前途旧九爷。
日暮归程何处是，唾壶击碎漫咨嗟。

未题诗句泪先流，羹沸蜩螗遍九州。
日落昏昏人尽醉，书空咄咄我何求。
抚躬岂有乘桴愿，鼓胆谁能借箸筹。
大地苍茫谁为主，任它狐揾又狐谋。

由于对局势的迷惘和绝望，作为一个怯懦的知识分子，除了自认"臣罪当诛"和退缩在后面做个"曳尾龟"外，就只有写些极端灰色消极的诗词打发日子了。例如，有一次被迫写好一份罪行交代后，我填过一首鹧鸪天的词，颇可说明心情：

深锁心扉懒上楼，断肠春色又盈眸。
病中永日长如岁，劫里情怀冷似秋。
魂早碎、梦难留，可怜壮志死前休。
降书罪状安排了，打叠新愁换旧愁。

不仅在四年的牛棚中，我以"打叠新愁换旧愁"的方式苦捱岁月，就是在 1970 年暑天，我已获得半人半鬼身份，发配四川，戴罪立功后，心境仍万分酸楚与消极。我在二次入蜀时有诗曰：

蜀山未改旧时青，添得吴霜两鬓星。
不信生民当末造，传言世道尽离经。
请缨愿绝归盘谷，抱杞忧深望帝庭。
国事蜩螗竟如此，林泉老死目难暝。

二上锦屏山后，我除搞些设计、科研外，常以枯坐和昏睡消磨青春，像下面这首诗所述：

童心壮志两销磨，百感填膺涕泪多。
儿女温情蚕作茧，英雄事业蚁缘柯。
今宵聊起黄粱炊，来日愁听薤露歌。
知道此身归甚处？樽前镜里浪蹉跎。

我把自己的一生，比作一盘棋，到了知命之年就是进入残局了。而对这盘残局，我已无心再下了，曾写过一组"残枰诗"：

班笔终缨事已休，人间也算一番游。
十年锋镝惊羁魄，万里星霜恋故丘。
老泪都因哭儿尽（浩劫中丧余一女），病躯未解为谁留。
已阑花事将醒梦，推却残枰局懒收。

自感穷途历到头，未完孽债强勾留。
是非无准从何辩，宠辱如烟一笑休。
莫望青天能补恨，只馀黄土可埋忧。
红尘太觉伤心甚，推却残枰局懒收。

1973年我被借调到北京水电部对外司工作，精神曾为一振，但不久仍被全国混乱无望的局势压垮，所写诗词，充满悲观情绪：

八年未作凤城游，重上西山一放眸。
举世都从忙里老，几人肯向死前休。
已无旧雨垂青眼，剩有春风笑白头。
太息御河桥下水，终年呜咽为谁流。

身衰神瘁近斜阳，老对前尘泪几行。
收拾诗笺和算稿，松除利锁与名缰。
不谙世事才何用，难断温情患正长。
更是将雏怜计拙，床头儿女断人肠。

地覆天翻已十秋，烽烟滚滚扑双眸。
生当动乱才何用，死被鞭笞鬼亦愁。
与世周旋须作贾，逢人阿和便封侯。
不知来日还多少，喜看吴霜已染头。

照人肝胆总如前，无限劳骚哭逝川。
昔日功勋多作鬼，眼前鸡犬尽升天。
明知蛇蝎能为患，忍看城狐都握权。
恸哭贾生济何用，任它华发镜中妍。

这个时候，文网、言网都紧，逢人说假已成风气，只有真正信得过的人才能闭门偷说些心里话，像下面这两首"客来"诗：

客来闭户且登楼，枯眼相观尽楚囚。

敢把头颅供斧钺，只馀肝胆傲公侯。

百般罗织书生罪，十族株连元老愁。

身后是非谁管得，腥风血雨遍神州。

十年尘事等浮沤，握手惊看鬓已秋。

闭户求安偏有耳，出身处事怕伸头。

人言世界原如戏，佛说天堂不可求。

莫道青衫甘落拓，只缘媚骨未曾修。

这些诗都写得很拙劣，有的甚至词句不通，或袭用前人诗句，因为这些都不是用来发表的，是用以发泄牢骚的，而且是以密码形式记不来的。但至少从中可以看出在十年浩劫中知识分子过的是什么生活，怀的是什么心情。

今 昔 无 由 辨 是 非

1975 年邓小平的复出和他的全面整顿，确实给危机重重的中国带来希望，但自然引起四人帮和造反派的拼死攻击。双方阵线分明，人民都看在眼里，忧在心里。这一场斗争决定今后中国的命运，所以我是极端重视的。我当然站在"邓大人"的一边，对那位红都女皇和她的心腹军师十分憎恨，曾写过一首小诗为之画像：

媚外颇有术，视民不如畜。

只手翻风云，顷刻变荣辱。

位至并肩王，依旧心不足。

大树未倾倒，猢狲且角逐。

我这么说，是算定只要邓大人不倒，毛主席死后，他们断难见容于世。问题的关键就在毛主席能否坚持支持邓大人到底了。我心中总隐隐感到他们两人在对待"文革"的立场上是南辕北辙，绝对走不到一起。

我的担心果然很快被证实，以刘冰的一封信为导火线，据说"以三项指示为纲"是大毒草，全国开展了批邓运动。最难挨的就是每天几小时的批邓会。我必须挖空心思，讲些言不由衷的表态话，装出一副与翻案复辟风势不两立的模样，还要强打精神听反邓英雄们的疯狂叫嚣和长篇大论。总而言之，是大家都在不断地说着空话、假话来浪费宝贵的时间——挨到下班。我的因应之道仍是你批你的邓，我吟我的诗，下面这首诗就是在批邓会上构思的：

今昔无由辨是非，终朝心口两相违。

立论竟可频翻复，栽罪何妨没范围。

媚世词章文一体，感时歌哭泪双垂。

茫茫心绪共谁语，且作泥中曳尾龟。

我看到不少领导为了保自身纷纷登台大骂邓大人时，不禁又写了一首"哀邓诗"：

纷纷狐鼠入京关，孤掌何能挽逆澜。

人尽效为翻复手，世唯赏识逢迎官。

九州铸铁从头错，独木支楼退步难。

莫惜盈门宾客尽，牛羊本不恋山峦。

到了 1976 年初，邓大人已遭没顶之灾。我认为他再无翻身之日，从此人民要永远在造反派手下苟且偷生了。素来不喝酒的我，这天晚上也买了瓶葡萄酒解愁，在醉中写了首"短歌行"：

国事如山，伊谁可付。元戎卓识，选贤为助。

革命元老，长征干部，有错坦陈，有愆勇补。

东山再起，旧僚为伍。众望所归，长城自许。

口没遮拦，胸有城府。交见肝胆，言倾肺腑。

既悉国情，更谙民苦。革命是抓，建设是虑。

调查整顿，排除干预。顿见气色，渐复伦序。

棱角未磨，气壮如虎。蛀虫内清，强敌外拒。

敢捅蜂窝，敢摸屁股。决心胜铁，目光如炬。

火汤直蹈，冰渊径履。不畏颠仆，何惧斤斧。

宁骨扬灰，宁头被锯。英风正气，卓然千古。

吓退城狐，惊散社鼠。黎元兴起，宵小越趄。

颂者亿万，攻者屡屡。风云陡变，大错永铸。

白云苍狗，沧桑忽度。昔日元勋，忽成粪土。

复辟大盗，修正鼻祖。批臭言行，剪尽党羽。

下井落石，不乏其侣。形同粪蛆，声赛鹦鹉。

指鹿为马，兆民气沮。有耳称聋，有目装瞽。

既不能言，又何敢怒，贤良引退，新贵乱舞。

运其将尽，日其将暮。

嗟吁乎，

天不可欺，民不可侮，是非曲直，竟在何处，问天不言，我亦无语，狂歌当哭，泪下如雨。

"短歌行"写完不久，便传来更不幸的消息：周恩来总理的去世。

纸 花 如 雪 压 京 都

1976 年真是个不幸和动乱之年。它带给全国人民的第一个致命打击，就是 1 月 8 日人民的好总理周恩来在备受"四人帮"和癌症的双重折磨下，走完了他的人生道路，含恨长逝。当我从广播员低沉的语调中知道这个噩耗后，全身的血液仿佛都凝固了。人民的主心骨断了，原来认为是他的接班人邓小平实际上已垮了。今后中国将向何处去？难道真的把血战得来的江山交给当年上海的二流演员？想到这里不禁瘫在椅上发怔。我提笔想写几首悼诗，写了一首，再也难继，不是才尽，而是无话敢说：

> 广布春风尽沐恩，岭南塞北共招魂。
>
> 九原有友应相见，四海无公不可论。
>
> 台阁欠烦调鼎鼐，苍黎谁复问寒温。
>
> 泪碑棠荫皆馀事，伟德谦衷万古存。

总理遗体火化那天，寒冷阴沉。二十里长街站满了自发而至的送行群众，手中执着自制的雪白纸花，一眼望去，像一条看不到尽头的雪龙，实是举世未见的景象。这些忠诚纯朴的人们，有的是白发盈顶的老人，有的是稚气未脱的儿童，大清早从遥远的街坊、郊区赶来，在严寒酷冷中哭泣着、等待着，一直到灵车缓缓驶来。灵车驶到哪里，哪里就响起撕心裂肺的号哭声，他们岂仅是哭总理，也是哭我们的国家啊。真是：

> 纸花如雪压京都，如此哀思世所无。
>
> 白叟黄童齐恸哭，都将国家虑前途！

我回到宿舍后，忍泪写了首《满江红》记事：

> 日月含悲天地暗，江河呜咽。
>
> 抬泪眼，长街廿里，素花如雪。
>
> 万众肠随哀乐断，慈容一去无消息。
>
> 恨灵车不解人心痛，行何急。
>
> 流不尽，泪珠滴；听不尽，哭声切。
>
> 化长江为墨，难书功绩。
>
> 点点遗灰还故国，化成彩练红如血。

历千秋万世印人心，难磨灭。

古往今来，千邦万国，一个领导人的去世，能引起人民如此悼念的，只有总理一人，也说明了人心向背。然而盘踞在中南海里的那些人，是绝不会有所触动的。他们把总理的去世，视为清除了篡党夺权道路上的最大障碍，正在弹冠相庆呢。总理去世不久，他的名字就从报刊上消失，代之以愈炒愈热的批邓文章。然后发生了一件使我彻底寒心的事。原来对外司订有一份"大参考"，供司长们内部阅读。但看管不严，我也经常可以捎回卧室细读。在2月6日的大参考上，刊登了一篇披露"伍豪叛变"的文章。对党史稍有了解的人都知道伍豪是总理当年从事地下工作时的化名。在参考上公开刊登敌人污蔑的材料，显然是以此为契机要下手污蔑乃至彻底否定总理了。我仿佛看到马路上已刷满打倒最大的叛徒两面派周恩来的标语，报纸上已登满一篇篇声讨周贼的文章，将总理的名字永远钉在耻辱柱上。从此，四害横行，万民钳口，忠良丧尽，狐鬼当道！这天晚上，我彻夜不眠，在大参考上打了个大红叉，又在其旁题道：

> 阴风卷地作春寒，满眼残红不忍看。
> 鬼蜮行踪奸若此，功勋结局恨何堪！
> 盗名阉宦一时盛，不废江河万古澜。
> 莫道我心灰已久，泪花如雪几曾干！

当然，这本大参考再也不能见人了。

英雄碑畔血花香

但是，我对人民觉醒的程度和反抗的力量估计不足，"四人帮"的倒行逆施在亿万人民心中播下强烈的仇恨种子，在清明节终于大爆发了。这是真正发自内心的怒吼和震惊世界的正义斗争，北京不愧是政治中心，北京人民不愧是有光荣斗争历史的人民。体弱胆小的我，根本进不了斗争的中心——天安门广场，只能躲在遥远的街头巷角窥探，眼看自发的斗争被残酷地镇压下去，小山般的花圈被清除，一批批的志士被捕下狱，打手们横行街道，全城开展镇压和清查追究，全国陷入更沉重和黑暗的政治压力之下。老百姓到底是暂时的缄口沉默还是又一次进入梦乡？我在心血沸腾的情况下又涂了一首反诗：

> 英雄碑畔血花香，天道无知此下场。
> 折槛功勋工骂座，吮痈阉竖擅催妆。
> 江山寂寞笼愁雾，黎庶昏昏入梦乡。
> 剩有伤心狂客在，反诗偷写泪成行。

接着，意犹未尽，还填了一阕满江红：

> 魔影翩跹阴雾里，明枪暗戟。
>
> 最堪恨，狺狺吠日，人心丧绝。
>
> 血洗都门天地怒，怨沉海底鬼神泣。
>
> 看寒流滚滚压神州，悲难噎。
>
> 长街血，犹未涤；元老恨，何时雪。
>
> 赞英雄儿女，永留奇节。
>
> 掩卷休叹前世误，当今客魏炎方烈。
>
> 问河山壮丽付谁收，长叹息。

冀东奇劫话凄凉

挨到 7 月 28 日，苦难深重的中国又发生千古奇劫：唐山大地震。当时我一人睡在单身宿舍里，为了晚上躺在床上看书方便，在床头搭了个小书架，堆满书本。入睡前随手摸取一本，摸到哪本就读哪本，常常在看书过程中迷糊入睡，也是人生一乐。地震波传到京城时，书柜倒下，几十本砖头厚的书打在身上。我惊醒后，还认为是房倒梁塌，此命休矣。过了良久，虽余震不断，灵魂似未出壳。伸手一摸，原来压在身上的是书。这才一跃而起，出外逃命。院子里已人声鼎沸。第二天，我用塑料布在院里盖了个棚子栖身，住了个把月。

部里迅速组织我们去灾区。这是个阴雨天，千古名城沦为一片废墟，到处是断垣、瓦堆和腐尸。这惨剧只能用惊心动魄、惨不忍睹和千载奇劫来描述。我不禁问自己：中国真要陆沉了吗？战士和难民奋不顾身在挖掘、救人、埋尸，而在中南海中的显贵们竟仍然在说空话，拒绝外援，继续批邓，我认定他们已是一批失去人心的兽类。在诗稿中，还能找到几首哀唐山的诗歌：

> 九死馀生记断肠，冀东奇劫话凄凉。
>
> 万家骨肉成齑粉，一片残墟对夕阳。
>
> 遗庶奋开新局面，归鸿莫认旧门墙。
>
> 虽知人定胜天孽，难忍摧怀泪几行。
>
> 劫灰满地水流红，一代江山运岂终。
>
> 巢覆顿教平贵贱，陆沉始得判邪忠。
>
> 粉身士庶空殉难，捷足簪缨待叙功。
>
> 千古不堪销此恨，满天愁雨正蒙蒙。

下面两首是咒骂权贵们的：

> 邀荣取媚亦冠缨，忍视生民付劫尘。
> 权重岂知终铸错，位高何异自埋身。
> 苍黎自古难箝口，狐鼠而今莫鼓唇。
> 纵使好官须属我，长留污迹玷乡亲。

> 帷中闻说尽鸿俦，临急何人借箸谋。
> 犹豫终招全局失，推搪难洗万民愁。
> 守株缘木计方定，曲突徙薪争未休。
> 太息关河东望处，百年壮丽付洪流。

面对遭受空前浩劫后的灾区，我的心中有说不出的凄凉和悲痛。我眼看那一排排遭难者的遗体，被匆忙拖埋入刚挖成的沟中（天气炎热，要防止腐烂引起瘟疫），不禁想到，不久前他们还是忙忙碌碌，跌打滚爬，有多少喜怒哀乐，得失荣辱，岂知浩劫一到，烟消灰灭，天大的事情也就完了。不禁吟道：

> 百万新魂土几丘，月明陇上总啾啾。
> 生前知有几多事，事大如天死尽休。

> 人生信是等浮沤，百里繁华顷刻休。
> 大厦争如茅舍稳，几人死前肯回头。

我也看到四面八方赶来支援的军民，挥汗如雨，在废墟中抢救幸免的人，这又使我十分激动。人间还是有真情在呀：

> 八方支援似潮来，兄弟深情泪满腮，
> 我赋新诗慰泉下，废墟行见百花开。

> 满城瓦砾血成斑，双手回天日可攀，
> 喜听英雄盟铁誓：三年重建好唐山。

在余震期内，我一直睡在招待所院子里自搭的塑料布棚内，长达一个多月。在棚中我作诗自愧道：

> 一番浩劫幸身完，痛定回思心胆寒。
> 安得长戈挥落日，忍教赤手挽狂澜。
> 纵横纸上谈兵易，镇定临危授命难。

愧我涓埃无所补，毡棚小住独偷安。

喜听风雷下九重

　　我并不迷信，但亲见此劫，不免想起"国之将亡，必有妖孽"的古话。我心中嘀咕，难道这人民江山真要出事了吗？我隐隐约约总觉得不久后还会发生巨变、剧变，就不知道变向何处？我的"心灵感应"还很灵验，一个多月后，毛主席去世，又过了十多天，"四人帮"被捕垮台。这时我才长长吐出一口怨气，并写下了十年浩劫中的最后一首诗，而且不必再写成密码了：

　　　　喜听风雷下九重，元勋奋臂缚群凶。
　　　　万民戟指舒公愤，当道汗颜羞曲从。
　　　　豺虎嫌腥应不食，乡邻恨玷逐难容。
　　　　迷途十载今知返，行看神州起蛰龙。

我写了一出《女皇惊梦》

1976 年是中国的龙年（丙辰年）。人们常说龙年是个不太平的年头，果然不错。在这一年中，中国遭遇了多少人祸天灾，发生了多少沧桑巨变：1 月 8 日周总理去世，接着全国深入开展"批邓"运动；4 月 5 日爆发天安门运动，又遭无情镇压；7 月 6 日朱德元帅去世；7 月 28 日唐山大地震，20 万人遇难；9 月 9 日毛主席去世；接着"四人帮"被捕垮台……一浪接着一浪。不但 10 亿中国人民惊心动魄，恐怕全世界人民也都感到眼花缭乱吧。在这篇文章中，我想据实写写在毛主席去世前后我的心理活动，我猜想这是很能代表相当一批中国知识分子的心情的。

9 月 9 日下午，我坐在水电部大礼堂中，听广播员以沉痛的语调宣读中央为毛主席去世发表的告全党全国人民书。在承受了暴雷般的震惊后，我的泪水立刻涌上眼眶，心里顿时一片迷惘。我仿佛听到自己问自己的声音："中国，你将向哪里去？"这时，周围的同志已经哭开了。

当天晚上，我孤身坐在宿舍中，执笔想写一首悼念领袖的诗，直到深夜，只得六句：

午夜惊雷痛不支，九州难答圣恩滋。

国中何可无元首，宇内从今失导师。

沧海横流神臂挽，鬼魔遁迹巨睛知。

……

我写诗很少有不成篇的，这首诗开了先河。原因是我无法在一首诗中给这位巨人下个结论。

要问我对毛主席的理解和感情，那是十分复杂和矛盾的，特别在"文革"以后。一方面，毛主席一直是我崇拜敬仰的对象，我认定他是位了不起的伟人，是中国的救星。如果没有他，大至全局，中国不知还要在黑暗的深渊中沉沦多久；小到个人，我也根本不可能成长为一个对国家有些用处的工程师。尤其是他那无所畏惧的宏伟气魄，完全不把美苏放在眼里，敢于以两霸为对手进行生死斗争，在历史上几乎无人可与相比，远远超过秦皇汉武、唐宗宋祖了。概而言之，他的功劳是化长江为墨也书写不尽的，真正是

"功可盖天"。另一方面，他急于求成，误入"左道"，实施个人专断专行，发展到顺我者昌、逆我者亡，直到晚年错误地发动"文化大革命"，给中国的革命和建设事业带来重大挫折。影响之巨，失误之大，也是难以估计的。在这样一个巨大矛盾面前，我已莫知所从。我不敢说出我对他所犯失误的怀疑，甚至不敢往深里想，在那个时候，想一想都是犯罪啊！但总又禁不住要去想。这个矛盾要到若干年后中央对一些重大历史问题做出决议后，才基本上有了个较清楚的认识。

但是人毕竟是现实的动物。毛主席的功劳毕竟已成为历史，而他的失误所带来的严重问题和灾难却活生生摆在面前。在"文革"后期，我的心中已形成了明确的看法："文革"搞错了，事与愿违，中国不能再这样折腾下去了，中国的命运决不能交给那批盗匪般的造反派，否则肯定是亡党亡国。邓小平的复出和大搞整顿，使我看到希望，但很快又风云逆转，我的思想又一次陷入绝境。批邓愈"深入"，我的逆反思想也愈强烈，只是迫于形势，深藏心底罢了。与我有同感的人恐怕要以亿万计。例如，1976 年初，我回上海过了个阴沉沉灰溜溜的春节，遇到了水电界的老前辈於志远同志。这位心直口快的老工程师、共产党员一看见我就扬着手中的报纸吼叫："你看看、你看看，批邓、批邓、批的什么东西！再批下去国家怎么得了！"他气愤地把报纸扔到我的面前，——真是英雄所见略同，只是我还不敢像他这么当场发挥，只能报以一个苦笑和一声长叹。我还遇到过一位亲戚，是上海机械学院马列主义教研室的老师，她忧郁地问我："是不是毛主席年事太高，人老糊涂了？你在北京听到过什么？"甚至有人怀疑毛主席早已去世，只是秘不发丧而已。我对后面这种谣传当然嗤之以鼻，但也感到当时那种倒行逆施的做法真正已失尽民心，到了"道路侧目"的程度，并非仅我一个人持有"不同政见"，这和"四人帮"认为"民心可用"的估计有天壤之别。事实说明，老百姓的判断常常比当官的更接近实际。

尽管我越来越坚信自己的怀疑和看法有根据、有市场，愈来愈相信"文革"是搞错了，形势既不是小好，更不是大好，而是大糟；可我很明白，只要毛主席在世一天，断无改弦更辙之可能。他的特点就是看准了目标决不回头。即使在实践中碰得头破血流，不得不采取些策略上的让步，最终只会变本加厉地回到原来道路上去，而且旧账新账一起算。征诸大跃进、办人民公社、搞垮彭德怀及刘少奇、批陈倒林等事例，无不如此。何况搞"文化大革命"是他平生所做两件大事之一，似乎比赶跑蒋介石更重要，能设想他老人家会改变主意？所以我完全看不出有什么出路。我曾忧心忡忡地吟道：

> 寸丹何日不思君，只恨遮阳有暮云。
> 乱世定招巢覆变，败棋何待局终分。
> 功臣宿将都箝口，社鼠城狐自合群。
> 汉祖唐宗原可鉴，倩谁传语达天闻。

　　我这个无名小卒的心底话，当然是无法上达天闻的。如果真的送达上去，把大好形势称之为乱世、败棋，把领袖身边的人称为社鼠城狐，得到的也必然是判处死刑的下场。而就在这绝望的局势下，毛主席这一中国的脊梁、灵魂和偶像突然撒手西去。可以想象，我的思想会有多么迷惘、混乱！那首悼念他的诗又怎能终篇呢？

　　在悲恸和震惊的高潮过去后，我脑中的"逆反心理"更加膨胀。我看到不少对毛主席有深厚阶级感情的同志长时期的哭泣忧伤，并且频频露出"毛主席去世了，中国怎么得了"的心情，我却浮出一个大逆不道的想法：也许毛主席的去世会给陷入绝境的中国局势带来转机。我回想斯大林死后发生的剧变，回想林彪从盛极一时走向折戟沉沙的过程，总觉得现在的局势像坐在即将喷发的火山口上，就不知何日喷发，鹿死谁手？在这种心态下，我仿效当年磨房沟的一位"政论大师"的做法，天天研究起报纸来，从社论的词句、口气，领导人露面情况和排序乃至从字里行间去捡挑耙楼，希望从中看出些迹象，"见微知著"。皇天不负苦心人，我的用心没有白费，从 10 月 6 日后还真的扒剔出一些疑点，并逐渐增加、凝集。同时，社会上一些小道传闻也开始暗下传播，引起我极大的激动和紧张。期待乃至渴望生变的心情与日俱增，几乎达到急不可待的程度。

　　话说 10 月 11 日，我们还在召开一个"拱坝计算技术研讨会"，可怜我哪有心情研讨什么"有限元""试载法"，而是想从来自各方的人中探听消息，以获得一些"最新资料"。不幸，参与这个会议的人都是些书卷气十足的呆子，政治嗅觉和我相比差上一个数量级。国家命运已到了关键时刻，他们却仍都钻到拱坝的缝里面去了。所以，任凭我百般探询、启发，一无所获。我委实按捺不住，吃过中饭，再次到处串联，见朱伯芳同志还在一本正经地准备他的"厚壳单元"发言。我看他一副浑噩无知的模样，只好单刀直入地"启发"了：

　　"啊呀，老朱，你在准备发言？业务当然重要，但国家大事也得关心关心啦！"

　　"那是，那是。"他头也不抬，这一下引恼了我：

　　"喂，老朱，你不觉得这几天形势有些微妙吗？"

　　"什么？"他抬起头来。

　　"你没有察觉一点蛛丝马迹吗？"

　　"没有啊，你又察觉了什么？"他藏在啤酒瓶底那么厚的眼镜片后的眼珠开始张大了。

　　"嘿，"我放低声音："这次去机场迎接外宾，为什么是华国锋、李先念去，而且两个人那么兴高采烈呀？"

　　"那有什么奇怪。"

　　"你可注意到有些活跃的人，好几天没露面了哩！"

　　"他们也许忙着啦，你别胡思乱想。"

"那么你注意到没有，最近报上在批判有人篡改毛主席指示的文章吗？"

"报纸上的文章还不是老一套。篡改毛主席的话当然要批喽。"

"唉，你怎么不想一想，哪些人有资格篡改毛主席的指示呀？你和我想篡改改得成吗？"

这一问打中要害，他有些动心了："对，谁能篡改，难道是毛主席的秘书……"

我见他如此冥顽不灵，气得只能把窗纸直接捅破："秘书哪有这么大胆子，我看是那些上海帮！老朱，有限单元要搞，政治也要关心关心。"

老朱显然受到极大震动，连拿笔的手都抖颤起来。我见目的已达，又改去另外房间。这一天虽未捞到什么"交流信息"，但点化了不少书呆子，自觉战果可观。

以后，形势迅速明朗，我预期要发生的巨变终于来临，而且是大快人心之变。开始时，马路上到处流传："家里的花猫逮住了四只大耗子，三公一母"的隐晦说法，有幽默感的上海人则拥向水产市场，争购大蟹，都要三雄一雌，用草绳串了，提在手里，嘴上吆喝："看你还能横行到几时！"弄得雄蟹供不应求，价格猛涨。10月×日中央"打招呼"文件下达，接着是×日天安门百万人的集会声讨"四人帮"罪行，倾城而出的大游行，各省区的纷纷表态，各大城市的日夜游行……全中国都沸腾了，亿万人民按捺不住心头的激动，倾诉出他们对"四人帮"滔天罪行的痛恨声讨！直到此时，我才长长地呼出一口气，觉得国家、民族、党和我自己都有了希望。那种感觉就像长年来压在心上重达千斤的石头被卸掉了，又像长在身上不断吞噬着身心的癌瘤被割除了，那种轻松、愉快、兴奋的情绪是无法形容的。我获悉逮捕"四人帮"是华国锋、叶剑英、汪东兴决策和执行的，对他们崇敬得五体投地，心潮澎湃地写下十年浩劫中的最后一诗（即前述《喜听风雷下九重》），而且是一挥而就，毫不费力。

话虽如此，在一段时间内我还不断地做着噩梦。梦见粉碎"四人帮"是个幻梦，梦醒后仍是他们当道，而且变本加厉地反攻倒算。或是梦见毛主席并未去世，逮捕"四人帮"是假的，为了"引蛇出洞"。我常从半夜惊醒，全身冷汗淋漓，搞不清什么是梦境，什么是事实，大有庄周弄不清是他化成蝴蝶还是蝴蝶化成了他的意味，这说明"四人帮"加在知识分子脑中的恐惧影响是何等的深巨了。

但历史车轮毕竟不会逆转，"四人帮"及其党羽已分崩离析，陷入与全民为敌的绝境，再也没有还手和做恶的能耐了。我也逐渐安下心来，在政治学习会上不再吞吞吐吐欲语还休……顺便提一句，这时的政治学习已从批邓一下子转为揭批"四人帮"。想是由于积愤已久，发言都慷慨激昂，极尽声讨、詈骂、挖苦之能事，一扫"批邓"时的沉闷风气。大字报更是贴满墙头壁角。我所在的部门——水电部对外司——所写的大字报从四楼一直挂到底层，精彩无比。有些知道我底细的同志就来动员我写点"有滋味"的大字报。我终于手痒心动，盘算良久，决定精心撰写一折"套数"，来揭发"四人帮"的篡党篡政妄想，并取名为"女皇惊梦"——这当然是从牡丹亭的"游园惊梦"中抄来的，来个独出心裁，一鸣惊人。

但真要做一套曲子又是件难事。不但我的才气、素养不够，而且半本工具书也没有。要知道当时连《辞海》《辞源》都已绝迹，到哪里去找曲谱、曲韵呢？如果说还有什么"参考材料"，大约只有留在脑中、自幼就背得出的几折《西厢记》唱词了，何况我还是个讲"平上去入"绍兴腔的南方人。所以拿起笔来好久也写不出字。后来想通了：别那么"像煞有介事"，我是在写大字报，不是在写元曲论文，更没打算请"珠帘秀"登台演唱，管它平仄不调，上去不分，乃至失韵出韵，都没有关系。这么一想，海阔天空，文思汩汩而来。花了两个夜晚，就写就了这折《女皇惊梦》。第二天，拿给对外司的同志看，大家都哈哈大笑，并且找了些红绿纸抄成大字报，挂了出去，也引来不少人驻足观看，捧腹而去。

下面就是这折《女皇惊梦》了。

杂剧一折　女皇惊梦
出场人物：
白骨女皇
狗头军师
流氓
文痞
大小喽啰

（女皇上云）孤家江青是也。自幼胸怀大志，腹有奇谋。当年济南府相国寺张铁嘴曾道我生就龙凤之姿，当践九五之尊。是以数十年来钻营潜伏、跌打滚爬，心力都尽，此中甘苦，自家知晓。天幸得乘"文革"良机，招摇撞骗，投机蹿跳，结成死党，爬上高位，眼看篡权在望，登基有日，谁想阴谋败露，束手被捕。身上画皮尽剥，当年丑史毕露，教孤何以能堪！（唱）

【仙吕】【赏花时】百样机心尽落空，身系秦城死狱中，好如花谢水流东。冤仇万种，我切齿恨无穷！

（白）听那外边锣鼓阵阵，庆贺粉碎"四人帮"，越增烦恼。不免吞下几片安眠药，偷睡片刻，自慰自叹可也。正是：贼胆都从偷后壮，狼心肯向死前休！（睡介。狗头军师等上）

（狗头军师云）今日乃主上登基大典之期，你我好生伺候着。（众见女皇跪拜介）

（女皇惊介，云）自从篡党阴谋败露，我君臣尽作南冠楚囚。卿等何得幸免，前来见孤？

（狗头军师云）圣上说哪里话来。当今天命攸归，地震呈祥，正应我主登基建极之兆。臣已拟具登基诏书一道，仰乞圣鉴，速登大位，以慰薄海臣民嗷嗷之望。

（流氓云）阿拉已精选面首三千，个个能歌善舞，邪气灵光，发充后宫，供主子随意临幸享用。

（文痞云）奴才冥思苦索，考古察今，已敬拟我主尊号为"大江皇朝奉天承运睿智神武至圣大明茂德崇功端康淑庄幽娴贞静白骨圣后"，乞主上圣断。

（众喽啰争云）臣敬撰论文一篇，题曰："吕后是光辉杰出的马克思主义大师"，供圣朝开国奠基作理论基础。

臣精心编导舞剧"山阴公主无遮舞"，以供御览。

臣呕心沥血创作"慈禧太后第八交响乐"，以助圣听。

臣敬遵则天祖师遗制，绣就衮龙袍一袭，平天冠一顶，供主上登基披戴。

……

（女皇大喜，癫狂介）惭愧俺江青也有今天。（唱）

【点绛唇】紧握瑶鞭，缓登金殿，流光转，上帝垂怜，莫不是梦里如心愿。

（云）孤为这登基称皇之事费尽移山心力，天可怜见，今日方得如愿也。（唱）

【混江龙】宝灯高悬，眼花缭乱口难言。多少年来馋涎滴溅，饿眼瞪穿，方见得众心腹佩紫披朱围殿下，山呼海舞拜阶前。不由我魂灵飞在九霄天，神迷骨醉双睛眩，摇摇摆摆，疯疯癫癫。

【油葫芦】孤已是发秃牙松屁股扁，还要等到哪一年？上苍呵，纵教障碍重如山，称皇篡党志弥坚！勤结帮，频跳窜，江山终看轻轻变，顿首谢皇天。

【寄生草】俺心血流将尽，机关拨算全，镇日价觊觎宝座团团转。魂牵梦绕相思恋，喜今朝衮龙袍上盘金线，这才是山河一统圜图咽。坐一坐当今世纪的金銮殿。

（大笑介）众卿平身。想孤今日登基践祚，皆诸卿拥立之功，今后富贵与众卿共之。（唱）

【胜葫芦】则要你拍马吹牛连上线，抱紧俺裤腰边，舐痔吮痈听使遣，定教你紫袍金印拜侯封爵犬吠鸡鸣共上天。

（云）诸卿听封。张卿，孤拜你当朝一品宰相，剑履上殿，赞拜不名。（唱）

【后庭花】借重你虎狼心、猴子脸，爪儿轻摇诸葛扇。你本是狄克伯无事生非惯，快把阴风遍地燃。莫俄延，让全国断粮停电，乌云布满天。推翻那先进点，踏平它高产田，将人民尽倒悬，放群魔乱夺权，（附耳介）大乱中才好变天。

（狗头军师叩头介）臣蒙主上圣眷深重，虽粉身碎骨，难报万一。唯有日诵圣训，敬编语录，誓死报效，仰副圣主复育之至意。

（女皇云）王卿，孤封你兵部尚书兼领京师九门提督，御赐尚方宝剑一柄，许先斩

后奏。（唱）

【柳叶儿】孤将你从流氓里精心遴选，展宏图就在今天。（白）你速将功臣元老尽数诛灭，（唱）你要深文编织联成线，你要结交些乌龟仔、癞头鼋，献诚心当好鹰犬。（叮嘱介）须心狠手辣，莫犹豫迟延。

（流氓得意忘形介）谢主子恩典。今后哪只瘟三胆敢反对主子，阿拉咬脱伊格鸟！

（女皇云）姚卿，孤封你为礼部尚书加太子少保，领文华殿学士。（唱）

【醉中天】文痞家风得祖传，攀龙直上九霄天。你手舞金箍打黑鞭，要考场都交白卷，压黎民不许长吁短叹。打砸抢歪风高煽，让毒汁浸透青少年。（拍肩介）你功劳大不大从何见，只看那万马齐喑敢怒不敢言。

（文痞摇头摆尾介）臣荷天麻，感激涕零，敢不鞠躬尽瘁死而后已者耶。

（女皇云）其余诸卿着吏部论功行赏，奏孤定夺。

（众跪拜介）谢主隆恩！（齐唱）

【天下乐】从此荣华富贵全，狂欢不夜天。白骨洞里安排人肉筵，看脱衣裸体舞，参低眉欢喜禅，吸饱脂膏福寿绵。

（小喽哕惊上介）启奏我主，大事不好，党中央下令全国人民奋起声讨，已逼近宫廷来也。

（众人乱散，白骨惶急介）众卿救驾！咦，他们尽抱头鼠窜而去，撇下孤一人在此，皆临难苟免之徒也。（惊醒介）呀，原来是黄粱一梦。分明见众卿拥孤登基，享尽人间富贵，金鸡一唱，都化乌有，兀的不痛煞人也。（哭恨介）

【赚煞】人散金谷园，梦醒长生殿，依旧是隔离在冷宫深院。咬假牙这口气儿难下咽。（哭叫介）孤那大小亲信爪牙打手呵（唱）要为俺大江皇朝翻案平冤。快燃烧处处烽烟，搅起波涛浪泼天，成功在眼前。纵使历史车轮已难翻转，也捞个臭名儿含悲咬恨入黄泉。

当我写完这折曲子的最后一个字时，窗外已出现鱼肚白了。我放下了笔，长吁一声，仍然觉得意犹未尽。我想到"文化大革命"不仅使中国的革命功臣、知识分子和民族资产阶级陷入一场浩劫，更毒害了整整的年轻一代。当林彪、江青这批"统帅""旗手"在台上充分表演的时候，他们把自己打扮得何等高尚、无私，俨然是真理的化身。当他们打着领袖的旗号，喊着革命得不能再革命的口号，要别人做纯而又纯无丝毫私念的革命派，许诺将把人们带进最美好的天堂仙境中去时，谁想得到在画皮里面裹着的是一个何等丑恶的灵魂。多少青少年就这样被引上了歧途，原本纯洁天真的心灵被污染了，邪恶的欲望被点燃了，乃至做出疯狂的举动，走向堕落和毁灭。这是林彪、"四人帮"的最大罪恶，是无可挽回的损失，痛定思痛，难道不应该有所警惕吗？想到这里，睡意全消，不禁又重新拿起笔来，填了一首长词寄意。

摸 鱼 儿

痛元戎，驾鸾归去，神州千里愁雾。

精生白骨幽魂现，搅起浪涛风雨。

情难诉，寻破砚残毫，漫写兴亡谱。

铜琶铁板，把鲁国优伶、聊斋狐鬼，拍入短长句。

君听取，佛说兰因絮果，寻思知在何处？

婆娑宝树菩提境，哪有一丝依据！

帘偶露，看宝相华严，却是窥人虎。

痴儿呆女，莫误认当真，焚香顶礼，错上葬身路。

一座高拱坝的诞生

湘 江 和 耒 水

从初中上地理课时起，我就知道湖南省有个"八百里洞庭湖"，还有湘、资、沅、澧四条大水，构成了湖南的秀丽山川，也使湖南成为南国粮仓——"湖广熟，天下足"么。这四条水中又以湘江为首，所以湖南又称湘省，湖南人也称为湖湘子弟。地灵则人杰，有史以来湖南出过多少名人！20 世纪又出了一代伟人毛泽东。

稍长大一点，我又知道许多关于湖南和湘江的典故与美好的传说。4000 年前的大舜是南巡到湖南，病死于苍梧的。他的两个妃子（娥皇与女英）万里奔波，过洞庭、下君山，一直追到潇水源头的九疑山，号啕痛哭，泪洒竹上，成为有名的斑竹或湘妃竹。战国时的爱国诗人屈原，忠贞不贰，受谗被贬，流放于湖南，写下了感人至深的《离骚》以明志，其中《九歌》内就有《湘君》《湘夫人》之篇，最后于端午节自沉于汨罗江。所以凡是带着"湘"字的词，如湘山、湘水、湘灵、湘君、潇湘、湘妃……都能发人遐思。连曹雪芹写《红楼梦》时也要把可爱的史大姑娘取名为湘云，让林妹妹住进潇湘馆，甚至给她戴上个"潇湘妃子"的雅号，可见其魅力之深了。

湘水流域广阔，支流众多，有潇水、蒸水、耒水……，我要说的是耒水。耒水上源叫东江，这里有个著名城市——郴州。我对郴州特别钟情是因为它和北宋词人秦少游有渊源。秦少游是苏东坡的挚友，"苏门四学士"之一（在话本小说中还说他是苏小妹的丈夫，东坡的妹夫），在文学史上有很高的地位。由于政治斗争，他受"新党"迫害，一再被贬谪，直到郴州旅舍中题了一首词，即千古绝唱的《踏莎行》，词曰：

> 雾失楼台，月迷津渡，桃源望断无寻处。
> 可堪孤馆闭春寒，杜鹃声里斜阳暮。
> 驿寄梅花，鱼传尺素，砌成此恨无重数。
> 郴江本自绕郴山，为谁流下潇湘去？

这首词 58 字，写尽羁旅之愁、逐客之恨。秦少游的词境本来最为凄怨，所谓"淮海……古之伤心人也"，这首词中更发挥到极致。特别是四五两句，孤馆、春寒、杜鹃、斜阳，再用"闭"字连成一体，被王国维评为从凄婉变为凄厉，可见动人之深。至于最后两句，词人的满腔幽怨无处宣泄，竟责问起郴水来了：你为什么弃郴山而入潇湘？这种责问属于"无理而妙"的范畴。难怪东坡极为赏叹。少游死后，东坡书此于扇云："少游已矣，虽万人何赎！"这确是词林佳话。

我虽对湘江、郴州仰慕已久，渴望一游，但在"文革"以前，一直没有机会亲临。虽然每次去广州火车都要经过洞庭湖和郴州站，我从未下车，只能从车窗远眺，发一声感叹："啊，这就是八百里洞庭！""啊，这就是秦少游被贬的古郴州！"这个心愿直到1977年参与东江水电站的建设时才得偿还。

多难的东江工程

湘江流域虽广，但干流流经平原，水力资源并不丰富。主要资源在支流上。特别是耒水，流过郴州附近的资兴县东江镇时，从一个花岗岩峡谷中穿出，形成一个难得的好坝址——东江坝址。这里山势雄伟，V形峡谷，花岗岩完整坚硬，最适于修建薄拱坝。地形地质条件的优越会令大坝工程师垂涎三尺，流连忘返。我曾称它为中国第一好坝址。

其实，早在国民党政府时期，水利工程师们就想修建拱坝，开发耒水资源，并为此做过规划设计，包括进行"试载法分析"，以起练兵作用。这一美好愿望当然是不可能实现的。建国后，水电部在长沙成立了长沙勘测设计院（"文革"后重建，更名为中南勘测设计院），是部属八大设计院之一，为水电开发建立过不少功勋，对耒水的开发也进行了长期的勘测设计。在大跃进时代，东江水电站还一度开工，结果和许多仓促上马的工程一样，1961年又被迫下马。一搁就是16年。直到20世纪70年代，中南院才再次正式提出东江水电站的补充初步设计，报请审批。

东江水电站最引人之处，除了得天独厚的坝址外，就是坝址上游那块一望无际的资兴平原。在坝址拦江筑一座150～160米高的大坝，可以得到80多亿立方米的库容，足以对耒水全部径流量作多年调节。20世纪70年代湖南省已修建了一系列水火电站，但都缺乏调节能力，洪水期水电站大量弃水，枯水期依赖火电，缺电严重。不仅湖南省如此，更大的华中电网也是如此。如能建成东江水电站，其效益就不仅在其本身，而是能对整个电网发挥最佳的调节作用。所以，不但是搞水电的人，包括搞火电运行的人无不渴望这座工程能尽早实施。

但是，东江工程面遇两个最大的阻力，也就是敢不敢在峡谷中建一座薄拱高坝和能不能淹没资兴盆地。到20世纪70年代，我们虽然已建成不少座拱坝，但高度都在数十米至百余米量级，或者属于重力拱坝范畴，要修建真正意义上的150米量级的双曲薄拱坝——东江还是第一座。这使得很多人不放心。所以尽管坝址条件优良，设计书中还是把重力坝作为主要比选方案。另一个更大的问题是淹没和移民。东江水库 81 亿立方米的库容是以淹没富饶美丽的资兴平原（耕地近 6 万亩）和动迁 5 万多人为代价换取的。虽然当地还有土地资源可供安排，国家和省政府在决策时不能不对这一代价做出衡量。这两个阻力一直影响着设计的进行，比来选去，几上几下，总难定案。东江真是个多难的工程。

到了 20 世纪 70 年代后期，形势趋于明朗。由于电力奇缺，省政府几经权衡，终于决心以淹地移民为代价兴建东江工程，中南院也较深入地完成了补充初步设计，报到水电部请求审查。我也就有机会以客卿的身份参与审查盛会。

我和中南院（长沙院）也有番情谊。这个院成立后，曾承担过上犹江、柘溪、花木桥等水电站的勘测设计，成绩卓著。十年动乱中和上海院一样被撤销，人员分别下放到乌江、凤滩、黄龙滩乃至海南岛等，在十分艰苦的条件下完成了乌江渡、凤滩、黄龙滩、牛路岭等重大工程的设计。在他们"解体、落难"期间，我曾经去过乌江渡、凤滩等工地协助工作。我看到他们长年累月战斗在最艰苦的第一线，过着极清贫的日子，无怨无悔地为水电建设献出青春、献出终身乃至献出子孙，真使人从心底里感动。譬如说，20 世纪 70 年代初，我在乌江渡工地帮助他们工作，为了进行拱坝应力分析，我们到附近一支国防科研队伍去请求支援（他们有一台小型计算机）。当时贵州全省陷入武斗高潮，对方不相信还会有个工程在进行设计和施工。直到亲临工地，看到干部、工人依靠吃咸菜、辣椒和硬馍所产生的一点热量，在和穷山恶水拼死斗争时，他们感动地说："就凭你们这点精神，我们也要支援到底！贵州还是有希望的！"总之，这是一支对水电事业百折不挠生死与共的设计队伍，对他们完成的东江水电站设计我是完全信得过的。

女地质师和大耗子的故事

1977 年 11 月，水电部授权成立不久的规划设计总院组团去湘，会同湖南省计委在郴州审查东江水电站的初步设计。那时，我的人事关系尚在十二工程局，被"借调"到北京水电部对外司工作。部里负责水电设计审查的基建司和规划设计总院又常常把我转借过去使用。这次审查中，我也是被"转借"过去的。

听说是审查东江水电站设计，我兴趣极高，满口承诺，马上收拾行装，准备启程。前来通知我接受任务的是一位地质师——刘效黎女士。关于此婆不可不提上几句。她是正规地质大学出身，毕业后就在水电总局承担设计审查任务，以后辗转任职于基建司和规划设计总院，虽历"文革"亦不变。女同志学习地质的本来就少，像她那样数十年从事审查者更是唯此一人。她不仅业务精通，经验丰富（全国几十个坝址中上千条断层资料尽在她脑中），而且为人精明能干，能言善辩，集地质师、外交家、采购员和贤妻良母于一身，端的是一位奇才，阿庆嫂式人物。以我的迟钝愚蠢，与之相比，只能自叹弗如。每逢结伴出差，我总能获益多多。至少看到她上街购物站队，我完全可放心地跟进，决不会失误——除了她排队上女浴室是例外。

当下由院长、总工程师带队，女地质师张罗，率我们直达郴州，住在招待所中。省里派了计委孟主任参与。招待所是幢古老的木结构房屋，走动起来就咕咕喀喀作响。这倒不妨，麻烦的是这里的耗子多而且肥，说它有小猫般大绝非过誉。刘地质师不知出自何种考虑，随身带有不少干点，包装精致，成为鼠辈进攻的目标。最后只得用一根绳吊在空中。但深夜乒乓之声不绝，原来耗子并不甘心，在练习就地跳高也。地质师一夜无眠，以她之多才多艺竟苦于应付，清晨乃问计于我。

我的欣然来湘，目的是要扶"拱坝方案"上马。地质可是关键。好在阿庆嫂对坝址也是赞不绝口，是我重要的依靠力量。今见阿庆嫂有难向我求教，当然义不容辞，而且心中颇为得意。当下端坐凝思，像做水电站设计一样，提出三个方案供她选择。方案一曰"进剿"，即在房中撒毒药、堵鼠洞、放夹子，全面征讨，以扬天威。方案二曰"招安"，这时离开全国学习毛主席关于批水浒传的指示为时还不太远，李逵大哥"招安招安招甚鸟安"的快语流传颇广，所以我也引用过来。其计为舍出若干点心，放在地上，敞开供应，舍卒保车，以全大局。方案三曰"迁都"，即另搬住房以避其锋。我并大力推荐招安方案，认为实施方便，切实可行，损失不大，智者所为也。刘地质师皱眉曰："军师三计，上计太左，下计太右，中计虽可行，然有招安之嫌，恐有政治问题。"她竟一计也不用。我警告说："不用吾策，尊点难保，勿谓言之不预。"

我的预言果然准确。那耗子不知采取何策竟攀上绳子，咬开点心包大嚼一顿。刘地质师叫苦不迭。但第二天她又喜滋滋跑来告我："你猜怎么着？那大耗子死啦。"我过去一看，床下果然陈一鼠尸，身长即使不达一尺，也够七寸。着实惊人。原来那鼠大啖压缩饼干又狂饮水，肚胀而亡。这只大耗子后被食堂中的人视若至宝拿走了。害得我提心吊胆，生怕菜肴中出现鼠肉。

耗患除后，地质师便全力以赴陪同我们勘现场、听介绍和讨论方案了。不出所料，争论最剧烈的还是坝型问题。一些老成持重的同志都力求采用体积厚实的重力坝，另一派人则死保拱坝，反复商讨，未能一致。但会议领导层似均倾向稳妥，这使我焦灼不已。我决心组织统一战线，全力一搏！

神 秘 的 幕 后 决 策 者

我原认为审定一座水电工程的坝型纯系一个技术问题，只要能说服总院的院长、总工和省里的孟主任就可决策。但几个回合下来，发现问题并没有那么简单。真正握有决策大权的是一位远在长沙、比孟主任还高的一位省领导。尽管他不在工地，审查会上的一举一动，都有人及时汇报，使他了如指掌。他的指示也不断通过联络员下达。这位领导的级别虽然也不过是副省级，但权威性极大，说一不二，听说省委书记也得敬他三分。原来他是当今主席华国锋同志的亲密战友，华国锋当县长时，他是县委书记哩，无怪他说的话有一言九鼎之威了。开始我还不能理解区区一座水电站的坝型问题何至让省里高级领导如此操心，后来细忖，倒也难怪。这座大坝是省里花了淹田近 6 万亩、移民超 5 万人的代价换来的，水库库容达 81 亿立方米，下游又是交通大动脉京广线和郴州市，领导不得不亲自掌舵。想通这点后，觉得这位大官虽然管得宽了一点，但毕竟是对国家负责，应该算是个好官。

麻烦的是，这位大官属意于要重力坝，事情就难办了。尽管几天来的深入分析研究，足以说明地质条件之好、水工设计之可靠以及拱坝方案的快与省，但上面总是不松口，而且毛病也可挑出不少：花岗岩虽好，但仍有横河的断层破碎带；虽然已做了许多计算，坝体中还有较高的拉应力，而中国还没有建过这样高的薄拱坝的经验，至于多浇几方混凝土对东江这样重要的工程也不是决定性因素。尽管我和刘地质师以及设计同志一再申辩，总是定不下来。情急之中，我激昂地发表了一番谬论，我说："如果我们真的没有把握和胆量在东江修建拱坝，干脆暂时别建了。把工程停一停吧，让子孙们来建，不要糟蹋了一个难得的好坝址，并为今后来参观的外国人作为笑柄"。我的话一定得罪了一些同志，但我的信心和决心也感动了一些人。我还不遗余力地说服一些持中间立场的同志，反复说明貌似单薄的拱坝比重力坝拥有大得多的安全度。也许这些信息也传到了华主席的亲密战友的耳中去了，终于感动了上帝。晚上，一位联络员在餐桌上郑重其事地宣布：

"说啦，"他这里用的是省略句，省去了主词，因为谁都知道主词是谁，"既然专家们有信心修拱坝，就搞拱坝吧。要好好干，不许出任何问题！"

这一来，局势就急转直下，很快取得了一致意见，我更把"会议纪要"一挥而就。一座 157 米高的薄拱坝就此定了终身。历时长达半个月的审查会也就顺利闭幕收场。

解决问题后，我反而感到有说不出的疲倦。好在现在可以休整一下。我们就在回京的前一天到近在咫尺的苏仙岭去欣赏一下"三绝碑"。三绝碑是块宋代古碑，上面刻有秦少游的踏莎行。由于留有秦少游、苏东坡、米芾三位古贤的遗泽（秦少游作词、苏东坡题跋、米芾书写）故名"三绝碑"。这三者中有一就堪称国宝，何况是三绝并存呢。当我们来到这国宝之畔，不禁摩挲流连，大发思古之幽情。时值"文革"结束不久，人们对古迹的保护尚未重视。三绝碑栖身破亭内，无任何保护，碑面漆黑如墨，是人们一次次拓印的结果。见国宝晚景如此凄凉，不禁欷歔。及仔细赏读碑文，又发现一大疑案。因为碑文上踏莎行的第五句刻作"杜鹃声里残阳树"（见下页），简直有些不文。但古碑当前铁案如山。我脑中立刻冒出许多答案：也许是米芾老人一时笔误，以讹传讹流传下来？或是少游原作本为"树"字。后经推敲而改成"暮"字？我被这意外公案搞得晕头转向，在离别时，除向导游建议请转告上级，加强国宝的保护外，没有吟成一首"游苏仙岭有感"的诗作。回京后，赶紧找出一部《人间词话》查考，上面印的也是"斜阳暮"。这重公案又不能请华国锋的亲密战友来审定，只好存疑。直到今天，我尚未能破解此案也。

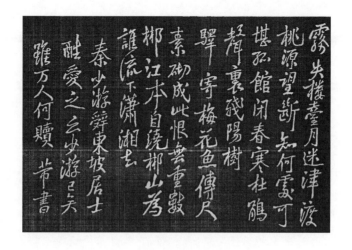

中 国 的 拱 坝 之 花

审查会后，中南设计院又做了许多补充工作，精益求精，务使这座拱坝能不辜负领导的期望与嘱咐。1978 年东江工程终于列入"六五计划"，作为国家重点建设项目，开始实施。施工单位是第八工程局，这是修建过流溪河、拓溪、凤滩、乌江渡、欧阳海和古田溪工程的一支精锐施工部队。1978 年夏，东江峡谷中响起了隆隆的炮声。八局的总工程师谭靖夷院士是我的老搭档了，我们从 20 世纪 50 年代起就共同战斗在流溪河上。此刻，我们并肩站在坝头，看着峡中升起朵朵烟云。我把东江拱坝几十年来的设计史告诉他后，他激动地拍拍我的肩膀说：

"很好，你们能够设计出中国第一流漂亮的双曲拱坝，我保证能够建造起中国第一流漂亮的双曲拱坝！"

"好，就这么说定了"。我伸出手和他的手紧紧握在一起。

当然事情的发展道路不是笔直的。东江施工初期，还是出现了不少质量事故，包括已浇的混凝土坝块发生裂缝。但谭总并未食言，他大力采取措施，加强管理，情况迅速改观。坝基开挖采用"三向预裂爆破技术"，挖出的基坑像刀切一样整齐，建基面岩石的波速达到 5000 米/秒以上。东江坝体很薄，最大压应力达到 80 公斤力/平方厘米，工地

上严格控制混凝土的浇筑质量和温度变化。几年后，在离秦少游贬所不远的峡谷中，出现了一座婀娜多姿的双曲高坝和一座烟波浩渺的人工湖。每逢泄洪，如银河落九天，绚烂无比。秦少游如能活到今天，不知将写出怎样的绝妙好辞来？

东江拱坝的顺利建成和安全运行，大大丰富了中国工程师们的经验和增强了信心。在其后，165 米高的李家峡双曲拱坝、173 米高的东风双曲拱坝，乃至 240 米高的二滩双曲拱坝相继奏凯，但在我的心目中，东江拱坝仍是中国诸多拱坝中一朵最漂亮的鲜花。

无 尽 的 悼 念

一个人从呱呱坠世时到撒手人寰，只要不是幼年夭殇，一生总要经历过多次与亲友死别的折磨。如果以"人生七十古来稀"的尺度衡量，我已活过了上限，遭受这种心灵苦痛就更多了，甚至出现白发人送黑发人的悲剧。当然。多数是和共同战斗过的同志的永诀。我是个感情容易激动的人，每当接到噩耗或参与遗体告别仪式，都会在心头留下深深创伤和产生怅惘情绪。相交愈深，感情愈切，创伤也就愈大，乃至终生难愈。巫必灵同志就是这样一位使我终生悼念的好战友和好兄弟。

自从必灵逝去以后，我一直想写一篇悼念他的文章以寄哀思，可是一提笔总是往事如潮，泪和墨下。不能终卷。后来，华东勘测设计院为他编印的纪念册即将出书，才强忍悲痛把它写完。今日又拣出来，稍易数字，收入这本回忆录中。以寄托我的无尽悼念。

无私奉献　鞠躬尽瘁

我认识必灵还是在 1956 年。他刚从华东水利学院毕业，来到设计院，风华正茂。他被分配在施工结构组，在老同志指导下，承担新安江工程一期围堰设计，不久和我同下工地，并肩战斗在中国第一座大型水电站工地上。新安江工程的一期围堰是木笼围堰，高达 17 米，挡水流量为 4000 余立方米/秒，在国内以至国际上都是少见的。木笼这种不见经传的结构设计方法，也是在教科书上找不到的。必灵接下这个棘手的任务后，真正是废寝忘食全力投入。他孜孜不倦地调查分析过去的经验教训，广征博引能找到的一切文献，考虑得十分周到，计算得非常细致，设计得合理可靠。通过他的努力钻研，木笼围堰的设计理论发展到成熟程度。一个初出校门的人能取得这样的成就，实不多见。设计完成后，他又投身到施工实践中去，夜以继日，对质量严格把关一丝不苟。我很快发现，这位年轻人不仅理论水平高，钻研能力强，而且对工作极端认真负责，是个信得过的人，交给他办的事是完全可以放心的。这座宏伟的水上长城在半年时间内就屹立在新安江上，挡住了 1958 年的超标准大洪水，为新安江工程的提前完成立下了汗马功劳。我请他编写的总结，也可说是有关木笼围堰最全面的文献。这样，必灵一出校门就为祖国的水电建设做出了出色的贡献。

在以后的岁月里，必灵转战于新安江、瓯江、援缅、锦屏、七里泷、紧水滩各工地上。不论到哪里、做什么工作、在什么政治形势下，他一直坚持对革命事业抱"极端负责，无限忠诚"的态度。我想起在那"大跃进"的时期里，多少人都热衷于说假话、放空炮，必灵却一声不吭，脚踏实地地在研制一台电力积分仪。为了这台仪器，他亲自设计、购置元件、安装焊接、测量调试，还设计安装了稳压电源，为此度过了多少个不眠之夜！曾几何时，那些成堆的电模拟、土模拟、强化器……都如秋后落叶被扫进了垃圾堆，只有他研制的积分仪一直为上海有关部门解算着一道道微分方程，直到浩劫来临。历史是无情的，也是有情的，历史已给必灵的科学态度和求实精神作了明确的鉴定。

1965 年，为了响应党的号召支援三线建设，必灵又像往常一样，默默地背上行李，抛下家庭，奔向万里西疆。初到锦屏山区所遇到的难以形容的艰难困苦对他不起任何作用，他又将全部心血灌注在磨房沟水电站的建设上。不久，浩劫降临，乌云压天，绝大多数人都东归造反去了，他独自一人坚持留在武斗剧烈、万分混乱的工地上，直到最后一分钟。我们在进驻锦屏后，利用溪水修建了一座 400 千瓦的小水电厂，为工地提供动力。这座小电厂自建成之日起，就日夜不停地运转着，哪怕已停工停产，文斗武斗，无人管理，洪水淹厂，它都不停止，默默地、辛勤地工作，直到寿命终结。必灵就是像这座小电站一样的人。

1970 年夏，形势稍稳定，他又离开上海重返谁都视为畏途的工地。我们曾共度了两个难忘的年头。我清楚地记得，他历尽万里行程，来到工地的当天，放下行李就拿起计算稿奔向高压钢管工地。两年中，我亲眼看他爬遍了每一座镇墩，研究了每一条裂缝，复核了每一张算稿，绘制了每一张图纸。磨房沟水电站的明钢管水头高达 500 余米，是当时国内水头最高的明管，他对钢管和球岔从设计、订货到安全检查都耗尽了心血。无数个骄阳似火的暑天，他在 500 米高的陡坡上爬上爬下，汗水湿透了破烂的背心。夜晚，他不知疲倦地计算着管道的振动和稳定，检查一张张的焊缝透视片，寻找每一个气孔和夹渣。一年后，水电站顺利投产，他的身体却明显地瘦弱了。这条钢管中流的岂止是磨房泉水，也流着必灵的汗水和心血呀。

在锦屏山麓分手后，我们各奔前程，见面机会较少。我只知道他在重建的华东院中身负重任，从水工组长到设总到院的副总，担子愈重，他就愈加兢兢业业，一丝不苟，真正做到了鞠躬尽瘁的地步。在最后的几年中，他是紧水滩工程的技术总负责人，繁重的任务像山一样压在他身上，为了工程的节约、先进、扩容，他一次又一次地修改设计，不知疲倦地奋斗着，极大地消耗了他的精神和体力。在 1987 年大汛期中，当他拖着疲惫不堪的身体，再次到工地负责防汛抢险工作时，他终于喘出了最后一口气，倒在他所熟悉的工地上，过早地、永远地离开了我们。

必灵，你的心中只装着革命事业，你确实做到了鞠躬尽瘁、无私奉献！

宽以待人　严于律己

每一个和必灵接触过的人，都会感到他是多么和蔼可亲，好相处，好共事。在他那颗水晶似的心中，从来没有妒忌、轻视、算计、报复别人的心思。他没有架子，不会说话，谦虚谨慎，开诚布公。他关心别人，把别人的困难当做自己的困难，竭尽全力帮助和支援别人，特别是满腔热情对待青年同志，手把手地教导他们。他就是这样一个你可以把整个心都托付给他的人。一个人能力有大小，职务有高低，但只要能达到这样一种境界，就必然是一个高尚的人，一个有益于社会的人。如果我们都有必灵同志的美德——哪怕是一部分也好，将会减少多少"内耗"，为国家和民族的振兴带来多少动力！

必灵有一颗正直的心，他不仅对同志满怀热情，就是对一些受到不公正对待的人，也从心底里同情他们。在新安江工地风风雨雨的三年中，我们经历过反右、拔白旗、反右倾、设计革命……一场场的政治风浪，许多同志受到批判甚至被捕。在那样的压力下，必灵从不说过头话，更不要讲下井落石、踩着别人肩膀往上爬了。他是我们在一起时可以发泄不同意见的少数几个人之一，为此，他被认为是"立场不坚定分子"，他从未后悔过。

在十年浩劫期间，必灵更显示出他的刚正性格，就是对我这样一个声名狼藉、彻底被打倒的人，也从不加以歧视，侮辱。相反，只要条件许可，他总是亲切地劝慰和鼓励我，还帮助我劳动，使我在走投无路的绝境下，感到人间仍有正义和温暖，增强了我活下去的信心。更使我毕生难忘的是，1970 年在磨房沟工地时，我因心中积愤过重，为了一件小事竟向他大发脾气。当时他只看看我，没有对我这个"半人半鬼"的角色说过一句话。事后才对人说："他的心境我理解，他也只能在我面前发泄一下"。我听到后，万分内疚，一直想找个机会痛快地向他赔礼道歉，请求他的宽恕。现在，我已永远失去这个机会了。写到这里怎么不令人肝肠摧裂痛悔莫及呢！愿泉下的英魂宽恕我吧。

由于必灵心中只装着事业和别人，对自己的事就想得很少。几十年来，他无条件地服从组织上的每一次分配调动，从没有讨价还价，一切困难都自己承担下来。我没有听到过他曾为自己的级别、职称、工资、职务、子女、住房、荣誉……提过要求。他的健康情况江河日下，也不愿告诉别人，甚至在他生命之火熄灭之前，还挣扎着要自己去拿急救药，不愿麻烦一下别人，直到倒下为止。他毕生从事水电建设，完成了一项又一项的任务，却很少以个人名义发表论述。他留下的作品，几乎全是以集体名义写的总结、报告和设计文件。他的少数几篇论著，还是在我的催促甚至命令下写的。多未公开发表，有的已永远遗失了。他去世后，我曾在残存的旧文件堆中反复找过他的遗作和手迹，但由于年份久远和经过浩劫，都未曾找到，这更增加了我的负疚心情。

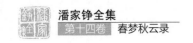

英灵不泯　风范长存

必灵就是这么一个人。

他似乎是个平凡的人，他没有跻身很高的职位，没有做出惊天动地的事迹，也没有重大科研成果或等身的著作，然而他又确实是个不平凡的人，一个十分高尚、令人敬慕的人。他的一些优秀品德正是我们许多同志需要努力学习的。

他把毕生精力奉献给他所热爱的祖国和祖国的水电事业，真正做到了鞠躬尽瘁，死而后已。

他把满腔热情倾注在革命同志的身上，而很少想到自己，想到自己的家属。

他对社会做出了力所能及的贡献，而向社会索取得很少。他理所当然地多次被评为先进标兵、五好职工、先进工作者和优秀共产党员。

他的心像水晶般的晶莹，黄金般的纯洁。

他是一个中国知识分子的典型化身，他的身上集中了中国知识分子的许多美德。钱令希院士曾经慨叹过：中国的知识分子受的苦难最多，承受苦难的毅力最可敬，爱国的心最强烈。中国知识分子的可敬、可悲、可爱是旷世少有的。必灵就是这样一个知识分子。悼念必灵，也是悼念和他一样的已经逝去的战友。

必灵，安息吧，你为之献身的祖国水电事业正在蓬勃发展，在你倒下去的地方，紧水滩拱坝固若金汤锁住了瓯江，6台机组昼夜运行歌唱，你手稿中记下的要总结提高的事，正在一件件得到落实、完成。

必灵，安息吧，你是个无愧于中国知识分子称号的英雄，你的形象永远留在战友们心中，你的美德永远是后死者学习的榜样。

必灵，亲爱的战友，亲爱的兄弟，愿你含笑瞑目，安眠在繁花似锦的西子湖畔！

无限辛酸话科研

格物致知　奥秘无穷

我在 1980 年被增选为中国科学院学部委员（院士），1994 年又被遴选为中国工程院首批院士，因此，很多同志常称我为科学家，认为我一定做过很多科研工作，这使我深感惭愧。实事求是地说，我称不上科学家，只是名普通的工程师。

当然，几十年来我也做了些研究工作。促使我这么做有两项因素。一是性之所好。我自幼对事物喜欢打破砂锅问到底，服膺四书中"物格而后知致"的道理；但更多是由于工作中的需要。因为我的专业是分析、设计水工结构，而水工结构和其它土木结构有些不同，较少"定型产品"，像水坝、地下洞室、调压设施，直到各式金属结构乃至稳定或滑坡分析等，在早年的结构学教科书中并无现成解答，学校里学到的力学理论与现实设计工作间似乎存在着"间隙"，实践需要迫使我去架些桥梁，跨过间隙。从研究的层次上讲"品位不高"，不但算不得基础性研究，列入应用基础性研究中恐也汗颜。如果有一类"实用性研究"的门类，倒可列入。

其次，我从事的水利工程和土木工程是古老和传统的学科，结构物又土又笨，有的还主要依赖工程师的经验和判断来做设计，不但和后来飞速发展的计算机、信息、航天、生物工程等相比有些自惭形秽，就是和电气、机械、化工、航空相比也似低人一等，更不便自夸在搞什么研究了。

话虽如此，我却乐此不疲。因为我发现"土"有"土"的奥妙，而能探求大自然的奥秘是一件非常有趣的事，如能因而解决一两个"土结构"的设计问题，则更是件大有益的事。

譬如说，数学和物理间存在的密不可分的关系，就使我着迷。结构上的尖角和集中荷载相应于数学上的奇点，而复变函数中的极点又对应于实物中的一个空洞——哪怕是个极小的洞，就会使解法发生本质上的差异。数学上抽象的理论和公式，往往在物理学上有极简单的解释。例如微积分中表示边界积分与面（体）积分关系的格林公式的证明是很抽象的，而有一天我在食堂中帮厨，看大师傅在蒸馒头，热量从笼底进入而通过笼顶和笼侧散发，我不禁想到从蒸笼表面进出热量的总代数和，必然积蓄在笼内促使温度升高、馒头蒸熟，这不是格林公式的最好解释么。所以我最喜欢把数学和物理捆在一起，对一个物理问题要找找其数学模式，对一个数学定理或公式要找找其物理意义。

有许多表面上很不相同的问题，其基本数学方程却是相同的，如"连续拱"和"法兰盘"、测量中的"平差"和电学中的"直流网络""弹性地基上的梁"和"圆筒结构"等都是如此。把这些毫不搭界的事物拉在一起，"芝兰移作一盆栽"，是非常有趣和有效的，它能使一些已有成果迅速扩大应用场合。

通过实践，我还摸索出一些基本功。首先要会"庖丁解牛"。现实中的问题总是复杂的，必须将它分割、分离、分解。耦合的问题设法解耦，特殊的部位将它独立处理等。最明显的例子是刚构分析，先取出其中一根构件加以透彻剖析研究，掌握它的全部性能，就不难分析由众多构件组成的任何复杂刚构了。从这一思路出发，很容易发展为"有限元法"和"子结构法"。

另一种手段则相反，要能利用个别特例的研究成果，进行叠合、推广，发展出新的解法，或综合为更高层次上的规律与解法。例如弹性力学中的数学解虽然有限，但利用叠加、凑合、渐近等技巧还是可以得到许多实用解答。又如把各种滑坡稳定的计算方法集中在一起比较其异同，有利于发现滑坡分析问题的本质，将它提到更高层次上来认识。

还有个要点就是在众多因素中须抓主要的，也即毛主席倡导的先抓主要矛盾，这叫擒贼先擒王。否则头绪太多不好下手。对于次要因素暂时眼开眼闭，以后再来收拾。当然，这就需要反复修正，逐步接近，对很多问题常可奏效。

研究中不能放过哪怕是细小的疑点。我们在推导宽缝重力坝的应力公式时，完全按照实体重力坝的步骤进行，得到一套公式，一切似很顺利，但在最后做平衡核算时，在剪力平衡上总有些尾数误差。许多同志认为不影响计算精度，就不再深究了。我却始终怀疑别有原因，念念不忘。这个问题到数年后才得解决，原来是应力不连续引起的。

由于水工结构多为复杂的大体积建筑，要寻求数学上的精确解常不现实——即使求出形式解后也不实用，因此我更多的是寻求数值解或半解析解。例如我曾研究把大体积结构转化为当量刚构的问题，道路基本走通，不过当时没有电子计算机，仍难实用而搁下了，汪胡桢先生还对之惋惜不已。但这并不意味着可忽视理论研究。我对经典的数学弹性理论很下过些工夫，目的并不奢望能获得新的理论解，而是为了能更坚实地掌握一些基本原理和定理，有助于剖析问题的性质。有时我审阅论文，从它最终结果的表达形式就可以断定有误，予以退稿，节省了详细复核的工作。

我常对年轻同志强调，看问题要看本质。譬如说，牛顿第三定律：作用力等于反作用力，当然是不可违背的。但我在审查某个拱坝分析程序时却认为拱与梁交点处的作用力与反作用力不应相等。理由呢，按照改程序的思路，这套拱梁体系并不是真实存在的一组构架，而是为计算所需切取出来的代表性断面，每根梁和拱代表附近一条区域，所以结点上的作用力与反作用力就不应相等。这种地方稍一疏忽就会出现失误。

对有些复杂课题不能"正面强攻"求得解答的，也可采取迂回手段解决。例如经典弹性力学的解答要满足平衡、连续和边界条件三大要求。在近似求解时，我们常常放松连续条件或边界条件以获得解答。其实，有时放松平衡条件更方便。我的想法是：既然是近似求解，那么在一定范围内什么都可放松。

好 曲 已 为 人 唱 尽

上面说了些自己做研究工作的体会。实际上由于我的基础差、孤陋寡闻，更多的是失败和无效劳动。特别在 20 世纪 50 年代，西方的技术资料都看不到，只有些俄文书刊和翻译书，更没有什么"国际检索系统"，近于闭关锁国。我又常年蹲在工地，"研究"属于业余个人劳动，因此经常做了"虚功"而不自知。

其实，早在我十多岁失学住在沦陷区时就做过这种低水平的重复劳动了。当时我在旧书店中买到一本高中解析几何学，对这门能把代数和几何拉在一起的数学入了迷，津津有味地读着。在读完全书、反复练习后，忽然想到：一点在平面上的位置可以用两个坐标来确定，那么增加一个坐标岂不是可以确定其在空间的位置吗（那本书只讲平面解析几何）。于是兴趣勃勃地"创立"起空间解析几何来，还用铁丝扎了一个立体模型以助思考，也推导了一大套公式，自以为是开山鼻祖。数年后到了杭州，买到立体解析几何的书，才知这门数学早已建立，远比我思考的完整，我这鼻祖也就当不成了。20 世纪 50 年代初，为了分析结构物承受不连续非光滑荷载的应力问题，我对间断函数的傅里叶展开大感兴趣，一直在研究样点分布和级数项数对模拟精度的影响，为此就要把各种间断函数展开为傅里叶级数。当然，在数学书上有现成公式可套，工作并不困难，但总觉啰唆。在做了大量展开计算后，通过反复思考，我找到了一个新的算法，可以迅速地算出傅里叶级数的各项系数，心中甚是得意，自己定名为潘氏算法，还秘不示人。过了十多年，我从书箱里翻出当年的手稿，忽然萌出发表的念头。就写了篇短短的论文，但摸不透"数学学报"会不会接受我的文章，就去请教一位行家。他看了我的文章后问道："这是你最近写的么？看过有关文献没有？"

我告诉他，这是我在 20 世纪 50 年代初搞的，那时没想到去发表。他惋惜地告诉我说："你这些想法和做法是最简单和初步的快速傅里叶变换（FFT）技术，如果在 10 年前发表还有些意义，现在 FFT 已发展成一门热门学科，理论之完善和应用之广泛比你的级数展开不知差哪里去了，这文章已无价值了。"一番话使我嗒然若丧地回来。

但最使我遗憾的是"关于相邻隧洞衬砌分析"的研究。隧洞是地下结构，单条隧洞衬砌的分析早有解答。如有多条隧洞而相隔间距较大时，可以不考虑相互影响，仍按单条处理。但如隧洞间距离很近，就必须考虑彼此影响了。1965年我去锦屏工地后（这工程需打三条平行的长隧洞）就一直思考这个难题。稍作探索，发现精确分析异常复杂，决定采取抓住重点逐步接近的解法。先假定每条洞子的衬砌无限刚固，并发生指定的"膨胀"，计算围岩中的应力状态和衬砌面上的接触应力，作为基本解。然后"放松"衬砌刚度，在衬砌和围岩之间进行应力调整，称为补充解。在作补充解时，暂时又不考虑洞子间的相互影响。由此产生的误差放在第二轮中消除，直至收敛。实际上，相邻隧洞不可能过分靠近，只要求出基本解和第一轮补充解就满足要求。这里最重要的工作是推求基本解。经研究，可用复势函数和双极坐标系统来求解。于是我稍有空暇就投入工作，废寝忘食搞了半年多，便因调到龚嘴工地而耽搁，不久更因"文革"而中断。但即使在"浩劫"中我还未忘情，断断续续做些推导。恢复工作后，才最终得出基本解，然后又获得第一轮补充解，并算了一个例题。万分欣慰之余，立刻写了论文，画上图表，预备寄给学报发表。就在这时，我无意中在外文书店里看到一套影印的ASTM的期刊，其中竟有一篇文章讨论"基本解"问题。虽然标题不同，解答的形式大异，但本质是一样的。原来外国人已比我早一年求出解答公开发表了，而且他的解答比我的更简洁。这个打击对我太大了，可以说是十年心血顿化飞灰。当然，在那闭关锁国时代，我把独立研究的成果在国内发表也没有问题。但思之再三，我决定尊重事实。我修改了论文，说明首先求得基本解的人名和资料，把论文的重点移到第二部分去，并改在内部刊物上发表，因为我觉得论文的创造性已大为降低了。这样做，心中虽然难受，却也安然。

做重复劳动，最后发现以"曲子早为人唱过"而收场，当然会给自己带来沉重的打击和失落感，滋味是很苦涩的，但也不是做了毫无所得的"虚功"。通过自己推导空间解析几何公式的努力，使我对空间几何元素间的关系有终生不忘的概念，这和阅读现成教本的收获是完全不同的。通过对相邻隧洞分析的长年研究，我熟悉地掌握了用曲线坐标体系和复势函数解题的技巧，这些收获不经过亲自动手是无法得到的。

以苦为乐　知难而进

我做些研究工作完全为了解决实际设计所需，所以通常并不以"问题得解"为满足，常想把最终成果绘成曲线，制成图表，以便应用。后面这步工作没有多少理论意义，但需做繁琐枯燥的计算，有时工作量很浩大。

工欲善其事，必先利其器。不幸，当时我拥有的"器"太寒酸了。我有一只aristo牌的计算尺、一架13档的算盘、一台小型手摇计算机、一本影印的高等函数表和积分表、还有一厚册珍贵的15位圆函数和双曲函数表，这就是我的全部家当。要是那时有人给我一只电子计算器，我在惊愕之余一定会向他磕上三个响头的。

用这些原始工具要做大量计算的困难是可以想见的。例如我推导出"文克尔梁"的全部形常数（共 64 个）和为数众多的载常数公式后，要编制详细的数表便遇困难。虽然这些函数仅是圆函数和双曲线函数（或克雷洛夫函数）的四则运算，但如以 0.01 为宗量的步长从 0 算到 3.00，则每个函数要计算 300 次，对几十个函数就要计算上万次了。我不得不把早晨、晚上的时间都花在摇计算机上。星期天或假日的时间更要集中利用。夏日酷暑，汗流浃背；冬夜奇寒，手脚冰凉；或者小孩哭闹，需把他置在膝上，左手哄拍，右手运算，这种苦况，自家知晓。有时真想中止。但望着那本 15 位函数表不禁想起，这表不也是前人算出来的吗？那时连手摇机都没有呢。前人种树，后人乘凉，世道就是如此。这样一想，信心倍增，坚持下来。若干年后，我终于得到一台有记忆功能的电子计算器，我曾将当年手算成果都复核一遍，我很高兴，除尾数出入外，基本上都没有出现错误。

有的计算不仅工作量大，而且过程冗长，任何地方一有疏忽，就使以后的演算全作废，并要到最后才发觉，这事尤其令人烦恼，甚至心火大起。例如连续地基上梁和框架的分析，对每个情况都先要解一组 9 元或 10 元的线性方程组。解线性方程，在初中就学过，但变量达到 10 个后，简单的问题似乎变了质。动辄因偶一失误而前功尽弃，需从头再来。这种机械、枯燥、动辄报废的计算简直是对人耐性的挑战。在吃了不少苦头后，我不得不停止工作，重新研究起"高斯消去法"的规律和如何步步设防和层层校对的技巧，并印了特殊表格，这样才使工作走上正轨。一组 10 元方程的求解往往要花上半天时间。10 元如此，100 元方程的求解肯定超出常人能力的范围了。

这种折磨人的繁琐运算，一定程度上损害了我的身体健康，但却大大增强了我心理上的韧性和耐力。尤其看到一组组数据和一张张函数表被正确地计算和编制出来，心中就会涌起一种难以形容的愉悦心情，什么辛苦都烟消云散了。我在自己的小书桌上贴了两张纸条，上书"以苦为乐""知难而进"。确实，苦中带有乐，进了就不难，任何事物只要方向对头，坚持到底，总会有所收获的。

魂绕滑坡四十年

我的工作好像与滑坡有些不解之缘。1948 年暑假，我平生第一次到浙江陈文港海塘工地实习，就遇上边坡失稳。辛苦修建起来的斜坡塘连同其下的桩基在顷刻间滑移，变得面目全非。在惊叹大自然的威力之余，我开始读土力学和极限分析理论。

毕业后到黄坛口工地工作，遇到西山滑坡问题，全盘打乱了原设计。上级把西山滑坡分析和处理任务交给我，使我有了深入研究和实践的机会。以后负责新安江工程设计，又发生左坝头大滑坡，对工程造成严重威胁，此外如磨房沟调节池山坡滑坡、援助阿尔巴尼亚菲尔泽水电站的布拉瓦大滑坡、龙羊峡工程的查纳大滑坡等。我总结了一条规律：水电工地一般都存在滑坡问题，没有滑坡的仅是个别例外。所以滑坡机理、分析方法和处理措施一直压在心头。

我对滑坡稳定分析的学习是从最简单的"瑞典条分法"开始的。方法很简单，而且总能得到一个安全系数，但算得愈多，心中怀疑也愈多。计算中的假定太多，滑动面为什么一定是圆弧？为什么有时会把"死的（滑坡）算活，活的算死"？以后又看了许多其他的计算法，都不能较彻底解决问题。最后，我把要探讨的问题归纳为两个：一是边坡滑动失稳时，沿哪个破裂面发生？如何确定这个最危险的面；二是滑动时，滑体边界上和内部的应力是如何分布的？对第一个问题的回答似乎是显然的：边坡失稳时一定沿安全度最低的破裂面滑动，找出这个破裂面的办法就是：画出各种可能的破裂面，都算出它的安全度，安全度最低的就是最危险的面了。但对第二个问题就不容易答复。在弹性力学中，根据平衡和连续两大条件，就可以得出应力分布的唯一解。而在失稳分析中，材料已进入非线性阶段，常规的连续条件不再适用，在无限组满足平衡条件的应力分布中，哪一种是正确的呢？1959年新安江工地发生大滑坡事，我坐在围堰上，痴痴地仰头凝视着左山坡顶摇摇欲坠的滑体，眼看它在缓慢地变形，最后一声巨响，砂石俱下，冲入基坑，换来暂时停息。然后，一个新的失稳体又形成。我仿佛看到它在挣扎，听到它在呼救："我不行啦，快来救我"，但谁也救不了它，于是又一块巨大的滑落体冲了下来。我的思想突然得到启发：滑体在失稳前，它一定会不断调整应力分布，以挖掘出最大的抗滑潜力，潜力未挖尽，就不会下来，这就是确定失稳时滑体应力分布的原则。

如果承认上述两条原理（即所谓极小、极大原理），则从理论上讲，对任何滑坡问题一定能求得解答——只要有足够时间。因为我们可以拟定大量可能的滑面，对每条滑面应用"最大潜力"原理确定其应力分布，从而求出其安全度，最后找出安全度最低的那个面就是最终解答。可以说，在理论上我已回答了滑坡分析问题。

然而回到实际问题上来，这样做的计算工作量将是不可思议的。我曾取了一个最简单的情况——均匀土质、直线边坡，采用最简单的算法，研究最危险的滑坡面究竟在何处？有什么规律？我做了无数次的计算，算稿堆满了桌上椅下，答案仍然渺茫。如果在每个滑坡圆心处注上它的最小安全度，然后连成等高线，将获得一幅复杂的地形图。有好几个低谷——原来这是个"多极值解"。对最简单的情况尚且难以归纳，就别指望更复杂的实际问题了。面对浩大的计算成果，我竟不能写出一篇小论文来。我终于认识到，这是一个以安全度为目标函数的寻求极值的问题，要解决它必须有赖于非线性规划理论和计算技术的发展，靠小米加步枪是攻不下这个堡垒的。

这个在20世纪40至50年代考虑的问题直到20世纪80年代与新一代的力量（孙君实同志）合作，才得到合理的算法和程序（潘家铮—孙君实法）并在计算机上实现，这个方法可以解算任何复杂边坡的稳定问题，自动寻出最危险面。其后，陈祖煜同志又从塑性力学上下限定理证明了"极小极大原理"，而且对计算理论和程序作了探讨与改进，并拓展到三维问题，使我国在这一领域中的研究达到国际先进水平。可见一个普通的边坡稳定问题要经过两三代人近 50 年的探索，而且要在数值分析的软硬件技术发展到一定水平后才能初步解决。即使如此，这个解算方法主要适用于土体问题，对于条件复杂的岩质边坡还有不少疑难问题存在，有很长的路要走。而稳定分析又仅是滑坡专题中的一个课题，此外还有滑坡查勘、机理分析、监测和工程处理种种内容，真正要解决一个工程问题是何等艰巨！

我在探索滑坡问题中的思想变化、遇到的挫折困难、付出的心血代价，可以写成一本书《魂绕滑坡四十年》了。在这里，我只想说一句，要对一个工程课题取得突破，没有锲而不舍的精神与毅力，没有集体的智慧是不可能的。

总工程师和甘为人梯

在参与、主持和指导过许多水电工程的建设后，我处理问题的能力有所提高，但同时更清楚地认识到像水电站这样复杂的工程建设，必须依靠集体智慧和群众力量。任何个人起的作用包括在科研方面的努力，都是有限的。

从 20 世纪 80 年代起，我的职务不断变更，从做具体设计变为负责审查和指导直到掌握全局。从普通的工程师变为水电总局的副总、正总，最后担任水电部的总工程师。就一个行业、一个部门来讲，这已是最高的技术职位了。我经常思考一个问题：这总工程师的"总"字意味着什么呢？是意味着总比人强？总比人知道得多？总比人正确？现实告诉我不存在这样的总工。因此，只能是另一种解释：能总结经验教训、能总结别人意见以及能勇于负总的责任，乐于为年青一代的成长做梯子。

就说科研和创新，要在水利水电工程上闯新路子，不仅要投入全部心力，还要承担很大风险，没有群众和集体做后盾是不可思议的。也许是天性所近，从参加工作之日起，我就不愿意受条框权威的约束，总想搞点新名堂，来点"突破"，例如在拱坝顶上挑流泄洪、在重力坝里留设大的宽缝和导流孔、采用全封闭排水降压、用拉板连接溢流厂房和斜缝浇筑等，在当时都具新意和有风险，但都成功了，迅速得到推广。我当时想法是：总得有人吃第一只螃蟹。但吃螃蟹的主意虽是我出，捉螃蟹、煮螃蟹、对螃蟹的试验、解剖……大多都是集体功劳。否则，孤军奋战，螃蟹是吃不成的，或者要中毒。

在担任水电总局和水电部的总工后，有点权力，同时责任也更大了。我觉得自己的主要任务已转移到支持新事物了。我对一些新事物（不论是新理论、新结构、新材料、新设备、新工艺）特别偏爱。先持鼓励态度，再分析其可行性。只要可行，就全力支持、改善、进行试用和推广。例如微膨胀水泥、新型消能工、碾压混凝土、面板堆石坝、软件包开发、CAD 开发、优化设计和自动化设计等。在某一座百万千瓦的大水电工程上，业主和设计院对是否在主坝上采用碾压混凝土深有顾虑（当时国内尚处试验阶段，而美国柳溪坝给人的印象很差），我说：采用碾压混凝土后如获得成功，一切功劳都归你们，万一有事，一切责任都归我，因为是我力主采用的。这一表态使基层下了决心。在另一座国际招标施工的大水电工程上，由于要抢回延误的工期，挽救这座被世界银行认为已无可救药的工程，我力主在高温季节浇筑基层混凝土，并毅然决策在混凝土内掺加有膨胀性能的氧化镁。在传统观念中，这氧化镁对混凝土是一种有害物质，但我握有以曹泽生同志为首的中国科研人员的研究资料，坚信在混凝土中掺入适量氧化镁能化害为宝、克服混凝土后期开裂的顽症。所以，当国际专家组对此提出强烈的书面抗议时，我也置之不顾，为基层承担责任。在验收葛洲坝工程时，几位权威对护坦工程采用"抽排降压"深感疑虑，认为只能作为临时措施，不满足永久安全要求。我根据 20 多年前在新安江工程中的探索经验，坚决为之"平反"，后来并把这一新技术写入规范，在全国推广。我的想法是：历史是不断进步的，新的事物必然要出现。前人的经验、规程规范的要求都应尊重，但不能成为妨碍进步的借口。担任技术领导职务的总工和有影响的专家对此负有不可推卸的责任。主要的责任就是看准方向，掌握材料，为基层承担责任，为年轻一代的生长甘为人梯。遗憾的是，建国以来前 30 年搞闭关锁国和空头政治，后 20 年崇拜外国丧失自信，使我国的科技创新能力不足，水平不高，许多领域是跟在外国后面跑，能转化为生产力占领市场的更少。担任各级"总工程师"职务的同志难道不应该深思一下吗？

科山有路　技海无涯

根据我的点滴经验，最深的体会就是科学探索无坦途。古往今来，有多少科学家为探求真理、解决疑难，耗尽毕生心力。有许多问题要经过几代人的拼搏才能解决。陈景润穷毕生之力研究哥德巴赫猜想，最后达到 1+2 的高峰，离顶峰仅一步之遥，还是可望而不可即。爱因斯坦直到去世也未能完成他的统一场论。这些巨人虽未能在他们的有生之年完成心愿，但其努力是最终解决问题的漫长征途中不可缺少的一段。基础研究如此，应用基础研究和工程技术也是如此。

近年来我反复宣传一个观点：对于中国的年轻一代来说，有两个因素严重地妨碍他们攀登科技高峰。一个是，受长期儒家思想和封闭停滞式教育的影响，思想被禁锢。中国的学生可以记得住冗长的公式、数据，进行繁冗的计算，在题海中游泳，在狭窄的领域中探奥，甚至在国际数理化奥林匹克赛中夺冠，但却难以敢为世先地创立新学科，开拓新境界，难以出大科学家、大发明家、诺贝尔奖获得者。中国人擅长的似乎是跟着外国人走，做一些拾遗补阙的事。这不是中国人不聪明，而是由于思想不解放，缺乏高瞻远瞩、综合分析、自由驰骋、开疆拓土的能力和雄心。这种情况已引起党、政府和老一辈科学家的重视，正在采取措施，我们期望着局面会有改变。

　　但还有另一个现象也同样有害，就是只爱幻想、空想、妄想，不愿脚踏实地做艰辛甚至是痛苦的基础工作。我常常收到年轻人（甚至是中老年人）的来信，有的宣称他已发明了永动机；有的声称他已证明了哥德巴赫猜想；有的说他发现数学中负 1 的平方根不是 i，而是更复杂的形式，数学要改写；有的认为他已创立了一套全新的力学理论；有的批判经典的原理、定律，不一而足。这些人都不乏想象力，但他们都犯了同样的毛病：想灵机一动，一鸣惊人，而不愿切切实实去学习和钻研。他们不懂得天才是 99 分汗水加 1 分灵感的道理（而这分灵感只能从汗水中出来），不懂得万丈高楼必须从基础建起的道理，不懂得古今中外所有科技前辈的伟大贡献无不是血汗结晶的道理。严格讲，这是一种不劳而获的思想，而在科技领域中从来没有过不劳而获的可能性。是的，前人可以超越，"原理""定理"可以推翻，但这要在正确的思想指导下，采用正确的方法，遵循正确的道路，历经无数次的艰苦研究、试验、探索——有时甚至要经过几代人的努力才能做到。科学探索的道路和西天取经一样，没有捷径坦途，必须战胜所有妖魔才能登临绝顶，修成正果。所以，我愿以下面两句话来结束这篇文章，也作为送给年轻人的礼物：

　　　　　　科山有路勤为径，
　　　　　　技海无涯苦作舟。

欢 喜 冤 家 传

"犯错误"的内因和外因

每当朋友问起我有几个孩子时，我总有些赧颜难答，因为我是个"多产作家"。除了浩劫中殇逝的幼女外，我膝下有三位千金、两位公子。根据眼下的标准，可以说是犯了严重错误。不过用历史辩证法考察，我不能负责。因为在 20 世纪 50 年代，我们正在举国批判马寅初的新人口论，断定他这个"马"是属于马尔萨斯家族，不是马克思的马家，还证明他的谬误根源在于只看到六亿张口，没有看到六亿双手。多几个孩子，正是以实际行动批马，谁敢道个不字。

当然，这仅是外因。孩子多的真实原因还在于我对小孩有一种说不出的偏爱。甚至在动物中我也喜欢小狗、小猫、小鸡、小鸭。我总觉得在这大千世界上，孩子的心灵是最纯洁的，孩子的形态是最可爱的。我喜欢冷眼观察一个孩子怎么呱呱坠世、咿呀学语、蹒跚地行走，乃至上托儿所、幼儿园，进小学中学。这里一颦一笑一举一动都充满诗情和哲理。至于我爱人呢，更是个孩子迷，似乎怀中不搂着一个或身边不偎着一个便忽忽有所失——现在只能用三只猫代替了。两个人有共同语言，就无怪乎多产。

孩子多当然是辛苦的。姑且不谈多一个孩子就相当于工资降两级，光是那坠世以来的喂奶喂粥、把屎把尿、呵嘘哄拍、送医就诊……就够你受的。我原不擅此道，也被迫练出一手搂着孩子摇晃、一手执笔构思的本领，甚至有时还要洗尿布——幸亏科举早废，否则我这双手肯定连秀才也考不上，遑论状元。但不论怎么辛苦，苦中总带有些甜味。刺耳的啼哭声中仿佛夹奏着天伦交响乐，污秽的尿布中会散发出粪花香。我们是心甘情愿地作茧自缚，以苦为乐。所以我把膝下这些小家伙称之为"欢喜冤家"。

爱的教育和打的教育

我不是儿童心理学家，也未学过幼儿教育，我实行的是"爱的教育"。我简单地把自己的爱全部灌注在孩子们身上。我绝少斥骂孩子，至于说打，则是千年难遇的盛举了。我和他们共忧分乐，他们的要求我总是设法满足。困难时期配给的细粮、糕点，大人们是很少染指的，都重点使用，进了他们的小口。我节衣缩食，但为他们买的玩具几乎可以开铺子了。我还有件征服孩子心灵的绝技，这就是讲故事。我涉猎的闲书本广，又有做三年猢狲王的经历，实在是个故事大王。我可以从进口的《白雪公主》《灰姑娘》《天方夜谭》讲到国产的《西游记》《封神榜》《聊斋》，顺手拈出一个，加酒添酱，娓娓道来。在这方面真可谓"学贯中西，道通古今"。每天晚餐后，坐在小阳台上孩子群中，讲上一个故事，实是人生一乐也。

我之所以实施爱的教育，一是既懒且忙，不想去钻研教育学。再则是自幼受到父亲的打骂教育，有些反感。可笑我父亲毕业于东南大学教育系，满箱满篓堆满了教育原理和儿童心理学，但对我们却采取立竿见影的打骂教育法。也许是服膺于棒头出孝子的古训吧。我现在自己当爸爸了，便来一个"反其道而行之"。

盲目地实行爱的教育是危险的，但我家的效果还不坏。孩子们还都能体会双亲辛苦，懂得自爱。甚至在浩劫期间，大人进了牛棚，社会上歪风横行，他们也能在大姐的率领下洁身自好未堕魔道，也没有和牛鬼蛇神的爸爸划清界限。分析这里奥妙，首先我总是不断使他们懂得父母对其期望之深。所以当他们拿一张考了二分的试卷回来，我看后只要沉默半天不语，他们就会感到心头难受，这比打、骂有效得多。第二点是他们的妈妈采用的是爱—骂混合教育法，出现了严母慈父的颠倒格局，一张一弛，深合文武之道，这也许弥补了一些我的不足。

在我的日记和诗稿中，留下过一些欢喜冤家们的镜头。

织 毛 衣

大小姐敏敏也许是世界上最懂事的孩子之一。似乎刚会走路就摆出一副小大人的模样。在家里她的地位仅次于父母荣列第三把手，指挥弟妹不在话下。也幸亏这样，在动乱期间这个十岁女孩居然也当起家来，管得秩序井然。

留在我记忆中最深刻的一件事，是在她两岁时的出色表现。那天星期，她妈妈在紧张操劳半天后，利用下午时间又急急赶织毛衣，为全家准备冬装。敏敏掇了把小凳，坐在妈妈膝下，目不转睛地盯着看，还用手指比划着。我正讶怪，她忽然开口说：

"妈妈，你再给我吃三年饭，我来织毛衣。"

她妈妈先是怔了一下，接着领悟了女儿的意思，不禁流出了眼泪，一把搂住敏敏哽咽地说：

"好孩子，你太懂事了，我不要你这样懂事。家里事妈妈会管的，不要你操心，快去玩吧。"

我开始时也是一怔，接着不禁感叹起来，大人们几时曾认真研究过幼儿的想法呢。诗曰：

徘徊膝下总依依　　引领凝眸似悟机
忽发奇言惊父母　　再过三载织毛衣

新　　衣

二丫头净净比较狡黠伶俐，也更讨人喜爱。加上后来是她长伴我膝下，所以有关她的记载也更多些。

当时我们遵循"新三年，旧三年，缝缝补补又三年"的方针，老二老三的衣服多是姐姐穿下的。对此，她们很有意见，但不敢公然抗议耳。那天我爱人偶尔做了件新衣，站在镜前试穿。净净坐在屋角，冷眼相窥。大人们正在评议短长，她忽然开口赞道：

"妈妈穿了新衣裳，嗲得来！"自己则摆弄她那条旧裙子。顿时满堂大笑，我知道其弦外之音，笑而赋诗曰：

莫道童龄只卖痴　　迩来颇会用心思
不提自己衣裳旧　　却赞阿娘妆入时

说　　书

三千金筠筠除能歌善舞外，还有个特长，能把听来的故事加以发挥或创新，转述给姐弟或邻里小友听，颇有乃父之风。那天我回家听她又在摆开书场，眉飞色舞地说她的大书"双枪老太婆"。说到忘形处，连两条鼻涕快挂到嘴唇边都不觉得了。她妈妈笑着指着她的鼻子说：

"这不就是双枪老太婆吗。"于是赢来满堂大笑。

还有一次三小姐正在表演从幼儿园里学来的歌舞，边舞边唱：

"新疆是个好地方，哥哥姐姐到新疆……"果然好听。一曲既终，人人鼓掌。我鼓掌后试探问道：

"新疆在什么地方？你们谁知道吗？"

这一问顿时把兄弟姐妹们全问倒了。还是三千金想象力丰富，她第一个回答：

"我知道，新疆可远呢，肇家浜还要过去！"

有浣溪沙一阕记之：

舞影翩跹歌绕梁，

弟兄姐妹各登场，

娇喉齐唱去新疆。

或问于阗何处是，

回头相顾费思量，
想来总在浦江旁。

汽　车　匠

两位公子的特色是好奇心强，而且喜欢自己动手，所以买来的玩具是"鲜克有终"的。有一次我咬牙买了一只会"碰鼻头转弯"的小汽车，这下子两兄弟心满意足，躲在房中把玩。这样，我耳边着实清静不少。但当我一稿写完，天已垂垂暮矣，还不闻公子们声息，心头猛然一惊，"莫不是做出什么来了？"赶入卧室，果然兄弟俩对面坐着，一执钢丝钳，一握螺丝刀，小汽车已大卸八块，剖心取肝，早已香消玉殒了。两人见我闯入，未免一惊，慌忙打招呼：

"爸爸，我们在修汽车。"

我长叹一声，作一诗曰：

买得新车喜气洋，归来手脚十分忙。

忽疑半日无声息，玉殒香消早拆光！

付　粮　票

我自从 1955 年搬住上海，到 1965 年去四川支内，名义上享了十年天伦之乐，实际上出差时间远比在家的多。这就引起大孩子们的怨言，而出世不久的孩子更把我当陌生人看了。

记得在 1962 年年底前后，我从工地回沪开会，住了几天又收拾行装要走。我那个最小的女儿悄悄地提醒她妈妈：

"妈，他吃了好几天饭，还没有付粮票呢！"

她妈呵责道：

"傻丫头，'他'？他是谁，是你爸爸呀，你还要他付粮票！"

我虽然也在笑，但心中暗惊。亡羊补牢，还特地上街用私房钱买了好些糖果玩具给她，以联络感情和加深共识。有浣溪沙一阕记之：

食我膏粱占我床，
何来恶客忒猖狂，
频将冷眼看端详。

悄觅哥哥同揣摸，

暗寻奶奶细商量，
那人未付款和粮！

进 补 和 鼻 涕

据我爱人冷静观察，说是孩子们由于营养差，体质下降。时届冬令，宜趁机进补。说实话，从他们顽皮闯祸的劲儿来看，我看不出有进补之必要。但慈母之心可感，我也只好点头称是。

于是爱人花了好些钱，购回一包当时很昂贵的正宗银耳，又不知从哪个后门里弄来一些多年未见的冰糖，熬上一锅银耳羹，每人一碗。

不想孩子们看了锅子里那种浆糊似的东西，都不想吃。我虽有鲸吞囊括之力，可是为了革命接班人，只好咽下口水，不断劝说和哄骗。最后还是以武力相恫吓，总算每个人把他那碗羹咽下了肚。我看他们那种愁眉苦脸的样子，担心影响进补功效，于是悄悄问他们：

"味道好吗？"

他们都哭丧着脸。后来有一个嗫嚅地说：

"有些像吃鼻涕。"

呜呼，进补效果之差可想而知矣！辜负慈母心也。

幼 儿 语 言 和 心 理

给孩子们买了副玩具电话，于是家里顿时热闹起来。净儿和筠儿先抢去互相通话。电话"接通"后，又找不到话题说，筠筠就问对方：

"喂，你家里有几个爸爸？"

孩子的竞争心是很强的。几个孩子在一块摆龙门阵，一个说我姨姨就要结婚了，又一个说，我姨姨已结婚半个月了。我儿闻言，竞争之心大起，就说：我姨姨已结婚三次了。他那些同伴都一齐叹服。

幼儿无时不在观察周围而且思考事物。我儿幼时，在我怀中曾细细看我的脸孔，忽然像发现新大陆似地叫他妈妈：

"妈！爸爸嘴上生着眉毛呢！"于是一室皆笑。

女孩子是喜欢撒娇的，你要看她们的娇态，只要故意挑她们一些毛病，保证发作起来，不过要掌握火候，不要弄假成真逗哭了，那就要多费点手脚。

儿童还非常喜欢模仿大人的行动。譬如说，净净进"威海民办小学"还不到一年，回家就喜欢模仿教师的言行了。她的学生当然是尚未进学的弟妹。一个星期天，我从菜场买菜回来，这位净老师正在施教。但见她手执粉笔头（也许是从学校里偷来的），踱着方步，面容严肃地喝道：

"小朋友，坐好了，今天教加法。"

弟妹们恭恭敬敬盘腿坐着受教。教师则忽而警告这个学生不要分心，忽而提醒那位学生没有坐好。最后她忽然来个突然袭击：

"潘定，八加四是多少？"

被点到名的大吃一惊，急忙伸出小手盘算，又发现手指不够用，急忙再伸出一双小足凑上，这样才得到答案。

老师满意了。接着宣布分数，发奖。答对的可以获得几粒五香豆甚或一块糖。这倒是她用平日积下的零花钱去买来的，可算得上"黾勉从公"了。

我一面悄悄窥视这全过程，一面填了一首"江城子"以记其事：

> 家庭小学正开场，小娘行，面容庄，
> 摆尾摇头一股老师腔。
> 见说今朝教数学，看仔细，听端详。
> 忽然呼喝考姑娘，未曾防，忒匆忙，
> 手指盘完幸有脚成双。
> 答出难题奖些啥，三粒豆，一包糖。

和 尚 与 尼 姑

依我心思，最好孩子们不要长大，让我可以多爱抚几年。但岁月流逝，他们毕竟从婴儿逐渐长成少男少女，在这当儿，父母们不能当着他们的面议论某某再过几年可以找朋友了一类的话，因为必将招来一场围攻：

"爸爸下流。"

"妈妈黄色！"

我有时不服，对大女孩们反击：

"什么下流、黄色，女大当嫁，难道你们一辈子不嫁人了？"

"对，我就不嫁人。"

"我也不嫁。"

甚至男孩们也"跟进"：

"我们也不嫁。"

我爱人喝道："你们是光郎头，嫁什么人，不要脸！"

男孩们张口结舌，我不免及时辅导：男孩子不能说不嫁人，只能说不讨老婆。我爱

人继续诘问：

"你们不嫁人，难道要做尼姑吗？"

"对，我大了去做尼姑。"

"我也做尼姑。"

"我们也做……"男孩们又一次跟进，但感到尼姑两字也许不大对头，向我投来乞求的眼光。我低声告诉他们："和尚！"

"对，我们去做和尚。"

对此表态运动，不可无诗记之：

> 李白桃红渐吐芽，偶言不日可成家，
> 顿教爱女面如霞。
> 作势装腔嗔弟弟，撒娇寻事骂爸爸，
> 是真是假且由她。
>
> 戏说娇珠可择夫，发嗔情极赖何如，
> 下流黄色乱相呼。
> 弟道长成当衲子，姐称老去做尼姑，
> 行看仙佛满庭庐。

好　文　章

我的大公子最喜欢拆装电子玩意儿，最苦的则是要他写文章了。每次看到他咬着笔杆搔耳抓腮地挤出几个字来凑成每周一篇的作文时，真教人同情得要掉泪。这样挤出来的文章，当然很少会打高分得赞语的了。不过，有一次我居然发现在他的作业簿中有一篇得了赞语的文章。

文章的题目叫"活学活用毛泽东思想的一例"。这篇大文说：

"在光辉灿烂的毛主席无产阶级革命路线指引下，在全国一片红的大好形势里，我不幸患上了重感冒。

开始时我对疾病很害怕，犯了右倾机会主义的错误。后来我学习了毛主席一不怕苦二不怕死的教导。我想中国人民死都不怕，还怕重感冒吗？于是我奋勇地和感冒作斗争。依靠两论和老三篇，我终于战胜了疾病，恢复了健康，这是毛泽东思想的又一次伟大胜利，也使我尝到了活学活用毛泽东思想的甜头。"

这样的文章居然得了个"良"，教师还加批曰："处处扣紧毛主席教导，事事不忘阶级斗争"。

第 一 封 信

那是净净尚在念小学时的事吧。一天晚上，我和爱人计议，很久没有和在北京的妹妹家通信了，应该写封信问候才是。坐在旁边的净儿听到后，忽然自告奋勇愿意代笔。我们喜出望外，满口夸赞，更使她兴致勃勃，要露一手。只见她铺笺执笔，严肃认真，抬头望着我：

"爸，怎么写？你们说，我写。"

"开头应写上称呼，亲爱的姑母和姑夫，打一个冒号。"

只见她手起笔落，簌簌簌地写了下去，于是我们你一言，我一语，忙得女儿不亦乐乎，不时发出一些娇叱声："慢一点""缠夹勿清""写过了"……

一封信终于告成，她还朗诵一遍。我满口夸奖"这丫头真有两下子，十年饭算没白吃。"她正洋洋得意要封信封时，我爱人一伸手把信笺要去作最后一番检视，看了第一句，她就哈哈大笑起来："净儿，你姑妈怎么陪老虎睡呀，多可怕！"

我听了觉得不妙，赶紧拿过一看，只见上面端端正正写着："亲爱的姑母和姑虎"……信中还有些拼音和象形文字，看了不禁捧腹大笑。净净的姐妹弟兄向来以父母行为为准则的，也就不问情由地笑。只见净净的脸由红变紫，由紫转白，她猛然跳将起来，一把抢走信笺，搓成一团，掷向墙角，愤愤地说：

"笑什么，以后再不给你们写信了，要写自己写！"

词曰：

> 娇女灯前代作书，竟教姑妈伴於菟，
> 课堂未免欠功夫。
> 自觉羞颜抛笔墨，怪人掩口笑葫芦，
> 花笺揉破掷墙隅。

钓 鱼

女儿总算"中学毕业"了，迎接她的是一片红。上命难违，她母亲只好一把眼泪一把鼻涕地送她上车去苏北农场。她倒好像不在乎，朗诵着"啊，茫茫大海，浩浩农场，我要把火热的青春化成万顷麦浪"，走了。

她下乡后的第二个月，我在北京忽然接到一封厚厚家书。拆开口就掉出一张大团结。这信上写道：

"亲爱的爸爸：昨天我领到了工资。这是我平生第一次领工资，一共十八元伍角伍分。我的心情非常激动。现在我寄上拾元，你不要看不起这拾元，这是你女儿用汗水和血泡换来的，望爸爸买些补品吃吃。我留下六元做伙食费，救济小猫弟二元……”

感情容易冲动的我激动得饭也吃不下，把这张凝满女儿孝心的钞票用玻璃纸仔细包好，放入照相本中作永久留念，还写下了"按语"。

第二个月从农场又寄来封厚厚的信。这次没有寄钞票，只是开了张单子：

"……爸爸，这里实在太苦了，什么也买不到。请您在北京给我寄两三听麦乳精，散装巧克力多多益善，华夫饼干也寄些来，爸爸，快些！"……

我倒抽一口冷气。东西是全部寄去了，因为手头钱不够，夹在相片本中的那张大团结也贴了进去。

眉 来 眼 去

1978 年我以单身在京无人照顾为理由，把在农场劳动了四个年头的女儿调到北京工作，得以相聚几年。

来了不久，她向我抱怨说：

"爸，我们组里的小×真坏，经常和我眉来眼去的……"

我一听，气得怒发冲冠，跳了起来，拍着桌子骂道：

"你这不要脸的，好不容易从农场调回来，不努力学习，倒和人吊起膀子来了！"

她被我的粗野言行吓呆了，半晌后委屈地说："我怎么啦？"

"怎么啦！你不是跟男人眉来眼去吗，真不要脸，还亏你说得出口！"

"他盯着我看，我有什么办法？我又没看他。"

我这时才知道真情，消了气，改变声调说：

"那你应该说'他老拿眼瞟着我'，怎能说眉来眼去呢，眉来眼去是有来有去、互相调情呀，我怎能不生气。"

这次女儿占了理，发作道："我不过用字不当罢了，你也不问问清楚就骂，我不要，呜，呜……"

末了还是做老子的晦气，赔了好些不是，又忍痛买上半斤巧克力。她还得意地宣称："挨了句骂，换来半斤巧克力，还学懂一句成语，上算。"

Good-bye

这些天，净净忽然努力学英语会话了。一问，原来她所实习的那个机关里近日将来一位洋人进行辅导。所以计算机房中的小伙子和姑娘们都争学洋文，想和洋人搭上几句，亲受教益。

这天洋人真的驾到，笑容可掬，频频招手致意，走到净净面前还点头问好。净净顿觉全身细胞处于紧急状态，平素准备得烂熟的话竟一句也记不起来，百忙中挤出一句：

"Good-bye"。

洋人目瞪口呆。呜呼，练兵千日，溃于一旦，事之可悲者宁有大于此者乎？！

附言：这段轶事是净净亲口告我的。但她以后一再声明说，这事发生在她的同伴小×身上，是我缠夹不清栽到她头上去了。还提出严重抗议。事情也许是如此的，但在我眼中，这些姑娘们都是一丘之貉，连身上的毛衣和裙子也可互通有无的，所以这段轶事硬栽在她头上也没有什么原则问题。

龙羊峡上战狂洪

话 说 龙 羊 峡

从事水电建设的人都知道，每年春季，人们总要研究一番在建水电站的度汛问题。当然，每座水电站的设计文件中对施工期的度汛都是有所考虑的，但施工实践往往与设计有别，老天爷也可能添些意外的麻烦，因此年年都要根据现实情况进行研究和部署。1980 年由于偶一疏忽，一些水电站就发生事故，甚至水淹厂房，造成了重大损失。为了认真吸取教训，电力工业部在 1981 年 3 月召开了全国水电工程防汛会议，将有关单位的局长、总工都请来，由部领导主持，对防汛工作作了反复动员和详细部署，部和水电总局都成立防汛办公室日夜值班，并把龙羊峡工程列为重点。当时我在水电总局任职，分管龙羊峡，这任务也就落到我头上。

龙羊峡水电站现在已有些名气，当时还鲜为人知。它位于青海省海南州境内的黄河干流上，是黄河梯级开发中最上一级，人称"龙头水库"。它拥有 247 亿立方米的巨大库容，足以装下坝址处黄河全年水量。它的拦河坝是一座 178 米高的重力拱坝，这是当时全国最大的库和最高的坝。龙羊峡不仅本身拥有 128 万千瓦的发电能力，而且能提高下游所有水电站的保证出力和发电量，提高下游城镇、电厂的防洪标准和广大灌区灌溉用水的保证率，这是一座能为国家带来巨大综合效益的重点建设工程。可是，龙羊峡地区自然条件之恶劣也是少见的。在开工前，有着美丽神话传说的龙羊峡实际上是个万古穷荒，不仅到处是峻岩峭壁，人迹罕至，而且地处高原，严重缺氧。每年风季，呼号的峡谷大风能把山羊吹上天去；而进入长长的严冬后，气温又降到零下 20 度。然而，这一切丝毫影响不了水电队伍的步伐。1976 年国家做出建设龙羊峡工程的决策后，曾经修建过盐锅峡、刘家峡、八盘峡水电站，为国家立下丰功伟绩的第四工程局在书记率领下，立刻挥师西进，在比"莽莽草原"更严酷的大地上扎下营寨。1977 年完成必要的准备，当年 12 月开挖导流隧洞，两年后，1979 年底截断了黄河，千年黄河从此改道，神秘的龙羊峡谷露出了真容。1981 年，千万健儿正在上下游围堰的保护下奋战基坑、迎接大坝浇筑时，突然来了一场少见的洪水。老天爷究竟要给龙羊峡工程带来什么样的考验呢？

未 雨 绸 缪

龙羊峡水电站是西北勘测设计院设计的，按常规，水电总局要求西北院提出一份龙羊峡 1981 年度汛的报告。西北院派了一位王工程师（我很不礼貌地称之为小王）带上厚厚的文件到北京来汇报了。设计文件和汇报很详细，分析了工地导流工程的施工现实，计算了遇到各种洪水的情况，还算出遭到特大洪水溃坝的后果，并提出了一系列的措施和建议。我在细细研究了报告后，一颗心不由得沉了下去，问题比想象的要严重得多。

这是由于龙羊峡的围堰高达 54 米，又是一座少见的用开挖石碴堆成、用混凝土心墙防渗的堆石坝。如果遇到 50 年一遇洪水，水位将逼近堰顶，形成 11 亿立方米的大库。这时，导流隧洞已通不过全部流量，必须依靠设在围堰右端的非常溢洪道分泄 700 个流量。这股巨流下泄将冲刷围堰的坡脚。围堰在这种情况下能否保证安全不垮，很成问题。一旦溃决，11 亿立方米洪水瞬时下泄，不仅将横扫龙羊峡的施工场地，而且将席卷号称"青海粮仓"的贵德等五县精华之地，洪水还将直扑刘家峡水库，摧毁它的副坝，淹没兰州和兰州以下直到内蒙古的千里沃壤以及包兰铁路，造成一场空前浩劫。万一所遇到的是比 50 年一遇洪水更大的洪水呢？万一同时发生地震呢？万一坝址上游的巨大滑坡体在大雨中崩坍下来呢？——这都将导致一场大灾难。

我把情况向总局及部汇报后，领导上迅速两次命我赶赴工地和青海、甘肃两省，做"未雨绸缪"的工作。于是我带着"小王"和其他同志仆仆于龙羊道上。具体任务有二：一是检查工地导流工程质量和滑坡的动态，布置加固工作，并做好防汛组织、物资、通讯等方面的准备；二是向两省领导通报情况，依靠省的力量做好下游堤防加固、水库联调和必要时的沿河人民撤离工作。坦率讲，这两项任务都是不讨好的。对于正争分夺秒在基坑中苦战着的工程局来说，忽然来了一位钦差大臣，指手画脚，检查质量，挖掘隐患，忽而要加固这个，忽而要改造那个，甚至要拆掉现场办公室，浇上混凝土板，为的是防御幽灵似的"特大洪水"，真有点庸人自扰的味道，其不受欢迎是可想而知的了。我们也管不得许多，硬性提出要求，特别是必须把围堰升到设计高程和在堰脚平台上浇筑混凝土保护板。

至于到两省去通报情况，也教人为难。不把问题说得重一点，怕不能引起注意。把问题说过了头，传了出去，又会引起误会和混乱，而且"特大洪水"还是个幽灵，天知道它来不来。权衡良久，我还是把问题提到必要的高度。青海省在听了汇报后，场上一片寂静。省领导最后下了结论："这是空前重大的事情，如果贵德五县被冲，青海的精华都完了。宁可信其有，不可信其无"。并指示省所有部门迅速行动起来，分赴下游各地调查和动员，做最坏的准备。甘肃省领导也同样进行紧急部署。这两次出差是辛苦的，但不仅使我较深入地了解导流工程施工实况，做了相应布置，更把中央的精神传达到各地。

电力部和两省还就万一龙羊峡上游出现异常洪水时成立非常防汛指挥部取得一致意见。可以说，以后出现的一切情况，都在考虑之中，都做了思想准备和物质准备。事实证明，在灾祸面前，有没有准备，后果大不一样。"未雨绸缪"是何等重要啊。

墨 菲 定 律

搞工程的人都学过各式各样的定律，但是提到"墨菲定律"，恐怕很多人会感到莫名其妙。原来这并不是什么真正的科学定律，而是一些充满哲理的对世上事物、社会人生的概括阐述。墨菲定律有很多条，例如"走捷径是两点间最长的距离"就是其中之一。但与工程界最有关系的墨菲定律则是"凡是可能出错的事，准会出错。"这条定律有些像中国人常说的"说到曹操，曹操就到"，不过这里的曹操指的是某种灾难。说得更明确些，就是"你担心要发生什么灾难，这样的灾难就会到来"。对水电工程师来说，无非担心发生大洪水、大地震、大塌方甚至垮坝；那么，大洪水、大地震、大塌方直到垮坝便真会出现。你必须做最不利的准备。

我对墨菲定律一向嗤之以鼻，认为不符概率论。我在工地奔波忙碌，这里检查，那儿加固，无非是预防实际上不会出现的"50年洪水"。没想到在1981年的龙羊峡，这条墨菲定律还真的应验了，甚至比墨菲还墨菲，竟然遭遇了百年甚至两百年不遇的洪水，定律似乎应该改为"说到曹操，两个（或四个）曹操就到"。

1981年的主汛期7月份已经平安度过，只剩下9月份的副汛期，眼看胜利在望。我正嘘出一口气，不料从8月中旬过后，青海高原广大地区连续阴雨28天，有的地方简直是瓢泼大雨，总雨量大大超过多年平均值，黄河干流水势出人意外地猛涨。进入9月，涨势更超过有记载以来的最高纪录。大水直逼围堰堰顶，工地上急电一个接一个，紧催北京和两省赶快成立非常防汛指挥部。这形势，不仅震动了水电总局和电力部、水利部，也惊动了中南海。9月6日，电力部派李鹗鼎副部长率队星夜赶赴现场进行指挥和迎战。几天来，雨势水情有涨无已，老天爷真有冲垮围堰、席卷青海、横扫甘肃、宁蒙之势。9月12日，中央决定由李鹏部长亲去前线坐镇。李鹏同志包了一架飞机，带了包括我在内的一些参谋人员立刻启程，并在飞机上开了第一次会议，分析情况，研究对策。

我在飞机中遥望下面茫茫华北大地，一心惦记着"墨菲定律"。摆在面前只有两种选择，一是趁洪水尚未达高峰，主动破堰（围堰中留有爆破用的孔），这样可保下游不致有大的损失和伤亡，在军事上仿佛是放弃阵地，全师而退。可是这样做将付出多么大的代价！至少龙羊峡工程的战果将大半丧失，工期也将大大延长。另一种选择就是加高加固围堰，与洪水一决胜负。这样做，就要冒一旦溃堰造成可怕灾难的风险。从导流工程的实际情况、从几个月来思想和物质上的准备来看，我们还有一搏的基础。实际上，李鹏同志严肃的面容和坚定的语调就已经告诉我们，一场人与天的搏斗是不可避免的了。

严峻的形势　沸腾的战场

李鹏同志赶到工地后，已在前线指挥了四天战斗的李鹗鼎副部长简单地汇报了战况和部署，最后形象化地总结了一句："这几天是前哨战，真正的决战将在今后一星期中进行。"

顾不得休息，大家立刻上现场，形势真令人触目惊心。只有这时，你才能体会"黄河之水天上来"的含义。那水，铺天盖地、源源不断地涌来，围堰前已是茫茫一片，形成一个大湖。被围堰拦住的洪水，在进水口前形成一个巨大无比的漩涡，呼啸而下，钻进隧洞，扑向下游。进水塔已变成快要没顶的孤塔，工人们正在奋力堵缺加高。围堰上人头攒动，黄泥、草袋一层层往上铺放，要赶在洪峰之前抢高。整个工地已变成一个战场。平时热火朝天的基坑，现在却躲在上下游围堰的保护中，人员和设备都已撤离，显得出奇地冷静。人人在拼命，广播在号召，预备迎接即将到来的决战。

晚上，李鹏同志召开了非常防汛指挥部的紧急会议，传达了中央对龙羊峡抗洪斗争的精神：紧急加高加固围堰，确保龙羊峡安全；逐步加大刘家峡泄量，加高其副坝，确保刘家峡水库安全；全面防守兰州至宁蒙的防洪大堤，确保下游和包兰铁路安全；有秩序地撤离下游五县沿河居民，确保无一人伤亡。会议室中一片寂静，人人在思考中央的决策和精神。

然后李鹏同志全面研究了雨情、水情和工情，并进行部署。不大的会议室中，集中了各部门的领导和骨干，形成了一个坚强的核心。这里有部和省的领导，与群众患难与共，坐镇指挥；有气象部门的同志，捕捉着每一个雨情信息，做出预报；有水文工程师，分析了各种类型的洪水，提供了一组又一组的洪水过程；有坝工和施工的专家，研究了导流工程的全部资料，判断建筑物的工作情况和安危程度；有上下游地区的地方领导，负责将因库水位猛涨而陷入困境的居民迅速撤离，还组织动员下游四五万人民的转移或待命。甘肃省和刘家峡调度部门的同志也来了，服从全局，精心调度刘家峡的泄量。其实，参加这场战斗的还有：在荒凉遥远的测站上与暴雨狂洪搏斗抢测流量的测工，24 小时昼夜值班传递紧急信息的通讯战士，运输大军把抢险物资源源送上前线，电力职工顶风冒雨抢修线路保证工地动力充足。更紧张的当然是战斗在第一线上的工程局和解放军的数千职工与战士。从书记、局长到每一个干部工人都紧急动员，奋战在各条战线上。这一切又都绝对服从李鹏同志的统一指挥，演奏出一曲共产主义大协作的战歌。

进入第二天，形势更为严峻。中央再次打来急电，要求尽快加高围堰，确保下游安全。这时的工地已经成为沸腾的世界和不夜的城市。前方是千军万马，英勇奋战，后方是灯火齐明，运筹帷幄。围堰在一寸一寸地升高，钢筋笼在火速捆扎装填，混凝土从半空中飞泻而下，交织成难以描摹的绚丽画面。谁看到这种场面都会惊叹中国人民的伟大精神和力量。不久，大水切断了从上游进入围堰的唯一公路，基坑已经进水，围堰成为腹背临水的孤岛。一切器材设备只能靠人肩挑背扛，从左岸峭壁上的盘山小道送下来。工人、干部、解放军、地质师、测量员、炊事员、记者……人人动手，形成一股巨大的人流，紧急向前线输送物资。在这里，完全没有什么部门之间、地区之间、工人干部之间、上下级之间的区别了，完全看不到扯皮踢球的现象了。大家的汗都流在一起，心都连在一块，只有一个共同的目标：夺取抗洪斗争的胜利。这条小道，平时我空手上下，都会累得气喘如牛，汗下如雨，如今竟有那么多的人，头顶肩扛，组成了一条切不断的运输线！有一次，当我看到一位小姑娘，挑着沉重的饭菜担子，吃力地、一步一步从峭壁上挣扎下来，要把热菜热汤连同她的热情送到前方战士口中时，我深深地感动了。我觉得她就是一位在炮火横飞的战场上向前线送饭的炊事兵。有这样一支顽强、团结的队伍，任何人间奇迹都是创造得出来的。

围堰脚下的攻防战

9月13日，坝址洪峰流量已达5570立方米/秒，接近200年一遇的大水。堰前水位节节上涨，早已超过非常溢洪道的堰顶高程2484.7米（在堰顶以上用黄土草袋封堵着）。非常溢洪道本来就是用来在出现意外洪水时分流以降低堰前水位的。但是从非常溢洪道下泄的急流，又将猛烈冲刷堰脚，直接威胁围堰安全。搞得不好就弄巧成拙，断送围堰性命。

在六七月份，我们对启用非常溢洪道问题已做过反复研究。最难的是无法精确计算这股急流究竟会对软基冲刷多深，造成怎样的后果。我们用了各种方法进行估算和判断，又采取了一系列加固、保险措施，特别是在堰脚平台上浇上混凝土护板，但毕竟没有绝对把握，到了真要动用这一救命措施时又感到心神不定，但是已由不得你了。

13日深夜，堰前水位猛涨到2491米，指挥部正在连夜紧急集会，命令下游兰州站加大泄量到6000，并决定全力抓紧加高围堰的战斗。忽然会议室的门被推开，负责进水口一带抢险的四局副总张津生走了进来。这位张总本来就不讲究边幅，此刻更是蓬头散发，眼睛里布满血丝，已接近"济公"形象。"济公"用沙哑的喉咙说：

"顶不住了，溢洪道缺口已大量渗水，还抢不抢？怎么办？"

想不到非常溢洪道要提前启用，一片沉默。我有那块"混凝土护板"撑腰，咬咬牙说："丑媳妇迟早要见公婆，早些过水也好，可以看看冲刷情况"。李鹏同志沉思后同意让封堵的缺口自动溃决，并下令加速准备钢筋笼和混凝土块，堆在堰脚平台上准备抢险。

14日凌晨，洪水终于攻破了封口的黄土麻袋，沿非常溢洪道奔腾而下。我坐在围堰顶，提心吊胆全神贯注地视察情况。只见那股急流冲到尾槛处突然跃起，再猛烈地冲向下游地基。松散的堆渣抵抗不住强大的冲击力，顷刻间形成一个深坑。随着过流量的增加，冲刷坑迅速地扩大。轰然一声，浇在平台上的混凝土保护板由于底部淘空塌了下去。幸运的是，正和当初设想相符，这块巨大的厚板恰好盖在冲刷坑边坡上，成为一道坚实的抗冲板，任凭水流咆哮冲砸，岿然不动，这板相当厚，足以抵挡一阵子。看到这里，心情略定。

但是现在的围堰已处在洪水从上游、下游、右侧三面围攻之下，像百万敌军兵临城下，形势岌岌可危。洪水一时砸不烂混凝土板，又向左侧进攻。巨大的回流反复啃咬着堰脚平台，堆渣一阵阵地垮落卷走，到下午冲刷坑已逼近堰脚，这里马上成为防洪战场中最危急的前线。李鹏同志在晚上的紧急会上号召全体战士临危不乱，并把防守这条战线的重任交给四局副局长刘海伦。李鹗鼎副部长像司令员下令一样，对海伦说：

"守住这条防线，一寸也不许失守！"

海伦一声不吭，带着他的部下上了前线。

15日，我几乎整天蹲在平台上，目睹这一场肉搏战的进行。人们紧张地抢扎钢筋笼，填放块石、浇筑混凝土块。哪儿的堆渣被冲垮一块，马上有更多的钢筋笼和混凝土块投下去，指挥部决定留放在平台上的一架推土机，此刻立下了奇功殊勋。就这样，水和人进行着拉锯战和肉搏战，24小时下来，洪水没有取得多少战果，只得疯狂地咆哮翻腾。16日我又去施工技术组查阅和分析了溢洪道地基的全部原始资料，已经深信海伦能打赢这一仗。果然，经过近十天的无休止的战斗，他守住了阵地，实现了"不失守一寸土地"的誓言，但他没有睡过一夜好觉，吃过一顿好饭。

说实话，开始我对海伦大哥还很有意见，怪他没有百分之百执行"未雨绸缪"中所有规定要做的事，但在火线上，我折服了。在这刺刀见红的搏斗中，毕竟需要这样的身先士卒、不怕牺牲、勇敢顽强的指挥员。洪水在这条硬汉前面毫无办法。阵地保住了，围堰保住了，海伦的面孔却消瘦了一大圈。几年后我再遇见他时，他已在西宁医院里。龙羊峡中的生涯影响了他的健康，而1981年的大搏斗肯定过分消耗了他的精力。要知道，一座大水电站的落成，意味着多少英雄人物为它付出了青春、健康甚至生命。

三大件究竟会不会垮

这里的三大件当然不是指小青年结婚必备的彩电、冰箱和洗衣机，而是指隧洞、围堰和溢洪道。龙羊峡人亲切地称它们为导流工程三大件。三大件又拦又泄，相辅相成，它们的安危决定了广大下游地区的安危。李鹏同志交给我的任务之一就是严密监视三大件动态，将安危情况及时报告以便做出决策。

我最担心的非常溢洪道，经过头两天的战斗，又有海伦将军死守在第一线，情况已经明朗。至于隧洞，是从右岸山体中挖出来的庞然大物。在它的断面里足以放下一幢五层楼房，目前正在分秒不停地宣泄着超过设计标准的流量。这条洞在施工中留下一些缺陷，更使人忧心忡忡。我们分析了地质和施工的原始资料，决定让它超标准畅泄——以减轻对围堰的压力。带来的风险是可能引起顶部坍方或冲毁底板。最危险的情况是塌下大量的巨块，堵塞洞子，那就立刻带来致命后果。我经常蹲在洞口，出神地观察监视。这情境倒是十分壮观，每秒四千立方米的洪流从洞口以排山倒海之势奔腾呼啸而出，掀起滚滚白浪，形成阵阵大雾和暴雨。急流猛烈冲击着河床和岸坡，时而轰然一声，从山坡上垮下成千上万方危岩碎石，直坠水中，冲起更大的烟雾和浪花，真是难得见到的奇观异境。可是我无心欣赏，只聚精会神地监视流态是否突然变化，洞口是否飞出大石浊流……所幸这条隧洞十分争气，在超负荷下运行了16天，没有发生一丝异象。

最后就是那道水上长城——围堰的安危了。人们守住了堰脚的防线后，"敌人"就利用来水量大于泄流量的优势，节节抬升堰前水位，一方面企图翻过堰顶而下，彻底冲毁堰体，一方面对堰体加大压力，企图压垮单薄的心墙，并从裂缝、接缝中渗向下游，破坏堰体。对付第一点，人们用黄泥、帆布、草袋和汗水，在短短时间中将堰顶从2497米加高到2501米，足可抗御500年一遇洪水。为了保险，人们又克服难以想象的困难，在下游坡面上再浇上混凝土，使万一洪水翻顶也能抗御一阵。最难的是第二条，虽然人们全力以赴测量堰顶变形，观测渗流情况，毕竟不知道堰体内部的工作状态，如果等发现大量渗水或变形再发警报就来不及了。

感谢四局职工，他们在修建这座临时的围堰时，居然埋设了大量仪器，尽管一半损毁，还有一些也给出不可索解的数据，但毕竟还有不少工作正常。技术处送来全部观测资料，这正如医生得到了透视片和化验报告，就可以根据它们分析、判断和决策。经过夜以继日的紧张工作，我对心墙、接缝、堰体的真实工作状态已有所估计，确信它们不仅目前安全无虑，而且直到水齐堰顶也能顶住，还可以预料最薄弱的部位在哪儿，从而可以集中力量准备抢险。根据这些，我才有胆子向李鹏同志立下军令状：围堰不会垮。

最 后 的 较 量

抗洪斗争已持续了十天多，到了决定胜负的时刻了。

看起来，老天爷和龙羊峡人都不服输，都在竭尽全力拖垮对方来夺取胜利。不同的是，龙羊峡人在经受严酷考验顶下来后，尽管体力上已非常疲惫，而信心越来越强，斗志越来越旺，指挥调度越来越果断有力，而老天爷却显得有些后劲不足。尽管阴云仍然密布，雨势还在继续，水库水位还在危险地上升，可是已经显出"再衰三竭"的迹象。我用特大比尺绘制了每日雨量、来水量、泄水量和库水位的过程线，贴在墙上，一有空就琢磨，一站半小时而不觉。李鹗鼎副部长看到我的傻模样，曾风趣地对我说："你恨不得用手把这条曲线扳下来吧？"

用手当然扳不下入流曲线和库水位曲线，但龙羊峡人的拼死搏斗精神终于使老天爷服输。9 月 18 日下午，根据我的估算，进出流量即将平衡，水库中的最高水位已不是不可知的值了。我开始感受到胜利在望的喜悦和安慰。果然，19 日凌晨 2 点，泄流量终于和入流量持平，库水位涨到最高值 2494.78 米，离加高了的堰顶还差 6.22 米，老天爷要攻破围堰的可能性已很微小。但是它还不服输，这最高水位整整僵持了十多小时，隧洞进口处的巨大的漩涡摇撼着进水结构，隧洞内超高速的急流猛冲底板和顶拱，堰前的水在高压下千方百计寻找人们的疏忽所在，钻入下游堰体，进行"挖心战"。它们想在最后阶段攻开一个缺口，摧毁整个防线。确实，只要在设计和施工中留下任何隐患，都逃不过这场考验，立刻会导致不堪设想的后果。人们紧张地监视着，准备了各种抢险设备、材料和人力，一有险情就展开白刃战，这真是难熬的十小时。

僵持到中午 12 点，洪水没有找到任何缺口，一切进攻，不论是凶猛的冲击还是无孔不入的渗透一概无效，三大件固若金汤，老天爷能调动的手段却已告罄，堰前水位终于开始下落了一厘米。多么可贵的一厘米！用多少汗水换来的一厘米。这表示主动权已经易手，这表示人们肯定将取得胜利，我的心血几乎要沸腾起来。水位下降 1 厘米后，接着就是 2 厘米、5 厘米、10 厘米，老天爷招架不住了，兵败似山倒地败退下来。

19 日晚上会议室中又灯火齐明，李鹏同志再一次召开非常防汛指挥部会议。我发现，出席的同志虽然个个都疲倦万分，又个个露出欣慰的神情。会议照例又一次分析了雨情、水情、工情，检查布置了应急抢险的准备。在最后研究抗洪斗争已处于什么形势时，一些老成持重的同志认为胜利虽有一定把握，但仍不宜宣布得过早，以免陷入被动和影响斗志。对"胜负之势"已经研究了一天一夜的我，这时再也憋不住了，失去礼貌地叫了起来：

"形势已经如此明朗，龙羊峡的抗洪斗争已经毫无疑问地取得了决定性胜利，为什么还不宣布，让中央放心，让下游人民放心，让全国人民放心？！"

也许是情绪太激动了些，我的声调不像男低音倒有些像女高音，引起了哄堂大笑，也博得一些同志的赞成。李鹏同志也笑了，他向会议室环视了一周，用欣慰的语调说道：

"好，现在我宣布，龙羊峡的抗洪斗争已经取得了决定性的胜利……"一言未终，掌声雷动，许多同志激动得热泪滚滚，我也是其中一个，甚至已听不清李鹏同志继续所作的布置和下达的命令了。

我 和 三 峡

三 峡 梦 的 由 来

"巫山神女"这个典故，使得童年的我就知道在中国有个神奇的三峡，围绕着三峡又有无数个美丽的梦。

这个典故告诉我，在遥远的年代里，战国时的楚怀王游高唐，望见巫峡中神奇莫测的云雨，晚上就梦见与神女相会（神女临别时还赠言说：妾在巫山之阳、高丘之阴，且为行云、暮为行雨，朝朝暮暮、阳台之下）。怀王还为她修了一座高唐观。这件梦中秘事，又不知怎么为那个风流文人宋玉知道了。若干年后，楚襄王又游高唐，惊叹云雨之美，宋玉就告以当年先王的绮梦，引得襄王情思勃勃，命宋玉写下了有名的《高唐赋》。这天晚上，神女又来和襄王幽会（看来那时的神女并不讲究三从四德），而宋玉又奉命写了《神女赋》。这个故事是如此脍炙人口，以致后人在诗词中不断地加以引用。在旧小说中，云雨甚至成为男女欢会的代名词，高唐、阳台也暗指幽会之所，而神女更变成妓女的同义词了。童时读到这些字眼，不免意马心猿，还千方百计去找《高唐赋》来读，认为其中必有妙不可言的描写，结果当然大失所望，宋玉真是个挂羊头卖狗肉的行家。

以后，我又从郦道元的《水经注》、陆游的《入蜀记》这些书中认识到三峡的另一面。尤其是《水经注》中对三峡风光的描摹，真是世上少有的好文章，谁读了能不遐想绵绵。"巴东三峡巫峡长，猿鸣三声泪沾裳"，读到这里，从未身历其境的我也会潸然泪下。三峡，真是个诱人做梦的地方啊。

当我从儿童变为成人，而且成为一名水电工程师后，逐渐知道在"襄王梦神女"的两千几百年后，有个人开创了三峡梦的新纪元，这个人就是伟大的民主革命家孙中山。1918年，第一次世界大战刚结束，他就想利用西方战时的生产设备、技术和资金，来开发三峡的水力资源，还要改善航道。这些在他所著的《建国方略》《民生主义》中都有明确的阐述。当然，这只能是中山先生的一个梦想，但在那时能提出这样的设想，使后人不能不钦佩他的敏锐的目光和宏伟的抱负。

我还知道，从此以后，做开发三峡资源梦的人就多起来了。有意思的是，一位洋专家也大做起三峡梦来，这就是美国头号水电和坝工权威、垦务局的总设计师萨凡奇博士。他在抗战烽火烧遍中国的 1944 年，以 65 岁高龄乘了小木船深入三峡考察，编写了一份报告。他主张在宜昌上游峡谷中建一座 225 米高的大坝，回水直达重庆，安装 1500 万千瓦的水电机组，而且发挥防洪、航运、发电、给水、灌溉、旅游的综合效益，这已经接近几十年后研究的结论了。博士到过三峡后，似乎完全被它的宏伟气势和巨大资源迷住了，他的梦也做得特别认真。他声称生死在所不惜，三峡一定要去。他认为三峡的水力资源在中国是唯一的，世界上也无双。他发誓要建一座世界上最大的水坝。两年后他又来华复勘并组织中国人员去美培训。"萨凡奇旋风"确实卷起了一阵三峡热，可惜只过了一年，"国民政府"就下令结束了这一作为点缀的三峡水电计划。参与工作的人员如梦初醒，沮丧地收拾行装。据说副总工程师张光斗写了篇文章，最后一句是："三峡工程的理想和梦境终有实现之日"。当然，萨凡奇老人是等不到这一天的来临了。

1949 年新中国成立后，从孙中山到萨凡奇的梦境逐步明朗并走向实现。作为开国元勋的政治家和将军们，现在是风尘仆仆地奔走于大江南北，视察两湖平原，了解人民的疾苦和忧患。建国伊始，就成立专门机构从事长江的治理开发规划。特别是 1954 年一场大水，尽管出动百万军民拼死搏斗，保住了武汉市，但付出了惨重的代价。这迫使诞生不久的人民政权加快了治理长江的研究步伐，周恩来总理是这一工作的最高负责人。对长江、对三峡的科学研究工作真正开始了。

起初人们的设想比萨凡奇设想更大：在三峡建一座二百几十米的高坝，搬迁重庆市，一举解决中下游洪灾问题，同时发电 3000 万千瓦——毕其功于一役，而且推荐尽快开工。恕我唐突，在当年提出修建这样的工程，也只能列入梦的范畴。要知道直到 1957 年，全国的总装机也不过 460 万千瓦。要干这样大的工程，不要说国力不敷远甚，科技水平也相差太大，有些问题甚至还没有认识到，更不要说解决了。设想尽管脱离现实，却反映了人民迫切要求结束灾难性局面的心情，是三峡工程从梦境走向现实的不可避免的过程。当然，这个计划引起许多人的异议，即使是挥毫写下"更立西江石壁、截断巫山云雨"的毛主席也不会草率行事的，更不要说主持其事、极端慎重负责的周总理了。经过一次又一次的讨论研究，中央做出了一系列重要决定："蓄水位不能超过 200 米，重庆不能受淹""要研究更低的方案""对三峡工程要采取既积极又慎重的方针""积极准备，充分可靠"……

20 世纪 50 年代以后，中国的建设走上曲折的道路，三峡工程也提不上日程，但规划研究工作从未中断，一步步揭开了笼罩在三峡工程上的重重面纱。报告堆积如山，方案日趋现实，20 世纪 70 年代中又修建了万里长江第一坝——三峡枢纽的组成部分葛洲坝工程作为实战准备。几十年的光阴并未白白流逝，1984 年国务院原则批准三峡工程的可行性研究报告，并着手筹建，梦境似乎真要变成现实了。

新的波折又出现了。由于批准方案所定的蓄水位偏低，遇特大洪水时上游要临时超蓄才能救下游，航道虽得改善，万吨船队还不能直驶重庆，地方和交通部门强烈要求提高水位。同时国内外许多人士对这个工程提出怀疑或异议。中央决定再一次进行研究，开展更深入的全面论证，重编可行性研究报告，这个工作一直做到 1989 年。三峡的梦可真长啊。

我一直没有涉及三峡工程的争论。20 世纪 50 年代我只是个工程师，这种大事没有我置喙的份，当然我那时是反对修这种不切实际的工程的。以后虽偶也接触一下三峡工程，我都不是主角，而且总觉得要实现这个梦想为期尚遥。到 1985 年，我还对三峡的移民和泥沙两个问题忧心忡忡。但从"重新论证"开始，我也被卷了进去，而且愈认真研究，愈觉得这个伟大工程对中国来讲是不可少的，顾虑可以消除，建设条件日趋成熟。当然，这样颇有"变节"和"迎合"之嫌，我也顾不得许多。我在这里不想多说是非，这由人民和历史去判定吧。我只想说：无论是赞成快上或主张缓建三峡的人，最终的目标都是一致的，而三峡工程总有一天将在社会主义的中国出现。

为什么对三峡苦恋不休

从孙中山开始，中国有成千上万的志士仁人，为了开发三峡不知疲倦地工作着、战斗着，献出了青春、健康甚至生命。一代又一代的人赍志而殁，一代又一代的年轻人继续前进。究竟是什么魔力使他们对三峡工程如此苦恋不休？难道真是为了树碑立传和好大喜功吗？

这是由于三峡工程的效益太巨大了，中国的振兴太需要她了。

水利工程师们首先想到的是长江洪灾问题。的确，认真读一点史书、志书，看一点资料、电影，你就会在心头蒙上一阵阴影。1860、1870 年两次大水，枝城流量超过 10 万立方米/秒，两岸千里汪洋，江湖联成一片，多少府县城镇、田地林园尽淹水底，千百万人在浩劫中丧生。1954 年洪水，为了保武汉，付出了多大代价：千里长堤被扒开或溃决成互不相连的堤段，向两岸灌进了 1023 亿立方米洪水，淹没了 4750 万亩农田，3 万人直接死亡，京广线中断 100 天，间接损失和后果更难计算。自那以后，老天爷已给了近 40 年太平期。水文大循环总是洪枯交替的，今后来了特大洪水，后果实难想象。40 多年社会主义建设成果：良田沃土、高楼大厦、工矿企业、铁道公路……连同百万生灵都会像水泡般地消失。修建三峡水库，配合加高加固堤防和分洪区建设，就能避免酿成这样的巨灾，作为中国的水利工程师，作为对人民和国家命运负责的党和政府，不能不考虑这个问题。

能源工程师更多地入迷于三峡的水力资源。翻开中国的能源分布图，华北有煤，西南有水，东北、西北有油，最贫乏的就是华东、华中、华南这一大块。三峡这座举世无双的水电站正俯视着这片广袤富饶、潜力无穷的大地。流过三峡的水，每年可以发 840 亿度电，是 1949 年全国发电量的 20 倍，相当于 5000 万吨原煤、2500 万吨原油！在能源如此贫乏的地区，大门口竟埋藏着这样一座抽不干的大油田，采不完的大煤矿，能年复一年地提供如此大量的清洁、廉价能源，怎么能不使人朝思暮想呢。

三峡建库还能使 600 多公里的川江滩险段化成波平如镜的深水航道，万吨船队直航重庆，开创川江航运的新纪元，使万里长江真正变成一条黄金水道。

三峡水库还能使洞庭湖恢复青春。千百年来的沧桑变化，长江泥沙的源源侵入，使烟波浩渺的八百里洞庭接近湮废，将带来多少灾难和问题。只有修建三峡水库，湖库相济，再配合上游水土保持，才能使洞庭烟波长留华夏，永葆青春。

三峡，就是这么一座神奇的工程，伟大的工程，令人心醉神往的工程。

为什么对三峡工程忧虑不止

三峡工程虽然具有如此迷人的效益，但也确实存在一系列重大问题使人忧虑。

首先是淹没移民问题。住在淹没线以下有 70 多万人民，考虑人口增长和随迁因素，动迁人数将超百万，这不仅在中外工程史上是空前的，可能也是"绝后"之举。只有在社会主义中国才能设想这一盛举。这件事办好了固然可使千年贫困落后的库区改变面貌，百万移民的生产、生活进入新的纪元，但任务毕竟十分艰巨。以往"左"的做法给移民造成的灾难更是记忆犹新，必须真正总结经验，吸取教训，制订政策，落实措施，搞好试点，负责到底。再有失误，将会影响社会的安定团结。许多同志在移民上的担忧是有道理的。

其次是建设期内的巨大投资和较长的周期，也引起人们忧虑。当然，以中国之大，经过 40 多年的社会主义建设，如真要集中一点力量建设个三峡工程也是完全办得到的。但如何能取得全国人民的理解和支持，如何妥筹可行的集资方案，在什么情况下进行建设为宜，将是国家计划、投资、财政、金融部门需要研究的重大课题。这个问题解决得不好，也会产生不利影响，打打停停更应绝对避免。许多同志正是由于这方面原因而建议三峡应该缓上。

其他使人担心的问题还有很多，军事家担心爆发核大战，旅游业者担心景观被淹、古迹被毁，生态环境学家担心珍稀物种灭绝、环境恶化，还有人担心地震、滑坡、水库淤积、航道堵塞等，不一而足。尽管我认为有些是过分忧虑，也有些是有所误解，但有这许多人存在这样那样顾虑，主张慎之又慎，总是事实，担心也总有其道理。如果把一切不同意见都归之于偏见、情绪、历史恩怨，也是不合实际的。

三峡，具有这么巨大的作用和效益，又存在这么多的困难和疑虑。这就是中央为什么采取"既积极又慎重"态度的原因，就是为什么要组织一次又一次的研究论证的原因，也是为什么反反复复苦口婆心地叮嘱我们要发扬民主、要坚持科学、要经得起历史考验、要听得进意见、要尊重和感谢所有提出不同看法的同志的原因。以我几年来的工作，深深感受到党和政府在三峡工程问题上坚持民主、科学、团结、宽松的精神，这是在世界各国中都少见的。同时我也坚决相信，对三峡工程持各种看法的人，都是忧国忧民、对党对国家负责的志士仁人，和我是一条战壕中的战友，我们最后终将会取得共识，团结在中央的决策下携手共进。

愿为三峡工程献残生

有人说我是主张上三峡工程的积极分子，这其实是误解。我对三峡工程所作的贡献微不足道，而且如前所述，直到 1984 年国务院原则批准三峡工程的可行性研究报告、着手筹建时，我仍对某些问题疑虑重重。只是在最近几年，较深入地参与论证工作后，对这个工程才有点新的认识。

首先，我较好地了解了三峡工程的真正作用、效益以及对国家经济发展的影响。三峡工程的效益太大了，从防洪布局、能源规划、交通需要等各方面来看，中国太需要她了。其实，主张缓建三峡的同志，也未曾否定过她在长期、宏观规划上的巨大作用。这样一个国宝，是不应该也不可能永远被埋藏着的。

其次，我研习了几十年来多少同志、专家、中央部委、地方政府的劳动成果，勘探、试验、研究、设计、计算、调查……一份份的报告，真达到汗牛充栋的程度，这里凝聚了几代人的汗水和心血。我惊叹于工作的全面、深入，算得上是史无前例的了。如果说过去我只是凭感性对一些问题感到疑虑，那么今天我是以科学和数据为基础，确认这些问题基本上是搞清楚了，确可解决。

第三，中国人民征服长江建成葛洲坝枢纽这一伟大胜利——这个胜利无论给予多高评价都不为过——使我毫不犹豫地确信，我们能依靠自己的力量建成这座举世无双的枢纽。要知道，三峡工程的土建工程量无非是葛洲坝的两倍或稍多一些，而且具有葛洲坝不能比拟的优越的地质、地形、施工条件，只要下决心，胜券是稳操的。

最后，我坚信经过几十年的社会主义建设，特别是改革开放以来取得的成绩，我们的综合国力和经济实力已有空前的提高，中国有实力兴建三峡。譬如说，1990 年全国钢产量达 6400 万吨，而三峡工程平均每年需要用钢是 3 万吨。也不要只看到这几年国家财政紧张，民富国才富，当前全国人民储蓄和手中的余资恐怕已近万亿，平均每人每年只需为三峡集资两三元人民币就足以支付所需经费。只要善于引导安排，取得全国人民的支持，决不会导致通货膨胀、物价失控的。

因此，我愈来愈坚信，在论证成果为更多同志了解和接受后，在中央的妥善安排下，三峡工程将会在某一天开工。在社会主义中国，也只能在社会主义中国，几代人梦寐以求的三峡工程终将变为现实,三峡枢纽必然矗立在大江之上,千秋万代为我们的子孙造福,为祖国的振兴和发展做出巨大贡献。共产党领导全国人民战胜过多少困难,创造了多少奇迹,她也一定能领导人民完成这一伟大工程。

信心虽足,流年似水,我已垂垂老矣。三峡的开工还需要人们取得共识,需要中央和人大的决策,需要有个更宽松有利的经济环境,三峡建设周期又较长,看来在我有生之年怕是难以看到它的竣工。但我尚存奢望,希望能看到三峡的开工。而在我的心脏停止跳动以前,我愿意为三峡工程做出一切力所能及的贡献。

在此,我不禁记起童年所听到的一个传说。记得我在 12 岁时,为了逃避日本军国主义者的炮火,曾经逃难到故乡之北的一个滨海小村。那里有一座古代建成的水闸——三江闸,这也是我第一次看到的一座水利工程。我的祖母曾告诉我一个故事:这座三江闸修在泥沙地基上,屡建屡毁,年年水灾依旧,也不知害得多少官儿工匠丢官送命。后来有一位清官汤太守,立志要建成水闸除害利民,他虔诚地到城隍庙祈梦,果然梦见城隍爷告诉他,要建成水闸,必须在五月初五杀一个戴铁帽子的人垫在闸底。太守就亲往守候,但哪有人戴铁帽子的呢?可巧有个姓莫的穷书生买了一只铁锅回家,正值天雨,就把锅子戴在头上遮雨。太守见了恍然大悟,杀了这个人垫在闸底,闸果然建成了,多大的海潮也冲不掉它,至今屹立在三江之口。后人还立了专祠奠祭这位太守和献身的书生。故事是奇诞的,我也没有研究过人血拌上生铁是否能提高灰浆的强度,但这个故事说出一条道理:要建成一座工程,必须有愿意为之献身的人。童年的我就感到如果能牺牲一己,而使家乡永庆安澜,也是值得的。如果三峡工程需要有人献身,我将毫不犹豫地首先报名,我愿意将自己的身躯永远铸在三峡大坝之中,让我的灵魂在晨曦暮霭之中,听那水轮发电机的歌唱,迎接那万吨船队的来往,直到千秋万载。

世纪圆梦和终生遗憾

涂上政治色彩的工程

一项较大工程的规划和实施，往往会引起不同的见解与争论，尤其对于牵涉面广、影响深远的大型水利工程更是如此。这本是可以理解的事。但像中国的三峡工程那样引起国内外各界的普遍关注，争论得如此久长和激烈，实属少见，也可以说是中国的一项"世界第一"了。

关于三峡工程，在上文《我与三峡》中曾简单地说了一下，但意犹未尽，有些看法后来也有点改变。尤其是我曾经反复琢磨过一个问题：什么原因使得人们在兴建三峡工程问题上形成如此尖锐的对立局面呢？看起来，这固然是大家对技术、经济、环境等问题有不同看法，又掺杂有复杂的历史恩怨、个人意气、部门成见等因素，但更重要的是与"政治"挂上了钩。当然，这只是我的一家之见，真实情况有待后世的太史公们来评定。但是评定这桩公案也非易事，因为谁都不会承认他在议论三峡工程时带有历史恩怨或政治因素的，这就不能光看表面文章，而要追溯一下历史过程。我希望下面的叙述尽量能反映一点实情。

新中国成立后，百废待兴。水利和水电是经济建设中的两项迫切任务。当时体制，前者属于水利部管辖，后者列入能源开发范畴，由燃料部（以后辗转变化成电力部）负责。问题是：水电既是重要的能源，又与水利有不可分开的关系。将水利和水电划分给两个部门管辖，在以人治为本、实施计划经济的社会里，就不免产生出许多矛盾与隔阂。做个事后诸葛亮，如果一开始就将它们置于一个部门管辖（如后来一度实施的水利电力部），也许情况会有些不同。

有关三峡工程的第一次大争论，发生在 20 世纪 50 年代。新中国建立不久，就遇到1954 年长江大洪水的威胁，使中央加快了长江治理研究的步伐。具体任务落在一位南下干部林一山的身上——他被任命为水利部长江水利委员会的主任。林一山和他的部下认定三峡工程是解决长江洪灾的唯一出路。他们很快做出了规划——一个极其伟大的设想：在三峡修建一座 235 米高的大坝，不惜淹掉重庆，其库容足以吞下川江洪水，从而"毕其功于一役"。"林派"的人写了很多文章、报告，企图说动毛主席，及早开工。

这个意见一面世，立刻引起水电方面的注意和反对。挂帅的是李锐，他也是位延安干部。1952 年调到燃料部（后为电力部），其时任部长助理兼水电总局局长。李锐和他的部下迅速写出文章，驳斥"大三峡方案"。李派反对上三峡工程，不仅由于其不科学与不现实，而且万一好大喜功的毛主席真的决策集中国力建此巨业，国内其他水电、火电、水利建设恐怕都要让路，后果严重。这对一心要在全国开发水电的李锐来说，是不可接受的。

双方各有主帅和班子，各有刊物，壁垒分明，针锋相对。情况很快反映到对三峡工程情有独钟的毛主席那里，乃在"南宁会议"上将林、李两个冤家请到一块去当面交锋。

在 1958 年 1 月召开的南宁会议，形势是不利于李派的，因为这时正在批判周恩来的"反冒进"，是"大跃进"的酝酿期，毛主席在不久前还兴致勃勃地写下"更立西江石壁，截断巫山云雨，高峡出平湖"的名句。但由于"大三峡"的设想与当时国情实在相差太远，所以尽管毛主席在内心中欣赏它，还是听进了李锐的意见。当然他也没有否定三峡建坝的美好设想，定了个"积极准备、充分可靠"的方针。对于南宁会议；两派都称取得胜利，李派认为会议给鼓吹立刻上三峡的人泼上一盆冰水，把三峡工程判了无期徒刑。林派认为会议肯定了要建三峡工程，确定了重要原则，使三峡建设更加落实。反正各取所需。南宁会议还有两个派生后果，一是决定将水利、电力两部合并（以免争吵不休，大妙计也），二是毛主席看中李锐这位秀才，要他当兼职秘书。

在南宁会议上虽然意见分歧，但还是君子式的争论。如果争论一直以这样的方式进行，也许可以取得双赢的结果：先开发其他水利水电工程，做好三峡枢纽的规划设计，到条件具备时兴建。不幸很快出现大跃进的灾难，接着是 1959 年庐山会议。李锐被钦定为彭德怀集团的人，坠入深渊，"反三峡、反水利、反火电"成为他的罪状之一。更糟的是大搞揭发批判李锐反党集团，株连九族，一大批他的部下都遭牵连，受累受罪十年、二十年。人是有思想有感情的动物，能受这样的折磨而不留下终生的伤痕吗？

李锐虽然垮台，由于众所周知的原因，从大跃进到十年浩劫，失去了反对面的三峡工程仍无从上马。直到拨乱反正后的 20 世纪 80 年代初期，三峡工程才再次提上议程。1983 年水利部小心翼翼地提出一个小方案，得到多数专家和国务院的认可。时间流逝了20 多年，情况有了很大变化：中国的国力增强了，对三峡工程的勘测设计深化了，葛洲坝工程已基本建成，人们的头脑也较清醒，设计蓄水位降到 150 米高程，比最初的 235 米足足下降了 85 米。各方如能平心静气开诚布公商讨，不难取得共识（李锐当时也认为可以接受）。但 1984 年国务院原则通过这个方案并着手筹建后，先招来重庆市和交通部的反对（他们要求将蓄水位抬高到 180 米），接着各种反对意见纷纷出笼。中央乃于 1986 年停止筹建，责成水电部重新组织论证。这一证，就从 1986 年证到 1989 年。

更出意外的是这次论证的气氛似乎比 20 世纪 50 年代更充满火药味。首先依然是营垒分明，针锋相对，遣词用语极为尖刻。你说三峡工程对防洪有不可替代作用，他说只会加剧洪灾。你说三峡工程能极大提高通航能力，他说将导致长江断航。你说三峡工程对生态环境利大于弊，他说对生态环境是一场灾难。你说所需资金国家可以负担，他说将引起物价飞涨经济崩溃，你说备战不影响工程建设，他说垮坝将使下游三江五湖人民尽成鱼鳖……其次，意见定型，听不进也不屑听解释与答辩。一些人在上午发表一通高论，下午对方作答辩时却缺席逛街去了。这种不正常现象马上被旁听的记者们发现了，记者们称之为"聋子对话"，有的还形象地描摹成"题诗一首，扬长而去"。还有个别人则在发言和写文章中抱怨论证工作不民主，暗箱作业，持不同见解者受排挤，甚至认为三峡工程是一些领导好大喜功、树碑立传、违反民心、一意孤行要搞的等。作为论证工作的负责人之一，我在这里必须澄清一句：这是无中生有的事，但这种误导极易产生共鸣，一个工程的论证发展到如此对立程度，是我始料不及的。我当初认为不难通过客观务实的讨论来统一认识的愿望是完全落空了。

在进行论证的同时，国家科委组织了全国 300 多个单位、3200 名科技人员进行有关的专题攻关，取得 400 多项研究成果。为一项水利工程进行如此全面的研究工作，不是绝后，至少是空前的了。

到 1988 年底，14 个专家组陆续提交了论证报告。其中 9 个报告是一致通过的，另 5 个报告在通过时，有 9 位专家拒绝签字并提出不同意见。结论性的意见是：三峡工程对我国四化建设是必要的，技术上是可行的，经济上是合理的，建比不建好，早建比晚建有利，并推荐 175 米高程水位方案。世界银行与中国政府共同聘请加拿大 CYJV 公司所进行的独立论证结论也相似，只是推荐 160 米蓄水位方案。

三峡工程成为一块奇妙的试金石

进入 1989 年，设计单位根据专家组论证结果，重新编制了三峡工程的可行性研究报告。水利和能源两部正打算联合上报国务院，请求进行汇报和接受审查时，社会上正在酝酿着一场政治大风波，不幸的三峡工程又被卷了进去。

无可否认，在 20 世纪 80 年代末，社会上有一股要求彻底否定过去、全盘西化的势力。他们敏锐地察觉到三峡工程是一张有用的牌，就立刻插进手来，使问题发生了质的变化。例如，那位著名的动乱记者戴某，就为此费尽心力。搜罗了所有重要的反对建三峡工程的文章，在 1989 年春天出版了一本《长江、长江——三峡工程论证》的书，还在北京街头上演了一幕"义卖"的活剧。出版一本书当然不足为怪，这些文章也不知在海内外报刊转载过多少次了。但这位对科学技术和水利工程一窍不通的记者之如此卖力，根本不在讨论工程得失。醉翁之意不在酒，真正的用意是挑起民愤、掀起风浪、推翻现体制。这一点，只要翻开此书，读一读开宗明义的第一篇文章《三峡叫号》就可完全明白。

《叫号》确实是一篇挑战书。它自称这是一次重大的历史行动。它用了连西方政治家也说不出口的语言，赤裸裸地攻击中国的体制。《叫号》宣称：中国现体制是政治领导人一言九鼎"以致荡平一切良知与科学的准则"，这个"全圣全神的政治权力在三峡问题几十年来的风风雨雨中始终是一个有形无形的决定力量，完全扭曲直至扼杀一切科学探讨与争论。"不过，人们不禁要怀疑，既然中国存在这样全圣全神的政治权力，又何必不厌其烦一次又一次地进行科技攻关和专家论证呢？戴某选择三峡工程作为发难的突破口其实是个败笔，因为恰恰是三峡工程的论证最能说明技术民主已发挥到完善的程度。

《叫号》进而宣称"对于中国人来说，几十年乃至几千年的悲剧恰恰就在于政治支配了科学，吞噬了科学，乃至吞噬和支配了人的大脑和良心。"至于中国的知识分子呢，据说都被"专断的政治权力塑造成任捏任揉的泥娃娃。"笔锋所扫，已不仅是参加三峡工程论证的四百几十位专家、顾问而是全体知识界了。但既然知识分子都变成没有大脑和良心的泥娃娃，那么中国又怎么取得举世公认的成就呢？据说，这些"偶尔可以找到符合理性本身的东西"是由于"它一时还没有触犯专权者的圣怒罢了"，中国人民引以自傲的巨大成就竟被糟蹋到这样的地步！

既然中国处在这样绝境之中，出路又何在呢？只能依靠"精英们"了。反对建三峡工程的人就是这些"以其独立的人格敢于思考的科学家们"。《叫号》要与他们对话，并说这是"向传统政治体制及其权威扔下一只白手套"。就这样，三峡工程变成了一块奇妙的鉴定一个人有没有大脑和良心的试金石，真是"不胜荣幸之至"了。

这样的诅咒和煽动，能说是对一个工程是非得失的讨论吗？戴某将这篇檄文冠于全书之首，又征得过哪几位文章作者的同意？在"民主"和"反极权"的大旗下，当然不需要任何科学。戴某可以随心所欲地把几十年来多少位科学家、工程师对三峡工程进行的千、百、万次勘测、试验、计算、分析、调查、研究成果一概斥为"虚伪可疑"，远远比不上那些"语无伦次的呼吁"。理由呢，据说因为前者尽管"清晰而又冷静"，但却是"政治的仆从"，而后者虽然"语无伦次"，却出自"良知与常识"。根据这个逻辑，便可全面否定几十年来的科研和论证成果，而且对从事这一艰巨工作的人们加以没有大脑和良心的罪名。究竟是谁在践踏民主和科学呢？

应该承认，《叫号》这篇文章写得既恶毒又巧妙，巧妙之处在于它抓住建国后共产党的失误加以充分发挥无限上纲，巧妙在它极力挑起人们特别是知识分子的不满和委屈，把自己打扮成揭竿而起为民请命的英雄。巧妙还在把所有不赞成建三峡工程的人都戴上民族脊梁骨的桂冠，不管本人情愿与否都绑上他的战车。其实，不赞成修三峡工程的人，不论是否带有成见，或有历史恩怨，也不论用词多么尖刻，毕竟主要是从关心国家大事出发，更从未想到以此向共产党和社会制度叫板。戴某所为，是彻头彻尾的强奸民意。

根本问题是怎样评定共产党的功过和怎样评价中国的知识分子。我无意为中共歌功颂德或为她执政后所犯的"左倾"失误辩解，这里有复杂的历史、国际和个人因素，毛主席无疑负有最大责任。他确实干了许多错事、傻事，伤害了许多好人，我自己身上也留有层层创伤。问题是没有共产党，中国不知还要在苦海中沉沦多久，根本不可能屹立于世界上，取得举世震惊的成就。问题还在共产党确实是个有伟大理想的政党，一心一意想把国家搞好、民族振兴、人民幸福，犯错误是经验不足、认识偏激。急于求成和个人专断，与历代封建王朝、军阀统治完全不同。周恩来、刘少奇、朱德、陈毅……这些同志的形象和功绩是永远抹杀不了的。还有重要的一点是：共产党光明磊落，敢于承认错误、批判自己、"与民更始"。这是其他政党做不到的。根据中国国情，要避免国家瓦解、民族沉沦，缺少不了这根脊梁骨。这就是中国人民为什么在历尽劫难后仍然凝聚在中共周围的原因。中共什么时候丧失了这些特性，人民自然会离开她，用不到"精英"们和外国人卖力。

讲到200年来的中国知识分子，其所受苦难屈辱之深，那是任何国家知识层从未经历的。正因如此，他们具有无比强烈的爱国心和振兴祖国的愿望。这也是他们即使受尽委屈仍然对祖国、对共产党苦恋不休的原因。只要共产党能纠正失误，他们就不会离开这个核心和希望——个人苦难，一笑泯之。他们可能会被迫说些违心话，但任何情况下不会变成泥娃娃。以水电和筑坝为例，法国发生过玛尔帕塞垮坝事故、意大利发生过瓦依昂悲剧、美国的提堂大坝更在顷刻之间灰飞烟灭。而在中国，只要是正儿八经由水电部门修建的高坝大库迄今都能安全运行。能设想一群没有大脑和良心的工程师会取得这样的成就吗？

写到这里，话扯远了，还是回到"论证"上来。正当论证工作顺利完成、水利能源两部联合上报国务院请示审查时，外面的风浪正在升级。报刊上的鸣放、马路上的游行不断变质恶化，终于演变成一场政治大风波。但是和一些人的估计和期望相反，风波很快平息了，中国没有乱，没有西化，没有解体，无非在国外多了几个"民运精英"分子和招来西方世界的一片咒骂与制裁——当然完全撤销了对三峡工程的支持。在他们眼中，没有西方技术和资金的恩赐，中国是绝对兴建不了三峡工程的。在国内，则和庐山会议后的做法完全相反，党没有追究任何人和单位，让人们自己去认识和反思。

为了加强团结、消除顾虑，还由一位国务院领导表态说：三峡工程近期不会上马，没有必要开展争论。完全不同的处理方式，说明了党的第二、第三代领导人的成熟与水平。

但是，对于为三峡工程奋斗了一辈子的人来讲，又似一盆冷水淋凉了心。三峡工程似乎又一次被判处无期徒刑。不论怎么说，大家还是擦干眼泪、咬紧牙根，把未完的工作认真做完，成果于 1989 年 9 月上报。即使工程永不上马，也要留一分完整的档案给后代。当然，心里不免有一丝怅惘。我就曾经长叹一声曰：三峡梦，可真长呀。

人民终于做出了抉择

然而，形势的发展比人们预料的好。中国的社会迅速恢复了稳定，经济有了腾飞式的发展，综合国力空前增强，三峡的决策问题也就急转直下。风波平息后不到一年，国务院就通知我们准备听取有关三峡工程论证的全面汇报。这个喜讯激动了每个人的心情，我们迅速做好准备。1990 年 7 月 6 日至 14 日，国务院整整花了 9 天时间，召开"三峡工程论证汇报会"（国务院开一星期多的长会来听取和讨论一个工程的汇报，大概也是史无前例的）。国务院、中央政治局、中央顾问委员会、全国人大、全国政协的领导、各民主党派负责人、26 个有关部委的部长主任、105 位各方面的专家和代表以及湖北、四川、重庆三省市的省市长共同听取了我所做的三峡工程论证经过和结论的汇报，75 位同志做了大会发言或书面发言，各种见解得到充分反映。最后，姚依林副总理根据多数同志意见做了总结：肯定了论证工作的科学性、民主性和可靠性，认为比以往任何其他工程的论证工作更深入细致，确认所提交的《可行性研究报告》可以组织审查。会议结束时，国务院成立了"三峡工程审查委员会"，由 4 位国务院领导负责，22 个局、委、院的负责同志任审查委员，对《报告》进行严格审查。

1990 年 10 月至 1991 年 8 月，审查委员会聘请了 165 位专家（多数未参与论证工作），用了 10 个月时间，分 10 个专题对《报告》进行预审和集体审查，形成审查意见，其结论是：

审委会一致同意《报告》提出的基本结论："兴建三峡工程效益是巨大的，特别对防御长江荆江河段的洪水灾害是十分必要的、迫切的；技术上是可行的，经济上是合理的；我国国力是能够承担的，资金是可以筹措的；无论从发挥三峡工程巨大的综合效益，还是从投资费用和移民工作的需要来看，早建比晚建都要有利。"全体审查委员都签上了字。

审查前后，国务院还多次组织了各种代表团赴三峡工地及库区考察了解。1992 年 3 月 16 日，李鹏总理向七届人大第五次会议提交了《国务院关于提请审议兴建长江三峡工程的议案》。全体代表进行分组深入审议。我们除准备有关资料供代表查阅外，还分别接受质询。我就被派往"港澳组"向港澳代表进行介绍和回答质询。反复深入地介绍和质询，使代表们不仅了解工程情况，也获悉前因后果。如越剧界代表著名演员袁雪芬，在详细了解情况后，激动地说：过去对三峡工程不了解，有很多误会，现在知道这是为全国人民和子孙后代办的好事，党和政府组织专家们做了如此长期详尽的工作，我要行使人民代表的权利，投下庄严的一票。

1992 年 4 月 3 日下午，在庄严的人民大会堂里，2600 多位人大代表对"关于兴建三峡工程的议案"按下了表决器。当万里委员长宣布，议案得到压倒性多数的 1767 票赞成而通过时（有 177 票反对，664 票弃权），全场响起了暴风雨般经久不息的掌声。这掌声宣告举世瞩目的三峡工程在经历了长达半个世纪的研究和争论后，终于要变成现实。当年连毛泽东都不敢决策的事，在他身后 16 年由人民做了决定。三峡的规划论证工作终于画上句号，进入实施阶段。

长缨在手缚苍龙

中国人民梦想了几十年的三峡工程，终于从梦境走向现实。

在人大表决后，国务院迅速组织实施。1993 年 1 月，国务院成立"三峡工程建设委员会"，作为指导工程建设的最高机构。为保证百万人口的动迁，又下设三峡工程移民开发局，制订移民方针，规划和监督计划的实施。成立了中国长江三峡工程开发总公司，作为建设和经营三峡工程的业主单位，承担从投资、建设到运行还贷的全部责任。总公司很快进驻工地，开展全面的准备工程：征购土地，修通到坝址的一级公路，在长江上架起悬索大桥，建立起风、水、电、通讯、砂石料和各项施工设施，建造大量房屋，由设计单位继续进行初步设计、技术设计和招标设计，将工程划分为单元在全国范围内招标。国内各水利水电施工企业都奔向现场，开展竞争。我也没有置身事外，被聘为总公司技术委员会主任，1998 年又被国务院任为三峡工程质量检查组成员。

1994 年 12 月 4 日，李鹏总理亲赴工地向全国全世界宣布三峡工程正式开工，现场浇下了主体工程的第一方混凝土。这一年，离孙中山提出开发三峡资源设想已有 76 年，离萨凡奇考察三峡 50 年，离毛主席挥毫写下"高峡出平湖"的词句也有 38 年！

不亲身参与，就难以体会这座世界上最大的水利枢纽工程的宏伟与复杂。这座工程的土石方是以亿立方米计的，混凝土是以千万立方米计的，金属结构和机组制作安装量也远超过已建、在建的任何水利水电工程。它在长江上施工，施工期不允许停航。三峡工程总工期达 17 年，从 1992 年筹备算起，2009 年竣工，是一座地道的跨世纪工程。整个工程分为三期进行，第一期可称为准备工程，除全面进行各项施工准备外，主要是在长江右侧中堡岛上修建纵向围堰，并将岛右的"后河"扩挖成为一条人工长江——导流明渠，同时在左岸修建一座临时船闸和开挖永久船闸。预计工期五年，在 1997 年底转入二期工程。在一期工程进行中，长江如有知，并不感到自己受到什么威胁，只是奇怪人们在它两岸忙点什么？但在导流明渠和临时船闸完成后，人们就将向长江发动进攻：大江截流，把长江逼入明渠中下泄，在长江主流上修建上下两道二期围堰，形成大江基坑，排干江水后修建泄洪坝和左岸厂房坝段，并建成永久船闸，历时 6 年。计划于 2003 年拆除二期围堰，在明渠中再次截流，长江洪水又回到主槽通过坝身的底孔及厂房下泄，实现首批机组投产，永久船闸通航，工程转入第三期。三期工程主要继续修建右岸厂房坝段和安装机组。预定 2009 年全部工程竣工。

不难看出，实施三峡工程有几场关键性的决战，例如导流明渠的完成、大江截流、二期围堰和二期工程中破世界纪录的混凝土施工等。中国人民能否破重重难关，夺取胜利，国际工程界对此都有怀疑。

也许受到"好梦成真"的鼓舞，或是受到"振兴中华造福子孙"的激励，工程一旦启动，便以排山倒海的势头前进，一个个貌似强大的拦路虎都被扫开。1997 年，荒芜的坝址已变成文明美丽的基地，右岸的导流明渠提前建成并于五一节通水试航。在中堡岛右侧出现了一条浩荡的新长江。一期工程基本告竣。在酷暑中我参加了国家验收组，经过严格检查，断定可以汛后截流。

所谓截流，就是以中堡岛上的纵向围堰和左岸为基地，从上下游两端向大江里抛投石块和风化沙，不断向江心逼拢，最后斩断长江，迫使她改道从明渠宣泄。大江截流和紧接其后的二期围堰工程的成败，决定三峡工程的命运。打赢这一仗，在某种意义上说，三峡工程建设已立于不败之地。

但这一仗的难度是史无前例的。三峡坝址位于葛洲坝水库内，水深达 60 米。设计截流量高达 14000 立方米/秒，如遇丰水，还要准备在近 2 万流量下强行截流。河床上有 20 多米厚的覆盖层，表层 10 米是新淤的细沙，截流中势必被冲刷。另外，截流过程中也不许断航。安排结果，截流中每日抛填强度惊人，最后 130 米长的龙口段必须在 5 天内合龙。这种集多种难度于一身的情况确属少见，是个超国际水平的考验。截流与二期围堰也成为重点技术设计项目之一。不知组织过多少设计、科研、院校、施工单位进行攻关，也说不清做过多少次研究、计算、试验并在现场进行实战演习。到 1997 年 10 月决战前夕，技术文件汗牛充栋，现场上机械成队、骨料如山，作为实战主力军的葛洲坝集团更是人人摩拳擦掌，大有"诺曼底登陆"前的气势。这种情况任何人看了都会心情激动不能自己。

根据周密计划，最后的合龙期定在 11 月 8 日，由于确有把握，请国家领导及数万群众来参观这一壮举，中央电视台整天现场直播。早在一个月前我就在盘算何时起程前往，坐在什么角落亲睹决战。虽然连日胸头隐隐作痛，根本未予理会。没想到 10 月 30 日深夜忽然剧痛难堪，送进医院不久就昏迷。等醒来时已全身插满管子躺在病床上了。大夫告诉我是急性坏死性胆囊炎，只能冒险在高烧下开刀。取出的胆囊已全部溃烂，再延误就有生命之虞。大夫还指着插在我身上的引流胆汁的管打趣说："这也是'导流'"。

我失去了去现场的可能，痛惜万分。医院领导为照顾我的心情，破例允许在病房中架了一台电视机。8 日这天，从清晨到黄昏，我躺在床上，挂着吊针，不饮不食、如痴如醉，看着这幕壮剧上演。8 点 50 分李鹏总理宣布大江截流开始，三颗信号弹腾空而起，顿时万马齐发，上下游围堰两端所有工作面同时启动，南北夹击，同时向江心推进。巨型卡车一字排开向滚滚长江抛下巨石和泥沙。经过激烈较量，下午 3 点半上游围堰首先告捷，工地指挥用对讲机向李鹏报告截流完成，我的眼泪不禁夺眶而下。这一胜利是几代人的血泪汗水浇灌出来的呀。下午 6 点半，下游围堰也胜利合龙，准确得像用计算机控制一样，成为世界奇迹。

大江截流后的又一场恶战是二期围堰，截流仅是乘长江枯水期用土石临时将水截断，必须迅速巩固扩大战果，加高培厚堰体达 82.5 米高，总体积达 1200 万立方米，更重要的是在堰体中做成一道不透水的混凝土防渗墙，穿过堰身、河床覆盖层直达江底基岩，面积近 10 万平方米，必须在明年汛前完工。否则，长江在今年枯水期冷不防被人驯服，到明年汛期就可大肆反攻，冲垮堰体，扫荡一切。不仅前功尽弃，而且留下难以处理的后患。二期围堰工期之紧、难度之大也使多少同志把心提在手中。事实是，二期围堰又如期完成，大江基坑被抽干，露出峥嵘奇特的面貌。人们还来不及喘气，1998 年 8 次长江特大洪水就迎面扑来，这座水上长城不仅固若金汤，而且几乎滴水不漏。长江这次是真的服输了。

任凭堰外白浪滔滔，基坑中开挖和混凝土浇筑紧张进行。1999 年迎来第一个混凝土浇筑高峰年。谁都难以相信在高温和狂洪的威胁下中国人能在一年中浇 448 万立方米的混凝土和基本完成永久船闸的开挖，把美国大古力坝和巴西伊泰普工程曾经创造过的世界纪录远远抛在后面。中国真是创造奇迹的国家！2000 年的浇筑量更是达 550 万立方米的新纪录。这一个又一个的胜利，是改革开放的成就，是全国大协作的硕果，是集体智慧和力量的结晶，是高科技和现代管理的体现。它向全世界宣示了中国人民的能力、智慧和决心，值得载入史册。

三峡工程今后的任务依然艰巨，但事实已非常明显，只要我们保持荣誉，发扬传统，以如临深渊如履薄冰的心情，狠抓质量、坚持科学和文明施工，中国人民一定能胜利建成三峡枢纽，完成功在当代利及千秋的大业。这一点，恐怕连反对我们的人也不能不承认了。

只悲西电未输东

好梦虽将圆，浮生惜已老！

我想起中国水利界的老前辈汪胡桢先生。他在 1958 年随周总理查勘三峡，但见滔滔江水不舍昼夜，巨大能源无法利用，感慨万分，写了一首诗：

三峡滔滔年又年　资源耗尽少人怜
猿声早逐轻舟去　客梦徒为急濑牵

会置轮机舒水力　更横高坝镇深渊
他时紫电传千里　神女应惊人胜天

周总理看了笑着说："长江三峡的巨大能源是要开发利用的"。

转瞬 30 年，汪胡桢已达耄耋之年，这时正值三峡论证，为"先支流后干流"激烈交锋之际，老人已不克亲自参与，只能喟然而叹，复题一诗：

改革从来议论多　长江三峡竟如何
莫因干支争朝夕　更勿拖延等烂柯
建设方成新世界　更新才唱太平歌
敢希海内诸贤达　慧眼同开看远图

当年，我去他所住小室探望时，见他已 91 岁高龄，俯伏在桌上，用一只仅有 0.1 视力的眼睛，依靠放大镜和颤抖的手写着诗和对三峡工程的建议时，总想放声大哭一场。汪胡桢老人最后没等到三峡工程的开工，饮恨逝去。

我觉得我正步向汪胡桢老人后尘。

中国的西部，尤其是大西南富集了得天独厚的水能资源。三峡水电站装机 1820 万千瓦。世界之冠，可是和整个水电蕴藏量相比，仅是个零头。在云、贵、川（渝），加上西藏，还可划进广西，奔流着金沙江、雅砻江、大渡河、乌江、怒江等八大江河，不计它们的源头部分，经查勘规划的可开发水能资源达 2.45 亿千瓦以上，年电量达 1 万亿千瓦时以上，相当于年产 5 亿吨原煤或 2.5 亿吨原油而且永不枯竭（除非太阳熄灭）的大煤矿、大油田。

中国是能源紧张国家，石油天然气尤其短缺。为什么不尽早开发这取之不尽用之不竭的清洁能源？为什么不利用丰水期十分低廉甚至被丢弃的水电来制造氢能、制造人造石油？数十年来水电界人士奔走呼号岂仅为一座三峡工程，他们的理想是尽量开发水电宝藏输向东方，让祖国有坚实的能源基础。开发三峡，仅是一场序幕。

当然，我们已开发了雅砻江上的二滩，大渡河上的龚嘴、铜街子，乌江上的乌江渡、东风，澜沧江上的漫湾、大朝山和红水河上的天生桥、岩滩与大化，现在更在向向家坝、溪洛渡、小湾、龙滩等骨干工程进军。中央关于西部大开发的战略决策，更为实施全国联网西电东送创造最好的机遇。可是这样宏大的开发规模，要在几代人手中才能实现，对于年逾古稀的我，怕难以见到溪洛渡、小湾、龙滩、锦屏一类巨型骨干工程的实施，至于规划中的虎跳峡、白鹤滩甚至雅鲁藏布江大河湾处的世界头号大水电站墨脱电站的兴建，更只能在冥冥中知悉了。如果真有轮回之说，我倒要求阎王允许我在枉死城中多留几载，等听到佳音后再打发上路吧——总之，未能眼睹宝藏开发和西电东送，是我的终生之憾。

处于这种心情，我在一次三峡总公司的年会上，激动地要求"三峡人"不仅要打好三峡一仗，而且应抓开发金沙江的伟大计划了。在万分激动下，我仿陆放翁临逝时所作的示儿诗，在会上朗诵道：

死去原知万事空　但悲西电未输东
金沙宝藏开工日　公祭毋忘告逝翁

三峡工程尚未建成，现在就想进军更远的江河，是否急了一点？要知道，开发任何一座大水电，都需几代人前赴后继的努力。我的诗毫无消极意义，这只是表达一位普通水电建设者的心愿罢了。深信，进入 21 世纪后，从金沙江到雅鲁藏布江上的水电基地都会陆续建成，形成世界上最巨大的能源中心，中国将成为世界上头号水电强国，到那时候，希望后辈们能举行一次盛大的纪念会，把喜讯告知所有的"逝翁"吧。

附：我所知道的李锐

谈到三峡工程，不能不提到李锐同志，他是数十年如一日的反三峡派的骨干和统帅，没有他，三峡之争绝难如此"波澜壮阔"。

李锐一生也波澜壮阔、大起大落，将来必有传记作家写出一部脍炙人口的《李锐传》。我虽很想写他，可惜知之太少，心有余而力不足，只能在此蜻蜓点水似地捎上几句。

李锐是位延安干部，长得仪表堂堂，有一副好口才，做报告不需讲稿可以发挥半天，说得你口服心服。他的笔底功夫更是了得，下笔千言，倚马可待，起承转合，曲尽其妙。连毛主席也赞其为党内秀才，钦点为"兼职秘书"。他还写得一首好字，喜书识画，能吟诗填词，诗风和朱德、陈毅老师辈佳作相类：大体合律又不受格律所限，纵横发挥、淋漓尽致。没有他的经历和才气断难写出，我称之为"老干部体"。

李锐思想敏锐、开放，有时"超越时代"，又秉性耿直，披沥直言，也不轻易改变主见。这种性格注定他容易开罪人，而且作为身居高位的人必会坠入政治深渊。

李锐从延安出来，先随陈云去东北工作，全国解放后回湖南省委任职，旋即调京任燃料工业部水电总局局长，从此一头栽了进去，毕生为水电事业呕心沥血。他上任后走遍山山川川，创建了八大设计院、十多所工程局和科研院校。他组织查勘全国水力资源、开展江河开发规划、促进一大批水电站开工建设。他声嘶力竭呼吁电力要"水主火辅"……李锐的名字和中国的水电事业是铸在一起的，不愧是开辟水电前途的头号元勋。但历史的误会使他坚决反对修建世界上最大的水电工程——三峡枢纽。另外，他对小水电也颇有微词。

李锐在京任职后，以其卓越的才能很快晋升为部长助理、副部长，然后在庐山会议中被毛主席御定为"不是我们的人"而成为阶级异己分子，坠入深渊。估计这和他说过"斯大林晚年"之类的话激怒毛主席有关，水电部还在全系统开展声讨李锐反党集团罪行的运动。他本人则被连降 n 级送到梅山水电厂的一所职工学校去教书，后又发配到东北改造。"文革"一起，锒铛入狱。在八年的沉沉黑狱漫漫长夜中，他以棉签为笔，紫药水为墨，在《列宁文选》的空白处写下许多诗词，后结为《龙胆紫集》问世，我称之为"奇毫异墨著文章"。直到四凶垮台、小平复出，他才得到平反，恢复党籍、公职，从囚犯重登副部长之座，再度为水电经营擘画。然后调任中央组织部副部长、部长，再为"中顾委"委员，乃至离休。

李锐一生著述丰富，除有关水电开发的论著外，更多党内斗争的实录以及诗词散文。不论其内容是否完全正确，在今后研究党史、水电史时，这是不可或缺的史料。

李锐在家庭生活中也饱受折磨。在那政治挂帅的年头，一个人坠入政治深渊从而引起夫妻离异、家庭破碎倒是常事，但像李锐那样备受炼狱之苦的实少其匹（这是我看到李锐爱女李南央的文章后才获悉的）。像他那样饱经政治及家庭双重折磨而仍能坚韧不拔、不易其志的，确实是个豪杰。

至于我和李锐的关系，只能说都是水电队伍中的一员罢了。由于"距离太大"——他当水电总局局长时，我只是名技术员，离副科长还差三级——我的手再长也难以和他拉上关系。只是在以后的政治运动中批斗我时，我才知道李锐曾垂青过我，要上海院尽快"发展入党"，从而证明我是李锐的走卒和社会基础。如系事实，他的垂爱也使得我几十年难以入党。后来李锐好像还打算调我去中国科学院任职，为水电部坚拒。这些我都毫不知情。所以当年人们要我揭发批判李锐时，我冷冷地说了一句"我和李锐的距离太远了，连想拍个马屁的机会也没有"，顶了回去。实际上，联系虽然没有，在思想上我确实是他的忠实信徒与崇拜者。我很看不起那些落井下石的人，我深深为他的命运感叹、悲愤，也为他的平反复出而由衷高兴，并和他有了些联系（那时我的职位提升了不少，"距离"有些缩小）。我曾把自己写的"小说"请他审阅推荐。我入党后也写过一封信给他，得到他龙飞凤舞似的一张复笺，写道"你在事业上头角早露，在政治上大器晚成"，着实使我激动了好几天。

在三峡工程问题上，我也长期赞同他的观点，只是没有他那么坚决。到 1985 年，我已不反对"小三峡"方案了，但仍然对泥沙和移民两大问题极其忧虑，上书当道希望慎重。在此以后我开始改变立场。一是我逐渐相信我国泥沙专家们的研究成果和负责的结论，二是我的最大顾虑："三峡动工将影响其他水电的兴建"得到消除。那是随李鹏同志去埃及考察时，他在飞机上亲口对我说过，三峡的资金是专门渠道，有三峡就有这笔钱，三峡不上就没有这笔钱。另外，我分析大局，如三峡不上，我梦寐以求的长江上中游水电群实际也是难似开发的，只有建成三峡工程，实现全国联网，开发西南水电宝库实现西电东送才能顺理成章得到实现。这样，就和李锐的见解有了差距。其实他对三峡的水能还是很欣赏的，在他写的《沁园春·咏水能》中还以"长江三峡，遮日遮天"加以形容，不知何故事隔30年还是坚决反对，他可能认为我是个叛徒或投机取媚之辈，不予宥谅，那也没有办法。

其实，我始终很崇拜这位老领导。特别是在20世纪80年代初，读了他送我的《龙胆紫集》后，对他的景慕达到极点。我在深夜中读完这本诗集后，满怀激情写了四首绝句寄给他：

> 冰雪胸怀铁石肠，奇毫异墨著文章。
> 平生不揾英雄泪，化作新诗字字香。
>
> 雨洗苍松百尺条，残柯脱尽战狂飙。
> 笑它多少堤边柳，只解临风舞细腰。
>
> 誓为苍生献此身，敢探虎穴犯龙鳞。
> 千磨百劫等闲过，重莅人寰满眼春。
>
> 披荆斩棘忆当年，踏遍名山与大川。
> 恰喜豪情更胜昔，安排河岳换新天。

这些全是由衷之言。后来看到他在《六十自寿》诗中有"馀生可望不吟闲"之句，感慨不已，又填了首《金缕曲》相呈：

> 缚虎擒龙手，是谁教、错金镂玉，神针穿绣。
> 大别烟霞乌苏月，一串骊珠牵就。
> 浑不惧，狂飙卷吼。
> 最是高天寒不测，恨年华虚掷莫须有。
> 三复读，泪痕透。
> 廿年沉狱从头剖，喜归来劫波历尽，壮怀如旧。
> 整顿河山裁新句，笔底风云驰骤。
> 仿佛是、苏辛前后。
> 引吭高歌千万阕，看繁华似锦春光透。
> 公试酌，是耶否。

李锐还把此词寄给《读书》发表，使我得到四元大洋的稿酬。

在改革深化后，他还去过几次美国，做过演讲，很引起些非议，我很希望他能慎言慎行，保持晚节。

　　我能写的情况就只有这些。近年来很少看到他的文章，听到他的消息。我衷心盼他健康长寿，蔗境幸福。我们虽然在三峡问题上有些歧见，但想开发西南水电宝库的目标是完全一致的，只可惜我们怕都看不到这一天了。

改 行 与 失 败

当我向身边的同事或朋友流露出我想改行去写小说的意愿时，往往招来友好的或不太友好的哄笑，认为是匪夷所思，或者是不自量力。真的，做了40多年水电工程师，连一篇会议总结也写不好的人，为什么动起这种不着边际的歪念头来了呢？

坦率说，我想改换门庭不自今日始，也不是只动过写小说的念头，而是"其来有自"，且"举棋不定"。首先在20世纪60年代后期，我曾想改行去踩三轮车或做泥水匠，那是被动的。因为那年头我潜察天下大势，自感我这号人物今后想再坐办公室的机会微乎其微，必须学会一门吃饭手艺方可立于不败之地。而在"牛大"（"牛棚大学"）中劳改时，常与三轮车为伍或当泥水匠的下手，就暗地里潜心研习，颇有收获，虽一身泥污蓬头垢脸而不悔也。但几年后我仍恢复了做人权利，而且慢慢爬到了可以因公坐轿车的地位，自然不再去考虑那些了。

第二次动过改行念头是在实行改革开放之初。我曾设想在北京六铺炕盖一间小屋，开设一家"潘记上海馄饨铺"，并内定老伴执勺，女儿招待，自任老板兼出纳、会计。原因有三：一是厌恨北京早点之单调乏味，愿普度众生，让北方同胞知道除"火烧油饼"之外，尚有如此美味多彩之早点存焉；二是慨乎当时上街就餐之不易，一旦误过食堂用餐机会要出外进餐时，我的眼前马上会涌现出长龙似的队伍和"艳如桃李，冷若冰霜"的服务小姐的脸孔，很想用潘家铺子的优良服务态度来开风气之先；第三个原因则是垂涎于个体户的日进百金、腰缠万贯，利之所趋，不由得怦怦心跳。对于这一盛举，我还真在暗地里做了好些"规划设计"。但一经落实，就发现赁屋、领执照、打通供应渠道、结识常年客户都难于上天，非老九所能解决者也。以后老伴染疴、娇女出洋，此议也就无疾而终，倒不是为了怕人骂我斯文扫地的缘故。

然后我就构思走敝同乡鲁迅翁的道路：写杂文、做小说。萌出这个怪念头，一不是被逼——谁也没有逼我辞职或退休；二不为图财——我要写成一篇杂文或小说，不知要搔断几许白发，熬过多少夜晚，真个是"两句三年得，一吟双泪流"，写好后的发表率又接近于零。把这些精力和时间花去研究个技术问题，无疑是可以多收获几张大团结的。那么是什么原因一直使我贼心不死呢？一句话，心里闷得慌，要发泄发泄！

工作愈来愈难做，都不是技术上的原因，而是机构问题、公关问题、局部利益、历史恩怨……但又都戴着马列帽子出现。总想写点什么，挖苦一番，刺它一下，出口怨气也好。

几十年来，走了那么多弯路，代价沉重。总想写点什么，淋漓尽致地形容一番，既让人发笑，也引人深思。

改革开放以来，"人心不古，世道浇离"，社会道德江河日下，"代沟"愈来愈深，总想哭骂一场、敲敲警钟。

再说，书市上那么多的文学期刊、著作中，充斥着坏人心术、诱人堕落的明的暗的"黄货"，我为什么不可以写点不会害人的作品，去挤占一点阵地呢？

总而言之，物不得其平则鸣。我心不平，我心不安，故而要写点东西鸣一下也。

主意既定，我就真的行动起来。好在这不需要赁房子领执照，圆珠笔和稿纸都是现成的，随时可以开张。我首先试写杂文，因为杂文短，容易下手嘛。为此，我精心研习了鲁迅翁的名作，先对我感受最深的所谓首善之区北京的某些事发难，写了篇处女作《"从长安居大不易"想起》。反正篇幅不长，不妨录在下面。

从"长安居大不易"想起

记不清在哪本诗话中读到过白居易的一件轶事，说的是他幼时到京师长安拜谒当时的大诗人顾况。顾看了他的名字取笑他说："长安居大不易啊！"但是后来读到他的诗句"野火烧不尽，春风吹又生"时，不禁大为赞叹，认为有句如此，居天下亦不难。

当时读了这个小故事后，不禁惊叹诗才竟有如此神奇之威力。自顾潦倒落魄，当然只能归咎于才华不逮古贤，怨不得别人。但近来忽作奇想：如果白居易老先生今天还在江州当司马，想迁到北京来住，以他的才华是否够格，又能否容易地住下来呢？

提出这个问题后，越想越玄乎。首先我怀疑白居易是否有足够硬的后台，或者他自己是否擅长"公关"，能把户口迁入北京，要知道诗才是解决不了户口问题的。我猜想顾况在今天也不见得敢打包票，除非他的大舅子或小姨夫是位够格的人事干部。

为便于深入探讨，姑且回避这个令人头疼的户口问题。我们不妨假定某单位因工作需要把白老借调到北京了。但他老人家来京后的日子也未必好过。譬如说吧，老先生想上商场割斤把猪肉，沽一瓶美酒，"欲饮一杯无"，就马上有困难。考白老是太原人，当时又未推广过学普通话运动，显然讲不来流利的京片子。想一想他那副迂腐相加上一口外地音，不遭柜台姑娘的白眼和不予理睬才怪呢。即使他发挥特长即景赋诗，吟出"回眸一笑百媚生"这样的千古名句来拍她们的马屁，未必姑娘们会领情，赐他一斤上好瘦肉的。

再假定白老游兴大发，想畅游西山寻诗作赋，又怎么去法？恕我考证不出江州司马是几级干部，反正够不上部长级，没有小车坐的，只好去挤公共汽车。"筋骸已衰惫"，"白发随梳落"，凭他这副老骨架还能从千军万马中杀出重围？即使他把青衫哭湿得像从河里捞起来一样，我敢打赌，决感动不了那些年轻的男女上帝们，让出一条路来，弄得不好还会被踩倒在地，踏断一肢，变成个新丰折臂翁。

或者我们可以建议白老雇一辆"搭客稀"。且不提在北京觅一搭客稀之不易，即或幸而相值，白居易这点养廉银又够得上几次花？为政清廉，他每月只有十二元奖金，难道老婆儿女都不要养活了？

当然，办法还是有的。白老诗作等身，不妨出个诗集，捞点稿费。此计虽妙，无奈翻遍其大作，没有什么香艳性感的东西。只有寥寥几句"芙蓉帐暖度春宵"和"樱桃樊素口，杨柳小蛮腰"稍微有点味道。但既未描摹春宵是怎么个度法，也不写腰以下的部分，缺乏刺激和挑逗性，谁要看呢？无怪某出版社审查后批曰："除非作者或其单位补贴两万元，我社歉难接受。"他们还出了个主意，让白居易写一本《浔阳妓女艳史秘记》，也许可以考虑。白居易既拿不出两万元，又写不出艳史秘闻，只好罢休——所以此路也不通。

总而言之，我左思右想，不得其解。看来白居易还是以留在江州听那山歌村笛为上。在江州，他多少还是条小地头蛇，日子要好过得多。

当然，我并不主张把像白居易或者苏东坡、王阳明这种人都迁到北京来，但是如果他们确实需要住到北京来的话，我真诚希望他们感到长安居还是比较容易的。

杂文写好后，自己又朗诵几遍，不由得击桌赞赏。论情，切中时弊；论文，深得鲁迅笔法，这样的妙文还上哪里去找。兴冲冲给报屁股寄了挂号信去。后果当然是塞进编辑的纸篓中了。我深为自己的阳春白雪得不到世人赏识为恨。一位朋友过舍，便取以示之，希望得到些同情的慰语。不想他看了后，撂在一边，冷冷地说："这样的文字，我当编辑也要塞进纸篓的。"

"为什么？"我按捺不住心头怒火。

"杂文不但要指出弊端，也要给人出路或希望。你说的那些问题，谁人不知，哪个不晓。可是，你能放开北京的户口吗？你嫌北京公共汽车挤，请问从哪里弄钱来拓马路、添汽车？出版社要补贴，合理合法。要不然他们怎么支撑下去？中国人太多了，是万祸之根。这件事大家有责。你不也养了五位千金和公子，为中国人口的增长做出过一定贡献吗？又怪谁去？"

我被他说得哑口无言，瘫痪在椅子上，动弹不得。

受了这场挫折后，我学乖了，写文章时就回避了中国的人口、户口问题，另找攻击对象，于是又有了第二篇"阳春白雪"。这一篇更短，也录以示众。

屁 的 赞 歌

"屁"之一字，甚为不雅，这是用不着解释的。人们无论怎么玩世不恭或思想解放，总不会取屁字为别号的，就是明证。口语中，"你懂个屁""放你娘的屁"都是贬低或辱骂对方之词，这也是不待智者而后知的。

职是之故，世上万物都有人著文颂扬，独少对屁发表赞歌。唯一的例外好像是《笑林广记》中的记载，说的是一位士人，最工拍马。死后阎王爷查其言行，龙颜震怒，要处以极刑。凑巧阎王爷放了个屁，士人乘机恭上颂词曰："伏维大王，高耸金臀，洪宣宝屁，依稀乎丝竹之声，仿佛乎芝兰之气……"阎王爷闻言，不禁龙心大悦，放其还阳，延寿三纪云云。可见屁字虽不雅，但若能与马字结合，就能化腐朽为神奇，可走遍天下甚至幽冥界的。

想来由于屁字不雅，所以在温柔敦厚的中国古典诗歌中没有它的一席之地。谓予不信，请君从毛诗、汉魏六朝诗开始，翻遍浩如烟海的全唐诗、全宋词……直到清诗别裁，都找不到屁字的踪影。虽然昔贤也有"牛山四十屁"之说，《绿野仙踪》中还有臭屁赋之作，那是打油取诨，登不得大雅之堂，不好算数的。问题是，我们的领袖偶尔挥毫，写下一首词，竟然出现了屁字，这便如何对待呢？其实，问题本也简单，领袖写这首词，无非一时兴到，纵笔所至，畅泄感喟，不计工拙。我揣摸他老人家原也未想到发表，更不见得要全国臣民去钻研微言大义的。再说领袖也是人，并非天纵之圣，写的诗词固多脍炙人口的佳制，却不见得篇篇绝唱、字字珠玑。但在那个时候，领袖的一唾一咳，都含有马克思主义精髓，需要体会领略，这就给研究诗歌的专家带来了难题。有的同志不得不煞费苦心地分析词中屁字之妙。譬如说，研究认为这是伟大领袖高举马列红旗、以无产阶级革命家的胸襟气魄，痛斥修正主义者的行径，足令魑魅魍魉丧魂落魄云云。不知为什么，我在读到这些宏论时，总会大逆不道地联想到《笑林广记》上去。我怕人们堕入这条魔道后，再下去得把屁也划分阶级了：有无产阶级革命之屁，有资产阶级复辟之屁，推而广之，有猖狂进攻之屁，有严正反击之屁，有因循守旧之屁，有改革开放之屁。物理学家要进行屁的频谱分析，历史学家要考证屁字的由来和发展，政治家要确立以屁为纲……岂不变成以屁治天下了。

也许有人会反驳说，在阶级社会中一切事物无不带上阶级的烙印。鲁迅先生不是尖锐地指出，林妹妹出的香汗和焦大流的臭汗不是一码事吗？汗既如此，屁何能外。我想，林妹妹身上兴许搽有从西洋佛朗机国进口的香水，或者扑有什么蔷薇硝、茉莉粉，故其汗香。焦大身上沾满牛粪马尿，故其汗臭。但对于屁则难有区别。鲁迅先生运道好，对方以"出汗"为例，乃得奋戈一击，如果对方以"放屁"为例，就不好这么写了。所以我坚持屁字不雅，也不能划分阶级，更没有必要为它写赞歌，不论它出自何人之口。

这篇东西的寿命就更短了，为了多听取意见，写好后先请一位至亲好友看。他看完后皱着眉头问：

"你这是讽刺谁呢？是讽刺领袖写词不该用屁字？是挖苦人们不该赞扬领袖的词境高超？还是反对鲁迅的文章？老兄：政海沧桑，文坛波涛，白纸黑字，祸从笔出，你一个工程师去搞这些干什么？我劝你别引鬼上门惹火烧身了。"

我被他说得毛骨悚然。这次用不到惊动编辑，我自己把它塞进纸篓，还省下几毛钱邮费。以后我还写过些讽刺超前消费的、公费旅游的，以及挖苦鼓吹写真实的"性文学家"和千方百计算计国家的大干部的文章。但命运都一样，不是泥牛入海就是胎死腹中。这才幡然醒悟，杂文作家不是那么好当的，要兼有天时地利人和之长才行，我是绝对不够格的。

一计不成，另生一计。杂文之道不通，就试写小说。写点什么呢？首先想到的是几十年来的左的做法：把阶级斗争拔高到荒唐的程度，人为制造矛盾，加上吹牛浮夸，用样板戏和百分比治天下，不知伤害了多少好人，挫伤了多少积极性，留下了多少后遗症。这样的大事岂可不写，我要把它浓缩在一篇小说中来全面清算。于是我构思情节，埋头书案，写出了我的处女作《走资派尹之华》。写成后，第一个读者是我女儿，我急不可待地注视着她的表情，等待着她的评语。

她苦着脸，勉强翻完了稿纸，问了我一句："这也算是小说？"

"怎么不是！"我伤心极了："这是地道的小说，你要注意这意境，这内含的深意，这文笔……当然，也会有缺点，请提嘛。爸爸又不是专业作家。"我装出虚怀若谷的样子。

"反正我们是不要看这种东西的。什么年头了，还是走资派。又没有爱情情节、惊险镜头。噱头一点也没有。爸，你至少得加点味精，来些荤的。"

"加点味精？"我茫然了。

她望望我，忽然贴耳怜悯地劝我：

"爸，你别再写了吧。谁要看这种东西。你零用钱不够花，我把每月的奖金补贴给你。"

好孝顺的女儿。她还不知道这句话在多大程度上伤了一心想改行的老爸爸的心。我不信，把小说给其他的孩子看了。评价一致，一是背时，二是乏味。后来每当我提起要写小说时，他们便不约而同地合唱起来："走资派尹之华！走资派尹之华！"搞得我面红耳赤，以后在家里再也不敢提了。

但是我还不死心，找到老领导李锐同志。他还真的给我写了推荐信外送。最后编辑部有礼貌地退了稿，还附来一封信"……文笔还好……经研究不拟刊用……希望写些反映当代风貌的人和事……"看来，小青年喜欢看描写中学生怎么想摸女同学乳房的暴露性作品，老编辑要的是记述企业家怎么发财的报告文学。这些都超出我的能力之外。

但是，也有几位热心人给我以鼓励。像李锐同志和他的女公子就细细看过，还提了好些意见。华东勘测设计院的张发华院长，把原稿索去一年后才还给我，还写了一句"过去干过的傻事，今后再也不能干了。"最后松辽委员会的陈明致主任送到他们办的《松辽文苑》中刊登出来。在明致和文苑的编辑的鼓励下，我还写过一篇《傅部长视察记》。

接下去，我利用原来的主角，写了个续篇《父女之间》。内容则改为描写"代沟"，写一个天真纯洁的女孩子怎么变化成对立面。在这篇小说中我真的灌注了心血，有时写得流下眼泪。它在箱底卧了若干年后，成缓台同志给介绍印在内部刊物《大江文艺》中了。一位青年朋友看过后对我说："你描写了女儿的堕落，父亲想让她回头，这是不可能的。"他说的也许是真话，我听了却很难受，我在小说中没有写出结局，意思还是保留了女儿回头的希望——也许这确是不切实际的幻想。

《父女之间》脱稿后，写小说的兴致也消退了。以后虽也写过一些，例如讽刺肚量狭窄的知识分子的《鸡肚肠的觉醒》、描写为赚几个钱在海外送了命的大陆儿女《花都遗恨》、反驳"计算机将取代人类，毁灭人类"理论的《康柯小姐的悲剧》等，它们或是长眠箱底，或是勉强刊在内部刊物上。希望它们能像晨钟暮鼓唤醒众生移风易俗的宏愿是彻底破产了。可谓"先生之志则大矣，先生之梦则难圆"。考所以失败之故，除了自己志大才疏、心雄笔拙之外，恐怕还得归咎于思想落后于形势而且不会写正面和成功的人物这两大原因。

使我在失败中感到些欣慰的是，世界之大，还是有些嗜痂之人。除了上面提到的李锐、张发华、陈明致等同志外，最起劲的还是我当年的老师钱令希教授。他在看了我的《春梦秋云录》部分稿子和那些"小说"后，不断给我打气。他说他看了我写的东西后感慨很深，从中可以看出中国知识分子劫难之深和永远不变的那颗爱国之心，其事可悲，其志可敬。钱师母看了《父女之间》还认为我是写自己遭遇，关心地打听我的女儿怎么弄到如此地步。这真是厚爱关心得令人感激涕零了。钱老师还对我说：

"技术上、工程上的事，多交给下一代去做，你还是多写写这种文章，也许意义更大些。现在许多青年都不想念书，让他们知道知道你们是怎么读中学的。"

真是巧合，40 多年前是钱老师教导我，带我走进科技园地，40 多年后又是他劝我退出古战场另觅新枝栖。这真是成也萧何败也萧何了——所以我非要他为我这本小集子写篇序言不可，以证明我的离经叛道，后台有人。

遗憾的是，钱老师对我的期望，不论是40 年前的或40 年后的，注定都要落空了，这也是无可奈何花落去的事。我现在能做到的，只是继续做梦和单恋。梦想今后中国的文艺作品能起到醒世警众、移风易俗的作用，单恋着我一辈子向往的吟诗填词写小说的

事业。我想，生单恋病是办得到而且是合法的。哪怕你看上了御妹娘娘而且害上了单相思病，只要没有越轨举动，皇帝老子也奈何你不得。所以，不如让我把单相思病生到底吧。这真是：

伏虎降龙事已终　秋云春梦两无踪
馀生愿乞江郎笔　撞响人间醒世钟

附录一　潘家铮院士小传

潘家铮是我国著名的水电工程专家。他原籍浙江省绍兴县，1927年10月19日（农历9月24日）出生在一个破落的书香门第。这个古老的家庭对他一生的思想和言行产生了很深远的影响，值得多写几句。

他的曾祖父是清朝的一位饱学秀才，但在太平军攻陷绍兴府城之后，即抛下刚刚出世不久的儿子，投入天国怀抱。几经转折，他成了忠王李秀成的心腹幕僚，最后随同李秀成赴南京解围，城破殉难，尸骨无存。祖父是个孝子，成年后曾三次"一蓑一笠"，徒步往南京寻父，希望孝心格天，能在某座破庙古寺中父子团圆。这个愿望当然破灭了，但他却探问出许多鲜为人知的天国轶事。回乡后，他潜心学术，专治古文，不事清朝，以开馆授徒为业，并留下许多手稿。

祖父在潘家铮出世后不久就亡故了。童年时的潘家铮经常钻在祖父遗下的书堆和手稿中，啃读着艰深难解的文字，幻想着当年轰轰烈烈的"长毛造反"和清军血洗南京的惨状，后来，他一直把这些手稿带在身边，视为珍物，直至"文化大革命"才遭毁失。

他的父亲诞生于清朝末年，正是新旧学交替之际，所以一面受到祖父严格的旧式教育，一面进了洋学堂，毕业于东南大学教育系。而后长期任职于浙江省教育厅，做名小科员，抗战后改任中学教师，一辈子饱尝生活艰辛。父亲把自己身受的一套教育照搬到儿子头上，而且出奇的严厉。潘家铮曾风趣地说过："我父亲学的是教育学，案头堆满了教育原理、儿童心理学……但对儿子却从来不考究什么原理、心理，而且采取最原始的'棒头出孝子'法。我头脑里的一些古汉语知识，都是他用棒头打进去的。"

潘家铮的母亲是位忠厚的贤妻良母型妇女，终日操劳家务，孩子就由祖母掖抱长大。这位老太，虽然识字不多，但却通晓百艺、知识渊博。她经常抱着孙子，讲述"长毛造反""爷爷千里寻父"，以及数不尽的民间故事，还能说出几百条谚语，唱数十种山歌。她是潘家铮童年时真正的启蒙老师，使他受到中国传统义学的熏陶，在幼小的心灵里种下了喜爱诗歌的根苗。

了解了这些情况，人们就不会感到奇怪，作为一位国内外知名的水电工程专家，潘家铮少年时的理想却全不在此。他一直梦想成为一位诗人，写一部"天国轶事"。特别是在抗战逃难期间，他在乡下外祖父的遗物中，找到大量诗文集和旧小说之类的"闲书"后，更是欣喜若狂，把身心都投入到文学世界中去了。他嗜读小说。据他讲，到 17 岁时凡是古城书市上能找到的新旧小说、传奇甚至弹词、宝卷已无不寓目。成年后又补读了许多外国古典小说。在读"闲书"方面，他倒真正称得上道通古今、学贯中西了，而且，他还练就了一目十行的功夫，这可能是他严厉的祖父和父亲所始料未及的。

但是，他的正规求学生涯却非常坎坷。小学尚未毕业，抗战爆发，一家人不得不背井离乡，辗转逃难。这期间他在父亲的严格督促下，终日啃着"四书"以及古文。后来几年，他随父亲在浙东山区流浪，见缝插针地读点书。1942 年日军大举侵入浙东，他不得不结束断断续续的中学生涯，最后学历是初中二年级。迫于生计，他只得跑到抗日游击区当个乡村小学教员，自己对前途失去了信心。

1945 年秋，抗战胜利，这也成了他一生中的一个转折点。潘家铮在经过半年夜以继日的苦读之后，居然以初二的学历，考得了高中毕业的资格，为此他竟瘦了十斤之多。紧接着，他报考浙江大学，在填报志愿时，由于对文学的热爱，他不假思索地填上了"中文系"，不料却遭到了饱尝文人生涯之苦的父亲的坚决反对。这样，他只好填报了"航空工程系"，去学习这门新兴的实用的学科。第二年，为了毕业后就业的机会更多些，又违背心愿转到更实用的土木工程系。四年的大学生涯是极不平静的。由于解放战争和学运高潮，加之提前一年离校支援前线，他实际上并未从课堂上学到多少东西，主要收获还是浙大和许多老师的严谨学风，很多知识是靠他自己后来从工作中一点一滴刻苦钻研、勤奋自学得来的。

1950 年，他大学毕业来到燃料工业部钱塘江水力发电勘测处，投身于新中国的建设事业。这样，他在两度因外界原因而不得不改变他心爱的志愿之后，终于走上了水力发电建设之路，并深深地爱上了这一开发再生能源、兴利除害、为人民造福的事业。从此，他在水电界辛勤耕耘了近 50 年，产生了生死与共的深厚感情，并对新中国的水力发电事业做出了重要贡献。

20 世纪 40 年代末，当苦难深重的中国人民推翻压在身上的三座大山、顶天立地地站起来的时候，中国的水电建设还基本是一片空白。这时外国的水电科学技术已经发展到了相当高的水平，许多先进的设计和施工技术不断涌现并臻趋成熟，美国和欧洲一些工业发达国家已经应用这些技术修建起百万千瓦级的大型水电站、高度超过百米甚至二百米的高坝和相应的大型、高压机电设备与金属结构。而我国除开发了四川龙溪河上的几座容量为数千千瓦级的小型水电站外，只有东北有一座日本侵略者为掠夺我国资源匆促修建、千疮百孔的丰满大坝和水电站以及一座鸭绿江上中朝共有的水丰水电站。和发达国家相比其差距难以里计。这种情况与我国所拥有的世界第一的水力资源蕴藏量是极不相称的。

面对这一事实，作为一名新中国的第一代水电建设者，年轻的潘家铮深为激动，他暗下决心，一定要担负起时代赋予的重任，为开发祖国丰富的水力资源造福后代建功立业，赶超世界水平。自 1950 年起，他先后在燃料工业部钱塘江水力发电勘测处、浙江水力发电工程处和电力工业部华东水力发电工程局等单位任技术员。他虚心向老一辈专家学习，继承他们的优良传统，从最基础的测量、水文内外业和描图、制图做起，勤学基本功，从设计、施工 200kW 的小水电站做起，一步步学习和掌握水电开发技术，在此期间，他夜以继日、如饥似渴地进修数学和力学知识，钻研每一本能够得到的书籍和资料，并特别注意将书本和外国资料上的知识应用于实际，又从实际工作中汲取经验、找出问题，反馈到理论分析中去，或对理论提出新的要求，开始逐步形成他独特的设计思想和理论。1954 年他调到北京水电建设总局，继续从事黄坛口水电站的设计工作。该电站位于浙江省衢县乌溪江上，装机容量 3 万 kW，是解放后开工兴建的第一座中型水电站。由于缺乏经验，在建设过程中遇到挫折。他在困难面前毫无畏惧，凭借深厚的数学力学基础，开始对重力坝、土坝、引水系统、厂房等各类水工建筑物的应力分析进行了广泛而深入的研究，总结了不少有益的经验，也吸取了一些教训，写出了诸如《木笼围堰的理论和设计》《双向弯矩分配法》《连续拱之新分析法》《角变位移方程的研究》《双铰式土坝心墙的力学计算》《调压井衬砌的力学计算》《法兰应力分析的研究》等一系列专业论文，发表在有关学报和著名刊物上，在国内水电界崭露头角。

其后，潘家铮奉调到水利电力部上海勘测设计院，历任技术员、工程师、组长工程师、设计副总工程师等职，前后长达 18 年。当时，新中国的水电事业蓬勃发展，前程似锦，任务非常艰巨，问题是缺少经验，尤其缺少青年技术骨干。针对这一情况，自己也是个青年的他主动在院内办起学术讲座，给更年轻同志系统讲授"结构力学"和"水工结构分析"，发表了他的许多见解和分析方法，把研究成果无保留地贡献出来，与大家进行切磋。大部分青年水工设计人员都参加了听课，使技术水平得以迅速提高，其中很多人成为新中国水电建设的技术骨干力量。以后，这些讲稿被整理出版成为一套《水工结构应力分析丛书》，对推动我国水工结构设计水平的提高起了良好作用，深受全国水利工程师特别是基层同志的欢迎。有人说，读了这些书抵得上进一所自修大学。1956 年，他负责广东省流溪河水电站的水工设计，基于对坝址良好地质条件的认识，他积极主张采用双曲溢流拱坝的新结构。当时双曲拱坝在我国还是第一次建造，缺乏资料和经验，他领导设计组同志积极进行繁复的坝体应力分析，首次提出和解决坝头稳定分析问题和坝体冷却措施等一系列课题，使拱坝设计迅速顺利完成。特别是对拱坝坝顶溢洪的做法，不少专家包括前苏联专家都没有把握，但他坚持这项新技术，深信这个方案既能保证安全，又能节省投资。他和同志们提出了拱坝坝顶溢流动静应力分析方法，组织进行了我国第一次拱坝震动试验，使我国第一座高 78m 的流溪河双曲拱坝于 1959 年胜利建成。30 余年的运行和多次实际溢流考验证明，他的主张和设计是正确的。在工程建设后期，他又领导并参与了简化拱坝应力分析法的研究。1958 年他在中苏朝蒙四国水利学术会议上，就上述流溪河拱坝设计中的几个主要问题提出了有分量的论文，得到与会专家的一致好评。流溪河双曲溢流拱坝的建成，开创了我国薄拱坝建设的先例，对以后的泉水拱坝（高 80m）、紧水滩拱坝（高 102m）、东江拱坝（高 157m）和二滩拱坝（高 242m）等的设计产生了深远的影响。

　　1957 年他出任新安江水电站设计副总工程师。1958 年，设计工作移至现场进行。他从 1958 年初至 1960 年兼任现场设计组组长，常驻工地，深入现场，具体领导该工程的设计与施工技术工作。新安江水电站位于浙江省建德县钱塘江支流新安江上，总装机容量 66.25 万 kW，水库库容 220 亿 m^3，坝高 105m，混凝土工程量 176 万 m^3，是我国第一座自己设计、自制设备并自行施工的大型水电站，其装机容量、工程规模和难度都超过日本人在我国东北修建的丰满水电站。在工作中，他创造性地将原设计的实体重力坝改为大宽缝重力坝，并采用"抽排措施"降低坝基扬压力，大大减少了坝体工程量。他善于总结群众的正确意见，加以科学论证，先后在新安江工程上采用了坝内大底孔导流、钢筋混凝土封堵闸门、装配式开关站构架、拉板式大流量溢流厂房等先进技术。当坝体混凝土浇筑与压力钢管安装发生矛盾而且施工进度拖后时，他改变了坝体的分缝布置，将垂直的纵缝改为斜缝，解决了施工中的难题，抢回了进度，并发展了相应的理论，如大坝分期施工和分期蓄水的应力重分布问题，在技术上为大坝提前封孔蓄水创造了条件。新安江水电站能在短短三年内建成投产，单位千瓦投资仅 690 元，与他的创造性的努力是分不开的。新安江水电站的顺利高速度建成，大大缩短了国内外水电技术的差距。周恩来总理在 1959 年 4 月视察电站工地时，曾亲笔写下"为我国第一座自己设计和自制设备的大型水力发电站的胜利建设而欢呼！"的题词，高度评价了电站的建设成就。通过新安江工程成功的实践，宽缝重力坝已发展成为国内广泛采用的一种坝型。此后，古田一级、云峰、丹江口、安砂、枫树坝及潘家口等十余座大型宽缝重力坝相继建成，在祖国的大地上拦江蓄水，为我国的水利水电事业发挥巨大作用。新安江水电站的建成，为新中国的水电事业树立了第一座丰碑，其上也凝聚了他的智慧和心血，记下了他的卓越贡献。

　　其后，他又参加了乌溪江、富春江、长江北口潮汐电站和钱塘江潮汐电站的设计、规划和科研工作。1964 年，党发出支援三线建设的号召，他义无反顾地告别江南，奔向荒无人烟的雅砻江和大渡河，负责和参加锦屏、磨房沟和龚嘴等水电站的设计工作。在此期间，先后在工程技术刊物上发表了 30 余篇论文，并出版了《水工结构计算》《重力坝的弹性理论分析》《水工结构应力分析丛书》和《重力坝的设计和计算》等四套学术著作，近两百万字，迎来了他设计生涯中的黄金时代。

1966 年，史无前例的十年浩劫开始了。像许许多多正直而无辜的知识分子一样，处于事业顶峰的他也不可避免地受到了毫无根据的斗争批判和人身攻击，打入"牛棚"，承受了难以想象的肉体和精神的痛苦折磨。

顺便提一下，潘家铮虽已成为水电专家，终日与大江大河、大坝电站打交道，但他仍对他少年时的爱好——中国文学依然眷恋。他在工作之余，常是一卷相随，自得其趣。他孜孜不倦地研读中国的正史、野史、名家的文集、诗集，稍有余暇余款，总是要钻到旧书店中去搜寻他心爱的旧书。他有喜怒哀乐，总要抒之于文，寓之于诗，先后写了《新安江竹枝词》《读报志感》《蓼莪吟》《锦屏诗稿》等诗作，还在博览众说的基础上，写成一部《积木山房诗话》。他还认为，自古以来，中国的女诗人遭遇比男子更悲惨，偶尔流传下来的一些作品，是中国诗词中最为可贵的遗产，值得搜集与整理。所以他发过愿心，要编一本尽可能完整的闺秀诗话，为此他已经搜集了不少素材。另外，他还喜欢和年轻人在一起，共磋进步。对于一切要求进步的有志青年，他总是从心底里喜爱他们，不遗余力地帮助他们：教课、赠书、改稿、审稿、推荐发表、回答来信来访……也不知花去了多少精力和时间。"文革"中，有人查抄了他的寓所，里面并无金银珠宝，只有万卷藏书，其中一半是文史专著以及他的一批手稿。这些旧书和手稿、日记构成了他的一大"罪状"。他对青年人的关怀和培养更成为"腐蚀青年"和"向党进攻、争夺接班人"的罪证，遭到无穷尽的批斗。尽管如此，他对祖国、对水电事业的热爱并未稍减，对他所做过的一切，特别是培育青年毫不后悔，在批斗之余仍偷偷地钻研理论，思考技术问题，回想总结以往工作中的经验教训。没有纸笔和参考书，就利用他特殊的记忆力，在脑海中进行研究。他虽身处逆境，但始终坚信，祖国的水电宝藏必得到开发，总有一天他还会回到水电战线的岗位上，继续为祖国为人民做出自己的贡献。

进入 20 世纪 70 年代后，他逐步恢复了工作。1970 年 10 月，被派往雅砻江磨房沟工地做复工后的设计工作，重返三线，"立功赎罪"。他到了工地后，不禁跪在地上，久久地亲吻着这片土地。工地虽然贫困荒凉，电站规模虽然不大，可是这毕竟是座水电站啊，开发水电已成为他的唯一愿望。他振奋精神，忘我工作，在战友们的共同努力下，不到一年半时间，就使这座遭受破坏，满目疮痍，快要停工、散伙的工程竣工发电，创造了一个小小的奇迹。以后，水利电力部对外司和基建司就把他"借调"出来，参加国内外水电站的设计和审查工作。他在参与乌江渡水电站的复工审查会后，开始负责我国一批援外工程项目的设计审查工作。1975 年和 1976 年他曾两次前往菲尔泽（阿尔巴尼亚）和拉格都（喀麦隆）工地参加设计审查和指导工作，现在这两座水电站早已顺利建成投产，安全运行，造福于两国人民。

其后，他继续参加了国内一系列工程的研究、审查和决策工作，他十分珍视这来之不易的工作机会，以十二分的热情将全部心力扑在工作上面。由于工作中的突出表现，更由于党的十一届三中全会结束了极"左"路线，全国走上了拨乱反正的正确道路，强加在他身上的错误结论得到彻底平反，他于1978年3月正式调京，出任水利电力部规划设计总院副总工程师，后又晋升为总工程师和水利水电建设总局总工程师，1985年出任水利电力部总工程师，成为水电系统的最高技术负责人。在此期间，他参与规划、论证、设计以及主持研究、审查和决策的大中型水电工程已不计其数，例如安康、铜街子、东江、岩滩、白山、龙滩、石塘、紧水滩、水口、葛洲坝、二滩、天生桥、小湾、龙羊峡、广州抽水蓄能……直到参与举世闻名的长江三峡水利枢纽论证工作，担任论证领导小组副组长及技术总负责人。他踏遍了祖国的大江大河、山山水水。几乎可以说，在中国较大的水电坝址和工地上都留下过他的足迹和汗水。他以其精湛的技术、丰富的经验和过人的胆识，解决过无数技术难题，提出过许多重大建议，做出过关键性的决策。例如，对于东江工程，他坚持修建薄拱坝而不主张修重力坝的观点；在被一些地质专家认为是一堆烂石头的龙羊峡峡谷中，他肯定地认为可以修建高坝大库；在葛洲坝枢纽鉴定会上，他满腔热忱地支持采用"抽排措施"；在岩滩工程讨论会上，他鼓励人们在这座高坝的主体工程上采用碾压混凝土技术，并承诺说："建设成功，成绩是你们的，出了事，责任归我"，极大地鼓舞了设计施工人员的信心。在水口工地上，为了抢回已大大延迟了的工期，他置世界银行特别咨询专家组的强烈书面异议于不顾，决策在基础部位使用碾压混凝土和氧化镁技术，并在暑期施工。他说："外国专家的经验值得重视，但他们不熟悉中国国情，更不了解中国专家在某些领域中长期研究的成果，最后的决定得由中国人来下。"他决心在二滩峡谷中修建242m高的混凝土双曲拱坝、全地下厂房和在小湾工程上采用295m高的双曲拱坝。1990年7月，他代表三峡工程论证领导小组和400余位专家，向中央、国务院以及各界领导汇报历时三年余的论证成果。他言辞恳切，以大量深入的科学分析为依据，综合阐明修建三峡工程的必要性、可行性和紧迫性，得到领导的充分肯定，认为论证工作是科学的、民主的、可信的，满足了中央的要求，为三峡工程进一步开展初步设计和最终获得人大通过奠定了基础。他的许多决定和意见，事后证明都是正确的。他说，做出这些决定或提出建议决非冒险，在水电和坝工建设中不容许轻率，而是有无数设计和科研同志的工作为后盾。他经常对来采访的记者说，任何一座大水电站的建成，凝聚着从地勘、规划、设计、施工、科研到地方领导等无数人员的心血，是集体智慧的结晶，个别人的作用极为有限，不应强调。他的意见无疑是正确的，但是集中群众的智慧，在关键时做出正确决策所需的领导者的胆识和决心也同样是不可少的。

潘家铮在承担更高层的任务后，除了继续研究具体技术问题外，更多地思考有关中国水电建设的全局性问题。在他的组织下，开展了规程规范的全面编制和更新工作，将大量的新技术纳入其中。为了改进水电设计落后的面貌，他大力推动计算机的应用，成立电算机构，主持开发水电设计大软件包，开发和推广 CAD 技术以至专家智能系统。他不遗余力地推广新技术尤其是新坝型——碾压混凝土坝和面板堆石坝，担任推广小组组长。他为提高工程质量发出过无数次呼吁，出任质检总站站长。他注意发现和培养新生力量，把全面开发祖国水电宝库的热情寄托在下一代身上。他十分重视科教事业，制订和参与各种攻关计划，在不少高校兼职讲课，带研究生，还和钱正英、王林、汪德方等领导一起发起成立中华电力教育基金会。改革开放深化后，他多次出访，考察日本、法国、西班牙、美国、埃及、瑞士、加拿大、澳大利亚、南非和挪威的水电及建坝技术、介绍和推广外国的好经验。他鼓励设计院向咨询公司发展，开拓国际市场，推行设计招标。他还研究阻碍我国水电发展的因素，不断向领导和国家提出建议。

在技术领域，他在 47 年来对钻研技术解决难题的活动从未中断过，故设计成果浩瀚，著述极为丰富。他专长力学理论，特别在水工结构分析上有很深造诣。他致力于运用力学新理论新方法解决实际问题的研究，力图沟通理论科学和实际设计两个领域。他对许多复杂结构，如地下建筑物、地基梁和框架、土石坝的心墙和斜墙、重力坝和拱坝、调压井衬砌、压力钢管岔管和法兰以及建筑物及山坡的稳定、滑坡涌浪、水轮机的小波稳定、水锤分析等课题，都曾创造性地运用弹性力学、结构力学、板壳力学和流体力学理论及特殊函数提出一系列合理和新颖的解法，得到水电界的广泛应用。可以说，我国水电和坝工技术的发展中有他奋勇开拓和辛勤耕耘的一份功学。

他在总结工作经验的基础上，撰写了专门著作 20 种，约 560 万字，连同历年发表的学术论文 80 余篇，总字数达 1000 万左右。其他主编过的书籍和主笔的技术报告为数更多。在进行科技著述之余，他还写了不少小说、散文和科普科幻作品以及政论性文章，发起成立中国反邪教协会，力图在批判社会不正之风，反击伪科学的泛滥和鼓舞青少年树立振兴中华大志上有所裨益。

由于他的学术成就和贡献，他也获得了党和人民给他的荣誉。他于 1980 年当选为中国科学院技术科学部院士；1984 年国家颁给他有突出贡献的国家级专家证书；1989 年被授予国家设计大师称号，并获中国科学院颁发的荣誉奖；1994 年被选为中国工程院首批院士并被选为中国工程院副院长，成为我国少数几位拥有双院士称号的专家之一；1995 年获何梁何利科技进步奖；1996 年被国际岩石工程计算学会授予特殊国家级杰出贡献奖；1997 年获香港理工大学颁发的杰出中国访问学者奖，同时获中国老教授协会授予的老教授科教兴国贡献奖。他还担任过或仍在担任国务院学位委员会委员，中国岩石力学与工程学会名誉理事长，中国大坝委员会主席，中国水利学会、中国水力发电工程学会和中国能源研究会副理事长，中国长江三峡工程开发总公司技术委员会主任等职。同时，他还是清华大学教授，并在其他一些院校兼职，培养博士研究生。

熊思政[1]

---

[1]　本文作者是中国电力信息中心教授级高级工程师，潘家铮院士的挚友。

附录二 小 说 拾 遗❶

"走资派"尹之华

"老九"当上了"钦差大臣"

这几天来，六〇八工地上红旗招展、锣鼓喧天，"井冈山革命造反总司令部"夺权周年的大喜日子快到了。胡司令早就传过话："要放开手脚热闹一番"。听说庆祝大会开过后就要动手收拾还在蠢动的"东匪"——东方红联合造反兵团。作为司令秘书的我，不敢怠慢，天蒙蒙亮就钻到设在防空洞里的司令部办公室去。

推开门，就听见胡司令在发火："我哪有时间管你们这点屁大的事！找你们的上级去！"我仔细张望，这才看清有一个穿着旧工作服的女孩子立在司令面前，好像在恳求什么事似的。她用微弱然而坚持的声音说："我们站是你们代管的嘛。胡司令，怎么说，您也得去看一下，那边真的搞不下去啦！"

"不行！"司令的胖脑袋有力地摇着，以示毫无通融余地。但是当他看到我推门而进时，眼珠一抡，似乎有了个新主意，一招手把我叫过去，贴耳说道："老刘，她是后山气象站来的，说那边联合不起来，要我去解决。我哪有时间管这些！这小东西缠着不放，真讨他妈的厌，谁教是我们代管的呢。要不，你辛苦一下，去看一看吧。"

我一惊，慌忙推辞："司令，事关革命大联合，我水平低，对后山的事又毫不知情，你还是请位头头去吧。"

"头头都忙着呢。别怕，小泥沟里有多大的浪。你放胆去，不忙着表态，把情况摸一摸，回来汇报。"司令拿定了主意，显然是急于把讨厌的客人送走。他回过头向那女孩喝道："这样吧，我让司令部的刘秘书去看一看。"他向我一指，"你们要保证他的安全。老刘，去跑一趟，后天回来汇报"。

我心中暗暗叫苦。这后山气象站是省气象局为了配合我们工程临时设置的小站，名义上由指挥部代管，其实，除了每月送些报表来外，谁也不过问他们的事。我之所以不

---

❶　1991 年出版的《春梦秋云录》（第一版）中收录了六篇小说，即《"走资派"尹之华》《傅部长视察记》《父女之间》《康柯小姐的悲剧》《卡拉山恩仇记》《花都遗恨》，在 2000 年出版的《春梦秋云录》（第二版）中，作者删掉了这六篇文章。此次编辑本卷时，出于完整性的考虑，重新把其中五篇收录进来（《康柯小姐的悲剧》已收入《科幻作品集》）。附录二中还收录了散佚作品《"鸡肚肠"的觉醒》。

愿去，不但因为上那里要爬一座 800 米的高山，会累得人半死，更由于我早风闻那山上庙小神多，闹得挺凶。现在头头们都不出马，却拿我去顶缸，真是倒运。

写到这里，还得自我交代一下身份。原来我是个解放时刚从大学毕业的老九，由于缺乏政治头脑，经常说些"错语"、写点"黑文"，还爱打抱不平，加上出身不光彩，所以每次运动中都被推为第一线运动员，好几次滑到危险的边缘，都依靠深刻的检讨而幸免于难。不断的浪打潮冲，把我身上的棱角磨得差不多了。但本性难改，有时还要出些毛病。这次"史无前例"一来，凭我二十余年之经验，自感在劫难逃。果然，我又被内定为第一批对象抛出，打入牛棚。我只好暗自准备一篇史无前例的深刻检查来争取恩赐，不想这次运动推陈出新，"揭发"以后来了个"批判资反路线"，我混在人群牛丛之中杀了出来。本来想苟全性命于乱世，当个逍遥派算了。不意胡司令垂青，邀我入伙。我正犹豫，来人就沉下脸暗示：如果敬酒不吃，以后有什么风吹草动，就莫怪司令不仗义了。这样，我终于变成了"井冈山"的一员。

入伙以后，不免效些犬马之劳。譬如说，那篇声讨"东匪"的煌煌檄文、一期又一期的"抓促战报"，无不出自我的笔下。这些天还挖空心思为司令准备了一篇在庆祝大典上的总结报告，真写得有声有色，恐怕放进《古文观止》里也够格，司令十分满意。就这样，他对我是优礼有加，还委了我一个"联络秘书"的头衔。当然，"东匪"的人恨得我牙痒，做梦也想整我。我已经离不开胡司令这顶保护伞了，在泥淖中越陷越深，再也找不到解脱之道，整天像坐在火山口上，这日子真是难过。像我这样一个岌岌可危的"九爷"，居然被派去做"钦差大臣"，也真是历史的误会了。

小姑娘和大走资派

从指挥部走到后山脚下，已累得我气喘如牛，汗下似雨。一直默默地跟在身后的那个女孩子看到我的狼狈相，不安地说："刘秘书，累了你啦，在这里歇一下再上山，"边说边把我的小包提了过去，"这包我来背吧。"

我和她一齐坐在一块大石板上。这里是查勘队进点时的驻地，一些临时建筑都废弃了，留下几排断墙颓壁倒成为现成的标语牌。刷在墙上的大黑字，每个足有两平方米，写的是："揪出大走资派尹之华是毛泽东思想的伟大胜利！""坚决打倒死不悔改的大走资派、反动权威尹之华！""尹之华不投降就叫她彻底灭亡"等。我记得省气象局副局长姓尹，想必是此人了，因此就随口问那女孩子："这尹之华就是你们省局里的尹副局长吧？"

"哪里，"她委屈地用手点点小鼻子，"尹之华就是我哟！"

"什么，你？！"我几乎不相信自己的耳朵。虽说在这两年里我的想象力是极大地提高了，可是要在这个小女孩子和大走资派之间画上等号，还显得不够些。

当我肯定了她确实是气象站的临时代理副站长，因而确实是个走资派后，不由得把屁股挪开一点。在这年头，和一个走资派坐在一块石板上，还挨得这么近，可不是玩的。我立刻把脸拉长，厉声训斥："为什么不早交代，想欺骗革命群众吗！"按规矩还得用粗话骂上几句，以表示造反派对走资派的深仇大恨，可是看到她那副可怜巴巴的模样，话到唇边又咽了下去。"你们站上多少人？你怎么搞走资活动的，交代交代！"

尹之华迅速站了起来，低头弯腰。姿势标准，举动熟练。"我没敢隐瞒身份，我向胡司令交代过的。我们站，编制上是七个人，王站长回省去了，两个常病号几年没上班，现在站里四个人：三个革命群众，一个牛鬼蛇神——就是我！"

"三个群众？三个人还分派？"我大出意外。

"凡事一分为二嘛，到处都是两大派，我们哪能例外。赵启堂和冯小芬是联合造反队，罗长根是独立战斗团。两派打得可凶啦，站里仪器全打光了……"

"不准你污蔑群众运动！"我听出她话中的不满情绪，马上制止了她的猖狂反扑。

经过对这个阶级敌人作了十多分钟的盘查，我把情况基本摸清了。她的父母都曾是中层干部，而且都是右倾机会主义分子。她老子在甄别后不久就死了，妈妈则瘫痪在床。父母反动，她当然是个狗崽子了。她小学毕业后，考进省气象局当测工，后来保送进水文气象学校念书。1966 年春毕业，怀着对支援边疆建设的美妙憧憬，吵着要到最艰苦的地方来锻炼。刚巧这里的站长王荣新嫌苦怕累，溜回省城躺倒不干，省局就派她来代替几天。运动一来，王荣新当上个造反小头目，她则顺理成章地成为走资派兼反动学术权威了。

更重要的，我又摸到那三个革命群众的底牌。赵启堂生活腐化、业务不通、心毒手辣，现在是多数派头头，村里的"联络站"也表态支持他。冯小芬出身欠佳，投靠在赵的门下。罗长根虽是单枪匹马，但三代贫农，出身过硬，又是本村人，村里的造反队支持他，所以腰杆很粗。至于两派的武装配备水平，则三角刮刀、牛耳尖刀、藤帽、梭标、鸟铳、猎枪一应俱全。文攻武卫以来，已干过几仗，谁吃了亏就在走资派身上出气。尹之华说，前天晚上，赵启堂骂她翘尾巴，抽了她两个耳括子；罗长根又骂她没扫清厕所，揪住辫子就往墙上撞。"呜……"她说到这里，终于哭鼻子了。

反革命间的串连

我的头脑中乱成一团，皱起眉头沉思着，同时把面前的这个走资派端详一番。这姑娘细挑身材，长得并不好看，但也有些讨人喜欢的地方，尤其是微翘的鼻子和一张端正的小嘴，还带着几分稚气。头发乱蓬蓬地拖在脑后，胡乱扎上两个结。脸上除留着一些革命行动的痕迹外，堆满了和年龄不相称的忧伤和苦痛的神情。我望着望着，不由得同情她起来。四顾无人，就拍着身边的石板说："天气热，这里又没有人，你坐下来慢慢谈吧"。

大概是两年来没有受到过这种优待了，她受宠若惊，向我投来感激的一瞥。"谢谢你，刘秘书，我在这里坐一下好了。"她在我对面就地蹲了下来。我深深叹了口气，自言自语地说："二十四岁的中专生，变成了走资派；我嘛，四十二岁的技术处长，当上了造反秘书，真是滑稽!"

"技术处长? 噢，你就是那个给右派献血的刘工程师吗?"她的耳朵很尖，全听到了。

"你怎么知道的?"我紧张起来。

"这么说，你真是刘工了。你的事我早知道了。运动初期，你们指挥部的大字报汇编我每一期都看过，开头几期不全是揭批你的材料吗。老实说，我愈看愈觉得你可是……一个了不起的英雄。"

她说的献血事件，也是我干过的一件傻事。那还是在查勘时，队里一个摘帽右派负了伤，急需输血。在场的人，有的血型不符，有的不愿献血。我是 O 型，看着伤者苍白的面色，不由得伸出臂去。这件事后来也成为我的罪行之一，而且大字报上还用了不少诸如"反革命间的歃血联盟"之类的耸人听闻的标题。我最忌讳别人提到这种是非难明的事，不想她全知道了，只好支吾说："其实，事情很简单，既不是什么反革命歃血联盟，也不是什么英雄举动。不说那些了，还是谈谈你的事吧。你有多少罪行抓在他们手中呀?"我的语气已从命令式变成一般疑问式了。

"我也说不清，认罪书已写了那么一叠"。她用手比划着，"我有五顶帽子，一是死不改悔的走资派，二是反毛泽东思想的急先锋……"

"具体事实呢?"

她扳着手指一件件说了起来。我归纳了一下：布置群众学业务，冲击了政治；骂赵启堂"红旗举得高，倒会假造资料"，这是恶毒攻击；用领袖像包内衣，属于现行反革命；替刘少奇鸣冤叫屈，是个铁杆保皇分子；抄出一本《王云五词典》、一册《英文百日通》，是梦想复辟的国民党残渣余孽和死心塌地的洋奴买办……我一面掂量着这些罪行的分量，一面怜悯地望着她。人性论又占了上风，我安慰起她来："尹之华，你来站不久，年龄轻，又是个代理站长。我想，只要态度好，会取得革命群众谅解的，将来会解放你的"。

她呆呆地望着我。过了半晌，用类似绝望的语调说道："刘工，你可真好。我开头也这样想过，可是不行啊。一个单位总得有个走资派，有牛鬼蛇神嘛。我们站里，除了我还能有谁? 解放了我，谁是敌人呢? 岂不成了阶级斗争熄灭论了吗?"

"这个不一定，一个单位有没有坏人也要看具体情况。"

"凡是有人类的地方都分成左中右嘛。刘工，你能说出哪个单位没有阶级敌人吗?"

"……"我语塞了。

可 怕 的 百 分 比

我们就这样对聊起来，自从她知道我就是那个"献血者"后，对我好像有一种说不出的信任感。她慢慢地打开了话匣子，把从她爸妈那里听来的政治经一条条地讲给我听。开始时还有些拘束，后来简直无所顾忌了。

"我爸爸顶会总结经验。他说做领导要有两门本事，一是用人，二是抛人。他说，凡事领袖发指示，中央树样板。这样板顶重要，什么事都照样板做。'样板样板，照搬照办，自作聪明，身家全完'，真不错。你看，中央一反右，全国抓到多少右派！彭德怀在庐山'反党'，上上下下都挖彭德怀的代理人，我妈就是那次跌进去的。谁教她说大跃进是发热昏。她还姓彭，正是个现成的小彭德怀！……刘工，你看，北京出了个三家店，那外面还能没有？如果我们站里有十个人，我包你挖出一座三家店！"她伸出三个指头，信心十足。

这小东西的议论还真引起我的共鸣。我不禁想起多少年来在样板风的吹刮下，我们这支勘测设计队伍几时有过安宁？不提政治大事，就说点小事吧。样板风一刮，不是一窝蜂山头砍树、后院炼钢，就是赤脚下塘、种"小球藻"。这阵风来，纷纷丢掉计算尺；那阵风到，人人去造"超声波"。我记得自己也冒出过大逆不道的怀疑念头。可是当支部书记铁青着脸宣布："做不做得成，是水平问题；去不去做，是立场问题"后，这点儿独立思考也就吓得飞到东洋爪哇国去了。我正在回忆和琢磨着，这位小政治评论员又继续发挥着："爸爸说的，手里有样板，心里有百分比，这就是领导艺术，千万别自作主张。"她忽然把身子靠近我一点，神秘而迫切地悄声问我："刘工，你知道这次运动内帽比是多少？"

"内帽……比？"我莫明其妙。

"就是运动里内定戴帽百分比嘛。"她解释。

老天爷，原来是这个意思，要不是听她解释，我还以为她在讲什么古拉丁文呢。

"没听到过传达。比例嘛，总会有个，你管它干什么？"

"啊哟，这个关系可大喽！爸爸说过，按样板办，用百分比套，大局就定了啊。反右听说是百分之三点五，反右倾拔白旗是六点一，就不知这次定多少？揪出这么多，看上去行情要涨。"

"你怕什么呀！就算涨到百分之十，你们站里四个人，也够不上一个反革命"。"人数要按在册的计算，"她脸上一本正经，"我算过多少回了，我们站七个人，如果照反右，百分之三点五，五七三十五，三七二十一，零点二四五；如果按六点一算，一七得七，六七四十二，零点四二七。就怕达到百分之八，七八五十六，四舍五入就够上一个。刘工，你说戴帽比不会到百分之八吧？"她用祈求的眼光盯住我，好像我是决定那个致命的百分比的上帝似的。

"我想到不了百分之八吧。再说，百分比不过是个大概指标，哪有你这么个算法的。"

她见我居然对百分比的威力有所怀疑，激动得涨红了脸，一口气举出好几件无可争辩的事实，来证明这百分比是万万违反不得的。最有力的王牌就是她爸爸的经历。当年她爸爸动员单位里的人鸣放，不少人说了些走火的话。反右一开始，有人就主张把他们全定为右派，她爸爸坚决不同意。但是这么一来，百分比低得离了谱，指标没完成，单位领导右倾呀！第二年一补课，漏网的个个抓回补上，连她爸爸也被赔了进去。我没想到这小姑娘头脑中有那么多的政治理论和实例，只好端坐受教。她最后落实到自身，根据从"样板戏"和"百分比"两条原则分析计算，她认为戴帽的可能性很大，起码是个"帽子拿在群众手里"的结局。她说到这里哽咽起来："我现在苦苦熬着，就等待怎么发落我。如果给我戴帽或者搞什么帽子拿在群众手里，我就去跳'烂羊崖'，一了百了。"

我的天，她不但打算寻死，连死法都精心设计好了。这"烂羊崖"是一个大断层造成的悬崖，真称得上峭壁千仞。灵巧的小山羊也经常会失足跌下去，化成一堆枯骨。我的眼前突然出现了一幅可怕的幻象：一个天真无辜的女孩子，被扣上莫名其妙的罪名，拖着绝望的脚步，爬上崖顶，含泪往下一跳。坐在我面前的她，似乎已变成了一架骷髅，夹杂在白皑皑的羊骨架之中。我惊恐地擦了擦眼睛，向她叫道："不行！不能走这条路！你还年轻，留得青山在，不怕没柴烧。一自杀就变成对抗运动的现行反革命了。听清了吗，现行反革命！"我急得语无伦次，反动谚语和革命词句也混在一起说了。

"我也想活啊，"两颗泪珠从她眼眶中涌出，"可是这戴帽后的日子不是人过的啊。我看到爸爸的下场、妈妈的苦难，他们还没正式戴帽呢。你看我们局里的王工程师，那是多么好的人啊，作风正派，业务拔尖，不知说了什么话，划成了右派。从此低头进，弯腰出，谁都可以骂他、揍他，可谁都不敢接近他。四十多岁也找不到对象——谁愿意嫁个右派呀。我刚到局里时不知底细，和他挺说得来。他待我真好，字典啊、计算尺啊都送我，把着手教我技术。后来支部批评我丧失立场，我吓坏了，赶紧把所有东西都丢还给他，坚决和他划清界限。真奇怪，别人骂他揍他，他好像都不在乎，就是我把东西丢过去时，他面孔白得像死人，全身都发着抖。老实说，我心里够难过的，可是和阶级敌人讲不得半点温情啊。尽管如此，人家还批我和老右派打得火热。他的罪名就更大了：腐蚀青年，和无产阶级争夺下一代……，运动开始不久，他就吊死在单身宿舍里了。你想，我能够去过这种日子吗！我不干！上午给我戴帽，我下午就上'烂羊崖'！"

化巨人为侏儒

冷汗在我额上沁出，我不能让她走王工程师的路。一个冒险的念头在我心中升起，我捉摸着、斟酌着……

"小尹，你的关系转来没有？"

"关系，当初说是让我来暂时代王站长的，大概没有转吧，反正档案还在省局。"

"好极了，"我高兴得拍掌，"档案没来，你就不算这边的人。这样吧，你马上回去闹革命，造你们书记局长的反去！"

"逃走？"她怔住了。看来她做梦都没有想到这一招，"我现在上厕所都要汇报请假，今天是奉命送资料下来的，规定下午要回去，我怎么能走呢？"

"别管那一套，我不是说过你不算这边的人吗？马上回去闹革命，参加造反队，有熟人在队里吗？揭发批判你们局里那些大走资派、大权威，愈革命愈好。当然，"我放低声音，"外表轰轰烈烈，可别把人家往死里打，谁知道他们是人是鬼。"

"我的不少同学倒都是小头头，可是我现在是个走资派身份啦！"

"你这个小呆瓜，脑子这么死！什么走资派！全国的走资派死绝了也轮不到你头上哩。"我指着下山的一条小径，"从这里抄近路下去，一个多钟点就可到江边。过了大桥就是县造反队的天下。正好赶上一点半的班车回县，接上七点钟的火车，今天夜里就能回到妈妈身边，明天就可以扬眉吐气做人啦。小尹，别犹豫了，快走吧。"

她心慌意乱："我没有红袖章，一到大桥就会被抓住押回来，那真要被活活斗死了。"

"怕什么，我的袖章给你就是。"

"我逃走了，又带走你的袖章，你怎么办呢？"

"别管我，我办法多着呢。袖章？嘿嘿，我柜子里有的是，别忘了我现在是胡司令的秘书啦。"

她被我说动了心，小脚在地上挪来挪去。忽然又嗫嚅地说："不成啦，我身边一个钱也没有。我三十六块工资，去年起只给我九块生活费，说是怕我秘密串连。一个存折也不知被谁抄走了。"

我迅速掏出钱包，打开看一下，抽出几张钞票塞在她手里，说："拿去吧，这里三十五块钱足够你回家了，还可以买点土特产去孝敬妈妈。"

她的捏着钞票的小手不住地颤抖，忽然她把钱塞还给我，呻吟似地喊道："不行，我不能拿你的钱！刘工，谢谢你的好心，我死了也感激你。可是这样做你要惹大祸的，我反正完了，不能再拖累你。"

"别胡闹，听话！让人看到我们就完了！"我低声喝道，把钞票硬塞进她工作服前的小口袋里，然后换上亲切的口吻说："小尹，我根本不承认你是什么走资派，而是个好同志。如果你也认为自己是人不是鬼，那么就收下钱快走。如果你认为自己真是个反革命，那你去跳'烂羊崖'，我不拦你！听清了吗？别孩子气啦，走吧，到了省城给我来封信"。

"刘工，你待人为什么这么好呢？我总觉得这些年来只有打呀、骂呀、杀呀，你死我活的斗争。"

"因为我的良心还没有丧尽，我也有一个像你一样的女儿呢。小尹，好孩子，要相信良心没有死尽的人多着呢，就是那些发了狂的人过几年也会清醒的。挺起胸来，过几天你就是革命派了。倒是我，这样下去迟早会关进监狱的，我只希望你将来能相信我也是和你一样清白的人就感激不尽啦。"我说到这里，哽住了。

"不，刘——刘叔叔，不会的，你是我遇到过的最好的人。不过你也真得仔细点，我听说胡司令可狠呢，害死了不少人。你别跟得他太紧，要不然，一个反复下来，你就要受累啦。"

"这个我知道。现在我要利用他保护自己啊。老实说，身在曹营心在汉，我暗地里想尽办法在保护牛棚里的人啊。唉，混一天是一天，到混不下去再说，反正我是不打算去跳'烂羊崖'的。小尹，这会儿该走了吧？"

割 断 了 最 后 的 留 恋

她立起身来，呆了一会儿，又回过头去望望烟锁云封的后山山峰，我急得跺脚："我的小姑奶奶，还要婆婆妈妈！舍不得你那点行李吗？山上人一下来就算完啦。"

"我不是为了行李。"她低声说，"我是想，我一走，再也没人去观测了，站上的资料真要中断了。这几年无论怎么困难，主要的数据我都记下来了。怎么办呢，要影响你们的建设了。"

这几句发自内心的朴实的话，比任何革命口号都感动人。站在我面前的形象突然放大了，像一尊发光的女神。我用充满感情的语调，向她说了几句她不敢相信的话："小尹，我的好姑娘啊，你以为这个工程还能干下去吗？快散场啦，指挥长、总工程师都死了，资料、图纸烧了，材料物资用来武斗了，人心散尽了。别相信什么'抓促战报'上的话，什么形势大好，战绩辉煌，那全是我捏造的。明摆着，等把工程费吃完打光就关门大吉了，你还管那么多！"

她呆呆地站着，半晌蹦出一句话："那、那国家的损失可就大啦！还有办法吗？"

她的眼珠睁得滚圆，直瞪着我。我感到她对我的话仍是半信半疑，一狠心，干脆把底牌全部抖出："小尹，就说你们这个临时站，也没有必要建立，引用附近台站的资料完全可以的，也是当官的好大喜功，要一应齐全。省局也想扩大队伍，多解决几只饭碗，就用工程费建了起来，反正吃国家嘛。小尹，不怕你难受，对你直说了吧，你每次送来的心血——那点资料，以前是进资料室，在柜子里睡大觉；现在嘛，干脆丢到废纸堆里去了，谁看过它呀！"

这几句话果然起到立竿见影的奇效，它像一把锋利的剪刀，剪断了尹之华和气象站之间最后的一些留恋和期望。她脸色惨白，大眼睛中滚动着晶莹的泪珠。我不觉一阵酸楚，伸出手来握住了她那双满是创伤的小手："小尹，好姑娘，别难过了。在这座山上，糟蹋了你几年青春，这不是你的过失，也不是我的罪过，是、是时代的错误吧。走吧，忘掉它！你还年轻，日子长呢，希望你以后能把宝贵的青春年华真正献给国家和人民，真的起些作用。不像我，这副老骨头只好在这里奉陪到底了。话说完了，走吧，这条小路少人走，滑得很，千万小心。回到家，替我向妈妈问个好。"我一面说一面把红袖章套上她的胳膊。

她一动不动地让我戴好袖章，突然倒了下去抱住我的腿啜泣起来，眼泪扑簌簌地掉在我的脚上。"叔叔，我的好叔叔！我如果能回去重新做上人，我永远不会忘记你，我妈也会感恩你一辈子的。你千万自己保重，我们会永远为你……"

我无心再听，一把将她拉起，焦急地下令："别孩子气了。我们会再见面的。希望我们都能活到'文化大革命'结束。我相信我们仍旧都是革命同志，那时候再痛痛快快谈吧。现在，服从命令听指挥，走！"我替她扣紧了背包。

这位小姑奶奶总算挪动了步子。但走了三步又折转身来，我生气地瞪着她，她急促地说："叔叔，你在这里休息一下再回去。我脚步快，十一点多就可以到大桥，你十一点光景下去，先给桥头检查站去个电话，问问有没有情况。我如果被抓住了，就说是我打昏了你抢走你的袖章和钞票逃走的。你也一定要这么说，一定！我宁可死在'烂羊崖'底也不愿拖累你。"

"好吧，我听你的，现在可以放心走了吧。"

这回她真的走了。走到崖边，回过身来向我投来一个充满深情的苦笑，又用手使劲挥了一下，就迅速地爬了下去。我站在大石板上目送她的离去，开始还可以看到一个矫捷的身影在树丛中出没，后来只看到一对黑蝴蝶似的发结在晃动，最后全消失在密林茂草之中，一切归于平静。

我好像做了件亏心事，又像做了件体力难以胜任的重活，无力地坐倒在大石板上，精神和肉体都像垮了一样。

"蓬！蓬！蓬！"远处传来几声礼炮，山下的庆祝大典开场了。胡司令该已站在台上口沫横飞地读着我起草的《告全体革命战友书》和《向毛主席致敬电》了。

傅部长视察记

（上）紧急应变

从各地上报的材料来看，要算乐岳县在大炼钢铁运动中涌现的奇迹最多：全民动手、家家献宝、处处出煤。群众自发地组织起"保钢委员会"，赤手空拳地建设着一座规模空前的高炉，更使人感动的是那些不要报酬自发组织的建厂民工已经一星期未下火线了。钢厂的建成看来指日可待。省委几个领导看了后都画上大圈圈，批上按语，并决定派宣传部副部长傅守冰去现场实地视察，以便作为样板，全省铺开。

消息传到县里，县委书记兼县长白定国顿时急得抓耳挠腮、六神无主。他顾不得天寒雪大，急匆匆赶到县委宣传部。推门进去，就看到绰号变色龙的副处长卞斯伦悠闲地仰躺在靠椅上，右手捏了支笔，左手伸着指头，嘴巴里则叽里咕噜地盘算着：

"……四冷盘、糖醋里脊、干烧鲤鱼、宫保鸡丁、芙蓉虾仁……什么汤呢？唉，有只甲鱼多好！对，派人上山抓'山瑞'！"

"老卞！"白书记气急败坏，"省里派人下来了，要调查钢铁厂的情况，怎么办？都是你闯的祸，我一再说过上报不能太走样，你总是不听，现在这局面怎么办？唉，你呀，你呀……"

变色龙站起身，把白书记让到沙发上坐下，接着以变魔术的速度沏上一杯香茶，并把一支"嘴烟"塞进书记的嘴中。"你别急嘛。省里来人是好事嘛，我县大有希望哩。这一炮打响，书记，嘿嘿，你可能就要调省委啦，哈哈，你稍等一下，让我把名单排好。"说完，他又抓起笔来边沉吟边开单子："县委书记、副书记、秘书长、办公室、宣传部、组织部、工交办，县人委、副县长、秘书长、办公室、计委、经委、建委、18 个直属局、12 个临时委、办，银行，合作总社、人武部，还有县人大、政协、共青团、青联、妇联、工会、中学、科联，对，准备十二桌。"他在活页簿上写上一个大大的 12，外面还加了个圈，以示重要。

"你在搞什么鬼！"白书记等得不耐烦了，不由心头火起："卞斯伦同志，问题很严重！我们的钢厂还是荒地一块，屁也没有，你就吹得这么神，引鬼上门。现在来人视察了，怎么交代？拆穿了西洋镜，丢掉乌纱帽是小事，我们这个模范县、我这个模范书记的面子往哪里搁？你还要漫不经心，你到底打算怎么办？"白书记说到最后，猛地将桌子一拍，茶杯里的茉莉香茗立刻溅出不少，沿着桌面缓缓地淌着。

"哎呀，书记，您别急嘛。问题没有那么严重。我们是积极响应中央号召嘛，主观动机是要"大跃进"嘛。最多是心急了些，话讲早了点，可这拥护总路线、捍卫"大跃进"的赤胆忠心谁敢否定？就算犯点错误，也是方式方法问题，比那些心怀不满阳奉阴违的右倾反党分子总有区别嘛。路线斗争呀！要分清延安西安呀。省委这点水平还能没有，而且……"变色龙把嘴巴移到书记耳朵边，"西洋镜也不会拆穿，我早已算计过了，马上进行紧急布置。上头要了解情况，所以现在的矛盾就是了解与反了解的斗争嘛，而矛盾的主要方面在我们这边嘛，解决矛盾的关键就是宴会规格嘛……"变色龙不愧是依靠"两论"起家的，讲起话来十句中有三句都出自经典著作。可是白书记这次不买他的账，粗暴地打断了他的滔滔发挥：

"你怎么个紧急布置？人家到现场一看，钢厂在哪？七天不下火线的群众在哪？一看就穿。你天大本领，一夜里能吹出一座钢厂！又不是天方夜谭，胡扯蛋！"白书记越说越激动。

"有办法、有办法。奇迹是人民创造的嘛，一天等于二十年嘛。西方资产阶级做不到的事，东方无产阶级就是能做到嘛。"变色龙务了一阵子"虚"后，落到实处，他又把嘴巴伸到书记耳边："我看这样办，来他个瞒天过海……"于是他压低声音，嘁嘁喳喳说了一通，白书记一边听，一边皱眉头，变色龙说完后，书记的眉头几乎打成一个结。

"这样做能行吗？万一人家坚持要……"

"没问题，天时、地利、人和都对我们有利哩。"

"骗得过一时，骗不过一世。牛皮越吹越大，以后怎么下台？"

"啊哟，书记，你也太老实了。先应付这一关，争取了时间，钢厂迟早会弄出来的嘛。而且中心任务年年变，再过半年谁还记得老皇历。也许下一个中心任务是提高质量拆掉小钢厂，我们还不照样考第一。总之，现在的首要问题是搞好接待。哦，对了，那位傅部长下来时你千万别叫他傅部长，这可事关大局！"

"不叫他傅部长叫什么，叫同志吗？"白书记摸不着头脑。

"那还了得！"变色龙听到书记竟然讲出这种不知好歹的话，几乎跳了起来。他着实觉得这位书记是个草包，但表面上还是恭恭敬敬地解释："书记，你不了解情况，我省里有人，调查得一清二楚，傅守冰去年没提升为宣传部正部长，火气大咧。他姓傅，你叫他傅部长，听上去像副部长，他还会高兴吗？准得找你岔子。"

"你还真够细心，那么叫个什么？"

"光叫部长，或首长！"变色龙胸有成竹。"除了叫法外，关于具体接待工作我已拟了个计划，请您过目。为了统一指挥、加强领导、提高效率，我建议还是成立一个接待委员会。您挂帅，我来跑腿，下设办公室和八个组，您看看这计划……"变色龙捡起一份计划送到白书记面前。

白书记架上老花眼镜，吃力地念着"……办公室、欢迎组、文件组、宴会礼品组、文娱组、保卫组、呐喊组……这呐喊组搞什么的？"

"啊哟，我的书记，你怎么把我方才讲的方案都忘记了。"

"哦，是了，是了。不过呐喊组的名称不大'那个'，还是叫鼓动组吧。哪里去动员这么多的人呢？"

"鼓动组好听！就叫鼓动组。人嘛，除宣传部、交际科全员投入外，我已通知组织部、办公室、共青团、工会，妇联、武装部、县中都派一把手下午到这里开会，紧急动员，接受任务。还有，这是我草拟的欢迎仪式和礼品，这是晚上宴会菜单：四凉盘、八热炒、四大菜、两汤、两甜食、两主食、茶、酒、烟、水果。这是陪客名单，县里各部门领导全请到了，开十二桌。接待费嘛，我框了一下，精打细算，有两千八百元也就可以了，请你批一批。"变色龙把一支钢笔塞进白书记的手心，这下子白书记的眉头又打了结。

"要那么多？现在县里经费困难啊，市场供应又紧张。前几天中央又下文，三令五申不准请客，不能撙节一点吗？"

"对对对，书记你真是胸有全局，中央的精神吃得透啊，要勤俭办一切事嘛，要随时随地想到我国是个六亿人口的大国嘛。好，这样吧，预算再扣紧点，二千五百元包干，真不够，我老卞卖儿卖女来垫上。"变色龙拍打着胸脯，接着又放低声音："县里行政费是紧一些，不过去年的扶贫费和教育补助费基本上未动过，再不花，一冻结就落空了，那两笔钱除了给领导盖点房子外还多一些，就在这里面调剂吧。"

白书记无可奈何地摆了摆手，在报告上签了字。然后严肃地对变色龙说：

"好，一切都听你的，但这件事你要保证办妥。出了岔子，我就告你一个瞒上压下的罪名！责任全在你身上！"

（中）实地视察

第三天下午，一辆"嘎斯六九"吉普车载着傅部长和秘书小金，光临乐岳县。作为省委宣传部的副部长，傅守冰是经常下各县看看的，各种欢迎接待的场面也着实经历不少。不过这次来到边远的乐岳，到颇有耳目一新之感。离开县城还有五六里路，公路上已搭起一座又一座的欢迎门，门上红旗飘扬，立在路边的鲜红的欢迎标语牌，一个接一个地掠眼而过。车子驶入东门后，一队队中小学生用冻僵的小手挥舞着红绿旗，还喊着嘶哑的口号。车子在县委招待所停妥后，伫立在门口的白书记和变色龙赶忙上前拉开车门。刚寒暄了几句，变色龙就失惊地叫了起来：

"啊哟，部长，您怎么穿得这样单薄。山区冷，着了凉还了得！"边说边从旁人手中接过一件簇新的细羊皮短大衣，一下抖开披在傅部长身上，然后让进会议室。

会议室中生着四只熊熊火盆，温暖如春。沙发和桌子上铺着鲜艳的垫布，墙上挂着图表，茶几上堆满香烟、茶杯和糖果。女服务员都是临时从中学里选来的，穿着称身的制服，袅袅婷婷地走东跑西。傅部长洗过脸，舒适地躺进沙发，情不自禁地夸奖起来："老白，你们县的工作还真有几下子，名不虚传啊！"

白书记赶紧站起，谦虚了几句。傅部长把面色一正，开门见山地说明来意："省委看了你们的材料，觉得很好，派他来亲眼看一看，取经回省。"白书记打了一个寒噤，还来不及答话，变色龙赶紧把话接去：

"当然、当然。部长这次能亲临视察，真是我县人民的最大幸福！您的日程我们全安排好了。先休息一下，暖暖身体，我们准备了个简单的汇报。汇报后，请部长吃一顿便饭，我陪您上工地。"

变色龙准备的"简单汇报"，是从钢铁工业在我国社会主义建设中的巨大作用谈起的，接着介绍了全县的铁矿、煤矿资源分布和长期、中期、近期发展规划。以后阐述了三面红旗在指导全县全民炼钢超英赶美中所起的"灵魂作用"以及右倾机会主义分子如何的拼死破坏，展开了一场惊心动魄的阶级斗争。变色龙站在讲台上，手舞足蹈，活像个说书艺人。傅部长半躺在沙发上，眯起眼似听非听，不时品茶抽烟，女服务员马不停蹄地沏茶削水果。小金则满头大汗地紧张记录。

正当汇报进入打退反党分子的猖狂进攻、全民炼钢运动如火如荼地开展起来、各种奇迹不断涌现的时候，傅部长看了看手表，打断了他的话：

"老卞，你们的材料很全面，有血有肉，不错嘛，我看还是先去看一看，回来再听，印象深一些。"

变色龙只好停了下来。这汇报中最后也是最精彩的一段"一切光荣归于党，一切成绩归于省委领导"竟没有机会亮相，使得变色龙不胜遗憾。但是他声色不动，向旁边的张干事瞟了一眼，干事会意地溜到隔壁房间去了。变色龙看到张干事出去后，这才满口应诺，做出立刻要出发的样子。但是他向窗外看了一眼，为难地说："去工地路倒不远，但现在雪更大了，路上滑得很，靠近工地都是两寸宽的木板搭的脚手架，有十来层楼高，结满冰，民工是爬惯了的。但是你们首长的安全我们要负责呀，至少得天晴冰化后才行。昨天还刚摔死一个人呢，白书记，你说是不是？"

"对啊对啊，工地上先后摔死了十多个了。连我去都要手脚落地爬着走。"素来老实的白书记忽然福至心灵开了窍，接着他还有声有色地描绘昨天那位民工怎么脚一滑人就下去了，一根钢筋穿过他的胸膛，血染红了雪地的可怕情景。

变色龙等白书记说完，接着说："这样吧，部长，您站到窗口来望一下，"他用汇报棍指着远处说："那就是主烟囱，旁边那个是副烟囱，看见了吗？"傅部长有白内障病，当然看不清，就转身问小金。小金扶了扶一千二百度的近视眼镜，吃力地张望着，嘴里喋喋地答应着"嗯、嗯，好像是有，有两根影子……"他惶恐地点了头。

变色龙满意地拍拍秘书的肩膀，夸奖说到底年轻人眼力好。他将客人请回沙发坐下后说：

"至于说民工的干劲嘛，我们只要静一静，在这里都听得见"。于是他关掉麦克风，让大家静下来，果然有一阵阵轻微的呐喊声从远处传来：

"同志们那个呵嗨，用劲干那个呵嗨！大炼钢铁那个呵呀嗨，反右倾那个呵嗨！"

傅部长这下信服了，两手一拍大腿：

"你们的工作还真出色，这下子我算服了。工地上有多少人？干了几天了？当领导的要爱护群众，保护积极性哪，老这么干下去可不行。一张一弛，文武之道嘛。老卞，你通知他们马上停下来休息，就说是我的意思。"

"是、是、是，不过难呵，如果民工知道部长这样关心他们，干劲还不知要高涨多少呢，真是时代变、人也变，伟大呀。"变色龙边说边搓手，表示他对让民工停下来这一艰巨任务信心不足。凑巧这时餐厅服务员来请示，变色龙马上改换话题，邀贵宾赴宴。

这顿"县宴"的规格，毋庸多说，是充分体现了三面红旗的精神，尤其在"多"与"好"上，更见特色。在川流不息的敬酒和碰杯声中，傅部长不忘抓紧时机进行传统教育：

"老白，不是我说你，你这宴请的规格太高了些。现在物资还没有极大丰富啦，老百姓生活困难的还不少呢，下次不许弄这么多菜，勤俭朴素这条传家宝不能丢。"

变色龙迅速掏出随身带的活页本，刷刷刷地记下部长指示，然后赔笑说："部长！您的指示真是语重心长啊，对我们教育太大了，太大了，我们坚决贯彻。至于说标准么，实话汇报，这没有花几个钱。您知道，我们这边县穷县，省领导还没有来过呢，您是第一位啦，您想想全县人民有多么兴奋。大家都想来看您，我说那不行，首长精力有限，你们还是搞些实际行动。这么一说，他们就大干起来，上山打猎，下水摸鱼，这些东西都是人民自发地送来的，比缴公粮的场面还动人啦。部长，您尝尝，这香菇木耳全是我县特产，是不是比省里买的味道纯正些？"变色龙从服务员端上来的菜中夹了一大块肥厚的香菇送到部长嘴边。

部长嚼了几下，不由得赞美，"真不错，我没有尝到过这么鲜的香菇，你们的土特产大有前途啊，来来来，大家尝尝。"

变色龙马上把宴会组组长传来："你给部长准备一袋香菇，一袋木耳，要只只挑过。

哦，对了，给金秘书和司机也准备一些。"

"老卞，这不好吧，"部长闻说，一面起劲地嚼着，一面含糊地加以拒绝。

变色龙顿时激动起来："部长，您说哪里话来，您能亲临视察，这是我县八十五万六千一百二十七个人民的最大幸福。您带来了中央的声音、省委的指示，也带来您的心血。您这次来将给我们增添多少干劲，又将转化为多少奇迹呀。部长！请您收下山区人民这一点点心意吧，要不然我们怎么向全县人民交代。只求您回到省上，向省委其他领导表达一下我县想念首长的心意吧。"变色龙说到这里，使劲地挤着眼皮，大有盈盈欲涕的样子。

傅部长很感动，拉他坐下："好吧，我收下。"变色龙这才改变话题，介绍服务员端上来的一大盆汤：

"这是'山瑞'，是八珍之一哩。山瑞就是甲鱼，不过长在山里，所以名贵。您看，它的壳是红的，可难得啦，听说吃了能益寿延年，古时候要圣君出世才抓得到。这次部长来，民工就恰恰抓上这一只，真是毛泽东时代，老天爷也服输献宝啦。您尝尝，您尝尝。"

傅部长一面呷着山瑞汤，一面关心地问："老卞，那些民工休息了没有，做领导的要关心群众，没日没夜地干总不是办法。"

"是啊，是啊，不过难呵！要他们下火线比赶水牛上屋顶还难。张干事，你给工地指挥部挂个电话问一问，就说首长指示，今天一定要休息。"

张干事应声而出。他走到隔壁，关紧门，拿起电话接通县立中学会议室。原来中学正挨着"钢厂工地"，学校已奉命停课了，会议室里横七竖八躺着或坐着二十来个男青年——都是"鼓动组"的成员，他们正在抽烟、喝茶、吃烧饼或打扑克。电话铃一响，组长拿起话筒，传来张干事轻轻而清晰的声音：

"一切都不坏，老头子完全相信，现在还有一场最后的斗争，你们再加油高喊几分钟，可能老头子要亲自和你讲话。你再坚持一下，要有理有节，适可而止。回去休息，明天下午到宣传部领补助粮和钞票，听清了吗？"

张干事布置停当，回来哭丧着脸说："不行啊，我一说是部长要他们停下来的，工地上就乱了套，还有不少人哭了。他们说，本来打算连续奋战十二天，部长这样关心他们，他们太激动了，决定延长到十五天哩。"

果然，从窗外传来了更响亮的劳动号子，还夹杂着"保卫毛主席""捍卫'大跃进'"的口号。变色龙把手一摊："部长，你听见了吧！真没办法。这些可爱的人民！朴素的阶级感情！"

傅部长努力咽下一块山瑞，醉醺醺地站了起来："那不行，我不能让群众这么干，我要亲自向他们喊话，电话在哪里？"

张干事陪着傅部长到隔壁去了。部长喉大气粗，他的话可以句句听清：

"同志们，我是省委派来的，你们辛苦了……我代表省委向你们致敬、向你们问好……你们是好样的，不愧是毛泽东时代的中国人民，但不能蛮干，苦干还要巧干，要劳逸结合……什么？那不行，你们马上下来……什么？同志们，我太激动了，不过我不允许你们这么干……你们再不听，我要下达命令了，你们承认我是领导吗？好，那么我以首长的身份命令你们，立刻停工，回家休息，后天再干，服从命令听指挥，立刻执行！……好，同志们，谢谢你们，谢谢。"

傅部长搁下电话，洋洋得意地回到席上，满面红光。"到底是革命群众，最听领导的话，一说就通。你们看，问题不是解决了吗。"他坐下后，窗外又传来一阵"向部长致敬""祝首长健康"的叫喊声，然后寂静下来。席上人人都露出宽慰的笑容，放心地再向"山瑞"和"猴头"进攻。

（下）班师回朝

可能因为太辛苦和晚上多喝了几杯，第二天傅部长睡到日上三竿才起。变色龙在招待所里整整恭候了两小时。

部长的早餐也是精心设计的。根据物极必反的辩证原理，变色龙指示早餐以清净鲜洁爽口为原则。宴会组的设计是豆浆油馓、八碟精致的荤素小菜、熬小米粥、富强粉花卷和千层油酥饼。不仅小金和司机吃得舐嘴咂舌，连部长都颇为满意。

变色龙一面小心伺候，一面解释县里的安排。他指着窗外说：

"部长，您别认为雪停了天气会好。老百姓管这叫酿雪天。很快有更大的暴风雪要来，夹金山恐怕有坍方封山的危险。所以昨夜县委开了紧急扩大会，县委一致意见，为了确保首长安全，今天上午必须送你过大山，等一会白书记和全县领导都要来送行。部长，我向县委主动请战了，我自己陪您回去，万一路上有些情况，我在您身边要方便一些。"

傅部长立刻紧张起来："封山？可靠吗？那我们什么时间出发？您为什么不早说？"

"您别紧张，暴风雪要来也还有大半天时间，我们已经在检修汽车加油了。您再喝点茶，给我们一点指示，十点钟就出发，抢在暴风雪前面。"接着他指着堆在地上的大箱小包："这是山区人民的一点点心意，香菇、木耳、白瓜子，小包里是天麻和当归。秘书和司机的也都安排了。"然后他又鬼头鬼脑地从衣袋里摸出两个小纸盒，悄悄放在部长面前："这里面是一对麝香和一只熊胆，是真正的'金胆'，也是山里特产。本来嘛也不是什么了不得的东西，眼下实行统购，倒紧张起来。这是我的一点敬意，部长您可别见笑啦。"

"麝香、熊胆？"傅部长不由一阵心喜，但仍一本正经地说"那怎么能收你的。这样吧，多少钱我付给你。"部长伸手去掏口袋，却被变色龙紧紧按住：

"部长，您这么说就见外了。这些都是几年前我买的，放在这里又没有用，还不是糟蹋了。钱嘛，您就别管了。"

但是傅部长寸步不让。他正色宣布，如果不付钱他决不收下，还大声呼喝小金结清伙食账。变色龙看来被部长的高风亮节所感动，也不再坚持，最后让招待所开了三个人的伙食费发票，计收大洋九角陆分，粮票一斤二两。熊胆和麝香的成本——据说是一元二角六分，变色龙也无可奈何地愧领了。只有一件羊皮大衣，变色龙说什么也不肯收钱。他说那是他父亲留给他的，他再穷也不能要钱，送给部长披在身上，就像看见父亲一样。傅部长也只好算了。结清账后，变色龙又请部长留下工作方面的指示。

"不错嘛，你们的工作是可以的，甚至可以说是出色的，我很满意，回去要给省委讲一讲。"

变色龙的一双金鱼眼眯成了两条缝："部长，我们把您的话当作是鞭策自己的动力。如果说，我们工作有些成绩，这也离不开省委特别是您的指导啊。"

傅部长把头摇了一摇，沉默一会儿，然后慢吞吞地说："老卞，不瞒你说，省委是收到一些控告信，说你们弄虚作假，欺上压下，所以省委叫我来看一看。不过不要紧，我就讨厌写控告信。这次一来，不就清楚了吗。所以毛主席教导我们要调查研究嘛，老卞，还有人点名告你呢，说你是两论起家，不过不是矛盾论和实践论，是吹牛论和拍马论……"

变色龙浑身战栗，他站了起来，几乎要跪在傅部长面前："部长，您是明亮人，我这个人就是死心塌地跟党走，得罪的人多，我也知道。为了捍卫三面红旗，个人得失算得了什么。部长，您知道，要执行中央路线阻力有多大啊。你要"大跃进"吧，人家就骂你吹牛；你要听省委指示吧，人家就骂你拍马，我反正豁出去了。您们老一辈为了打江山连性命也豁了出去，我挨点骂算得什么。这写控告信的是谁，我也知道，无非就是县中里姓高的那一伙小集团，他们刻骨仇恨三面红旗，讲的话都是双料右派言论，我布置县中批他们，他们恨得我凶呢。"变色龙讲到这里，脸上青筋暴起，牙齿咬得格格响。

傅部长没有肯定或否定控告信是"姓高的一伙"写的，只是正面开导：

"严以律己嘛。要正确对待群众意见，善于开展批评与自我批评。你凭着党性办事，成绩摆在那里嘛，控告信有什么要紧！去年不是有人告我不择手段向上爬，现在我不是照样当部长，他不是去劳改了？老卞，上级是了解你的。至少我，这次一来，一切都清楚了，百闻不如一见哪。省委宣传部里就缺少你这样的人才。"

"部长！"变色龙激动得说不出话来，他及时摸出手帕擦了擦眼睛，泪珠滚滚而下——那手帕上他早已抹上一些清凉油。"生我者父母，教导我提拔我的就是您部长，只要您要，我永远紧跟你，您指哪我奔哪里！"

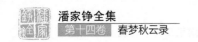

　　"好的，下次常委会上我提一提，你准备个简历给我。另外，你们那个汇报不错，等会交给小金，让他加加工拔高一下，就是一篇现成的样板材料。"

　　变色龙还想说些什么，白书记已率领着大批县级领导来送行了。于是又响起一片致敬、感谢、夸奖、谦虚的话。十分钟后，傅部长已和变色龙并排坐在车上，罩着新羊皮大衣，有说有笑地赶回省城。

　　1959 年中国生产的钢铁中，当然包含有乐岳县的那一份贡献。

父 女 之 间

（上）一个没有讲完的故事

"爸爸，讲个故事吧！"小燕依偎在我怀中，小手圈住了我的脖子，嗲声嗲气地恳求着。

"燕燕，别不懂事，你爸爸明天大清早就要出远门，有许多事要做呢，快下来！"正在埋头替我补衬衣的蒋婶大声呵责着，一面又对我说："少白，别睬她，都是你给宠坏的，没大没小。"

但是小燕并不罢休，她干脆撒起娇来：

"我不，爸爸好久没有讲故事了，明天又要走！人家的爸爸都不出差，就我爸爸老不在家，又没有妈妈……"她边说边扭动着身子，声音渐渐哽咽起来，我不禁心头一酸，慌忙抱起她来：

"好孩子，别哭，爸爸就讲故事给你听。"

小燕是我的独生女儿，刚交十岁。人人都说我宠她，怎能教人不宠呢！这孩子简直是上天赐给我的小天使，不但长得可爱伶俐，而且有一颗水晶般的心。三岁起就会洗手帕、袜子，帮做家务了。进了幼儿园和小学后，哪一学期都带着大红花回家。小燕还特别听父母和老师的话，常帮小同学和老大爷做好事。从学校到街坊，哪一个人不夸她呢。我更是把她当作掌上明珠，特别在她妈妈四年前去世后，父女俩相依为命。我谢绝了许多人的好意，没有再娶，从家乡找了位守寡的三婶娘——蒋婶来帮助家务，小燕管她叫"好婆"。

小燕有个特殊嗜好，喜欢听故事，尤其爱偎在我的怀中听故事。我呢，也把给女儿讲故事作为最大的天伦乐事。所以从进口的灰姑娘、白雪公主到国产的老虎外婆、呆女婿什么的全讲遍了。我明天即将离开她远赴大江上游了，在别离前夕，我怎能拒绝她最后的请求呢。

小燕见我已应允，顿时欢呼起来。她爬下地，搬来一张小凳，端端正正坐在我膝前，小手放在膝上，一双乌黑的大眼珠望着我。我心中甜滋滋的，只有蒋婶不满意地咕噜了

一句"精神病的爷、十三点的囡!"

我清了清喉咙信口胡编道:"从前嘛,有家人家,有爸爸,妈妈、姥姥,还有个小姑娘。这小姑娘长得真好看,眼睛大大的、脸蛋红红的,爱穿红裙子,最听大人的话……"

"她叫什么名字呀?"小燕警惕起来。

"她的名字叫小燕。"

小燕立刻扑到我身上,捏着小拳头捶打我,口里嚷着:"我不要,我早猜到你在说我,爸爸坏,坏爸爸……"我被她打得又痒又痛,一把将她拉起按在小凳上,正色说:

"天下同名人多着呢,就只许你一个叫小燕?告诉你,你叫刘小燕,她叫黄小燕,差远呢。你嚷嚷什么"。

小燕不挣扎了:"好,那你讲下去。"她用怀疑的目光看着我,小拳握得紧紧的,随时可以出击。

"好,你听着,这小姑娘心肠真好,天天做好事,她把爸爸给的钱送给生活上有困难的同学,她在下雨天背小同学回家……"我把她做过的好事都移植到"黄小燕"身上。

"她也在红木台上刻字吗?"小燕问。去年小燕在我最珍爱的祖遗红木台上刻了个字,我破天荒打了她一下,所以她记得特别清楚。

"她也刻过。但是后来她知道这红木台是爷爷留下的传家宝后,她再也不刻了。好,不说这个了,她们一家过得多么幸福啊。可惜后来灾难来了,爸爸妈妈被坏人抓走了。小燕跟着大伙逃到后山去,失散迷了路。她一个人愈走愈远,再也找不到叔叔阿姨,天嘛,又一点点黑了下来。"

小燕露出恐惧和紧张的神色,"后来呢?"

"可怜她眼泪也哭干了,喉咙也叫哑了,肚子饿极了。她忽然看到山坳里有一间黑屋子。她去敲门,一个穿着黑衣服的老太婆把她接了进去,给她吃饭、睡觉。"

"婆婆是好人还是坏人?"小燕不安地问。

"你听下去就知道啦。这老太婆把小燕关在房里。房中有一股霉气,喝的水是臭的,吃的饭是霉的。小燕的皮肤慢慢黑了,裙子也黑了,更可怕的是老太婆晚上要抱住小燕睡,等小燕睡熟后她就吮吸小燕的鲜血和脑髓,把毒汁灌到小燕的身子里去。这样一天天地过去,小燕的心、肺、血也都黑了……"

小燕的脸色已变得惨白了,她战栗地迸出一句话:"爸爸妈妈怎么不来找她呀?"

"谁说不找呀。爸爸妈妈从乱兵中逃了出来,到处找小燕。他们寻遍了前山后山,就不见小燕的影子。大家说准是给大灰狼吞吃了。可是爸爸不死心,他听说九十九里路外有座庙,庙里有位九十九岁的老和尚,道行很高。爸爸赶去叩拜老和尚,问女儿的下落。老和尚掐指一算,慢慢地说,'你女儿准是落在黑妖狐手中了'。爸爸惊问这黑妖狐是哪路妖精，老和尚说这妖怪有数千年道行，专门勾引无知的孩子。一落到它手中，就喝他们的血，吸他们的髓，时间一长，即使救了出来也变成黑心黑肝没有用了。爸爸急得跪在老和尚面前，求他搭救。老和尚叹口气说，"我不是不想除害，无奈此妖变化无常，看不见、抓不住、打不死，我一人非其对手。好在明天是端午节，妖精必到外地躲避。你可趁此机会，到后山大松树边的山洞中去找。小燕就在洞中，救她出来再说，爸爸听了又急又悲，赶回家中。第二天他带人上山，果然在山洞中找到僵卧着的小燕。爸爸一阵伤心，把女儿抱回家中，精心为小燕服药打针，总算使她苏醒过来。"

"呵……"小燕听到这里，嘘了一口气，捏紧的拳头也松了开来。我发现自己瞎编的故事不仅使小燕着了迷，连蒋婶也停了针线细听。为了逗小燕，我又掀起一个高潮：

"可是，从此以后小燕就像换了个人啦。她懒惰、自私、残忍、刻毒，不爱读书了。门门功课都考鸭蛋。她欺侮小同学、骂老师、偷东西，学校开除了她。她在家里更加无法无天。骂爸爸是乡巴佬，咒姥姥老不死，在妈妈的饭碗中放老鼠药，她杀死了黄莺鸟，打走了小花猫，劈破了红木台子……说她她不理，教也教不好，爸爸可伤心啦，人人都讨厌她。她虽然仍是黄小燕的模样，可已变成个坏人了。但她还自认为能干、有种呢。"

"后来呢？"小燕的眼珠中滚动着两颗晶莹的泪珠。

我呷了口茶，正在构思怎么将这个故事收场，忽然响起了敲门声。设计院的司机小唐要我立刻去党委书记家去商谈事情，汽车在下面等着。我正好借此脱身。但小燕不依，一把拉住我，非要我交代个水落石出不可。我只要加快编造的速度。

"爸爸只好再去求老和尚指点。老和尚沉吟很久才告诉爸爸，中了黑妖狐的毒很难治好，除非能取得三件法宝。

"第一件是到洞庭龙宫向龙王借一面照妖镜，挂在病人床边。病人一照就会明白他已变成一只黑心肝的野兽了。

"第二件是到昆仑山顶采一块千年冰精石，用这块冰精天天锉病人的皮肤，虽然痛得很，但可以慢慢锉掉黑皮，长出白皮来。

"第三件，也是最重要的，是到王母娘娘的瑶池里去汲一瓶洗心灵泉，天天给病人喝。喝久了病人心肝里的黑影会慢慢褪去变白，那时候，病人就有救了。"

小燕的面色渐渐回复了红色，焦急地问："她爸爸找到了这三件法宝吗？"

我正要回答，下面传来急促的喇叭声，只好起身说："好燕燕，乖孩子，故事长得很呢。爸爸有要紧事，先出去一下，回来再慢慢讲给你听。我要告诉你黄阿爸怎么下龙宫借镜，上昆仑采石，又怎么攀登天池盗灵泉。以后嘛，还有老和尚大战黑妖狐，黄阿爸夺回小燕燕，好孩子，你等一下吧。"为了安慰她，我一口气开出许多"支票"，也不管将来圆不圆得成谎。

小燕还不肯罢休，但是汽车喇叭声不断传来，蒋婶又一把将她拉在怀中，她只好屈服了，但拉住我的手恳求道："爸爸，你马上回来呀，我不睡，我在这里等你……"

我连声答应。天啊，如果小燕知道这一等就是十八年，她是决不会放我走的。

从书记那里出来，回到家中已十点多了。小燕支撑不住，已经睡熟。我整理了一些文件和行李也上了床。第二天一清早，我就启程西行，离家时，小燕还熟睡着。我在她的小床边站了好一会，呆呆地望着她的面庞，低下头轻轻地吻了一下她那苹果般的面颊，终于含着眼泪走了。

在西疆工作的第一年中，一切都很正常。雄奇秀丽的昆仑和大江、光荣艰巨的水力开发任务、亲如兄弟的战友情谊，深深地激励着我。生活虽然是那样的艰苦紧张，我却觉得充满乐趣。尤其是每隔两个星期我总能收到小燕的来信，一看到她那端正、清秀而又幼稚的字迹，我就像吃了人参果一样遍体舒服。信里一开头总是"最亲爱的爸爸"，然后总要告诉我一串好消息：她又得到一朵大红花啦，民警叔叔怎么表扬她啦，以至窗前的月季花已经开放或者家里的小白猫已做了妈妈等。最后总是要我保重身体，早日回去看她。下面端正地写上"你的女儿小燕"。十岁出头的孩子能写这么多话，真难为她。尽管信中错别字不少，有的地方还用拼音或图画代替，我总觉得这是世界上最美的文章。一张信笺，我会读了又读，亲了又亲。她的信成为我坚持工作不可缺少的动力。

第二年夏天，我正计划探亲回乡，一场空前的浩劫却向我逼近来。指挥部昼夜开会，讨论抛出哪一批上祭坛的替罪羊。我不幸名列榜首。一夜之间，声讨我滔天罪行的大字报就铺天盖地而来。在我还没有清醒过来的时候，就被剥夺掉做人的权利，关进牛棚去了。

以后几年的经历就更教人眼花缭乱，难以想象。动乱愈来愈加剧，"英雄""好汉"们纷纷揭竿而起。指挥部党委虽然抛出一批又一批的替罪羊，甚至忍痛牺牲了好些心腹，也还是挡不住造反派夺权的野心。到年底，"黑党委"终于垮了台，"牛鬼蛇神"们也乘乱造了反。我觉得与其坐而待毙，不若杀出去另找出路，于是也混在人群之中冲出了牛棚。接着，工地上的多数派"井冈山"的头号寨主胡司令邀我入伙，几经周折，我变成了胡司令的"文胆"。胡司令这时正得势，人多枪众，经过三昼夜的血战，他攻下了另一派"东方红"盘踞的设计大院，俘获人马无数。几个"匪首"带领心腹逃过大江。一年后"东方红"纠集余部，请了支左部队压阵，大举反攻。"井冈山"虽然拼了老命，毕竟挡不住装备了土坦克和土迫击炮并有部队为后盾的"东方红"的猛攻。胡司令见大势已去，率部西窜。只恨老九体力不济，我终于成为"东方红"的俘虏。

这"东方红"的大头目左司令，原来与我是莫逆之交。由于我投入胡司令怀抱，而且着实揭了他不少难以见人的老底，他恨得我咬牙切齿。这次仇人见面分外眼红，将我拷打得死去活来，最后宣布我是现行反革命，把我关进黑牢。我在牢中也不知蹲了几个春秋，在绝望中萌发了越狱的念头。案发后造反法庭又将我从有期加判为"死缓"，我自忖已无指望，准备在黑牢和苦役中了此残生。我在这世界上已没有多少牵挂，只是一想到我的小燕不知流落在何处，就不禁泪下如雨、肝肠寸断。

严冬再长，总有尽头。十一届三中全会的春风吹遍了神州大地。我在狱中也慢慢风闻世道已变，曾一次次地上诉申冤。只是边疆苦寒，春来独迟。直到已爬上省委常委的左司令垮台被捕后，我的冤狱才得昭雪。从离家西行日算起，这已经是第十八个年头啦！

我出狱后，一面为平反的事奔波，一面急不可待地给家乡去信，但都如泥牛入海杳无信息。有几封信则被盖上"查无此人"的戳子退了回来。我又急又忧，写信给邮局和派出所求援，终于有一天我接到了蒋婶的回信。

我用战栗的手，拆开了这封决定命运的信。蒋婶识字不多，信写得很短。信中只说，知道我已平反，不久就可回去，非常高兴。她们早已不住在原来的地方了。因为小燕在乡下念书，所以先由她写这封回信来。信中还让我不必心急，把平反的事情办好，再回家不迟。

我读了后，放下了长期悬着的一颗心。我流着眼泪，跪在地上，叩谢苍天的恩德。我喃喃地叫着小燕的名字，取出珍藏着的相片贴在胸前。我马上又写了封长长的信回去。蒋婶虽叫我不必急着回去，我又怎能按捺得住狂喜的心，赶紧去订购回乡的车票。

（下）这个故事没有讲完

阔别了十八年，我终于又回到了这个熟悉而又陌生的城市。从车站出来，整整化了三小时，我才找到蒋婶信封上写的那个地址。这是城南的一条小巷。我提了一只旅行包和一只网袋，在门口出神地立了一会。想到马上要见到小燕了，心脏不由自主地剧烈跳动起来。我定了定神，推开虚掩的门，走上一层木梯，来到二楼。这里有四个房门，我正犹豫，忽然左侧的门打开了，两个穿着黑色和黄色纱裙的姑娘有说有笑地走了出来，身上散发出浓郁的香气。她们向我斜睨了一眼，不加理睬地走到楼梯口。穿黑衣的姑娘说了句："那我在家里等你，你快一点来。"说完就咯噔咯噔下楼走了。

机不可失，当那位穿黄衣的姑娘折回来时，我赶紧赔笑问她蒋婶住在哪一间。

"这里没有姓蒋的，"她厌恶地回答，一面掏出小手绢捂住鼻子："你怎么不弄清楚就闯到人家楼上来了！"

"不，蒋婶一定住在这里，我有她的来信哩。我是远道来的，有要紧事，请你帮个忙。"

"告诉你没有就是没有！真拎勿清。让开一点，臭死了。"

也许她的大声喧哗惊动了里面的人，从房间里走出一个满头银丝的婆婆。我和她愕然对视了半晌，不禁同时失声惊喊。原来她就是蒋婶。蒋婶认出我后，激动得说话都发抖了。

"谢天谢地，你总算回来了。这下子可好了，你来信不是说还有半个多月才到吗？想不到来得这么快。"

"本来想办完事再回来，实在熬不住了。三婶，你身体好吧？我的小燕呢？"

蒋婶激动得一把将愕立在旁的姑娘拖了过来，又推到我面前："燕燕，这是你爸爸呀，爸爸回来了，快叫爸爸！"一面又对我说："这就是小燕呀，长得比你都高了，认不得了吧。可怜，你离开她时她才十岁啊！"

小燕仍旧站着不动，睁着一双眼盯住我，一声不吭。我呢，又激动又紧张，结结巴巴说不出话，准备了多少遍的"见面话"也全忘了。蒋婶提起我的包，大声道："哎哟，还站在走廊里做什么，快进来呀。"

我走进了房间，这是间十多平方米的旧房，里面好像还隔着个小套间。房中杂乱地放着床铺、桌子、椅子，茶几上有台彩电。墙上贴满半裸体的明星照，显得凌乱和不协调。

我坐了下来，痴痴地望着小燕。她也打量着我，彼此都有些拘束和怀疑。小燕真的变了，她亭亭玉立，穿着那件黄色半透明的连衫裙，面上涂得红是红、白是白，披着刺猬般的乱发，腿上套着肉色丝袜，脚下是一双后跟尖得出奇的高跟鞋。我揉揉眼睛，一遍又一遍地打量她，总觉得眼前这个轻佻的姑娘和当年那个天真的女儿不是一个人。但是她的五官轮廓依稀留下当年小燕的印记，加上右耳朵下的一点黑痣，使我再也不能怀疑。我虽然找到了小燕，但我感到我们之间已经出现了一条鸿沟，只是还不清楚这条沟有多宽多深罢了。一路上憧憬的父女重逢时激动人心的场面，像肥皂泡似地幻灭了。这些也许只存在于电影镜头中吧。

我静下心，和她搭讪起来："小燕，你变多啦，还记得爸爸吗？这些年想我吗？"

"记不太清了，"她冷淡地回答，"反正一牵涉你就不是好事。一下子说我是黑五类种子，一下子说你是五一六大头目，后来又说是现行反革命，判了死缓。害得我们都变成反革命家属，扫地出门。"

我的脸刷地一下红到耳根。"唉，这都是爸爸连累了你们。过去的事就别提啦，现在不是雨过天晴了吗？小燕，三婶信上说你在乡下读书，读的是高中还是专科，什么专业呀？"

"我读书？哈哈哈……"她笑了起来。蒋婶赶紧插话："燕燕，快去拿点点心给你爸爸吃，他一定还没有吃过饭。"

小燕跑进里房去了。我皱着眉头对蒋婶说："小燕这孩子怎么变成这个样子了，我可不大喜欢。"

"人大心大呗，总不能一辈子是十岁。现今的世道也变了嘛，你想开点，又不是解放初。少白，这次回来你该留下不走了吧？"

小燕端了盘蛋糕放在我面前。我接着蒋婶的话回答："正想和你们商量呢。我受冤十八年，刚平反，要调回来也可以的。不过我的事业在那边，我还要开发大江的水力资源呢。三婶、小燕，要不我们全家都迁过去吧，重新生活。小燕可以在那边做工，上电大，我可以帮你复习功课，将来还可以接我的班呢！"

"上电大？接班？哈哈哈……"小燕又笑了起来，"你发什么神经，要我搬到夹皮沟去？你吃了一辈子苦还不够，要把我赔进去？说话不通过大脑！"

"小燕！"我发火了，"不能这样说话。那边河山壮丽，我看就比这里乌烟瘴气的强。"

她把腰一扭："我现在不是过得蛮好吗？"

"小燕，我不喜欢你这种怪样子，大姑娘，一点不庄重。看你那头发也得去剪剪，像什么样子。过去你梳两条小辫子，多好看。"

"理发？"这次小燕放声笑了出来。"我上礼拜刚烫的。这叫原子爆炸式，我在卡尔登烫的，足足等了半天，外加大洋八块。"小燕说上劲，用手指着我："看你这身打扮，活像劳改犯，真够寒酸的，下半天去买套西装换上。"她又用脚踢我的行李："这样背时的东西也亏你拎了回来，丢到垃圾桶里退休去吧！"

我痛苦地叫了一声，赶紧抢救那只网袋，可已被高跟鞋戳了个大洞。我又气又急地喊道：

"小燕！你真忘了本！你再看看这只袋，这是你亲手为我钩的呀！多少年来我像宝贝一样带在身边。看到它就像见到你。直到我关进黑牢，其他东西我都不要，就带了这只网袋，还有你的信和相片。"我从衣袋里摸出那些褪了色破旧不堪的信放在桌上。"每当我活不下去时，我就读读你的信，亲亲你的相片，摸摸你钩的网袋，就靠这些我才活了下来，而你却踢破了它！"我抚摸着网袋上的破口："小燕，你真的忘了本！"

小燕向网袋望了一眼，流露出一丝惆怅的神色，但很快就不屑地说："别那么感情丰富了，那是我小时候无知，被你们骗得团团转。你刚才自己不是讲过，过去的事不要再提了吗，还翻这种陈年老皇历做什么？"

蒋婶见我们吵了起来，慌忙打圆场："哎哟，爷和图分开了十八年，怎么一见面就吵起来。反正你为燕燕吃了苦，燕燕为你也受够罪，都是那个断命的文化革命不好。燕燕，别惹你爸爸生气，今天他刚回来，你去买点菜来，我们好好吃顿团圆饭。"

"艺琴约我去跳舞，我马上要走。"她看了一下手表尖叫起来："哎呀，不早了，都是你们啰啰唆唆，我还没有化妆呢。"

"燕燕，我还要到里弄厂去拿活干，还是你买吧，跳舞又不要跳半天，跳过舞带回来吧。"蒋婶近似于恳求了。

"讨厌，钞票！"一只手直伸到蒋婶鼻子下面："买了贵货你别啰唆。"

蒋婶颤巍巍地摸出手帕包取钱。小燕不耐烦地一个劲儿催："快一点，来不及啦，钞票摸来摸去做啥？捏一百遍十块也变不了二十块！"

"小燕，说话文明点。跳什么舞，下午还是陪爸爸谈谈吧，我有一肚子话要和你说呢。"我不快地说：

"有什么好说的，无非又是冤狱啦，平反啦，革命啦，老掉牙的一套。今天艺琴要带我去跳黑灯迪斯科，真来劲！"她一面说，一面扭动腰肢，手臂和屁股有节奏地摆动起来。我受不了，慌忙摆手："别跳了，丑死了。"

"真是个不可救药的乡巴佬，八十年代了，脑袋还像花岗岩。好，我走了，六点钟回来。"她把钞票塞进口袋，吹着口哨走了，走到门口又回过头来向我飞来一个媚眼，"拜拜！"

我觉得一阵恶心，呆呆望着她的身影。蒋婶见我气得发抖，不断开导："小燕人是变了，不过交出'华盖运'总会改好的。这些年能活下来就不错了。她在工读学校里还算是好的，她班上有人打死管教员逃走，上星期刚枪毙。"

"工读学校？"我的心顿时冰凉。"小燕犯了法？"

蒋婶自悔失言，满面通红："本来想慢慢告诉你，不过你迟早总要晓得。小燕和那些流氓扎在一起，在电车上扒钱，派出所里关过几次，前年起关进工读学校，出来还不久呢……少白，你怎么啦？"

"三婶，"我瘫在椅上，面色苍白，呻吟似地喊道："我走时千叮万嘱拜托你照看她的呀！"

"啊哟，我有啥法子！"蒋婶受了委屈，滔滔不绝地说开了："你刚走的一两年，小燕不是好好的吗？又用功，又听话，经常给你写信。就是一造反，什么都乱了。你那边造反派来了人，说你是反革命，要我们划清界限，揭发立功。小燕也挂上黑牌挨斗，她眼睛哭得像胡桃，死也不肯说你是坏人。后来日子更难过啦，你的罪孽也越重了。老房子里不知被抄过多少次，小燕也不知被揪打过多少回。最后把我们扫地出门赶了出来，说我是地主婆押我回乡劳改。可怜的小燕死抱住我大腿不放。我本想带她下乡，就是听了胡家的话，说什么户口可惜啦，一去再也回不了城啦，我想想也对，就把小燕寄在胡家了。"

"唉！"我顿顿足："你带她走就好了。"

"谁想得到呀。我本来还想经常进城来看她，可是我也被关进劳改队。只听说后来小燕划清了界限，参加了红团，造了反，又到全国去串连。回来后就变了，整天冲冲杀杀。后来听说她被另一派抓走了，'一打三反'时坐了牢。放出来后东游西荡，谁家也不收留，她就和流氓阿飞轧在一起。顶坏的就是那个胡艺琴，这胡家一门都是坏料。他们那个宝贝儿子为了想毕业后留城还下手毒死了他娘呢，现在还关在大牢里。小燕还把她当知己，整天不分开，你来了好，一定先要把这只狐狸精赶走。"

"你们怎么搬到这里来的？靠什么过活？"

"四人帮倒台后我回了城，找到了小燕，到区里去要求平反，总算分了这间破房。听说因为你的事还没有弄清，不能'全平'，只好'半平'。后来里弄工厂照顾我，叫我绕绕方棚，再帮人家洗洗衣服，一口苦饭总算有得吃。"

"小燕也在里弄工厂做吗？"

"她哪里肯做，我逼着她做上两天。又被流氓癞三拉走了，唉，后来就进了派出所。"

"三婶，那是你在养活她了。你太辛苦了。这点血汗钱，还要给她买彩电？"

"我哪有钱买，也是平反后还回一些家具。我说这是祖上留下的，好坏要留在家里。小燕哪里肯听，吵死吵活把些值钱的红木家具都卖了，换了这台彩电，还有里面一只'双卡'。她说她要跳什么'跌死哥'，非买不可。"

"啊，把红木家具都卖了！"我心痛万分。

"你也别难过了，皇帝的江山也要失呢。"蒋婶忽然放低声音："还发回几张存单，有好几千呢，我偷偷藏好了。要被她知道，一定又要弄去，三个月就撩光。如果不给她，真会杀掉我的。我想等她弃邪归正、好好成家时，拿出来给她添嫁妆。你回来就好，我可以脱罪交给你了。"

"不，我不要钱，我要的是人。小燕变成这个样子，我宁愿她老早死掉的好。三婶，你看小燕还会改好吗？我怎么才能劝她回头呢？"

蒋婶沉默不语了。

出于旅途疲劳，更由于满怀希望的幻灭，我瘫倒在椅子上动弹不得。蒋婶摸了一下我的额角，劝我说：

"少白，你也不要太着急，事情已经这样了，慢慢办吧。你累了，到隔壁房里躺一下。"一面说，一面扶我走进里房，我顺从地躺了下来。蒋婶给我盖上被单，亲切地说："好好休息一下，我去里弄工厂领点活来，马上回来的。"说完，悄悄地掩上门走了。

我迷迷糊糊不知睡了多久，做了无数噩梦，忽然被敲门声惊醒，接着我听到小燕在隔壁房中问："谁呀"原来她早已回来了。

"小燕，开门，我是艺琴。"

小燕开了门，两个人疯了一阵，最后坐在沙发上叽叽喳喳谈起话来。她们的声音很低，但和我只隔了一堵板壁，因此一字不漏地钻进我的耳朵。姑娘们的喁喁私语本来是最悦耳的，可是我听了几句后不禁毛发悚然。

"小燕，你怎么不来跳黑灯舞？"

"倒霉，老家伙把我缠住了。等我赶到你家，你又走了，真不够义气。"

"什么老家伙？就是楼梯口碰到的乡巴佬吗？他是啥人？"

"我爸爸呀。"

"什么，你爹？那个老反革命回来了。人呢？"

"轻声点，隔壁睡熟着呢。"

"小燕，你拖上这块废料，够苦了，要赶紧处理掉。这房子是你的，千万不能让他住下。"

"别胡说，他现在可是我的重点保护文物。"

"怎么，你还想立孝女牌坊吗？"

"你懂个屁！"小燕放轻声音："他是平反昭雪的，光二十年补发工资该有多少？何况还是个有点名气的水利工程师，还可以工作十几年，这不是我飞来的摇钱树吗？"

"哈哈，小燕，真有你的，到底是初中毕业生，我就想不到。那你得下工夫笼住他呀。"

"是呀，先得弄到那笔'补发'。我已经在乡巴佬的口袋和旅行包中摸过了，一块洋也没有。不知是还没领到还是放在什么地方了。"

"没有找到？糟糕！要快下手。要不乡巴佬再讨个老婆，你就鸡飞蛋打，什么也捞不到。"

"那还不会，"小燕充满信心，"乡巴佬挺老实，我娘死时他只三十出头也没有讨，何况……"

"啊哟小燕，这次你糊涂了。越老越要出毛病，你看我那老不死的姨爹，白胡子一大把，白相过多少小姑娘，连我都……，嘻嘻，小燕，你可别大意失荆州！"

"那怎么办？总不见得我去嫁给他。"

"小燕，要不你把我介绍给他吧，米汤一灌，保险他服服帖帖……"。接着，沙发一阵抖动，我想象得出胡艺琴一定在扭动她的屁股。

"操那娘，你讨我便宜，想做我的娘。"

"嘻嘻，怕什么，我们订好君子协定，到手的钱咱俩二一添作五，肥水不落外人田。"

我听到这里，好像咽下几只苍蝇，但是不堪入耳的声音还是一句句钻了进来。

"就算乡巴佬要讨老婆，也没有那么快，讨厌的是他受了那么多罪还不后悔，开口革命，闭口建设，真叫人笑掉大牙，还要我去边疆，考电大，接他的班做女工程师哩。真真笑话奇谈！什么电大、雷大，我还读个屁书！我真怕他会把钱去缴什么党费的，那就完蛋。"

"上缴？有那么傻的人？"

"难说。你听他讲的话活像死了三十年的僵尸复活，我是一句也听不进去。"

"这倒真成问题，现在有些怪老头，中毒太深，花岗岩脑袋死不开窍。娘的×！小燕，如果乡巴佬顽固不化，你可不能放过他！"

"有什么办法，钱捏在他手里。难道学你家毛弟，弄包老鼠药给他吃。钱没到手，判个'无期'，吃一辈子萝卜头盖浇饭。"

"哼，毛弟要是聪明些，根本破不了案。"接着，两人又叽叽喳喳不知咬什么耳朵。我全身冰凉，心如刀割，迷糊中又听得她们改换了话题。

"啊哟，快五点了，小燕，身边有十块钱吗？歪嘴弄到新的性感录像，我们快去看，我就是为这个来叫你的。"

"要那么贵？又是'童男处女'，我看腻了，老一套。"接着又添了一句："老太婆近来越加抠门了，哪里挖得出钱来。跑单帮没本事，又不想去扒，小打小闹不过瘾，再抓进去就出不来了。"

"不，这次是进口原版片。亚妹看过了，她说真过瘾，是动真的，包你看得滴口水……啊，袋里不是钱吗，去去去。"

"那不行，这是老太婆叫我买菜回来给乡巴佬吃团圆饭的。"

"管他娘，有钱不花过期作废。我们先去饱饱眼福。买菜嘛，顶多再在电车上露一手，我们俩搭档，万无一失。走吧走吧。"

于是，又是一阵推搡的声音。最后，高跟鞋在楼梯上奏出咯噔咯噔的响声。她们走了。

我的心中充满了苦痛和绝望。在我布满伤痕的心中，又被狠狠地刺上一刀。这一刀是如此沉重，它比千百次批斗拷打更致命。因为它摧毁了我赖以苦熬数十年的唯一精神支柱。哀莫大于心死，我要疯狂了。

我猛地从床上坐了起来，推开床头小窗望去，只见小巷里飘动着两个人影，她们搭着肩膀，有说有笑，黑色和黄色的裙带在晚风中飘扬，活像两个魔影。我恐怖地自问：

她就是我二十年来日思夜想的掌上明珠？

她就是躺在我怀中央求我讲故事的小燕？

她就是戴着大红花笑吟吟从学校里回来、站在门口等我回家的女儿？

她就是老师、民警、叔伯、阿姨争相夸赞、有一颗水晶般的心的小燕？

"不，"我怒吼道："她不是我的小燕！她是妖怪魔鬼！我的小燕已经被吞噬了！留下的躯壳中盘踞着一个恶鬼！我要找回小燕……"

我掀掉被单蹦了下来，我动手撕下贴在墙上的裸女画，推倒小书架，把那些黄色小说、风流期刊撕得粉碎。我拉开抽屉，倒出录音带、录像带用脚猛踩乱踏，扯下衣架上的迷你裙袒胸服撕成两半。正当我用一个铁锤砸向那架用红木台换来的"双卡"时，蒋婶满脸惊慌赶了进来。

"啊哟，少白，你怎么了，你发疯了吗？"

"我没有疯，"我瞪眼喝道，"我要救我的小燕，要报仇！告诉我，哪里有照妖镜，洗心泉？"

蒋婶吓呆了，她哀求说："少白，你醒醒，你醒醒，燕燕会改好的，一定会变好的，你心里要清楚啊……大慈大悲救苦救难观世音菩萨，保佑我们少白、保佑燕燕，保佑我

们一家啊……"

　　我没有理睬她，仍旧声嘶力竭地胡喊乱叫。最后，悲痛、绝望、恐怖和疲倦压垮了我，我失去知觉，倒在地上。

　　等我醒来时，我发现自己躺在医院的病床上。蒋姊满面流泪陪着我，还有民警、护士和一些不相识的人，就没有小燕的影子。

　　这个故事没有完，这真是：

　　　　　天伦乐事忆当年，转眼沧桑世道迁；
　　　　　化鹤归来人异昔，问君何处有灵泉？

"鸡肚肠"的觉醒

不 愉 快 的 家 宴

星期六黎明，天还没有亮透，赫嫂就挎上篮子上菜场。经过两小时的拼搏，她高高兴兴地得胜回朝了。今天的战果特别辉煌，不仅按计划买到了小排骨和猪肝，还意外买到一条鳜鱼。清蒸鳜鱼可是她老伴赫忻多工程师最爱吃的家乡菜。听赫工讲，今天下午给职工检查身体，不办公，可能早点回家。那么全家正好享受一顿丰盛的团圆晚饭。赫嫂想到这里，心里甜滋滋的，有说不出的高兴。

人人都夸赫工娶了位贤内助。真的，赫嫂虽然是个家庭妇女，但心灵手巧、温柔贤惠，对丈夫百般体贴、精心照料，还为他养了一对玉雪可爱的儿女。赫工工资不高，一家四口开支全靠赫嫂精心调度。她没有学过多少马列主义，但深懂"抓住重点，兼顾一般"和"集中兵力打歼灭战"的道理。早晨，赫工喝牛奶进鸡蛋，孩子们吃豆浆油条，她则以开水泡饭果腹。中午，她吃得十分简单，有时甚至忘掉吃饭，而晚上总有一两个荤菜。至于星期六，则扩大为四菜一汤，达到国宴标准。这已成为赫家的不成文规定。在家宴上，大人、小孩都有说有笑，边吃边聊，赫上议论国家大事，赫嫂谈点邻里趣闻，孩子们则说老师和同学们的一些事，真是满室生春，共享天伦之乐。大家在一周的紧张劳动、学习之后，得到了充分的休息与松弛。

但也有例外情况，那就是赫工在外受气回来，气氛就大变了。赫嫂和孩子们最怕的也就是在周末之晚，突然来一个"晴转多云"，或者"有时有雷阵雨"，这顿家宴就要泡汤。

却说这天下午五点一刻过后，赫嫂已将餐桌擦净，摆上四碗热气腾腾的佳肴：糖醋小排骨、大葱炒猪肝、火腿笋片蒸鳜鱼、鲜蘑菇烧青菜心，外加一大碗榨菜海米肉丝汤。在赫工座位处还摆上一杯红艳艳的葡萄酒，真正是色香味俱全，谁看到都会咽口水。

然而他们一直等到五点三刻还不见赫工的影，桌上的佳肴早已不再散发香气，连颜色都不那么诱人了。不仅绰号小猫的儿子已急不可待，就是文静懂事的大女儿敏敏也有些忍耐不了，她一面望着窗外，一面低声抱怨：

"爸爸又不知搞什么去了，菜全凉了。"

"对，爸爸顶坏。"已经是第五次爬上椅子的小猫随声附和，他乘人不备，已攫了一块小排骨塞进嘴里，因此说话有些含糊。

"你胡说，你偷排骨吃！"维护父母权威的姐姐立刻大声呵斥。

"你也偷过妈妈的夹心饼干。"弟弟反唇相讥。

"不要吵了，你们爸爸回来了。"赫嫂呵止了姐弟俩，她的耳朵尖，已经听到上楼梯的脚步声。孩子们立刻停止舌战欢呼起来。但赫嫂的心情马上沉重起来，凭二十年的经验，她已从脚步声里分辨出今晚属于"阴转大雨"的天气。果然，赫工进来后一屁股坐在沙发上不吭声，他的脸孔比正常情况下拉长三厘米还多。

"爸爸，喝茶。"敏敏按例沏上一杯茉莉香茶。

"爸爸，换拖鞋。"小猫蹲在地上为赫工换鞋。

"今天不是检查身体吗，怎么回来得这样迟？"赫嫂递过一块热毛巾，温柔地问。

但这一切都未能改变气候，赫工不高兴地回答：

"体格检查两点半就完了。麻书记说趁便碰个头，开了个岱湾水电站的'选坝会'一直拖到五点半，真讨厌！"

小猫和敏敏都不懂什么叫"选爸会"，——爸爸还能选的？赫嫂虽也不明详情，但已正确地估计到赫工准是在这个选爸会上受了气。她温柔地安慰赫工："公家事嘛，不要太顶真，听领导的就是。你擦擦脸，吃饭吧。我今天买到一条大鳜鱼，你尝尝。"

赫工木然地坐到餐桌边，默默地喝着酒，吃着鱼，脸上没有任何反应。恐怕这时请他喝茅台，吃熊掌，他也尝不出滋味的，这顿家宴就在不愉快的气氛中草草收场。赫工说了句："我有事，不要来打扰"，就走进卧室。

赫工到底遇到什么麻烦了呢？

红 线 和 黑 线 之 争

赫工是位 60 年代毕业的大专生，工作勤奋，能力中等。在他那个设计院中，有好几个名牌大学毕业生，甚至还有镀金回来的洋博士，这对他的晋升严重不利，赫工作了长期不懈努力，去年才被任命为岱湾水电站的技术副负责人。据赫工讲，就是副设总。虽说岱湾是个开工无期的地方中小工程，可毕竟是座水电站，设总虽是副的，但并没有正职，院里虽只为他配了少量年轻人，但这正可由他独当一面。因此赫工略感安慰，尤其出差去工地，县里干部一口一声叫他"赫总"，他听了真如吃了人参一样舒服。赫工是个好人，就是这些方面有点计较，小心眼也多了点。俗话说，宰相肚里好撑船，他的肚里可容不得一粒芥子。所以他的部下小胡给他起了个"鸡肚肠"的绰号。这个雅号立刻不胫而走，风行全院，使他十分恼火，虽说他自己也是个取绰号的专家，但他取人绰号则可，别人取他则……是可忍孰不可忍！

此时赫工半躺在床上，脑子里回想着下午发生的一切。他们检查身体后，聚集在走廊里闲谈。被赫工称之为"麻木不仁"的麻书记看见赫工后，像想起了什么事，对院长和总工们说："老赫不是要求在下礼拜办公会上讨论岱湾选坝问题吗？下周事多恐怕排不上，今天时间还早，议一议怎么样？就我们几个人，把小洪也叫来。"

"麻木不仁"的建议得到"高高在上"的高院长和吴、钱两位总工的赞同，于是六七个人就在小会议室中讨论起来。赫工原来希望在办公会上汇报，让全院科以上干部都能了解他的水平，现在却变成一个小会，而且还让助理工程师小洪参与，使他大为失望和不舒服。好在资料现成，他匆匆在会议室中挂上大图。他中意的那条轴线用醒目的黑线标明着。为了陪衬，还选了条比较坝线，用淡红细线画上，不注意是看不清的。赫工列举了黑线的十大优点，至于红线，虽然也可成立，但罪状累累。结论是黑线显然有利，可以决策，以利工作之深入焉。

赫工在汇报时，不断窥视领导表情。"麻木不仁"一支又一支地抽烟，脸色微红——这是个好兆头。"高高在上"眯着眼在听，面露微笑，分明表示同意。赫工特别注意两只老狐狸吴总和钱总的表情，选坝问题老总有发言权呀，而他又和他们有些历史恩怨。那都是起因于取绰号。他说吴总出差要随带茶壶、酒壶、尿壶、唾壶和热水壶，因此给他取了个"五壶总工"的雅号；还说钱总老气横秋、老奸巨猾和老朽昏庸，因而正名为"三老总工"，这很得罪了两位老人家。但现在两位都在轻轻点头，显然是折服于自己的英明推论，他不由心中暗喜。

赫工发挥了一个半小时，还意犹未尽。在讨论中院领导并没有提出太多的问题，眼看可以拍板成交。高院长忽然要小洪也说说意见。小洪迟疑了一会，吞吞吐吐地说：

"我补充一点，黑线确实有许多优点但它位在河道急湾处。泄洪时，水流会直冲右岸，消能上恐怕要花大量投资，或者要修昂贵的保护工程。红线嘛，开挖量是大了一点，但如改用堆石坝，正好用上。所以，所以，是不是再比较比较……"

这真是部下倒戈，后院起火，赫工方寸大乱。领导们却兴致勃勃地议论起来。赫工虽作了严正辩护和猛烈还击，特别提出红线的勘探工作太少，能否成立都有问题。但是他的粗声大气似乎还抵不过小洪蚊子般的声音。最后"五壶总工"作了总结，认为红黑二线各有优缺点，问题还不清楚，不能决定。让小洪提出补充勘测要求，抓紧工作，以后再议。

赫工回想到这里，不禁狠狠地拍了一下床头柜："这不是我老赫和小洪的斗争，是维护我权威的斗争，非夺取胜利不可！"他十分恼火自己一手培养的小洪竟会做出背叛他的事来。有意见为什么不事先打招呼，来一个突然袭击。——他完全不记得或者不愿记得小洪曾多次向他提出过建议的事了。

赫工程师的战略布局

赫工静下心来，细细捉摸局势，愈想愈觉得问题严重。他猛然从床上坐起，自己对自己说：

"对付这个阴险的小赤佬，不能掉以轻心。弄得不好真会在阴沟里翻船。要有宏观战略，还要有具体行动计划！"他抽出一张纸、略一沉思，写下几条战略方针，写的是：

取得领导信任 结成统一战线
打退糖弹进攻 巩固自己权威

制定大政方针后，赫工的心稍定一点，他又在纸上画了两个椭圆，填上 B 和 R 两个字母，表示对立的两方，又在周围画了许多小圈，填上"麻""高""壶""老"……字样，表示有关人士。要取得胜利，领导倾向哪一边至关重要。他就追忆四巨头在下午的态度。首先想到麻书记——书记其实姓马，由于长了一脸大麻子，还对赫工的分房报告置之不理，所以赫工送他一个"麻木不仁"的称号。据赫工观察得出，麻子的脸色是窥测他心情的晴雨表。他高兴、赞赏时脸色红，懊恼、反对时脸色青。赫工记得麻子叫他汇报时脸色是淡红的，但记不太清小洪讲话时麻脸的颜色了，仿佛是："红偏青"。于是他兴奋地在填有麻字和 B 字的两个圈中联上一根线。

接着他分析"高高在上"的表情。高院长脸上的笑容是极好的测试标准。自己发言时高院长不是笑嘻嘻的吗。他立刻把代表高院长的圆圈也联到他的圈上。但他忽然想到让小洪发表见解也是高的主意，难道笑中有诈？他苦苦分析高的笑究竟是微笑还是冷笑，半晌未能判定。没奈何只好在联线上打上个问号存疑。

关于"五壶总工"的表现，主要反映在点头与摇头。"五壶"在听自己汇报时，确切无疑是点头的，但是，在小洪发言时，五壶好像也大点其头。赫工只好回忆"五壶"点头的幅度和频率。他伤心地承认"五壶"在听小洪发言时点头的幅度远大于听他发言时的幅度，联想到五壶所作的结论，他只好把"五壶"划入敌方阵营。

只有"三老"的态度最明显，他在讨论中表态赞同黑线。赫工虽对"三老"到点不退影响他的晋职非常不满，现在却十分感激，而且确信"三老"之所以表现优良，和他上个月的"随机应变"有关。原来三星期前钱总在图书室中遇到赫工时，曾打趣地说："老赫，听说你给我取了个雅号，不错啊。真的，我这个老朽也该退位让贤了。"赫工一阵紧张，赶紧辟谣：

"啊，钱老，你听谁造的谣。我可是你手把手教会的呀。我确实说过你是'三老总工'，我指的是你'老成持重、老马识途、老当益壮'啊。"

钱总听了乐呵呵地拍拍他的肩膀走了。赫工不禁钦佩自己有这样灵活应变的本领，化干戈为玉帛，比当年纪晓岚哄乾隆帝还高明。他后悔没有向"五壶"也做类似的工作，不过后者难度较高，因为不容易找出另外五把具有正面意义的壶来。

赫工分析了四巨头的情况后，又如法推敲其他党委委员乃至一般群众的态度，把他们划为 B、R、骑墙、不明四类，用不同的线连起来，画成一张战略联络图，他和小洪就变成联络网中的两只蜘蛛了。

最后他又想到罪魁祸首小洪。自从发现小洪是个阴谋分子后，赫工回忆起许多可疑之点：对他大献殷勤、频频到他家做客，有时还带了培珠（小洪的老婆）来，形迹可疑。赫工突然又想到培珠曾经送给敏敏和小猫两只文具盒，还偷偷翻阅他家"文件"——虽然是孩子们的作业本，不属于保密范围，但极可能是小洪的糖弹政策和特务活动，必须提高警惕，他立刻在自己圈子周围画上一圈"长城"以示保护。不过这一来他的形象又变成一只乌龟了。赫工精心绘好他的战略图后，还像古人卧薪尝胆一样，将图贴在床上，以便经常看到。这时赫嫂已带着孩子们探头探脑进房来。赫工立刻进行教育和布置：

"楼下姓洪的一家不是好东西，以后不许他们进来，不许接受他们的礼物，尤其不许他们翻我的文件，记住了吗？敏敏、小猫，把文具盒退回去，爸爸明天给你们买。"

赫嫂和孩子们都呆住了。他们张了张嘴，像要说点什么，可是在赫工威严的目光震慑之下，都没有说出什么话来。

打退了糖弹进攻

选坝汇报会后，红黑双方的战斗暂时沉寂下来，只有小洪拟了个红线补充勘探计划，恭恭敬敬送请赫工审阅。赫工虽然百般挑剔，但实在提不出多少意见，最后硬是把 3 号钻孔挪了个位置，让它更靠近民房一些，增加点勘探中的麻烦也好。

虽说"西线无战事"，赫工总不信小赤佬会这么老实，他眼观四路耳听八方，不断侦察提防。果然，两星期后，对方发动了攻击。而且不出他所料，是个"糖弹攻势"。

原来这天又是周末，赫工回家后察觉到房间里有悉悉索索的声音，他循声追踪，在墙角处发现了一只纸盒，打开一看，里面十几只拳头大小的甲鱼正在乱钻乱拱，有的还伸出头来向赫工致意。赫工平素最爱吃甲鱼了，何况赫嫂又是位做圆鱼羹的名手。只是近来王八身价飞涨，吃甲鱼已变成高不可攀的盛举。这种尺寸的嫩甲鱼，正属于"樱桃鳖"的范畴，那滋味的鲜美肥嫩简直"没治"。赫工不由食欲大增，叫了赫嫂出来高高兴兴地问：

"惠英，你从哪里买到这么多甲鱼，本事不小呀，花了多少钱？"

不想赫嫂脸孔变了色，支支吾吾答不上来。赫工犯了疑，在他的穷追猛打下，老实的赫嫂招架不住，只好坦白：

"这，这是下午培珠送来的。她说她娘舅从乡下来，带来不少。她家都不爱吃，看到你近来工作特忙，身体瘦多了，送我一点，让我每天蒸一只给你补补身子。我看她很诚恳，不像有坏心肠，你近来身子确实亏空，就收下了。我另外买衣料还她人情好了……"

赫工气得发昏。他愤怒小赤佬竟采取这样的挖心战，放糖弹，尤其恨家里人不争气，在"王八攻势"中丧失警惕。他没等赫嫂讲完，就把台子一拍：

"你们真太没有骨气了。我关照过多少遍，楼下小赤佬一家不是好东西，千方百计算计我，巴不得我下台、死掉，他好取而代之，你就是不听。马上退回去，说我姓赫的就是立刻要断气了也不吃他半只王八！还有，那个小×来的时候偷看过什么东西没有？"赫工打开抽斗检查，幸好没有机密件，只有一页体格检查表和那张战略联络图的底稿，后者又是极难破译的。

赫工的盛怒使赫嫂慌了手脚，矢口否认："没有，没有，培珠只在门口站了一下，我没让她进来。"这次赫嫂破天荒说了谎，她不敢说出"小×"不仅走进房间，还翻阅过体格检查表。她慌忙引开话题："忻多，小洪他们平常对我们不错呀，怎么会搞阴谋，你是不是……有些搞错了？"

"你懂个屁！林彪语录不离手、万岁不离口，他还要谋害毛主席呢：真是妇道人家，头发长见识短，贪小便宜吃大亏。两个孩子也不争气。你们能像我这样看得远、想得深、胸襟大一点就好了。敏敏，小猫，你们还和楼下混在一起吗？"

赫工的咆哮使赫嫂和孩子们都宾服了。赫嫂答应马上把王八如数退回。孩子们也哭哭啼啼坦白了他们的罪行：这些天仍和洪阿姨藕断丝连，还吃过她好些点心。洪阿姨还向他们打听爸爸的一举一动，甚至还问爸爸每夜咳嗽几次呢，他们不小心已泄了密。最后孩子们都作了检讨，保证今后忠于爸爸，和洪家划清界限。虽然他们实在无法把洪叔叔、洪阿姨和林彪、叶群等同起来。

赫工由于侦破这宗"国际间谍案"和打退了"王八攻势"，显得十分高兴，那沾沾自喜的样子，简直和取得意大利战役胜利的拿破仑差不多了。晚餐时虽然没有清蒸甲鱼，他反而连吃了三大碗饭，把赫嫂煮的一点饭吃个精光。

廿六听麦乳精的战绩

赫工并不是打被动的防御战，连日来，他紧张地出击：做领导的工作，拉统一战线。根据"战略图"的布局，他精心选择了从书记、院长，总工、计划科长、人事科长……直到机要秘书、大夫、司机和勘测工为统战对象，主动上门拜访。搞公关工作总还得有点表示，他区别情况，拟订送礼规格。绝大多数对象都送一发迫击炮弹——一听强化麦乳精，既滋补可口，又比雀巢便宜，对有的人则送手榴弹——白酒或烟幕弹——香烟。

他一共投入追击炮弹 26 发，手榴弹 6 枚，嘴烟 2 条，为此，他不得不动用赫嫂辛苦积蓄起来的部分存款。

经过半个月的辛苦奔波，赫工自我感觉十分良好，广泛的统一战线已经初步形成。发射出去的弹药似乎弹无虚发，特别是那 26 发追击炮弹轰击面又广又深，产生了意想不到的效果。统战对象们近来日益对他表示亲切热忱。好些人见他登门拜访都受宠若惊，对他送去的礼品更一再谦让，硬要他带回自己享受。他往往要做大量说服工作——甚至达到声泪俱下的程度，对方才勉强收下。相形之下，小洪那边可以说是门庭冷落车马稀了。赫工看在眼里，喜在心头，有这样广泛可靠的统一战线，小赤佬休想翻天。

不过在"取得领导信任"方面，赫工便没有太大把握。他去麻书记家时，书记虽十分亲切，脸孔不仅是粉红色，而且是大红色，但在闲聊中透露出院里准备让他去脱产疗养的打算。在节骨眼上要他去疗养，他不能不动了疑心。他慷慨陈词：工作为重，根本不考虑疗养的事。赢得书记连声赞叹，似乎个个麻孔中都放出红光。

高院长呢，他勉强收下赫工的"手榴弹"后，竟回报了两支大人参，这可是少有的殊荣。但是，院长又暗示：如果赫工感到工作劳累，不妨换个轻松点的岗位。这种赤裸裸的排挤，使赫工每根神经都处于紧张状态：他断然谢绝院长的好意，声明他与岱湾工程已结下牢不可破的情谊，死也要死在岱湾工地上。这使高院长歔歔不已，几乎流下泪来。

最难捉摸的还是那位"五壶"。赫工曾两次登门致意，还精选了一套小茶具送去，以表谢罪。"五壶"感动得紧紧握住赫工的手，长达一分钟之久。对赫工提出的几条建议，他无不大幅度点头称是，亲切无比。但赫工说到他打算蹲工地一段时间，搞好选坝后才回来时，"五壶"就变了脸色，把头摇得跟波浪鼓似的。尽管赫工抬出了好些大原则：中央对知识分子的要求啦，理论结合实践的重要性啦……"五壶"全然听不进去，还说什么有的事要放手让青年人去干，赫工只须作些原则指导就可以了等话，甚至表示必要时他"五壶"也可以帮赫工张罗。最后，"五壶"竟提出要赫工和他去学习气功。一番话说得赫工摸不着头脑。上层领导的思想真比群众要复杂得多。

但是，综观全局，赫工仍然坚信他占有绝对的优势。他的乐观估计一直维持到助理秘书小丁告诉他一个致命的信息为止。

赫工战略的全面溃败

在赫工的战略图上，小丁是个重要据点，也是他重要结交的对象。所以赫工不仅送她一听麦乳精，还外加一只精致的小化妆盒。这很投小姑娘之好。加上赫工一再夸她漂亮动人，是名副其实的院花，说得小姑娘心花怒放，满口答应以后院里对岱湾工程有什么决策信息就及时通报。

小丁没有食言，在星期六上午——又发生在星期六，看来周末常常是多事之秋——叫住了赫工，高高兴兴告诉他：

"赫工，好消息，下礼拜一院办公会上要讨论岱湾呢，可能有上马希望吧"。

赫工一阵心喜，强作镇静："可靠吗！"

小丁把嘴一噘："我想没错，否则为什么要我通知小洪也参加。不讨论岱湾，他算老几？"

赫工如遭雷击："叫小洪参加？那也通知我参加啰？"

"这倒没有。"小丁回答得干脆利落，"不过我听书记说过，'要把老赫的问题讨论解决一下'。可能要提升你吧。赫工，升了官别忘了请客。"

小丁没注意到赫工的脸色已从猪肝红变成鸭蛋青。讨论岱湾工程让小洪参加而排斥了他，还要"讨论解决"他的问题，这意味着什么，连弱智儿童也猜想得出。

赫工踉踉跄跄回到办公室，只觉得头昏脑胀，他明白他的战略已彻底失败，一战线已全面崩溃。他想象不出小赤佬用了什么计谋能不动声色地俘虏四巨头，彻底打败他。他估计后天办公会上的几种可能决定。也许会撤消他副设总的职务，任命他当个图书室主任，强迫疗养，养老送终。赫工咬咬牙，如果是这样，他将宁死不从，抗争到底。也可能破格提升小洪为正设总，硬是压在他头上。赫工想到这种可怕的局面时，心像浸在冰水中一样。他发誓如果发生这种"人伦大变"，他就越级向市委控诉，甚至学杨乃武的姐姐，把官司打到北京城。他不信公道不在人心。但对方也许会采取更阴险的做法，譬如说，让"五壶"兼一下正设总，再提拔小洪也当副设总兼工地代表，上下夹攻，就能完全架空他而且使他有苦难言。"五壶"的话中已透露出这种味道。赫工想到这里心乱如麻，一时无计。

接着他又想起让小洪出席办公会议的事，一阵阵酸味苦水直往上涌。他觉得，天理人情王法都不能容忍这种颠倒乾坤的做法。他该怎么办？他猛然忆起去年看过一出"春草闯堂"的戏，对，他也来个赫工闹堂，闯进会议室去控诉痛骂一顿。但斟酌再三觉得太过分。最后决定先礼后兵，在他们开会时，他走到隔壁的秘书室去，清小丁转达他希望出席会议的强烈要求，看头头们怎么办。

赫工就这么神魂颠倒地盘算了一天。下班后他拖着沉重的脚步，怀着抑郁的心情回了家。这一晚"家宴"情况之惨是难以描述的了。更可怜的是，由于赫工这些天心情一直开朗，赫嫂勒紧了一星期裤带，挤出钱买了只甲鱼，精心做了一只"枸杞圆鱼羹"助兴。谁知天有不测风云，万里晴空突然出现十二级台风，赫工只呷了一两口汤就说头昏胸口闷，连饭也不吃，丢下筷子进了卧室。床头上那张战略图中，画在他周围的线条好像变成一条条绞索。这几天天气又热，第二天晚上赫嫂不得不痛心地把大量剩菜残饭倒入弄堂底的泔水盆中，便宜了两只野狗直吃得舐舌晃头，拼命地摇着它们的长尾巴。

最 后 的 觉 醒

星期一早晨，赫嫂又伤心又不安地目送赫工上班。整整两夜一天，赫工没有休息过：夜里冥思苦索，白天执笔起草"申诉材料"，弄得面色苍白，形容憔悴，好像换了个人。

上班后，赫工强压怒火，窥见几位领导和小赤佬走进会议室后，又等了几分钟，然后走向秘书室。但推门进去，小丁不在，桌上留着一张纸："有事暂出，来访者请 9 点钟再来。"赫工心中烦恼，一屁股坐下来。隔壁会议室中已在讨论，赫工不由得全神贯注地听了起来。五分钟后，他只感到天旋地转，瘫痪在藤椅上。

最先讲话的是"麻木不仁"："今天开个小会讨论一下赫工的事。傅大夫，你先说说。"

"我们去过两次医院，已确诊赫工肺部有肿瘤，十有八九是肺癌。根据癌变来看，已是后期。要马上动手术。不过从赫工的体质、年龄来看可能只能过半年，要我们做好准备。"

一片沉寂，后来仍是麻书记开腔：

"什么时候开刀？"

"愈快愈好。不过赫工的血型是 p 型，很少见，血库中没有。幸亏小洪说，他也是 p 型，这样就好办了，我们打算马上做交义试验，下星期就可以进院。"

"小洪，是真的吗，不要搞错了。"

"不会错，我记得很清楚。我还让培珠去赫工家里查过病历卡和体检表。最好明天就去做交义试验，我一切都准备好了。"

"小洪，你身子这么单薄，能行吗。"

"没有问题。赫工为培养我耗尽心力，需要我输多少血都可以。赫大嫂是位家庭妇女，敏敏和小猫又这么小，赫工如果有问题，我真不知该怎么办……"小洪哽咽住了。

"赫工和他家属知道了吗？"高院长问。

"暂时还没有，不过院里不少人都知道了，恐怕也保不住密。"

"生这种病，精神状态关系很大，赫工又是个很内向的人，不能让他知道。他近来精神状态不大好，有什么不称心的事吗？"高院长又问。

"赫工对评职称意见很大"，"五壶"开了口，"我认为论资格、比贡献、讲能力，赫工都可以评为高工，评委会也已通过，可是名额限死，解决不了。上个月钱总提出要提前退休，那么就有一个递补的名额……"

"三老"没等"五壶"讲完，就接过话题：

"我再过半年就到点了，身体又不好，早就打算提前退休，让老赫、小洪这些中青年早些上来。报告已交人事科了，请孙科长早日批。"

"赫工对住房也很有意见"，这是行政科长的声音，"他一家四口，住小两间是挤了点，不过院里无房户、特困户太多，他的评分只有200分，实在没办法。"

于是大家议论了一番。工会主席忽然出了个点子："吃甲鱼对治肺癌有特效，我们是不是弄些甲鱼送去，也表示组织上的温暖。"

"我早已想到，我让培珠去乡下弄来一点甲鱼送去过，但赫工硬是不收，退了回来。"小洪呜呜咽咽地说。

"为什么呢？"工会主席大惑不解。

"一定是最近我们组织职工学习中央廉政建设文件的原因。"支部委员不无歉意地说，"赫工也真是，同志们送点甲鱼怕什么，这扯不上为政清廉问题。"

"练气功也很有好处"，"五壶"又插上话，"我一直劝赫工练气功，他总说工作忙，没空练。这次我要把气功师请到他家，逼他练。"

大家七嘴八舌又议论了一刻钟，最后照例由麻书记做总结，倒是十分干脆明确：

"赫工的事大家要关心，医务室牵头负责，要争取最好结果，做好最坏准备；

立刻联系住院，下周开刀。这一个月里，小洪暂不出差，留在院里待命；

病情要对赫工严守秘密，这作为一条纪律。下星期院领导去赫家做他爱人的工作；

请小洪爱人尽快再去采购甲鱼，工会付款，以工会名义送去赫家；

请吴总在赫工开刀复原后负责督促他练习气功，一切费用都由机关报销……"

最后"麻木不仁"还宣布了一个出人意料的决定，把分给他的"三间一厅"让给赫工，出院后就迁居。

赫工没有再听下去，他泪流满面，从秘书室中退了出来。啊，职称、房子……什么都有了；误会、猜疑……都消除了。

但这一切来得太晚了。他只有半年寿命，他再也不能和妻儿们在周末欢聚了，他再也不能和麻、高、壶、老……以及小赤佬共事了。明年冬天就是他的逝世周年纪念。他仿佛看到自己躺在公墓墓穴中，赫嫂携着儿女们在他坟头哀哀恸哭。他心碎肠断，没有回他的办公室，径直回了家。推开门，培珠正在为赫嫂扯小猫的夏装，两人交头接耳，好生亲热。赫嫂万没料到.赫工会突然回家，她为她的背叛行为吓得面无人色：

"啊呀……忻多，你怎么回来了……培珠……我……"

培珠迅速站了起来，万分尴尬：

"嫂嫂，打扰你了，赫工，我回去了。"

赫工伸出手去一把拉住培珠的手，用从未有过的亲切语调说：

"好培珠，别、别走，陪你嫂嫂好好说说，今后还请你经常来，多帮帮、劝劝你嫂嫂。"

两行泪珠从赫工眼中滚下，他丢开口呆目瞪的两个女子钻进内房倒在床上。那张战略图又映进他的眼睛，这一次，他周围的那一条条线又像变成一根根向他送来温暖、活力和友情的输血管了。

余 音

时光流逝得真快，转眼过了一年半。到了赫工预计的"去世周年纪念"的日子。可是赫工并没有长眠在墓穴里，而是精神抖擞地奔波在开了工的岱湾水电工地上。

那次会议后一星期，赫工被送进医院开了刀，割除了一个馒头大小的肿瘤，但化验后是个良性瘤。手术期间，小洪守在他身边，先后输了600毫升的血。培珠则夜以继日地陪着心胆俱裂神志不清的赫嫂，照料着两个孩子。赫工的康复出人意料的快，一个月就出了院，三个月后就上了班。他的"高工"已经批下，又提升为正设总。他还学会了气功，居然能双手发功，为人治点小毛病了。三个月中，从书记到测工，川流不息地登门探望他，壁柜中堆满了慰问品，光麦乳精和奶粉就有52听。赫嫂后来不得不流着感激的泪请同事们不要再送来了，她说，再这样下去他们家可以开食品铺了。

大家感到赫工动过手术后真的换了个人。赫工笑嘻嘻地说，这次手术不但割了他身体上的瘤，更割掉了他思想上的瘤——他真的转变了，变得那么开朗、豁达、和蔼和亲切。人人都喜欢聚集在他周围。无怪岱湾工程的设计和施工进展得那么顺利，不到两年就可能发电。据说省里正在考虑要在岱湾工地开总结大会，推广他们的先进经验。

一切都按照麻书记当年的决策进行并收到最佳效果，只有一点例外。赫工说什么也不肯搬家，他说，哪怕给他九间三厅的豪华套间，他也决不离开小洪和培珠。赫家的周末宴仍在举行，不同的是，赫嫂再也不必担心"阴转大雨"，而且经常把小洪和培珠拉来共进晚餐，席面上一片欢乐祥和气氛，往往把菜饭吃个精光。倒霉的是里弄中那两条野狗，它们再没有机会在泔水桶中大嚼一顿，从而饿得肋骨外露，连摇摇尾巴的力气都没有了。

卡拉山恩仇记

在 南 门 汽 车 站 上

每逢星期三和星期六的下午，总有两条人影出现在 M 市的南大街上。一位是双目失明的老婆婆，另一个是瘸了腿的小姑娘。两个人相扶相倚，艰难地从大桥头一步步地走向南门汽车站，风雨无阻。她们走到汽车站后，照例在候车室中靠近客车进站下客处寻找一个座位。老婆婆坐在长凳上，小姑娘倚在她怀里，耐心地等待从卡拉山发出的长途客车的到来。这趟客车有长达三天的旅程，一星期发两班，开到南站时总是接近黄昏的时候了。

每当客车进站，候车室中人声鼎沸的时候，老婆婆和小姑娘就紧张起来。老婆婆总是站起身来，用哀伤的声调向着汽车一遍又一遍地呼喊："树成啊，甸成啊，你们回来了吗？奶奶在这里呢。"那小姑娘则吃力地爬上长凳，扶住老婆婆站了起来，用锐利的眼光在熙熙攘攘的人流中寻找她的爸爸，小嘴里也不时喊着："爸爸、爸爸。"一直要到旅客散尽、万籁俱寂，车站人员拉上大铁门时，她们感到再无指望后，才拖着疲倦和失望的脚步又挣扎着回去。车站上的人员已经看惯了她们的这种活动，不加理睬。偶尔有旅客感到奇怪，向人探询时，车站上的人才简单地解释说：她们的亲人都在卡拉山六〇八工地上失踪了，八成是在武斗中被打死的，多少年没有音讯，可是这老小两人都不知道，也许是不相信，总是等待她们的亲人坐车回来。大概她们的精神也已不大正常了。旅客听说后，常常叹息一阵。也有些好心肠的人则说：也许人还在呢，早晚有一天真会回来。

有一个人倒是确切地知道她们年复一年等候着的亲人是永远不会回来了，或者说，早已回来躺在她们的床底下了。这个人就是我。不过，我没有勇气告诉她们真相。我没有勇气残酷地剥夺掉她们最后的一点希望——人是靠希望活着的啊。

那个小姑娘是我的妹妹，老婆婆是我的房东，也是我和妹妹的干奶奶。

我 的 爸 爸

我的爸爸是世界上最最好的爸爸。

我一闭眼爸爸的影子就出现在我的眼前，永远不会磨灭：瘦瘦的个子，一年到头披着一套破旧的灰色中山装，背微微有些驼，剪着个平顶头，戴着副深度眼镜……他是个老会计，大家都叫他老李头。

人家都说我爸爸老实，还常常取笑和欺负他。爸爸总不和他们去争。爸爸确实忠厚，他从一九四〇年"立信"毕业时就当上会计，到文化大革命开始时已经干了二十七年了。他的徒弟、学生甚至徒孙都早已当上科长甚至主任，只有他永远是个出纳员。提级、提薪、评先进、发补助和选代表永远和他无份。从我懂事时起，就记得那些人事科长或会计主任常常上门来"打通"他的思想：

"老李头，这次提薪你就让一让吧，某某人有困难啊。"

"老李头，处长的意思是这次给某某当先进，你也投他一票。当然，你么也干得不错，处长心里有数，等下一次吧。"

"老李头，你想开一点，这次就让某某晋级。你就算了吧。谁教你是旧社会过来的，身上有污泥浊水嘛。"

……

在这种局面下，爸爸照例是不吭声。有时动动嘴唇，像是想说些什么，但最后总是咽了下去。

爸爸和妈妈的感情很好。妈妈身弱多病，也没有文化，不能工作。爸爸从无怨言，里里外外的事都揽了下来。妹妹出生后，我们的生活更困难了。爸爸经常自己啃黑馒头和窝窝头，把一些白面包子和小菜留给妈妈和我们吃。

老天爷总是欺负贫苦老实的人。我们的困难已经够多的了，却还要不断降下新的祸祟。先是妈妈在生下妹妹后不久就被病魔夺去生命。爸爸表面上没有怎么哭，卖掉家具，到处借钱给妈妈料理丧事。但到晚上，他就坐在妈妈睡过的小床边，不住地淌泪。有时一坐就到天亮，我看了真心痛。妈妈去世日久，也有他的同事来给他介绍对象，什么"老姑娘"呀、"小寡妇"呀，爸爸听说后总是把我们兄妹俩拉到胸前，紧紧搂住，对介绍人说：

"我忘记不了老伴，我也不会让他们两个吃后娘的苦。请你不要多费心了。"

我和妹妹虽然不大懂事，可都紧紧搂住爸爸亲他。我们觉得爸爸真是世界上最好、最伟大的人。

从此爸爸起早摸黑，又当爷(注：在南方一些地区，"爷"系指父亲)又当娘。他一天天消瘦下去，背也开始驼了。我就努力帮忙做些家务，爸爸看见总是夺了过去不让插手。

接着又是一场灾难降临，妹妹得上小儿麻痹症。爸爸几乎发狂了，他背着妹妹到处就医问药，磕头作揖。他卖掉所有值钱的东西，连妈妈留给他的唯一的一只金戒指也变了钱。到头来妹妹仍旧得了后遗症，腿瘸了，走一步都要人服侍。爸爸从不嫌脏嫌累，细心照料她。爸爸本来是最爱我的。自从妹妹得残疾以后，他好像把百分之九十的心都给了妹妹。有时我甚至有些妒嫉了。记得那一天，妹妹又拉了肚子，我好不容易替她揩干身体，换上衣裤，抱着脏衣去洗。回来时看到妹妹趴在地上又拉得一塌糊涂。我不禁火起，厉声骂道：

"你怎么搞的，就不会叫我一声！你要害我和爸爸到哪一天？我看你真不如早点死掉还脱罪！"

妹妹满脸内疚噙着两粒泪珠不敢出声，爸爸凑巧买了小菜回来听到我的发作。他铁青着脸走到我身边，破天荒地给了我一巴掌。妹妹和我都怔住了。他丢下菜篮，干净利落地收拾好一切，然后把都在啼哭的我和妹妹搂在一起。爸爸边掉泪边对我说：

"解生！爸爸不对，打了你一下，你打还吧。你是个好孩子，爸知道，可是你不该骂你妹妹，她多么苦命。是爸爸对不起她，没有照看好，使她瘫痪了。爸爸对不起她也对不起你妈妈。你看，她为了不想累你，自己从床上爬下来，想去上马桶，可怜跌倒了。我们疼她还来不及，怎么忍心骂她呢？解生，爸求求你，要永远对妹妹好，爸爸死掉后，你也要永远照顾她，你答应吗？"

我们三个人抱成一团，哭成一团。我哭得最伤心。我发誓今后再也不骂妹妹一句了，我要像爸爸一样，把最好的东西留给妹妹。我们虽然又穷又苦又有人生病，但我仍觉得我们的生活苦中有甜，因为有一种骨肉的爱把我们紧紧粘接在一起。

爸 爸 上 了 卡 拉 大 山

两年前，爸爸科里的罗科长调走了，人人都说这一次爸爸肯定要提升了。真的，排资格、论业务、比贡献，还有谁能比得上爸爸呢。有一天，隔壁林大叔悄悄跑来告诉爸爸，组织部已讨论过新科长人选，听说原则通过提升爸爸了。林大叔临走时还拍拍爸爸肩膀："老李头，这回你可得好好请次客喽。"

爸爸这些日子也真的在面上挂出几丝笑意。可是我总不大相信爸爸真能当上科长。果然，没过几天，那个绰号瘦皮猴的人事科侯科长来我家。这猴子一来准没好事，我恨死了他，他贼头狗脑地和爸爸寒暄了一会儿，就说：

"组织部研究过啦，老李头！这次想提升小蒋当科长，你是老同志了，要和党委一条心，支持小蒋搞好科里工作。嘿嘿。"

爸爸的脸涨得通红，结结巴巴地说："小蒋？他的业务行吗？"

那个姓蒋的我知道，爸爸的同事们都在背后骂他，此人是组织部黄副部长舅妈的外甥女婿，是开后门混进来的，什么业务都不懂，打扮得像个屁精，谁看了都恶心。

"组织上考虑过了，"猴子发话了，"小蒋是短训班毕业的，也是正规资格。而且能力强，身体棒，脑子活络。老李头，党委也考虑过你，你这些年来表现还可以。不过你身体这么差，家累这么重，还能爬山、涉水出差吗？组织上是关心你啊。要正确对待新生力量，支持他们！甘当垫脚石，光荣哩。多学学乒乓球队的事迹。再说政治上小蒋是团员，很快要吸收入党了，你毕竟背了那么多历史包袱，怎么领导党员团员？我和小蒋打过招呼，一定特别尊重你。下次加工资时给你升半级。你要和组织一条心！"

就这样，爸爸又驯服地在屁精科长下俯首称臣了。不想下半年卡拉山工程上马了，上级要求全行业支边，文件上规定局里要派年轻、政治过硬的科级干部赴边疆锻炼。大家都以为小蒋科长是当然人选了。但是，猴科长的鬼影又到了家里。他嘻嘻哈哈地恭维了爸爸一顿，然后正色说：

"老李头，真要恭喜你呢。组织上研究决定重用你，派你代表我局、代表会计行业支边去，给你代理副科长待遇。怎么样，这次你可以大展宏图了。组织上多么信任你呀，你可别忘了我侯某一片苦心啊。"

爸爸激动起来："侯科长，支边光荣我知道，组织信任我感激。但文件上写得明明白白，要科长去，党员去，身体好的去。你看，我业务这么差，快进棺材的料子，又是个落后群众，相差太远了。还是小蒋科长去吧，我不敢和他争。"爸爸一口气说完，猛烈地咳嗽起来。

"啊哟，老李头，话不能这么说。你是'立信'毕业的，业务尖子，谁不知道。身体么，你也挺不错，就是一点哮喘和糖尿病，这怕什么。山上空气好，说不定锻炼锻炼好得更快。"侯科长呷了口茶又哭丧着脸说下去，"你别看小蒋外表身体好，昨天中心医院开了证明，他有十二种病啦：肺气肿、心绞痛、高血脂、肝脾肿二指、美尼尔氏症……我们要对干部健康负责嘛。至于说到政治，我们已补报你是上半年处级先进生产者，多光荣。你说什么？历史包袱？正因为有历史包袱才让你去锻炼改造嘛。一辈子坐办公室，三门干部，怎么改造世界观。"

"我不能去！"爸爸这次空前坚决："我老伴去世，家里剩下这两条命根子，小妹还瘫痪在床，我怎么能走。侯科长，你就行个好吧，饶放我这一次吧，我老伴在阴间也感激你。"爸爸的泪水已经开始流下来了，但侯科长毫不动心，脸拉得长长：

"老李头，不要不识抬举。个人事再大也是小事，国家事再小也是大事。位置摆摆正。学雷锋学到哪里去了？小孩子的事怕什么，谁家没有。而且我们已组织了'支边干部家属互助委员会'，小蒋就是主任委员，你怕什么！"

不论爸爸怎么奔走哀求，也不论同事们的当面议论背后骂娘，支边大红榜贴出来后爸爸的名字赫然位居榜首。接着，局里又送来大红花，我们的破门口也破例贴上光荣条。

爸爸的身体就更瘦了。他请了假，整天陪着我们，为我们整理冬夏衣裳，买来各色糕饼点心，跑遍左邻右舍，拜托叔叔阿姨照顾我们。邻居们都满怀不平，倒是满口答应。爸爸还每天烧好小菜给我们吃，晚上在灯下讲故事给我们听，仿佛要在这最后相聚的几天中尽量享受天伦之乐。在出发前两天，我半夜醒来，吃惊地发现爸爸还呆坐在我们的床边，眼睛望着墙上妈妈的像，泪水已湿透他的衣裳。我不禁叫了声爸爸，爬到他怀中痛哭起来。

临走那天，爸爸把一个存折、两张定期存单、一只银戒指和一串钥匙都交给了我，千叮万嘱要我管好妹妹。他说："好孩子，你辛苦一点，爸爸明年一定回来。"我含着泪一一点头答应。爸爸这才挂上大红花上了汽车。我背了妹妹站在门口送他，他从车窗中伸出手来向我们挥了又挥，我和妹妹都号啕痛哭。无情的汽车终于把爸爸载走，奔向那烟云迷漫的大山丛中去了，这是我见到爸爸的最后一面。

爸爸走了。我努力按照他的嘱咐去做：读书、烧饭、洗衣服、管妹妹。爸爸每半个月写信来，每月中旬汇工资来，还经常托人给我们捎来大胡桃和牦牛肉干。我们虽然看不见爸爸了，但生活还是安定的。然后就是那场大革命来了。

我们也不懂什么叫走资派和牛鬼蛇神，从哪儿出来这么多的坏人，反正局势一天比一天混乱。爸爸的来信也不正常了，半年后就没有信了，接着客车又中断了。从那边逃回来的人告诉我们，山里情况很可怕，天天武斗，乱打乱杀，也说不清爸爸的下落。我们急得天天啼哭，林大叔为我们写过很多封信向指挥部查问，都是杳无回音。但是后来又按月汇来了工资，汇款单不是爸爸写的，是另一种娟秀的字迹，在汇款人附言上照例写上"本人下落不明，工资照发"几个字。

爸爸啊，你到底在哪里？

千 里 寻 父 行

爸爸曾经讲过一个"万里寻兄记"的故事给我听过，说的是明朝有位姓黄的文学家，和哥哥失散几十年了，不知下落。他立志寻兄，穿上草鞋，戴上笠帽，背上包袱，走遍千山万水，在茫茫人海中像大海捞针似地寻找哥哥，最后感动了神灵，终于遇上哥哥重新团圆。

古人能万里寻兄，我为什么不能千里寻父呢。也许爸爸正病倒在大山中眼巴巴望着我去呢。我想到这里再也按捺不住，先找妹妹商量：

"好妹妹，爸爸下落不明，我们不能坐等。我想到山里去寻爸爸，和他一同回来。我把你托在林阿姨家里，你委屈几天吧。"

妹妹真听话，噙着眼泪点点头，只说了一句："哥哥，你要自己小心啊，要是我能跟你一同去找爸爸该多好啊。"

但是叔叔阿姨们都不赞成。他们说现在路上不太平，山里面更乱，我这么小的年龄，孤身前往，太危险了，还是等局势平静后再由大人带去好。但是我执拗着要走，我的理由是正因为我年纪小，才安全，两大派都不会注意我的，只求他们照看妹妹。

　　我的决心如此之大，大人们最后也都感动了。林阿姨答应照看妹妹，林叔叔还到"里革委"替我开了张证明信，上面写着：

　　"现证明红小兵李解生，今年 14 岁，卫红小学学生，家庭成分职员，本人出身学生，政治历史清楚，革命意志高涨。现去卡拉山六〇八指挥部工地探亲，希沿途革命群众组织给予协助。"

　　我点了五十元钱和三十斤粮票放在身边，把一些重要东西锁在小木箱内，用一根塑料绳穿好钥匙，套在妹妹头颈里。再整理好妹妹的衣服、用具，送到林阿姨家。回来锁上大门就去南门汽车站启程西行了。

　　我从来没有出过这么远的门。汽车出城后跑了半天，就进入大山区。呵，数不完的一座座高山，爬不完的一道道峻岭，那景色和电影"孙悟空三打白骨精"中的镜头一模一样。我也无心观赏，一直想着我离爸爸的距离一步近一步了。汽车开到第三天下午，离开卡拉山已不远的地方，忽然被拦住了。司机叔叔下车交涉很久。最后回来拉开车门宣布，前面正在大武斗，一切交通都停了。他叫旅客统统下车自想办法。愿回去的，明天原车开回 M 市。旅客们顿时骚动起来，有的骂，有的急，有的哭，最后他们都各找门路走散了。车站只留下我孤身一个，不知所措。司机叔叔打水回来，看见我孤身坐在地上走投无路的样子，同情地问我是怎么回事。

　　"我要去卡拉山指挥部找我爸爸，"我努力忍住眼泪："叔叔，这里到工地还有多远？"

　　司机皱起眉头打量了我一番，为难地说：

　　"从这里到大桥还有靠十公里路，但是全部封锁了，只有东方红武工队员才能通行。大桥也已封锁了，你怎么过江呢。过了桥那座大山就是卡拉山，但是指挥部还在山顶后面，你哪行？今天先找个地方睡下，明天跟我回去吧。"

　　"不行，我一定要去，爸爸生着病，等我去呢。"我一听到江边不过十公里路，信心倍增。千里寻父，区区十公里算什么。"我是个红小兵，有证件，去探亲，和他们武斗没有关系，他们不会难为我的。"

　　司机看了我的证件，沉吟半晌。也许我坚决、焦急的样子感动了他，就指着一条小路对我说：

　　"你一定要去，不要沿公路走，从这条小路过去，翻两座小岗子就是江边了。对武工队的人你要多求求情。"然后他把嘴巴贴住我的耳朵："武工队查起来，要说你爸爸是东方红的人，到了对岸，要说你爸爸是井冈山的人，记住了吗？"

　　我真想跪下来给他磕个头，到处都遇见好人啦。我收紧背包，提上拎袋，谢过了司机，直奔小岗。

　　这条小路大概很久没有人走了，所以路上倒没有遇上武工队。抄小路虽说近，但全是爬山越岭的羊肠鸟道，走得我汗下如雨。直到太阳下山，才爬上最后一道岗顶。我觉得两腿像折断了似的酸痛，似乎要支撑不住了。但当一条大江出现在我眼前时，我眼睛一亮。爸爸，我的爸爸就在对岸大山里呀。我喘了几口气，鼓起剩下的一点劲，放开脚步，直奔大桥。

凭着我的证件、哀求和眼泪，加上司机叔叔面授的秘诀，桥两头的守卫队倒没有怎么留难我，比想象的顺利得多地走过了大吊桥。到了卡拉山脚下，天色已经暗黑了。大山的黑影像一头巨兽蹲在我面前。我抬头望去，在绝顶上闪烁着一些灯光。那一定是指挥部了。爸爸，我的爸爸，我就要见到你了。我咬紧牙关，拖着又饥又渴的身子，开始向上爬升。我也没有走公路，那样太远了，而是沿着陡峻的山道攀登。虽然累，要快得多。

但是，小道越来越陡，连想坐下来喘口气的地方都找不到，而且也越来越不明显了。有时似乎小路已经消失，走了几步，又隐约地出现一些痕迹。我一定走错了路，最后爬到一块大悬崖的脚下，再也找不到前进的路。

我又急又怕，在茫茫暮色中，看到悬崖上分布着一些人工凿过的痕迹。这一定也是一条路，也许是牧羊人上下的捷径。"走！"我咽下一口唾液，手足并施地向崖上攀登。

爬高十多米后，石痕忽然又消失了。我沉住气仔细寻找，才发现上面一个脚痕在两尺多远的地方。我人小腿短，跨了几次都够不着，就这样挂在悬崖上进退不得。因为要往下爬已看不清脚印，更加危险。在绝望的心情下，我伸手抓住石缝中长出来的一些小树枝，把身体荡过去。不料那树枝经受不了我的重量，突然从石缝中脱了出来。我再也控制不住自己，一松手就从悬崖上滚了下来。我脑子中闪过一个念头："完了"，接着听到随着我坠下的碎石沙沙声，眼前金星乱冒，然后，一阵钻心刺骨的剧痛，我就不知人事昏死在悬崖脚底。

小 王 哥 哥

我醒来时，发现自己躺在一张木板床上。我想动一下手脚，立刻感到一阵剧痛，不由呻吟起来。一个人影立刻出现在我面前。他低下头，亲切地对我说：

"你跌伤了，不要动。痛吗？忍一忍。我明天请大夫来给你治。现在先咽下这颗急救丸。"

我吃力地睁开眼向他望去。他约莫有二十来岁，长得很清秀。头上堆着柔软乌黑的长发，有几绺拖到额边。微笑的面容，温柔的声音，一看一听就知道他准是个好人。

"这是什么地方？我怎么到这里来的？"我驯服地咽下丸药，有气没力地问。

"这里是临时木工房，我姓王，是木工。我今天在下面修工事，放工回来时在大石板脚下看到你跌昏过去，我们几个人把你抬上来的。你不要怕，没伤着要害，吃几贴伤药，很快会好的。你放心在这里休养好了。"

　　接着，他取了块毛巾围在我脖子上，端来一碗粥，坐在床边一匙匙喂我。我勉强把头转了一下，看清在墙角有一只土灶，上面熬着粥，还在冒着蒸汽。

　　吃了半碗粥，我不想再吃了，挣扎着说：

　　"王叔叔，我……"

　　"不，我比你大不了多少，你叫我小王好了。"

　　"小王……师傅，我姓李，从 M 市来的，我是来寻爸爸的。我爸爸是会计，你认识他吗？知道他在哪里吗？"

　　小工慌忙打断我的话："你伤着呢，且别多说。我不认得你爸爸。武斗中失散的人很多，你先安心养伤，伤好后慢慢寻找。"

　　这夜晚我迷迷糊糊做了许多噩梦，几次哭叫醒来，小王整夜陪着我。第二天他请来大夫。大夫检查、询问了一下，皱着眉头对小王说：

　　"可能是粉碎性骨折，要休养几个月呢。这人是哪里来的？最好让家属领回去。在山里，兵荒马乱，自顾不暇，谁照料他！"

　　"啊，那不行。这么重的伤，送回去路上要出事的，他家里也没有人。大夫，你行个好，我来照顾服侍他好了。"

　　大夫没吭声，从药箱中取出一些药和纱布绷带，又开了许多方子："那好，不过你得付钱喽。药房中伤药不多，主要的白药你得自己去外面买。我过几天再来看。"

　　打这天起，小王日夜护理我：换药、喂药、喂粥、揩身，直到大小便。每当我受不住痛苦折磨呻吟时，他马上赶到身边安慰我，比我服侍妹妹还尽心。接着我又染上肺炎，高烧、胡话，我也不知道这几天他是怎么挨过来的，等我清醒时，他的脸孔已瘦了一圈，眼眶中布满血丝。我不由握住他的手，泪下如雨。

　　他掏出手帕，为我擦干泪水，偎着我的面颊说：

　　"弟弟，不要伤心。我和你一样都是苦命人。我爸爸妈妈早死了，只有一个弟弟也在武斗中死了。我家也住在 M 市，只剩下个瞎眼老奶奶。我们是一条藤上的苦瓜，我们认个兄弟吧。"

　　从此我就叫他哥哥，哥哥待我真比同胞手足还亲，他的心血和泪水救活了我。哥哥也替我出去打听爸爸的消息，可是都没有确讯。他回来时总是不安地对我说：

　　"查不出啊。武斗死伤名单中没有他，火化场、烈士冢中没有他，俘虏营中也没有他。有人说他是第二次大决战中失踪的。那次是井冈山夺回行政大楼，会计处是东方红的据点，打进去后东方红的人都逃散了，有的人翻过寡妇梁子到贡戈山第二基地去了。你爸爸也许去了那边。等形势平静一点后再找，总归联系得上的。"

　　我听说爸爸没有死，就安心了一半。我虽不能起床，从半山腰那只高音喇叭整天广播的声音里，也知道许多事，从国家大事到卡拉山的战斗。我知道东方红的进攻一次比一次激烈,知道决定命运的大搏斗即将开始。接着又广播了井冈山司令部的一些紧急通知:坚壁清野、撤退方案、敌后游击等。小王哥哥的面色一天天阴沉下来。一天晚上,几个木工来动员他撤退:

"小王,走吧。这次东匪扬言,杀进卡拉山要将井冈派杀个鸡犬不留,走了保险,不能等死!"

哥哥指了下躺在床上的我,平静地说:"我不走,我走了弟弟要死的。我早已退出武工队了,又是个小八拉子。东方红来了我照样做木工。真要抓我杀我也是命里注定,逃不了。"

那些武工队员摇摇头走了。哥哥啊,你真把我看得比自己生命还要紧!

后来,枪声、土炮声愈来愈密愈近。最后两天杀喊声已漫山遍野,高音喇叭也突然停止播音。等到恢复广播后,已经改成东方红革命电台了。电台中播出一条条革命通令:命令井冈山残匪缴械投降,命令武工队员投案自首,动员革命群众揭发井匪滔天罪行等。

在改朝换代后的第一个月里,我们还算过得太平。在哥哥的精心护理下,我的内症外伤恢复得很快,甚至能下床一拐一拐地行动了。哥哥是大门不出埋头在工房中劳动。除了做公活外,许多人上门央求他做各色家具。他总是答应,日以继夜地锯着刨着。哥哥的手艺真巧,在他手下,一只只精致的家具出现了。我也可以帮他干点粗活,还学了好些木工技术。他待人接物是那样和气,对工钱从不计较,我觉得这世界上除了爸爸外,他就是最好的人了。我们共同做工,一张桌子上吃饭,一张铺上睡觉,互诉身世,互吐衷肠。我们之间已经结成比同胞手足还亲的骨肉情谊。

但是,自从"加强对井匪的专政"后,我们的日子就不太平了。小王哥哥参加过武工队,不时被叫去审查和勒令他登记、交代、揭发。哥哥再也没有心思做木工了,常常呆呆地坐着出神。每次被审问回来,面上常常挂着伤痕,眼睛中包着泪珠。我一阵阵心痛,抱着他说:

"好哥哥,都是为了我,你才落入他们手中。你是好人受苦,迟早会弄清问题的。真的杀人凶手逃不了恶报,你这样的好人一定有善报。哥哥,你忍耐一下,要想开些。"

哥哥抬起头来,呆看着我,喃喃地说:"善有善报,恶有恶报,不是不报,时间未到。"说完就紧紧抱住我,亲着我的面颊,我们都哭了。

活捉反革命杀人犯

斗争井冈山反革命匪帮的形势一天天紧张起来。从广播中我知道快要召开第一次镇压反革命大会了。虽然听说我爸爸是"东方红"的人,但我对这批青面獠牙揪打哥哥的东方红专政队一点没有好感。我觉得参加过井匪的哥哥比他们就是好,好上一万倍!

我这时已经能够在木工房附近走动走动。这天我稍走远一点，在大字报栏上看到一张又一张褪了色的告示。我看了一下，原来是号召群众提供杀人凶犯线索的动员，贴出已有不少日子了。在告示后面并列着一大批被井匪杀害的烈士名字。我万分惊恐地在其中竟发现了爸爸的名字。

我全身战栗起来，我感到天摇地转。我把眼睛揉了又揉，看了又看，希望这纯是看错了。但是，白纸黑字，清清楚楚写着爸爸的名字，后面还注着：代理会计科长，在第二次保卫战中被害。我发狂似地奔回木工房，把伏案坐着的哥哥拖了起来：

"哥哥！我爸爸早死了。你知道吗，你为什么瞒我骗我？你说，你说嘛！"

小王哥哥木鸡似地站了起来，由我推着打着。最后他用嘶哑的声音说：

"是的，我早已知道你爸爸死了。但是我怎么忍心告诉你呢，何况你那时还生着重病。好弟弟，是我骗了你，我自己的弟弟死得还要早，我也骗着奶奶呢。我还要骗下去，骗一天，算一天。弟弟，你打吧，打我吧。"

我的所有希望完全幻灭了，我放声恸哭，哥哥不再劝我，陪着我哭。

第二天，专政队又把哥哥找去。回来后，他埋头写着什么材料，或者呆呆地望着天空，不理睬我。这天半夜里，我惊醒过来，看见他在灯下缝一个小黑布包。后来又蹲在墙角里整理旅行袋。我望了一回，慢慢地又睡熟了。

9月20日，这是个永远难忘的日子。

上半天，专政队把我找去，几个头头面容严肃地对我说：

"你的情况我们已调查清楚了，你为什么不早来找革委会？你爸爸是在保卫革命据点时被井匪杀害的，你也知道了。下午要开揪反革命杀人犯大会，你老子的冤案就要昭雪。你也去参加大会，代表受害者亲属上台控诉井匪罪行，讨还血债，要勇敢些，懂吗？"

一听说我的杀父仇人就要被揪出来，我把牙齿咬得格格响，我说：

"是谁杀害我的爸爸，我要咬断他的喉咙！"

头头们交换了一下眼色，说道：

"先给凶犯们一个坦白交代的机会。凶手如果顽抗到底，就毫不容情当场揪出，由你批斗，批斗后就镇压，给你老子报仇。"

我在专政队里吃了中饭。下午一点半，大会在阴森森的气氛下开始了。群众三三五五都来了，有的趾高气扬，有的垂头丧气。我看到小王哥哥和几个民兵坐在后排，便在挨近他们的地方找个座位。

东方红的左司令是大会主席。他的喉咙本来就响，经过扩音机一广播，几乎十里方圆都能听到。他痛斥了反革命罪犯的血腥罪行，严正声称要一笔笔地加以清算。凶手们的唯一出路是彻底坦白，自首交代。他说到这里，拿起桌子上的一只闹钟，拨了一下，上了弦。然后厉声吼道："给凶犯们五分钟时间，当场自首，否则，加重处罚，决不宽贷。"

说完就把闹钟放在麦克风旁，用威严的眼光向台下扫射。

会场中顿时鸦雀无声，寂静得连一枚针掉在地上都听得见。扩音器中传来滴答滴答的闹钟声，使人感到喘不过气来。"只有三分钟了""还有两分钟""还有最后一分钟！"司令一次次地发出警告，全场仍没有人自首坦白。

当闹钟叮铃铃响起来时，左司令突然一声怒吼："把反革命杀人犯王树成揪上来！"这爆雷似的声音，把我吓了一大跳，在我还没有清醒过来时，只见坐在小王哥哥旁边的几个人猛跳起来，把哥哥一把抓起，两人拉住手，一人揪住头发，像喷气飞机一样揪到台上。民兵们用手一按，哥哥便跪在台上，面向全场。

司令把"警堂木"一拍："王树成！交代你杀害李会计的滔天罪行！"

哥哥的嘴唇似乎在动，但是我已快昏迷了，什么都听不清，看不见。最后我只听到司令又在吼叫："现在由受害者亲属上台控诉。李解生，上来，快一点。"

我昏昏沉沉被两个民兵带到台上，全场顿时轰动。我看见哥哥面色惨白，两颊淌着血，嘴里吐着白沫，不是两个民兵挟住他，他肯定会瘫在台上。面对着这杀父仇人，我准备好的血泪控诉和拳打脚踢嘴巴咬的种种讨还血债的行动不知飞到哪儿去了。我呆呆立在他面前，勉强挤出几句话来：

"哥哥，你杀了我爸爸？不对吧，不是真的吧？这到底是怎么一回事啊？"

我是多么希望小王哥哥从地上爬起来，强烈否认他杀过人，这一切是陷害，是诬蔑，是造谣。像他这样一个好人怎么会杀人，怎么会杀我爸爸这样的好人呢。我认为他一定会这么做的。可是我失望了。哥哥仍跪在台上，吐出一些断续的词句："……我有罪……我认罪抵罪……是误会，弄错了人……宽大……我有老奶奶……"

痛苦、伤心、惊讶、绝望的滋味一齐涌上心头，我再也支持不住。我腿一软倒在台上。

"怎么搞的，没种的小崽子。来，先把他抬到一边，"我的表现很使左司令失望，但他马上有声有色地代我控诉起来：

"革命战士们，请看刚才发生的悲剧。这孩子是老李的儿子。井匪杀害了他最亲爱的唯一的亲人，他太悲痛了，昏了过去。老李同志是位好同志，他坚决捍卫毛主席的革命路线，为'文化大革命'流尽最后一滴血。就是这么一位好同志，被井冈山匪徒用冲锋枪打死，身上中了几十颗子弹！英勇的老李到临死还高喊东方红万岁，井冈山必败呢。现在，把杀人犯王树成押下去。下面，把反革命杀人凶手×××揪出来！"

这天大会共揪出证据确凿的杀人犯六个之多。揪完后，由"卡拉山临时特别专政法庭"当众宣布，六名凶手，罪大恶极，而且顽抗到底，都判为死刑，立即绑赴东方烈士陵前执行。散会后许多人都挤到路边甚或刑场上去看热闹了。民兵问我，要不要去刑场看凶手伏法，我使劲地摇头。民兵们很鄙夷我的熊样子，便把我带到招待所，让我住在东侧的一间小房子里。

"那也好。木工房已经查封了。你就先在这里住几天。你的东西我们已给你拎过来了，等一会儿看一看，有没有缺少。饭嘛，招待员会送来的。过几天到指挥部领抚恤金，听清楚了吗？好，我们走，去看枪毙凶犯呀。"

他们走后，我躺在床上，身体像棉花一样动弹不得。高音喇叭还在重播方才的大会实况。忽然外面传来一阵嘈杂声，我从窗口望去，只看见公路两边人头攒动，六辆大卡车鱼贯而进，我看见小王哥哥五花大绑立在第一辆车上，旁边都是荷枪实弹的民兵。他清秀的脸已瘦得剩下皮包骨头，惨白如纸。

"哥哥！"我凄惨地喊了一声，再也支撑不住，瘫倒在床上。也不知过了多少时间，听得远处传来几声枪响，我知道杀我父亲的仇人也是救我性命的恩人已经伏法了。

血 泪 遗 书

当天晚上，我孤身独影，倒在招待所的床上，彻夜失眠。这几天发生的一切，都像噩梦似的在我脑中翻腾。我不敢相信又不能不相信，我不敢去想又不能不想。夜深风起，窗棂咯咯作响。爸爸和哥哥的幽灵仿佛就在我身畔游荡。我打了个寒噤，蜷缩着身子，眼睛无目的地向四周扫射，忽然看到堆在墙角的两个包。

它们确是我的背包和旅行袋，上面还拖着写有我名字的白布条。但是我的旅行袋中没有几件衣服，是个干瘪的包，而现在它却变得胀鼓鼓了。我越看越怀疑，一骨碌爬起，将旅行包吃力地提上床，解开绑在链口的细麻绳，拉开拉链。我的几件衣服都放在顶部，小王哥哥都细心地给我洗好、补好和叠好。衣服下面塞满了新衬衫、汗衫、袜子、皮鞋、一只手表、一只袖珍收音机、一支金笔、几本书和许多文具。这些都是哥哥所珍爱的东西，他曾告诉我，那几件新衣是准备在结婚时穿的，收音机是他当上先进工作者的奖品……另一半塞着一个密密缝好的黑布包，包上还放着一封信。封面上写着"李解生弟弟亲拆"，这也是哥哥的笔迹。我迫不及待地撕开信封，取出厚厚的一叠信纸，贪婪地读起来。读着读着，我的眼睛模糊起来，泪水一滴一滴地湿透了哥哥留给我的这封血泪遗书。

这封遗书是这样写的：

解生，我亲爱的好弟弟：

请允许我最后再这么称呼你一次吧，请你接受一个罪犯在临死前的忏悔吧。

当你读到这封信时，我已经是个枪毙鬼，变成一堆灰了。对这个世界，我也没有什么留恋，唯一放心不下的是我的老奶奶和你。

自从认识你以来，我总算过了几个月最愉快、最有意思的日子。你多么像我的亲弟弟呀，我发狂似地爱你。可惜相聚时间太短了，真像一场梦，快要醒了。为了多做几天梦，我费尽心计骗你、瞒你，现在，是到了最后的日子了。不能不向你吐露真情了。

弟弟呀，你做梦也不会想到，我就是杀害你爸爸的凶手。你恨我吧，咒我吧，杀我吧，咬下我的肉吧，挖出我的心吧，我都无怨，只求你读完这封信，要知道我不是坏人，我和你爸爸一样是个可怜的善良人啊。

我记得我告诉过你，我是个苦命人，从小就死了爸爸妈妈，是奶奶把我和弟弟带大的。我们一家三个人，一直在苦水里熬煎。奶奶为了我们，辛苦得眼睛也瞎了。我弟弟是个非常懂事听话的人，就像你一样。他是我的心和肝，我从小就发誓要使奶奶和弟弟过上好日子。

我在六〇年参加建工队当木工徒弟，六四年到卡拉山来，这里工资高，我可以让弟弟读书。可是他一定不肯，吵死争活要和我在一起做工，怎么劝也不理，我只好带了他来也当徒工，这是我做的最大蠢事。现在想来，当初不带他来该多好呀。奶奶这时眼睛已快全瞎了，她一面哭一面把弟弟交到我手里，千叮万嘱要我照顾好小弟弟，送我们到汽车站，这些情景我永世忘不了。

在工地上，我和弟弟都拼命工作和学习，我们都入了团，都是先进生产者和学雷锋标兵。我们全身好像有使不完的劲，生活充满欢乐和希望。可是我真不懂，为什么突然会来这一场文化大革命。我和弟弟听说是毛主席亲自发动的，是坏人想叫中国变颜色，是为了保卫社会主义江山，我们都二话没说参加了造反队，打江山，坐江山。但是怎么又会出来个东方红，也是造反的，和我们打个你死我活，结下血海深仇，我就弄不清楚了。头头们说，东方红是打着红旗的反革命强盗，为了保卫我们夺权的成果，要和他们血战到底。我和弟弟都编进武工队，防守第三工区的据点。四二〇大会战中，东方红攻进我们的据点，真的杀人放火。在撤退中我和弟弟失散了。他走得慢，被东方红俘虏了。我急得失魂落魄，到处去找，最后在楠木溪头找到他的尸体。弟弟死得惨啊。全身打得没有块好肉，眼珠都爆了出来，一根削尖的螺纹钢筋刺穿他的胸膛。他的两只小手紧紧捏着拳头，好像要报仇似的。我真正发狂了。我哭着，叫着，我怎么对得起死去的爹娘，我怎么回去向奶奶交代！我割开手指写下血誓，我一定要报这血海深仇。

从俘房营中逃出来的人告诉我，他们是被东方红财会支队抓去的，残杀我弟弟的凶手就是支队头头李队长，我咬牙切齿记住了仇人，发誓要亲手挖出他的心来祭我的弟弟。

后来我们就发动踏平东匪的五一七反攻战，我报名参加尖刀连。我真是杀红了眼，我只有一个思想：报仇！我是第一个冲进行政大楼的。我像发疯的野兽一样端着枪踢破会计处大门冲了进去，看到一个人手里握着一根螺纹钢，身体紧紧压在银箱上。我怒火万丈，一把抓住，要他说出姓李的头头在哪里。他说，他就是。仇人见面分外眼红，我端起枪来大喊道：你这个杀人凶手，今天落在我手里了。真是天有眼睛，我现在就要取你这条狗命!

他跪在地上苦苦哀求,说他没有杀过人,还说家里还有两个孩子,杀了他就是杀了三条命。我这时已经疯了,哪里听得进去,眼前好像出现了我弟弟血淋淋的身影。我就大喊一声,扣动扳机,打了一梭子又一梭子,直到他卧在血泊中为止。解生,好弟弟呀,我打死的就是李伯伯,就是你的爸爸呀。

我打死你爸爸后再冲出去继续追击逃匪。追到鲜水沟,看见我们的另一支尖刀班从磨盘沟那边冲过来。他们高兴地告诉我,东方红的李队长已经被他们打死了,替我弟弟报了仇。叫我去再捅上几刀泄泄恨,我一听顿时口呆目瞪。我赶紧问他们,杀我弟弟的不是会计处里姓李的老头吗?他们哈哈大笑,说我弄错了,那个老李头是早已靠边的国民党残渣余孽。财会支队的头头是个姓李的临时工,才是穷凶极恶的杀人犯呢。我这才知道我犯了大错,我错杀人了。我从这一刻起,再也没有勇气武斗了,我完全变了个人,后来借口促生产退出了武工队。我杀你爸爸时没有人看见,东方红打垮后也没有人来追查这事。但真要查是不难查清的,因为我是第一个冲进去的,我又向别人问过话。我知道我变成一个杀人凶手后,再也没有睡好过一天党。尤其通过暗地打听,我才知道我杀了一个最忠厚善良的好人,我痛悔莫及,每天晚上总好像他血淋淋地立在我身边。我去了火化场,寻来了他的骨灰。我在木工房中悄悄立了块牌位,供上香,天天叩头请罪。我在收发室里还看到你们寄来的信,我都偷偷拿走,看了后才知道他说的一点不假,我杀了两个孩子的爸爸。弟弟呀,我的心天天就像刀割针刺一样,活受罪呀。我真想一枪打死自己,可是我还有奶奶,还没有向你们赎罪,我还不能死。从此我每个月给你们寄去钱,但是我不敢告诉你们真情。

以后的事你已经知道了,你进山来找爸爸,跌昏在悬崖下。我背你回来,看到你的证件,马上知道你是谁了。我用尽办法救护你,本来只是想赎我的一点罪行,但后来我已真正爱上你了。我梦想把事情隐瞒到底,可是东方红又打了回来,罗网已一天天收紧,恐怕我已逃不过明天这一关,我知道有些武工队员已在揭发我立功赎罪了。不过我不死心,我还要抵赖隐瞒到最后一刻。如果明天不揪我,我决不交代,我多么想再做几天你的哥哥啊。

亲爱的弟弟,我已经向你坦白了全部真相了。我是你的杀父仇人,我骗了你,你怎么恨我我都不怨,我很快就要一命偿一命了。我只求你,看在几个月来的情分上,答应我几件事。你是个好人,一定会答应我这个快要枪毙的人的请求的。你答应了我,我在阴司里永远保佑你。

第一件事,在小黑布包里有四千元钱。这是我和弟弟的全部积蓄。请你拿去二千元,作为我向你赎罪的一点点心意。请你放心,我的钱是干净的,完全是我们做木工积下来的,上面没有一点血迹。好弟弟,你一定要收下,给你妹妹做生活费也好。你收下了就减轻了我一点罪孽，好让我早一点去轮回投胎。

第二，还有两千元钱，我求求你每个月给我瞎奶奶寄去十五元，可以维持十年多。我估计瞎奶奶决不会再活十年的，如果死得早，多下的钱求你帮助办掉丧事。好弟弟，再求求你千万别告诉奶奶我们都死了，只要说我们已到很远很远的地方去了，弟弟，求你啦。

第三，布包里有两袋骨灰。蓝布袋里盛的是李伯伯的骨灰，好弟弟你带回去供奉吧。白布袋里是我小弟弟的骨灰，求求你也带回去，想个办法埋在我奶奶床下的地里，让小弟的灵魂有个依托。这样，我就再也没有牵挂，口眼都闭了。我奶奶住在大井头里街25号，你是知道的。

信写长了，必须结束了。弟弟，好弟弟，让我最后再叫你一声吧。永别了。千万自己保重。

你的仇人和哥哥
绝笔

又，还有一些衣服和用品，我再也用不着了，一并塞在你的包中，做个留念吧。

恩 仇 世 家

我似乎忽然变得成熟、懂事了。我揩干了眼泪，考虑怎么办。我没有时间哭泣了，我还有许多事要做。

第二天，我先跑到山上火化场，找到管焚尸的郝师傅。他是个很负责、仔细的老头，常常说：这些年头人命不值钱，一五一十地拖上来烧化，难保没有冤死的。所以不论是斗死的走资派、战死的武工队、打死的俘虏还是自杀的牛鬼，他在火化前都详细登录，火化后都留下骨灰。他说：万一以后有人来要灰呢。当我向他要哥哥的骨灰时，他看着我说：

"孩子，我知道小王是你的杀父仇人，但是现在人已枪毙了，变灰了，一命抵一命。你还要他的灰干什么，要千遍踏万遍踏，不让他超生吧。冤家宜解不宜结，算了吧！"

我再三向他解说，小王是好人，他是错杀了人。我要骨灰是为了带回去埋葬，安慰他的阴魂。开始郝师傅不相信，我急得赌咒发誓，他才信了。叫我签了字，把哥哥的骨灰交给了我。我把它和他弟弟的骨灰放在一起，我要带他们回故乡。

我又去了爸爸生前住的宿舍，收拾爸爸的遗物，从被褥、衣服、破皮箱直到眼镜、手杖和没有写完的家信。每件遗物都引出我的痛泪。我强忍住了，把它们捆成两件大行李。

最后我跑到东方红司令部，领取爸爸的抚恤金和烈士证。爸爸虽没资格参加造反队，总算是在保卫战中殉职的。他的历史问题也就免究，从优发给我一千几百元的抚恤金。

几个头头还劝我留下顶替，参加东方红，可以安排我当个徒工，这个我坚决拒绝了。不仅我离不开瘫痪的妹妹，而且我认为东方红和井冈山都是杀人帮，并无两样，我不愿留在匪帮中。

等一切办妥后，我就回来了。因为井冈山已经逃窜，回来倒很方便。我搭了便车到县城，又换乘长途客车，三天后我回到 M 市。

几个月不见，市容起了大变化，繁华的大街已在武斗中烧掉了，沿途都是大字报、掩护体，一片混乱。我租了辆劳动车，推了行李回家。走到大桥脚，看见一个衣衫褴褛的小姑娘跪在人行道上行乞，我吃惊地发现她就是我妹妹。我停下车，扑到妹妹身上。妹妹看清是我后，抱住我的腿哇的一声大哭起来。我把她搂在怀里，听她哽咽地诉说：

"哥哥，你怎么一去没音信了，我等得你好苦。爸爸找到了吗？怎么没有回来。你走后已经打了三次仗了。林伯伯是特务已送进大牢了。我在吴叔叔家里住了一段时间，后来他也被抓走了。里弄造反队又说爸爸是国民党，抄了我们家，把我赶出来，房子变成造反联络站了。我住在里弄底的垃圾桶旁，每天爬出来要饭。"

我伤心落泪，骗妹妹说爸爸出差到很远很远的地方去，要过很多年才能回来。不过爸爸有很多钱让我带回来，以后不怕饿肚子了。我把妹妹拖上车子，推到家门口，找联络站交涉。我拿出烈士证，要他们立刻退还房子。造反队看看烈士证是真的，加上我的大吵大闹，只好答应另找地方办联络站，先把我和妹妹挤到一家右派的厨房里去暂住。我替妹妹洗了身，换了衣服，又买来许多好吃的东西回来。我看到她贪婪地吞吃时，说不出的安慰和高兴。可怜的妹妹哪里想得到这是用爸爸的卖命钱换来的呀。

晚上，我告诉妹妹我去大山中受的种种苦难和小王哥哥救我的恩情。当然瞒下了爸爸的真情。我说小王哥哥和爸爸一同去了很远的地方，他家里还有瞎奶奶，托我去照顾。妹妹听了非常感动，第二天缠着我要同去看奶奶。我没办法，只好背一程、拖一程找到奶奶住所，好在路不算远。

开门的果然是位白发如银的瞎眼婆婆。她摸索着抱住我，凄厉地喊道："树成，是你回来了吗？"倒把我吓了一跳。我告诉她我不是树成，刚从山里回来。树成兄弟都很好，不过已派到很远的地方去了，一时回不来，托我带来了钱。瞎奶奶听说无限失望，但也无限兴奋。我还是第一个带回确信的人啊。她千谢万谢，又摸索着烧鸡蛋给我们吃。我看到奶奶家中又乱又脏，把妹妹放在奶奶身边，动手打扫起来。

等我大体收拾好后，奶奶和妹妹已变成"忘年交了"。她们谈论亲人，互诉委曲。我要告辞时，奶奶流着泪，要我们经常去看她，还问我们住在哪里。她听说我们住房被占，一时无处安身时，兴奋地叫：

"孩子，住奶奶家里来吧。那边一间小房子是树成弟兄住的，他们一时回不来，你们来住吧，我们也好有个照应。"

我还犹豫不决，妹妹是一百个愿意，她用哀求的眼光看着我。这样，第二天我们就搬来了。妹妹和奶奶睡一起，我睡在小王哥哥的床上，我们变成了一家人。几天后，我们谁也离不开谁了，奶奶收妹妹做干孙女儿。在我们的生活中重新出现了骨肉的爱。

我利用晚上时间，悄悄挖开床下的地坪，掏了个小洞，把爸爸的骨灰葬好，让他能宁静地长眠在他爱子的床下。但是，奶奶和妹妹终日不离房间，我没有办法把哥哥们的骨灰埋到奶奶床下去。

有一天，奶奶说在夜里梦见小王哥哥俩回来了，妹妹也说梦见了爸爸。凑巧这天是班车来的日子。我故意说，也许他们真的乘了班车今天到家哩。如果能去车站接到他们，该多高兴。接着我装病说："偏偏我今天头痛感冒，不能上街。"

妹妹听说立刻怂恿奶奶一同去车站，奶奶也很兴奋，她们俩相扶相倚，第一次上南站去接亲人。我赶紧在奶奶床下挖好坑，把哥哥们的骨灰葬好。然后跪在床前祝祷。

"哥哥！我已经按照你的心愿做了，你们安心长眠在奶奶床下吧。多在梦里去安慰奶奶吧。我们现在是一家人了，哥哥英魂不散，保佑奶奶长寿和我妹妹健康吧。"

晚上，奶奶和妹妹精疲力尽地回到家里，说不出的失望和悲伤。我明知就里，只好用空话安慰一下。但是，从此以后，她们每逢班车到达日期就一定要去南站迎接，我苦劝不住……今天嘛，她们已是第一百〇五次去接站了。这一年多来，奶奶一天比一天憔悴，妹妹也一天比一天瘦弱，对亲人无穷的想念，使她们生命的火花慢慢地熄灭下去。天呀，我应该怎么办？是告诉她们真情，让她们在无比的悲痛中死去，还是隐瞒到底，让失望和苦痛慢慢地吞咬她们破碎的心灵？谁能告诉我？

此刻，我又坐在小王哥哥的床边，翻着爸爸遗下的日记，在他死前一天，他在日记上涂了几句话倒好像是谶语：

> 恶人当权，善人受难，头上几曾有青天？
> 种瓜得豆，种豆得瓜，世道为何总倒颠？
> 仇深似海，恩重如山，是恩是仇实难辨！
> 长夜难明，苦痛难忍，流尽血泪别人间。

花 都 遗 恨

话说"洋滚地龙"

我们的小故事发生在世界花都——巴黎郊区的一座"洋滚地龙"里。洋滚地龙这个名词不论在辞海、辞源或大百科全书中都是找不到的，所以还得交代几句。上点岁数的上海人大概都知道"滚地龙"这个词。那是在二三十年代，大批外地贫民和破产的农民涌进了上海这个冒险家的乐园，企图混口饭吃。他们虽然穷得一无所有，毕竟还是人，也要有个遮风避雨和躺下睡觉的处所，因此在火车站附近蕃瓜弄一带就出现了一条条用芦席和黄泥构成的"建筑物"，作为他们的栖身之所。富有幽默感的上海人就给这些建筑物取了个形象性的、生动活泼的雅号：滚地龙。滚地龙内外的卫生条件是不言而喻的，尤其在夏天雨季，那真是苍蝇与蚊子齐飞，污泥共粪便一色。到今天，这些滚地龙已经像恐龙一样地绝迹了，只在当年的报刊或影片中偶尔还留有它们的倩影——这也已成为珍贵的历史文物照片啦。

这一形象不堪的滚地龙怎么会与世界名都巴黎扯上关系呢？原来巴黎虽然繁华富丽，却一样有大批贫民遁迹其间。他们当然住不起花园别墅或高级公寓，只好挤住在远郊区专门为穷人修建的集体楼中。这种楼一般有五六层高，每层甬道两侧排列着 1 米多宽、3 米多长、面积 6 平方米的"斗室"，形状很像上海人爱吃的"条头糕"，每间住一人。住在这里的大都是些失业的光棍、出卖劳动的苦力、被人遗弃的鳏寡孤独、操特殊生涯的女子以及穷苦的留学生。当然，已经是 80 年代，又在世界名都，房子里倒也冷水热水、电灯电话齐全，还有公厕公厨，和当年的土滚地龙不可同日而语。但是，楼梯上脏物淋漓，厕所中污迹斑斑，斗室中也是又乱又挤，这和豪华住所相比，实有天壤之别。按照相对论原理，说这里是 80 年代的"洋滚地龙"谁曰不宜！

"洋滚地龙"这个名词的发明权属于一位来自中国大陆的谢汉斌工程师。谢工专攻水力学，据说在"暂态分析"上还颇有造诣，可惜时运不济，在他工作的那个设计院中前辈如云，"覆盖层"太厚。在"你不死，我难上"的体制下，谢工虽作了殊死努力，也只在五十出头后才勉强混上个副科级的副主任工程师。眼看双鬓催人，能够留在"一线"

工作的时间不多，好生焦躁。四年前，一个划过右派的朋友忽然来向他辞行。原来此人找到了一个在法国开餐馆的"八篙子打不到边"的远房亲戚，要出洋进修去了。谢工不禁怦然心动，他想自己苦斗三十年，仍是功不成、名不就，何不也出去闯闯呢。好在他中年丧偶，膝下一子一女已能自立，除了个年迈的岳母外，也没有太多牵挂，便拜托了这位朋友。朋友倒很讲义气，半年后真的给他联系了一个自费读"大学博士"的机会。这样，谢工变卖了家里比较值钱的东西，抱着儿女哭了一场，来到了花都。几经周折，住进了洋滚地龙。他在搬来的第一天就咕噜了一句："这简直是个'洋滚地龙'！"

疲 倦 的 谢 工 程 师

星期六深夜，谢工程师乘地铁从华园餐厅回家。在终点站下车时，已错过了最后一班公共汽车。谢工只好咬咬牙迈动麻木的双腿走回滚地龙。这一次，他真是精疲力尽了。打开房门后，双腿一软，倒在小榻上喘息不停。他觉得连睁一睁眼皮的力气都没有。

这也难怪，整整干了十六个小时，还不算挤地铁的时间：到两处人家打扫卫生，再去一家小工厂缝手套，最后在华园洗了六小时的盘子。就是年轻小伙子也受不了，何况他到底是五十出头的人了。谢工一面咳嗽，一面不禁叹了口气："这真是洋插队，我是何苦啊！"

但是当他把手伸进衣袋里时，忽然又亢奋起来。他一骨碌爬起，把衣袋里的钱都挖了出来，堆在床单上。这里有大票，有小票，还有硬币。谢工仔细地检点着，分门别类地清理着，每一张折皱了的钞票都被捏得平平贴贴，一共是 1050 法郎。1050！战绩辉煌。卖黑市，抵得一千两百人民币。一天所入，在国内他要干六个月！此刻他两目炯炯，心脏和手都在抖动。他从床下拖出一只号码箱，这是他的爱子楚范从华侨商店买来送他的珍贵出国礼物——可怜的孩子一定花完了他的全部私房。楚范还设计了一个巧妙的开锁号码：288769。楚范说，这号码用家乡话念起来像"倪爸爸吃老酒"，既好记又不会忘。谢工转动号码，打开箱盖，里面放着一叠叠的钞票，都用小夹子夹着：500 法郎的，200法郎的，100 法郎的……他把新增的钞票小心地加入该行列，然后再细细盘点一遍，总数是十万零五百法郎。

"总算超过了十万，进入了两位数！"谢工兴奋地呻吟着。他亲切地抚摸着这些花纸，这里凝聚了他多少辛苦和屈辱。张张钞票都像是湿的，一半是他的汗，一半是他的泪。他拿出笔，在贴在箱盖里的格子纸上端端正正地填上了 100500 的数字，旁边还加了个惊叹号，再记下日期。他嘘了一口气，锁好箱子，又放在怀里搂了一会，才仔细地放回床底。这时，他才感到饿了。

谢工习惯地打开床头一只大纸盒的盖子，掏出一包方便面来。他连厨房都懒得上了，就用热水瓶里的开水泡着，并机械地在箱盖上划了一横。这是第 498 道横杠了，也意味着他已吃到第 498 包方便面。原来谢工为了尽快使小箱子里的钱突破个位数，十分注意"节流"这两个字。他的衣服，除四年前从中国带来的外，都是从跳蚤市场上掏来的，虽然可能是从死人身上剥下的，或有染上艾滋病危险，他也顾不得许多。在吃的方面，他不仅从未上餐馆享受，连超级市场中的鸡腿和盐肉片也不敢问津。除了热狗，就是方便面。在餐馆打工时，遇到老板开恩，他就放开肚子饱餐一顿，直到装满"非常库容"，达到"校核水位"为止。久之，他的胃病就日趋严重，而且一看见方便面和热狗就恶心。

方便面泡熟了，他用筷子捞着往嘴里塞。实在难以下咽，他又拉开小冰箱，里面只剩下一听 Fidèle 了。他取出罐头，用一把小钢刀开了盖，立刻散发出一股刺鼻的气味。他捞出几块胶冻，拌着方便面吃。

也许很多人不知道这 Fidèle 是什么东西，原来这是法国人为猫准备的佳肴。不过据谢工研究，那可是用上等材料做的，不但含有脂肪、蛋白、蔬菜，而且还含有丰富的维生素 A、D 和 E，无怪巴黎的猫都肥头胖耳。谢工就买了不少罐 Fidèle 来补补身体。要不是在制作中掺进了猫特别爱闻的腥气，堪称价廉物美。开始谢工在附近小店中买，小铺主人着实惊诧这个中国穷汉竟拥有那么多的宠物。谢工怕露出马脚，只好到超级市场去购。谢工第一次吃 Fidèle 时还捏着鼻子，现在已训练有素，不必再捏了。

那把小钢刀也值得一提。此刀倒是地道的瑞士货，只是刀把破了，被主人扔进垃圾袋中，谢工捡了回来，用塑料带一捆，同样好使。谢工用它开罐、削皮、剁菜、割肉，得心应手。说实在的，谢工经常关注和光顾垃圾袋和垃圾桶，捡回不少有用之材。例如斗室里的那只跛足的小沙发也来自垃圾王国，谢工用几本旧书旧稿一垫，居然可供休息。谢工就是这样一点一滴地增收节支，让他的积蓄稳定上升。

谢工终于吞下了最后一口方便面，然后就倒在小榻上迷迷糊糊做起梦来。他半醒半睡，做了很多的梦。白天和往昔发生的事交织地在脑中出现，好像上映了一部剪辑错乱的旧电影片。

谢工程师做了很多的梦

谢工闭上眼睛，梦见自己正在学校里答辩他的毕业论文《具有非线性摩阻管道的水锤分析》，他胸有成竹地回答审查委员们提出的问题，赢来一片赞许声："很有见解""是个人才"……委员们窃窃私语，他则未免有点自满和得意。

但是，他马上又回到今天下午的现实世界：跪在地上吃力地擦洗地板。当他扭开阀门取水时，水管里传来隆隆响声，这不就是水锤么？他呆呆望着，把手按在阀门上，响声就戛然而止。他不禁想起出国前他正在写的另一篇论文《管道刚度和水锤共震关系的研究》。他原打算到法国后继续做他的研究，但现在这些论文正垫在跛脚沙发下面，想到这里，他不禁出了神。

"猪猡！你在干什么？水都流到房间里了！"突然一声猛喝。原来是洋夫妇回来了。他这才惊觉，慌忙关上阀门，再三道歉，赶紧跪在地上用力擦洗。直到洋夫妇把一张钞票丢在地上，边骂边走后才定下心。想到这些委屈，谢工不由得长叹了一声。

窗外草地上传来几个小孩的喧哗声。那是阿拉伯穷人的孩子，房子里挤不下，深夜还在外面游荡。他不禁想起自己的一对可爱儿女。他又陷入迷惘之中。他仿佛正在送他们上幼儿园，又仿佛在灯下为他们补课。星期天他常带他们上公园，两根雪糕就使他们笑逐颜开。然后他又梦见孩子们眼泪汪汪送他去机场，男孩子拉住他的手，哀求似地问：

"爸，你一定要出国吗？我们在一起不是很好吗？爸，不要走吧！"

他只好紧紧搂住他们：

"好孩子，爸爸是为了你们呀！你们熬几年，爸爸会带许多许多钱回来，要让你们享享人间的幸福。"他还特别关照女儿要照顾好弟弟，女儿照例用点头和抽泣回答了他。

他还记得到巴黎后的第一个年头里，思念儿女的痛楚天天折磨着他。实在熬不过时，他挂了国际长途到家门口的公用电话亭，请他们找了孩子来，于是话筒中传来一阵阵"爸爸、爸爸"的童音，姐弟们有多少多少的事争着要告诉爸爸呀！为此，他很破费了点钱。

"现在好了，"他又清醒过来："楚屏礼拜一就要来了，我就要和女儿团圆了！再过一年，要把楚范也接出来，我们全家辛勤劳动，会有光明前途的。"他喃喃自语。确实，这几年来除了为生存和积钱而拼死努力外，他把精力都花在使孩子出国的战斗上。现在，总算先给女儿找到门路。当然，为了取得法国学校的证明和领事签证，他花掉了几乎 4万法郎的巨款。"天下乌鸦一般黑，在外国也要塞狗洞。"他狠狠地咒骂一句。要不然，他的积蓄该达到 15 万了。

现在他又躺了下去，呆望着天花板。这间斗室像囚笼一样困住了他，他感到压抑和气闷。接着，这房间好像变成了一座筒子楼——中国的标准单身汉宿舍楼。在中国，他和妻儿们就在这种筒子楼里住了 12 年。他似又看见妻子正在楼道中生煤炉，左邻右舍正在叮叮当当炒菜做饭，一片欢声笑语。他又回想到在一个寒冷的冬夜，老伴丢下他们逝去了，楼道中的人都来慰问这几个哭得人事不省的不幸人儿。钞票、粮票、用品不断送到他们手中。有半个月，他们三个人吃的饭菜都是邻居送来的。第二年，设计院盖起一幢宿舍，但缺房户是那么多，小小一幢楼怎能解决问题。和院长、书记、总工、处长们比，谢工自感无望，已打算在筒子楼中再熬十载。但党委书记说："老谢工作那么努力，困难那么大，又失去了老伴，必须照顾他。"把分给自己的房子让给谢工。他拿到钥匙后，激动得连夜跑到书记家去哭了一场。从此，他们有了属于自己的"二室一厅加卫煤"的小单元，这是多么温暖舒适的小天地，而每个月只要付 2.01 元租费！

他的思想又跳到初来巴黎的时候，他曾睡过地铁、公园，甚至流落街头。到处都有房子出租，可是怎么付得起天文数字般的租金。最后，一位"北医"的公费留学生小王帮助他找到房租 1200 法郎的斗室，这已是天大的幸事。他想到这里，不禁对住在对门的小王感激不止。

谢工又猛烈地咳嗽起来。他在国内很少生病，到了巴黎为了省钱也没有办医疗保险，想不到近一年来体力大不如前，特别是咳嗽愈来愈剧。去医院？一想起惊人的挂号费、检查费、治疗费、药费……他的心就寒了。管它呢，小车不倒只管推，用老本去拼吧。但是今天的咳嗽似乎不比往常，喉咙里甜丝丝地想吐什么出来。谢工猛然一惊，莫不是真得上肺癌一类绝症了？要住院开刀？这一来他的计划可全付诸流水了。谢工神经质地叫道："我不能生病，我不能死，我后天要去机场接楚屏……"但他迷迷糊糊地似乎已被抬进医院。他挣扎着叫："我不住院，我不付挂号费，把我抬回去！"

他又似乎看见党委书记俯下身来，亲切地对他说："谢工，你的病很重了，一定得住院诊治。你放心，一切公家负担。挂号费？唉，挂号费只要两毛钱啦！你别操那份心了。"

谢工流出了宽慰的眼泪，伸出手去感谢同事们，但握了个空，原来仍然躺在斗室里。谢工挣扎着想爬起来，但是又爆发一阵猛烈的咳嗽，接着许多黏糊糊的液体从他的口中吐出。谢工做完了最后一个梦。

门 缝 下 的 血 迹

楚屏坐在波音 747 飞机的客舱里，心中有说不出的激动。做了几年的出国梦终于成为现实。她是第一次坐飞机，对一切都感到新奇，甚至几次走进精致的小厕所去赏玩，顺便把里面的小香水放进口袋。空中小姐送来的快餐和正餐，她都津津有味地吃个精光。

餐后，她斜躺在座椅上遐思：十多个钟点后，她就到达世界闻名的戴高乐机场。爸爸就在出口处接她。爸爸一定为她准备了舒适的住所，办好一切手续。休息两天她就可以进语言学校进修，再打些工赚钱。听说在外国工资可高呢！从此永远摆脱了贫穷和落后。啊，真是一片光明。

她又不禁想起登机时弟弟流着泪送她走进海关，还在玻璃门外招手、呼喊和哭泣。真是个好弟弟，他卖完家中所有还值点钱的东西，为她准备机票和应带物品，光牙膏就备上两打。此刻，弟弟正孤零零地独自守在空荡荡的家里。她想到爱弟，有点心酸。她咬咬牙发誓："弟弟，顶一段时间，爸爸和我一定会把你也接来，我们将在巴黎重建幸福的谢家门庭！"

十多小时后，楚屏确实踏上法国土地。可是在出口处她再也找不到爸爸。眼望着门外陌生的花花世界，楚屏的方寸全乱了。最后她只好搭上一辆 TAXI。她把袋中仅有的 200 法郎都给了司机，总算寻到了滚地龙。

楚屏拖着沉重的行李，走进甬道，敲了 308 室的门。没有反应。楚屏又重重地敲了几下，依然声息全无。敲门声惊动了一些人。斜对面的小王首先跑了出来。楚屏把情况一说，小王皱皱眉头说：

"谢工好像有两天没回来了，大约在远郊打工，"他边说边指了指堆在门口的免费赠送的报刊，"我听他说起过你要来巴黎，但是怎么会不去机场接你的呢？"

"啊呀，门底下有血！"一个女人突然尖声叫了起来。大家这才发现门缝下果然有一条细细的暗黑色的血迹。小王迅速叫来了管门的西蒙老头，打开房门。大家惊呆了，谢工倒在地上，脸孔和衬衫上染满鲜血，小桌上放着喝剩的方便面汤，地上丢着一只 Fidèle 罐头，他早已僵硬了。

人们同情地惊叹，尽力劝慰已昏迷的楚屏。小王镇静下来，检查了一下，低声说：

"已经死了两天多，看来是支气管扩张破裂。谢工没有说起过他有这个病呀。小朱，你去报警吧。谢小姐，先到我房中休息一下。"

法医检查的结果和小王的估计一致。不久，一辆收尸车呜哩呜哩地叫着开到巷口，谢工的遗体被抬走了。西蒙老头满脸愠怒地要锁上房门进行消毒，经众人说情，才答应先让无处投奔的楚屏睡下。

可怜的楚屏怎么还能闭眼，她的泪已哭干，眼睛肿得像胡桃。她连夜给弟弟写去到巴黎后的第一封信——却是一封报丧信。她不知道今后该怎么过。最后她发现床下的那只号码箱和她爸爸用生命换来的纸币。这成堆的钞票似乎给了楚屏一些安慰和活下去的勇气。

毕竟是年轻人，两星期后楚屏已从悲痛失常的心情中恢复了过来。她还年轻，要生活。她把小房间作了彻底的"拨乱反正"，谢工留下的烂书烂报、旧衣旧裤以及纸箱空罐全被清除了。墙上用壁纸贴过，床上换上新的褥单和枕头，盥洗架上放着廉价的化妆品，衣架上挂满漂亮的衣裙。楚屏不爱吃方便面，更不要说猫食，她从中国城买回不少精美食品，甚至还上过餐厅品尝了法式大菜，这当然很花了她一些钱。

热心的小王帮她注册入学，买好月票，还给她找了份在餐馆中打杂的工作。不幸楚屏自幼被爸爸宠坏，吃不来苦。剥了一星期的虾，她的手指就红肿溃烂。小王又为她找了另一家餐馆，她又托不动沉重的成叠的菜盆，一失手打破了许多，不仅被老板娘赶了出来，还赔了好些钱。楚屏的第三份职业是缝制手套，那真是卓别林主演的"摩登时代"的再版，人得像机器一样整天站着不停顿地运转，连小便都得忍着，而缝一双手套只给 2 法郎。为了挣点钱，楚屏咬着牙熬了一个多月，直到受伤昏倒为止。楚屏还有许多难处：为了保持学生身份，她必须按时上课考试，每个月必须缴付 1200 法郎的房租以及大量的开销。她终于理解西方并不是穷人的天堂，更没有俯拾皆是的遍地黄金。几个月来，楚屏从身体到精神都被摧垮了，她病倒了。由于未办保险，她又被迫缴付了巨额医疗费用。这一切，都无情地吞蚀着小箱子里的积蓄。一天早晨，她检点了一下余款，吃惊地发现只剩下四万九千法郎。她只好把自己关在房中，啃面包和热狗过日子。但是几天后，她又狠狠地自言自语："迟早是个光，光了去跳塞纳河！"她又拿了一叠钞票上餐馆和超级市场大吃大买，回家后又痛哭了一场。她的精神状态似乎有些不正常了。

堕 溷 的 落 花

流光如水，又到了百花飘零的季节。

失业已久的楚屏在超级市场中无目的地游荡着。她又一次站在货架前，一只包金的小化妆盒闪烁着诱人的光芒。楚屏从小就爱玩化妆品，这只小盒子设计得那么漂亮、高贵、齐全，她渴望占有一个，可是昂贵的价格使她不得不死了心。突然，一个罪恶的念头冒了出来，她偷眼四望，除了远处有几个人在选购食品外，杳无人影。楚屏的心剧烈地跳动着，贪欲和良知在搏斗，她终于伸出手去攫取了一只飞快放进袋中。她面红耳赤，手麻脚软，深喜无人看见——可惜她没有察觉到有一双深蓝的眼睛在窥视着她。

楚屏定了定神，又在市场中转了一回，还在提盒中放进一瓶廉价的饮料，然后走向出口，收款员向她看了一眼，冷冷地说：

"小姐，请把你袋中的化妆盒拿出来。"

如雷轰顶，楚屏手足无措，站着不动。

"快一点，不然我要报警了。"

楚屏面红耳赤，拿出了化妆盒，嗫嚅地说：

"对不起，我……我……"

人们围了过来，一个男人问：

"什么事？"

"这个女人偷化妆盒。把你的护照和居留证拿出来。"

楚屏感到天旋地转，涨红的脸已转成苍白，站立不稳。那男人极力劝说，还付了钱，然后挽着楚屏出了门，并把她拖进附近的一家咖啡巴，要了些饮料给她喝。楚屏红着脸，垂下头，偷窥一眼，那是个长着一双三角眼和络腮胡的男人。

"小姐，你受惊了。是越南人还是中国人？你一定很需要钱吧？"那人把化妆盒放在楚屏手中，和气地问。

"先生，谢谢您对我的仁慈。我是个中国学生，因为生病，做不动工……"楚屏说到这里，咽住了。男人摸出一张名片给她：

"我叫吕西安·杜邦，你叫我吕西安好了。认识你很高兴。这上面有我的住址。如果你愿意帮助我收拾房间，每周三个半天，我付你 500 法郎。等你身体好了，我介绍你去图书馆工作，你愿意吗？"

楚屏几乎要跪在这位救世主的脚下了。于是每逢周一、三、五下午，她就去吕西安·杜邦家。那儿离滚地龙不远，房间也不大，每月两千法郎的报酬似乎是主人有意送她的。楚屏感恩报德，把房间打扫得一干二净。但渐渐地她发现吕西安是个赌棍和流氓，经常不怀好意地注视她，甚至动手动脚。楚屏感到恐惧和有一种难以摆脱的苦恼，只能用沉默和躲避保护她自己。她打定主意，能找到一份洗盆子的工作就立刻离开这里。

这一天楚屏又在吕西安房中收拾，所幸吕西安不在家。她擦干净写字台后，看到一只抽斗未关紧，还露出一张钞票角，楚屏拉开一看，顿觉眼花缭乱：一抽斗的钞票和扑克牌！这显然是吕西安昨夜狂赌的战绩了。楚屏呆呆瞪视着，那一张张 500 法郎的大票似乎在向她招手。楚屏战栗地抽出一张，她的心脏又剧烈地跳动起来："这么多的钞票乱堆着，吕西安未必清点过，拿他几张他不会发觉的。"她总共抽出了四张大票，正要放进袋里，突然听到咔嚓一响。她慌忙回过头去，房门不知在什么时候开了，吕西安手里拿了只相机站在门口向她狞笑。

在楚屏不知所措时，吕西安已关上门，走到她身边，捉住她的手，冷笑道：

"看来你是个改不了的贼。那么，这几星期我丢的钱都是你偷的喽。"

"不、不、不，"楚屏绝望地喊道，"我没有，我没有，今天是第一次……"

"第一次？那么在超级市场偷化妆盒又是第几次？"吕西安粗暴地夺下钞票丢进抽斗，把她拖了过来："我这就打电话给警局。"他伸手去拿话筒。楚屏心胆俱裂，脚一软跪了下去哭着哀求：

"求求您，先生，不要报警，以后我天天给您收拾房间，不要钱。"

吕西安得意地望着跪在地上的女孩子。他早在超级市场中就盯上和垂涎这个动人的东方少女了，所以看到了她的行窃。吕西安一面通知收款处，一面又做好人，很容易骗得楚屏的信任。但后来他发现这姑娘有东方女郎的贞操观念，不易到手，才又设下这个圈套。其实吕西安并没有多少钱，一抽斗的钞票还是借来做道具的，可怜的楚屏乖乖地落进了他的魔掌。此刻，像一只猫在吞食捕到的小鸟之前还要尽情地玩弄猎获物一样，他拖起楚屏喝问：

"你把另外的钱藏在哪里了？"

"就那四张，另外我没有拿，不信你搜。"

吕西安用一只手搂住她，另一只手摸着她的胸部，楚屏只好咬着牙忍受他的侮辱。

吕西安摸了个够，兽欲大发，淫猥地捧着楚屏的脸强吻，一面说道：

"现在你只有两条路，一条是我报警，抓你坐牢，驱逐出境；另一条嘛，好好陪我玩，我让你尝尝'第一次'的滋味。我还给你钱，两千法郎一夜，够贵的吧。"吕西安说着把手伸进楚屏的裙子。羞恶之心和贞操观念使她奋力抗拒。吕西安见楚屏还不就范，粗暴地把她按在床上骂道：

"你这个贼！还卖什么身价。再不听话，就把你偷钱的照片印出来，让大家看看你是什么货色。"

一个"贼"字像支利箭刺穿了楚屏的心，瓦解了她的抵抗。接着就是吕西安得意的淫笑声和楚屏嘤嘤的啼哭声。

半小时后，楚屏披头散发地回到滚地龙，一头倒在床上痛哭着。她羞愧，她痛恨，她后悔，她撕着自己的头发，打着自己的面颊。她不敢回想那条全身长着黑毛、散发着腥臊气的野兽是怎样尽情蹂躏她的。她只是一遍又一遍地哀叫："我完了，我怎么办。"

楚屏哭够后，才发现门缝下有两封信。一封是弟弟楚范写来的，另一封是一所学校寄转给楚范的入学许可通知，后者还是谢工在世时奔波求托的成果。楚屏一阵心烦，统统撕成碎片丢入纸篓。她伸手从口袋里掏出手绢擦泪，带出了四张钞票。吕西安倒没有食言，真的付给她卖身钱。楚屏捏着这些钞票发怔，忽然咬咬牙自言自语："一不做二不休，反正是破罐子破摔！"

一个人走上堕落之路，在跨出第一步后会加速堕落下去。楚屏自从失足又打了个"破罐破摔"的主意后，就一路堕落下去了。吕西安又来找她几次，她不仅没有抗拒，而且贪婪地收取卖身钱，只是精明的吕西安已把"单价"大大压低，只肯按三等暗娼的市价支付，据说这才符合经济学上的什么规律。楚屏就另辟门路。她打扮得妖形怪状，穿上"高度性感"的洋服，进出舞厅酒吧，学会了勾引男人、索取钱财的手段。自从她发现自己的身体也可供出售后，再也不愿去干收拾房间和洗盆子的活了。每次她回到滚地龙后，就倒出袋中的卖身款，选取面额大的钞票塞进号码箱中。于是小箱子里的积蓄又像谢工在世时那样渐渐回升。盛夏过后，当天空开始刮起西风时，小箱子里的积蓄又超过了十万。所不同的是，楚屏没有耐心像她爸爸那样把钞票理得整整齐齐，而是胡乱地塞在一起。

楚范得到了他的一份

这个礼拜，楚屏真是倒霉透了。从礼拜一到礼拜四，她的"营业"清淡，分文无入。礼拜五轧上一个犹太佬。人们说犹太人吝啬，果然不假。楚屏用尽手段，只从他身上敲出 1200 法郎——其实只有 1160 法郎，因为初相识时两人在街上喝的饮料还是她付的。

更气人的是，当她快快地回家，走过"意大利门"后，突然窜出一个黑鬼，用匕首把她逼到墙边。那贼低声喝道：

"要命的，把钱包拿出来！"

楚屏怎舍得掏出那点卖身钱，可是匕首尖已顶住她的咽喉。"臭婊子，再不拿出来，老子一刀宰了你！"这些强盗是专门抢劫中国人的，因为他们知道中国人没有信用卡，身上总有一些少得可怜的钱。楚屏把钱包用力扔到马路中央，趁黑鬼去捡包时拔腿飞奔。这倒好，不仅卖身钱飞走了，还赔上一只鳄鱼皮小钱包和自己的数百法郎。

此刻，楚屏倒在床上有说不出的痛心和懊丧。电话响了，摘下话筒，传来吕西安淫荡的笑声：

"宝贝儿，几天没见到你了，晚上我到你这里来玩玩吧，老价钱，怎么样？"

"谁要你来，我今晚有事。"楚屏愤愤地挂断电话。并不是她忽然变规矩了，也不是她不想要钱，实在是吕西安身上那股狐臭她受不了。这可是正宗的法式狐臭，足以教东方人头疼欲裂。怪不得巴黎香水独步全球，一定是掩盖狐臭用的。听说拿破仑的狐臭和他的军事才能齐称，吕西安自吹他的祖宗是拿破仑的亲戚，也许真有点关系。

楚屏回过头来，猛然发现房门已被人推开，一个男人像幽灵似地站在她面前，不由惊叫一声，等她看清那人的面孔后，更惊愕得话都说不清楚了：

"楚范，是你？你、你、你怎么到这里来了？"

楚范把门关上，又向她跨进一步，像复仇之神似地盯着她：

"是的，我来了。你睁开眼睛看看清楚，是我来了。你用尽心机，弄掉我的学籍、断掉我的后路，我还是来了。怎么样，你心中不好受吧"

楚屏心慌意乱，面红耳赤，结结巴巴地说：

"楚范，弟弟，你不要这么说，我一直为你的出国奔走，只是事情难办。你刚到的吗？行李呢？快坐下，喝点什么？"

"谁是你弟弟！我没有姐，我姐早死了。老实告诉你，我已来了半个月，就住在你的姘头吕西安·杜邦那幢楼旁边。小王写信给我告诉我你的丑事，我总不信。这半个月亲眼目睹，才弄清楚。你丢尽爸爸颜面，败光谢家门风，出尽中国人的丑，你竟变成一个婊子、暗娼！你还有脸孔活在这世界上做人？！"

楚屏的脸涨得猪肝一样红，她眼泪盈眶，不敢正视楚范，支支吾吾地辩解：

"弟——楚范，不要骂我了，声音轻一点，隔壁有人哩。你哪里知道我的苦处。一年多来，我什么苦都吃过，什么委屈都受过，什么工作都试过，可我没有技术、后台、体力，法文又讲不好，你叫我一个女人怎么活下去？"

"我没空管你的丑事。我来是为了向你算清一笔账。爸爸有十万积蓄在你手中，这是爸爸用命换来的，你不能独吞。把我的那份给我，我马上走。我不想在巴黎当二等贱民，我要回去，姥姥的病要治，欠人的债要还，我家里一无所有，你忍心独吞？快拿出来。"

啊，原来是来要钱的，楚屏急忙哀求：

"楚范，你刚来，哪里知道情况。爸爸虽积了点钱，哪来十万！我这一年基本上打不动工，还生了两场病，花掉多少！一个月 1200 房租，三个月要办一次居留证，都要塞钱，钱早光了，这才逼我走上绝路的啊。算我欠你，将来姐姐好歹挣来还你。"

"不要演戏了，你到底是拿不拿出来？"楚范又逼近一步，握紧双拳。

"要命一条，要钱没有。"楚屏估计弟弟不致像黑鬼一样用匕首威胁，干脆闭上眼倒在床上装死。

楚范气得青筋暴涨，他用眼睛搜索着这间斗室，最后盯住了床底下那只箱子。他一弯腰把箱子拖了出来："这只箱子是我给爸爸的，我拿回去。"

"不行，"楚屏这一下可真急了，"箱子里有我的东西，明天我还给你。"她弯起身来抢箱子，被楚范一掌推翻。楚范转动号码，箱子顺利地打开了，一箱子的钞票，既有一叠叠夹上夹子、清理得整整齐齐的票子，也有乱七八糟堆在一起的票子。楚范冷笑一声：

"很好，你不是说钱已花光了吗？那么这就是我的了。苍天有眼！"他盖上箱盖，起身要走。楚屏突然跳起身来，拦住门口。有人居然要抢走她的卖身钱！她疯狂了，披头散发，眼睛中充满血丝，手里握着小钢刀，全身战抖着，像一头发现自己的幼崽落入敌手中的母狮一样，吼叫道：

"你敢！这钱是我用血汗和身体换来的。你敢动一动我就和你拼了，我反正不想活了。"

楚范怕她真的动刀，扑上去夺下刀扔在地上，两人扭打起来。忽然门上响起沉重的敲击声，西蒙老头厉声喝道：

"308 房间，静一点，别人要休息呢……讨厌的中国猪猡！"

房间中沉寂下来。20 分钟后，两人解决了纠纷。楚范数妥了他应得的五万法郎，装进号码箱。楚屏把剩下的钱胡乱塞进一只塑料包中。楚范起身走了，在门口他回过头来狠狠地说：

"从此以后，你不是我的姐姐，我不是你的弟弟，上帝作证，我们永不再见面。"

楚屏把塑料包踢进床下，她的积蓄猛地又回落到"单位数"，她伤心地哭了一回，伸手摘下话筒，拨了吕西安的电话号。

血 浓 于 水

世界上的事真叫人难以预料。就在楚范赌咒永不再见他姐姐的第二天晚上，他又站在 308 室门口。那是他接到小王的电话后匆匆赶去的。他又见到姐姐的面，只是楚屏已变成一具半裸着身躯躺在床上的尸体了。

两名刑警在斗室中拍照和检查，时而向首先报警的小王提问。楚范木然地望着这个二十年来朝夕相处的姐姐。他想起两人肩并肩上学的情景，想起姐姐站在台上戴上红领巾的场面，想起姐姐曾经背着发高烧的他上儿童医院的往事。姐姐右耳朵上有个小伤疤，那是放学时他受到野孩子欺侮姐姐拼命保护他被咬伤的……眼泪包住了楚范的眼珠，他深悔昨夜不该这样骂她，不该拿走她五万法郎。此刻，只要能让姐姐复活，他宁愿自己少活二十年。楚范再一次望着姐姐的脸，这是一张扭曲的、惨白的、可怖的脸，两只眼睛睁得大大的，鼓出了鱼白色的眼珠，似乎在向楚范求援。她的小嘴半开着，似乎在说："弟弟，宽恕我吧！""弟弟，替我报仇！"她的咽喉上留下深深的掐痕，房间内的东西被翻得七零八落。楚范看到两名刑警的脸上堆满厌恶和不耐烦的面色，大有草草收兵的样子，便跨前一步：

"警官先生，我姐姐被匪徒杀害了，请求你们捉拿凶手。"

刑警不屑地瞟了他一眼："我们当然要查一查。她是你姐姐？你知道她是什么货？"

"你这是什么意思？"

"她是个暗娼！我们早就注意她了。这显然是件下流社会争风吃醋的凶案，真讨厌！做婊子为什么不在中国做，要来搅乱这里的治安！"

楚范几乎跳了起来，他怒喊道：

"不准你们侮辱她！她是被你们这个社会吃掉的。你们的丑事还少吗？她的私生活你们管不着，她被人杀害了你们有责任查！"楚范咽了一口气，换了种语调说："如果你们没有线索，我倒可以提供一些。"。

"什么线索？"

"我姐姐有五万法郎现款，放在床下一只塑料袋中，现在不见了。另外，她有个男朋友叫吕西安·杜邦的，昨晚可能来过这里，请你们快去查，他住在……"

"你怎么知道的？"

"昨天晚上我在下面大街上看见吕西安·杜邦醉醺醺地往这边走来，他一定是找我姐姐的。"

"你看见他走进这房间吗？"

"这倒没有，但我确信他到过这里。"

"无根无据，胡说八道，法国是尊重人权的，你懂吗？你怎么知道她丢了五万法郎？"

"这个，这个，这钱是我父亲留下的，一共十万，昨夜我和姐姐分了。我看她把钱装好的。我回去时就在马路上看见吕西安·杜邦。"

刑警听说，立刻警惕起来，提出了连珠炮似的问题："你昨夜在这里？""你几点钟离开？""你和她发生过冲突吗？""你捏过这把刀吗？"……西蒙老头也挤了进来作证，他看见楚范昨夜来过，和住在里面的女人大打大闹……警察听了望着楚范冷笑。楚范觉得全身发冷，有口难辩，要不是小王和几个中国学生证明楚范是在九点钟离开的，而九点半楚屏还在房间里和人说话，警察大有把楚范铐起来的可能。最后他们还是扣下了楚范的护照，命令他在结案前不得离开巴黎，要随传随到。

马路上又响起呜哩呜哩的叫声，收尸车第二次光临滚地龙门口。楚屏被装上一个铁架，谢工程师留下的小被单盖住她的身子，由两个"红头"抬走了。刑警把人们赶了出去，叮嘱西蒙老头锁上门。他们没有注意到楚范在离开之前，偷偷旋开了临街小窗的手柄。

月 夜 飞 刃

当天深夜，一条黑影又溜回滚地龙，贴在墙面上吃力地爬升。爬到三层窗口，他轻轻推开窗子，矫捷地钻了进去。他正是楚范。

楚范很明白，要依靠高贵的警察来侦破低档贱民的冤案只能是梦想，他必须自己动手。他趴在地下，用手电细细照着床底和柜脚。很快就在床底寻到一颗男人外套上的扣子，接着又在床脚后发现一个小皮包，里面装有吕西安·杜邦的名片、月票、电话卡和信用卡。显然是行凶时落下的，铁证如山。

楚范把小皮包放进袋里，坐在床上，盘算着下一步该怎么办？是打电话到警察局把警探叫来，还是叫醒左邻右舍前来作证。他正拿不定主意，突然从甬道里传来轻轻的脚步声。接着似乎有人站在门口悄悄地在开着门锁。楚范这一惊非同小可，他猛然想起莫非凶手也到这里来搜找他的罪证？斗室之中无处容身，他迅速抓起地上的瑞士钢刀，躲立在门边。

门被慢慢推开，闪进一个粗壮男人身影，门又轻轻关回。那人一心找回他的失物，完全没注意到门边还立着一个人。他跪在地上，打开手电，在搜寻着什么。几分钟后他失望地站起身来，盲目地用手电向各处照看。当他转过身在月光和手电光下猛然看见在门边立着一个幽灵似的人时，不由得惊叫一声，右手习惯地插进裤袋。

正是吕西安·杜邦！这个沾满姐姐鲜血的凶手！时间不容许楚范作任何考虑，他紧握钢刀，鼓起全身精力扑了上去。强烈的仇恨使他爆发出可怕的力量。他似乎感到楚屏的阴魂已经附在他的身体中，通过他的手把钢刀狠狠捅进吕西安·杜邦的胸膛。他的用力是如此之猛，以致连半截刀柄也捅了进去，坚硬的刀舌也扭歪了。

吕西安·杜邦发出一声杀猪似的狂叫，几乎与此同时，他扣动了扳机，发出轰然巨响。楚范感到自己的胸部被什么东西猛击了一下，喷出的鲜血染红了他的衬衣，他倒在血泊之中。

在万籁俱寂的深更里，突然发出这种震耳欲聋的巨响，使左邻右舍的人都从睡梦中惊跳起来。首先赶来的又是斜对门的小王，接着，三五成群的人都走出来围住门口。小王看到倒在血泊中的两个人，惊愕得不知所措，当他看清倒在门口的就是楚范时更目瞪口呆。他弯下腰，结结巴巴地问：

"楚范，是你？这、这是怎么一回事呀？"

楚范艰难地从衣袋中摸出一只小皮夹，交给小王，忍着剧痛，断断续续地说道：

"小王，乡亲们，这个人就是杀我姐姐的凶手。警察不肯追查，晚上我就自己来查，在床下找到这个钱包，是他掐死我姐姐时掉在地上的，是个铁证。他也到这里来想找回他的罪证，我们就打了起来，他想杀死我，我先宰了他。等一会儿警察来了求你们为我作个证……"

小王撕破一件衬衣，给楚范止血和包扎，一面劝慰他：

"楚范，情况我们已清楚，你的伤势很重，不要说话。谁去打电话叫辆急救车来。"

"在警察到来之前，谁也不许乱动！"西蒙老头钻了进来，声色俱厉地指挥。他的蛮横引起许多中国人的怒斥，乱成一团。一个人出去叫急救车了，还有个红头则去通报警署。

楚范向小王摇摇手，又摸出一串钥匙交给他：

"小王，用不着了，我不行了，我也不想去蹲法国牢房。小王，我再求你一件事。这是我住房的钥匙。你是知道那地方的。在我床下有只号码锁小皮箱，里面有五万法郎，这是我爸我姐用性命换来的，请你托回国的人带去交给我姥姥，她好用这笔钱医病、终老。我抽斗中有国内寄来的信，上面有地址。小王，求你了。开锁的号码是288769……"

楚范看到小王含着眼泪点着头，就宽慰地露出一丝笑容。此刻，他觉得精力将尽、呼吸困难，胸口的剧痛使他难以忍受，他知道自己的生命之火即将熄灭，便鼓起最后一点精力叫道：

"同胞们，我就要走了。我好恨呀，我们一家人本来过得好好的，却要把三条命都丢在这里！我死后魂灵是要回去的。你们多保重吧，要挺起胸膛做人。我们没有欠外国人的情，最苦最累的活都是我们做的，赚了那么点钱，还不都是我们的血汗换的……"

楚范的声音渐渐嘶哑下去，他躺在地上抽搐着，紧握的拳头慢慢地松了开来。在救护车和警车开到以前，他吐出了最后一口气。

半小时后鸣哩鸣哩叫着的收尸车第三次光临滚地龙。西蒙老头一面指挥着两个红头抬走房间里的尸体，一面气呼呼地咒骂：

"真晦气，这房间一年多时间里死了四个人，变成凶宅了，还有谁要住！"他狠狠吐了一口唾沫。

其实，西蒙老头的担心是多余的。半个月后，又有个留学生模样的人，扛了一箱方便面住进了滚地龙 308 室——尽管地板上的血迹都还没有擦干净。

1987 年 10 月 1 日脱稿于巴黎 ARGENSON 小旅馆
1991 年 1 月 18 日第三次修改于巴黎中国大使官邸后楼

再 版 后 记❶

《春梦秋云录》在 1991 年问世后，我接到不少认识或不认识的读者们写来的信，有的给予热情鼓励，有的提出修改建议，还有不少同志要求补购——由于初版印数不多，未能满足他们的要求，是我一大憾事——所有这些，都是读者们给我的厚礼，是我取得的最大回报，也是对我的无形鞭策。

去年，中国工程院和中国水利水电出版社商妥重印此书，并嘱我进行修订。我花了几个月时间，陆陆续续做了些修订和补写工作。除了对原书中欠妥之处做了修改外，主要是根据读者们的建议，删去了书末所附的六篇小说，代之以补写的十篇回忆录，使全书体例更合理一些。

由于时间又流逝了近十年，前后所写文章中的一些提法有时就显得不协调了，例如，在写《我和三峡》一文时，修建三峡工程还是个梦境，而今天，我写《世纪圆梦》一文时，巍巍大坝已经矗立在长江上了。但考虑再三，我没有对原来的文章做修改，因为每篇文章都有写作时的背景，都可独立成文，让他们保持原貌，更可反映出历史过程。这一点，希望能得到读者们的理解。

我们很快要进入 21 世纪了。在新世纪中，中国将面临强大的压力和无情的竞争。过去 50 年，我们在取得伟大成就的同时，有过严重失误，走过巨大弯路，如果没有这些挫折，今天的中国将更强大十倍。我们不必为之惋叹，失去了的永远失去了，重要的是总结经验教训。前事不忘，后事之师，我们不仅不能忘记南京大屠杀，也不能忘记文化大革命。如果这本书能在这方面起点微小作用，我就不胜欣慰了。

最后，我衷心感谢中国工程院的常平秘书长和中国水利水电出版社的汤鑫华社长，没有他们的热情鼓励和支持，我是难以完成修订工作的。杨丽和李永立同志细心为我打印和校对文稿，也使我感激不尽。

潘家铮

2000 年 7 月

---

❶ 本文是作者为 2000 年出版的《春梦秋云录》（第二版）写的再版后记。